新世纪高等职业教育规划教材

金属工艺学（第三版）

主编 林雪冬 郭卫凡

中国矿业大学出版社

图书在版编目(CIP)数据

金属工艺学/林雪冬,郭卫凡主编.－3版.－徐州:中
国矿业大学出版社,2017.8
ISBN 978-7-5646-3559-6

Ⅰ.①金… Ⅱ.①林…②郭… Ⅲ.①金属加工－工
艺学－高等职业教育－教材 Ⅳ.①TG

中国版本图书馆CIP数据核字(2017)第128580号

书 名	金属工艺学
主 编	林雪冬 郭卫凡
责任编辑	钟 诚 仓小金
出版发行	中国矿业大学出版社有限责任公司
	(江苏省徐州市解放南路 邮编 221008)
营销热线	(0516)83885307 83884995
出版服务	(0516)83885767 83884920
网 址	http://www.cumtp.com E-mail:cumtpvip@cumtp.com
印 刷	徐州中矿大印发科技有限公司
开 本	787×1092 1/16 印张 22.75 字数 568千字
版次印次	2017年8月第3版 2017年8月第1次印刷
定 价	38.00元

(图书出现印装质量问题,本社负责调换)

前　言

　　本书是根据高等职业技术学院的特点而编写的一本专业技术基础课教材，也可作为机械工程技术人员的参考用书。

　　本书重点突出它的学科实用性，力求内容精炼、重点突出、深入浅出，减少理论分析，突出应用，同时介绍了一些新的工艺方法和知识，并采用最新的国家标准，符合高职"实用性"的教学要求。

　　本书由林雪冬、郭卫凡任主编，王敬东、孙建任副主编。参加编写的有：郭卫凡（绪论）、林雪冬（第 1、9、10 章）、李其钒（第 2、5 章）、王桃芬（第 3 章）、王敬东（第 4、6 章）、李宏（第 7 章）、康力（第 8、12 章）、孙建（第 11 章）、贺义宗（第 13、14、15、16 章）。其中，金属材料及热加工部分（第 1—12 章）由林雪冬统稿并修订；金属材料冷加工部分（第 13～16 章）由孙建统稿并修订。

　　本书在编写过程中得到中国矿业大学及其他兄弟院校有关人士的大力支持和帮助，在此表示衷心的感谢。

　　由于编者水平所限，编写时间仓促，书中难免有缺点和错误，恳切希望广大读者批评指正。

编　者

2017.6

目　　录

0　绪　论

金属工艺学是一门介绍有关制造金属零件工艺方法的综合性技术基础课,研究常用金属材料的性质及其加工方法。其内容涵盖了金属材料及热处理、铸造、金属压力加工、焊接、金属切削加工等多个学科的基本知识。主要传授各种工艺方法本身的规律性及其在机械制造过程中的应用和相互联系、金属零件的加工工艺过程和结构工艺性、常用金属材料性能对加工工艺的影响等内容。

0.1　金属工艺学的发展概述

机械加工生产的过程,就是金属工艺学的应用过程,因此,金属工艺学是工程技术人员必修的技术基础课。金属工艺学是从实践中发展起来的一门学科,它对人类文明的进步起到了推动作用。我国的金属工艺技术有着悠久的发展史。早在原始社会末期,我们的祖先就已经开始使用简单的铜器。到了商代,我国的青铜冶炼与铸造技术达到了相当高的水平。著名的司母戊大铜鼎,是商代晚期的祭祀器具,重达 832.84 kg,其造型精美,鼎外铸出精致的花纹图样,是我国到目前为止出土的最大青铜器,也是世界上迄今发现的最大青铜器。春秋时期,我国就掌握了冶炼技术,并开始使用铸铁农具,这比欧洲国家要早 1 800 多年。战国时期,我国就能运用相当高超娴熟的炼钢、锻造和热处理技术,制造出"干将"、"镆铘"等名剑。埋藏在地下达 2 000 多年的吴王"夫差"剑,出土后仍然熠熠生辉,锋利如初。我国从唐代(约公元 7 世纪)就已经开始使用锡焊和银焊,而欧洲直到 17 世纪才出现这样的钎焊方法。到明朝,我国已经有了多种简易切削加工设备,也有了世界上最早的有关金属加工工艺的文字著作,这就是宋应星所著的《天工开物》,内有冶铁、炼铜、铸钟鼎、锻铁淬火等各种金属加工方法。它内容全面、文字简洁、叙述详尽,是一部比较全面完整地记述金属工艺的科学著作。总之,我国在五千年光辉灿烂的文明史中,在金属工艺学方面取得过辉煌的成就,对人类文明进步做出了举世公认的卓越贡献。

但是,由于种种历史原因,近代中国的科学技术在过去几百年里失去了发展的机会和条件,金属工艺技术和生产力水平长期处于停滞和落后状态。

新中国成立后,我国在金属工艺技术方面取得了很大发展,许多新材料、新技术、新设备、新工艺在所涉及的各个领域得到广泛应用,并制定出适合我国国情的钢铁标准,建立了符合我国资源特点的合金体系,研究出具有世界先进水平的稀土球墨铸铁、特殊性能合金及先进的复合材料等新材料,制造出口大吨位远洋货轮、内燃机车、高档数控机床等机械设备,建造了秦山核电站、杭州湾跨海大桥,成功发射了运载火箭、通信卫星和载人飞船,建成了世界级的三峡工程。这些足以表明,我国在冶金、铸造、压力加工、焊接、切削加工等金属工艺技术方面达到了很高的水平。但是,我们也应该清醒地认识到,与世界先进水平相比较,我国的金属工艺技术仍然存在着一定的差距,新工艺技术推广面窄,基础工艺技术的现代化

（信息化、自动化、智能化）发展速度慢，生产效率较低，产品质量有待提高，现代企业管理制度有待完善。此外，技术创新是金属工艺技术不断发展的根本所在，更有待于大力推广和促进。

0.2　本课程的目的、基本要求和注意事项

金属工艺是工程技术人员在设计、生产制造工作中必需的一门综合性的科学技术，它是一门实践性很强的专业技术基础课。通过本课程的学习，学生将在工程实践过程中通过独立实践操作和工艺过程训练不断提高理论化水平。

0.2.1　本课程的目的与基本要求

（1）本课程的目的

通过本课程的学习，使学生能够根据机械零部件的设计要求，合理的选择使用常用金属材料、合理的选择加工方法以及一定的工艺分析能力，并为学习其他有关课程及从事生产技术工作奠定必要的金属工艺学方面的基础。

（2）本课程的基本要求

学习本课程的基本要求是：使学生初步掌握常用金属材料的牌号、成分、组织性能及其应用和一般选用原则；具有初步运用常用热处理方法的能力；了解各种加工方法的基本原理、工艺特点和应用范围；初步了解零件的结构工艺性和加工工艺性；了解各种主要加工方法的常用设备及使用范围；初步掌握选择毛坯和制定零件加工方法的基本知识。

0.2.2　本课程的注意事项

金属工艺学是在长期实践中发展起来的，它具有很强的实践性和应用性。因此，在学习本课程时，不但要学习掌握必要的基础理论和基本知识，还要注意理论联系实际，加强实践操作环节，培养一定的基本操作技能，提高独立分析问题和解决问题的能力。

本课程内容涉及从材料认识到成形技术、包括铸造、压力加工、焊接、热处理等工艺在内的机械产品的生产过程，涵盖知识面广，信息量大，既有基础理论知识，又有实践性很强的应用技术知识；并且，这门课程的学习并没有严谨的逻辑性和绝对性，而是广泛存在着合理与不合理、先进与不先进、可行与不可行等需要根据具体情况进行适当选择的问题，而不是绝对的对与错。因此，学习的过程中应克服思维的绝对化、片面性，而是要全面考虑，找出最优方案方法。

另外，材料成形技术的发展历史悠久，而现代科学技术的发展更是日新月异。课程内容在编排上仍以传统的成形技术介绍为主，以现代先进的材料成形技术为辅。在学习过程中要以传统的材料成形技术为基础，重点掌握；同时，也要与时俱进，学习先进的材料成形技术和制造技术。

第1章 金属材料的主要性能

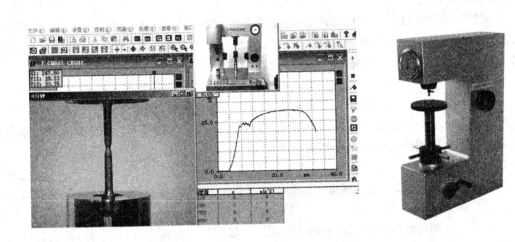

　　金属材料的性能直接关系到金属产品的质量、使用寿命和加工成本,以及生产工人的劳动强度和劳动安全,是产品选材和制订加工工艺方案、生产组织管理的重要依据。金属材料的性能包括使用性能和工艺性能。使用性能是指金属材料在使用过程中所表现出来的性能,它决定金属材料的应用范围,安全可靠性和使用寿命。使用性能包括金属材料的力学性能(硬度、强度、塑性、冲击韧性和疲劳强度等)、物理性能(熔点、导电性、导热性、磁性等)以及化学性能(耐腐蚀性、抗氧化性等),它们是机械零件和构件设计、选材的主要依据。工艺性能是指金属材料在各种加工工艺过程中所表现出来的性能,包括金属材料的铸造性能、锻造性能、焊接性能、热处理工艺性能和切削加工性能等,它们是决定材料是否易于加工或如何进行加工的重要因素。本章重点学习金属材料的力学性能指标和测试方法以及各个指标的物理意义。

1.1　金属材料的力学性能

[知识要点]

强度、塑性、硬度、冲击韧性与疲劳强度等金属材料的主要力学性能指标的概念及测试方法

[教学目标]

1. 掌握各主要力学性能指标的概念

2. 了解各性能指标的测试方法和物理意义

[相关知识]

金属材料的力学性能又称机械性能，它是指金属材料在外力(即载荷)作用下所表现出的抵抗变形和破坏的能力。衡量金属材料的机械性能的主要指标有强度、塑性、硬度、冲击韧性和疲劳强度等，它们是机械零件和构件设计、选材的主要依据。

1.1.1　强度

金属材料在外力(即载荷)作用下抵抗永久变形或断裂的能力称为强度。按外力性质不同，强度可分为抗拉强度、抗压强度、抗剪强度、抗扭强度和抗弯强度等。在工程上常用来表示金属材料强度的指标有屈服强度和抗拉强度。

1.1.1.1　拉伸试验

金属材料的屈服强度、抗拉强度和塑性指标是在万能材料试验机上通过对金属材料进行拉伸试验测定的。

金属材料拉伸试验的标准试件如图 1-1 所示。根据国家标准 GB 228—87，标准试件通常分为长试样 $l_0 = 10d_0$ 和短试样 $l_0 = 5d_0$ 两种。l_0 和 d_0 值有标准可查，一般 l_0 为 100 mm 或 50 mm。

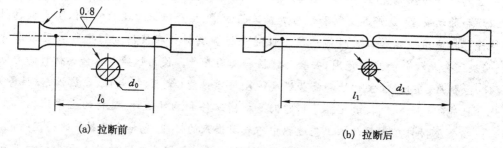

(a) 拉断前　　　　　　　　　　　　　(b) 拉断后

图 1-1　圆形拉伸试样图

试验时，标准试件装夹在万能材料试验机上，缓慢加载拉伸。随着载荷的逐步增加，试件逐渐伸长，直至试件拉断，试验停止。与此同时，试验机也自动绘成载荷(F)与相应的试件伸长量(Δl)的关系曲线图，即拉伸曲线图。如图 1-2 所示为低碳钢材料的拉伸曲线图。由图可知，$F = 0$ 时，$\Delta l = 0$，载荷 F 增大到 F_p 时，试件伸长量 Δl 成正比例增加。若在此范围内卸除载荷，则试件能完全恢复到原来的形状和尺寸。此时试件处于弹性变形阶段，图线近似一段斜直线。当载荷 F 增加超过 F_e 后，试件不再成比例伸长。若在此时卸载，则试件不能完全恢复到原来的形状和尺寸，即试件不仅产生了弹性变形，还产生

了塑性变形(即永久变形),图线不是一段直线。当载荷 F 增加到 F_s,图线出现水平或锯齿形线段,此时虽然试件继续伸长,但载荷并没有增加,这种现象称为"屈服"。当载荷 F 继续增加并超过 F_s 后,试件随载荷增加而继续伸长,此时试件已产生较大的塑性变形。当载荷增至最大值 F_b 时,试件伸长量 Δl 迅速增大而横截面将局部迅速减小,这种现象称为"缩颈"。由于"缩颈"处截面的急剧缩小,单位面积承载大大增加,变形更集中于缩颈区。此时,虽然载荷不增加,但"缩颈"区内的变形继续增大,缩颈处截面的直径继续缩小,直到最后试件断裂,图线也结束绘制。

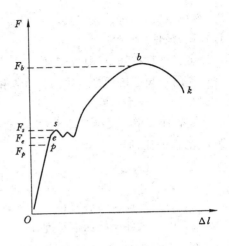

图 1-2　低碳钢材料拉伸曲线示意图

1.1.1.2　强度计算

构件在力的作用下,抵抗永久变形或断裂的能力,既取决于承受的内力大小,又取决于构件的横截面的大小和形状,因此,我们用应力值来衡量构件的强度。我们把单位面积上的抵抗破坏的内力称为应力。轴向拉伸试验应力计算表达式为

$$\sigma = \frac{F}{S} \quad \text{MPa}$$

式中　F——试件拉伸时所能承受的内力,试验时内力与载荷相等,N;

　　　S——试件横截面面积,mm^2。

在试验过程中,载荷 F 不增加(即保持恒定)试件仍能继续伸长(即变形)处的应力值称为屈服强度(亦称屈服极限),用 σ_s 表示。由于一些金属材料(例如铸铁、高碳钢、铜、铝等)的屈服现象不明显,测定很困难,因此,国家标准规定,此类材料以产生 0.2% 塑性变形量时的应力值为屈服强度,用 $\sigma_{0.2}$ 表示,即

$$\sigma_s = \frac{F_s}{S_0} \quad \text{MPa} \quad \sigma_{0.2} = \frac{F_{0.2}}{S_0} \quad \text{MPa}$$

式中　F_s——试件屈服时所能承受的最小载荷,N;

　　　$F_{0.2}$——试件产生 0.2% 塑性变形量时的载荷,N;

　　　S_0——试件原始横截面面积,mm^2。

试件拉断前所能承受的最大应力值称为抗拉强度(亦称强度极限),用 σ_b 表示,即

$$\sigma_b = \frac{F_b}{S_0} \quad \text{MPa}$$

式中　F_b——试件断裂前所能承受的最大载荷,N;

　　　S_0——试件原始横截面面积,mm^2。

金属零件和构件在工作时一般不允许产生明显的塑性变形,因此,设计机械零件时,屈服强度 σ_s 或规定残余伸长应力 $\sigma_{0.2}$ 是机械零件选材和设计的依据。而使用脆性金属材料制作机械零件和构件时,常以抗拉强度 σ_b 作为选材和设计的依据。

σ_b 越大,表示金属材料的强度越高,抵抗破坏的能力越强,金属产品的可靠性越好。屈服强度与抗拉强度的比值称为屈强比。屈强比小,构件过载时不会马上断裂,但强度利用率

低,材料浪费大,构件成本高。

1.1.2 塑性

金属材料在外力(即载荷)作用下产生不可逆转的永久变形而不发生断裂的能力称为塑性。常用的塑性指标是断后伸长率 δ 和断面收缩率 Ψ,一般都是通过拉伸试验来测定。

1.1.2.1 断后伸长率

断后伸长率 δ 又称延伸率,是指试件被拉断后,其标距长度的最大伸长量 Δl 与原始标距 l_0 的百分比,即

$$\delta = \frac{\Delta l}{l_0} \times 100\% = \frac{l_1 - l_0}{l_0} \times 100\%$$

式中　　l_1——试件拉断后的长度,mm;

　　　　l_0——试件原始标距长度,mm。

在拉伸试验前,在试件上刻上两道印痕作为标记,并测量其长度,即为试件原始标距长度 l_0;当试件拉断后,将其两头尽量对准合拢,再测量原刻线痕迹之间的距离,即为试件拉断后的长度 l_1。

必须指出,伸长率的数值与试样尺寸有关,因此,用长试样和短试样测得的伸长率分别以 δ_{10}(或 δ)和 δ_5 表示。

1.1.2.2 断面收缩率

断面收缩率 ψ 是试件被拉断后,"缩颈"断裂处横截面的最大缩减量 ΔS 与原始横截面面积 S_0 的百分比,即

$$\psi = \frac{\Delta S}{S_0} \times 100\% = \frac{S_0 - S_1}{S_0} \times 100\%$$

式中　　S_0——试件原始横截面面积,mm^2;

　　　　S_1——试件拉断后"缩颈"断裂处最小横截面面积,mm^2。

断面收缩率不受试件横截面尺寸大小的影响(断后伸长率受试件长短尺寸影响),可以较确切地反应金属材料的塑性,但试验时必须严格控制测量和计算的误差。

金属材料的断后伸长率 δ 和断面收缩率 ψ 的数值越大,表示金属材料的塑性变形能力越强,塑性越好。要想通过压力加工获得形状复杂的金属制品就应选择 δ 与 ψ 值大的金属材料。机械零件工作时突然超载,如果材料塑性好,就能先产生塑性变形而不会突然断裂破坏。因此,大多数机械零件,除满足强度要求外,还必须有一定的塑性要求,才能保证工作安全可靠。

碳钢、合金钢、铝、铜等金属材料塑性很好;而铸铁、陶瓷等材料塑性很差,其断后伸长率 δ 和断面收缩率 ψ 几乎为零,超载时会突然断裂,使用时必须引起高度注意。工程上一般把 δ>5% 的材料称为塑性材料,把 δ<5% 的材料称为脆性材料。

1.1.3 硬度

金属材料抵抗局部变形,特别是局部塑性变形、压痕或划痕的能力称为硬度。它是金属材料性能的一个综合物理量,表示金属材料在一个较小的体积范围内抵抗塑性变形、弹性变形和破断的能力。

常用的硬度指标有布氏硬度、洛氏硬度和维氏硬度等几种。它们是在专门的硬度试验计上测定的。测定工件的硬度不需做专门的试样,可以在工件上直接测定而不损坏工件。

金属材料的硬度对于机器零件的质量有着很大的影响。硬度值越大,则其耐磨性就越

好,使用寿命也就越长。材料的硬度对于工具、量具、模具和刀具等的质量影响很大。硬度是生产、生活中广泛应用的力学性能指标之一。

1.1.3.1　布氏硬度(HB)

根据 GB 231—84《金属布氏硬度试验方法》,布氏硬度测试原理如图 1-3 所示。布氏硬度的试验方法是:在布氏硬度计上,用一定直径的球体(钢球或硬质合金球)在一定(规定)载荷作用下压入试件表面,保持一定(规定)时间后卸除载荷,测量其压痕直径 d,计算试件表面压痕单位面积承受的压力,即可确定被测金属材料的硬度值。这种方法测定出来的硬度称为布氏硬度,用 HB 表示。

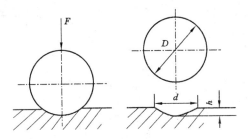

图 1-3　布氏硬度测试原理示意图

$$\text{HBS(或 HBW)} = 0.102\frac{2F}{\pi D(D - \sqrt{D^2 - d^2})}$$

式中　F——载荷,即试验力,N;

　　　D——球体直径,即压头直径,mm;

　　　d——压痕平均直径,mm;

　　　HBS——用淬火钢球压头测定的布氏硬度值;

　　　HBW——用硬质合金球压头测定的布氏硬度值。

在实际测定时,一般并不进行计算,而是用放大镜测量出压痕平均直径后,查表即可直接读出 HB 值。例如,试验力为 $F = 29420$ N,钢球直径 $D = 10$ mm 时,$0.102F/D^2 = 30$,测得压痕平均直径为 3.57 mm,则查 GB 231—84《金属布氏硬度试验方法》有关硬度数值表得布氏硬度为 290 HB。实际上从有关表格中查到的布氏硬度仍沿用 kgf/mm^2 作为单位,但习惯上不予标出。

布氏硬度的标注,一般采用在符号"HBS"或"HBW"之前注明硬度值,符号后面按以下顺序用数值表示试验条件:① 压头球体直径(mm);② 试验力(kgf 或 N);③ 试验力保持时间(s),10~15 s 不标注。例如:130HBS10/1000/30 表示压头直径为 10 mm 的钢球在 1000 kgf(9807 N)试验力作用下,保持 30 s 测得布氏硬度值为 130。400HBW5/750 表示压头直径为 5 mm 的硬质合金球在 750 kgf(7355 N)试验力作用下,保持 10~15 s 测得的布氏硬度值为 400。

由于布氏硬度测定的压痕面积较大,故可不受金属内部组成相细微不均匀性的影响,测试结果较准确。一般使用布氏硬度测定小于 450 的材料,如有色金属、低碳钢、灰铸铁和退火、正火、调质处理的中碳结构钢及半成品件,而对于硬度高的材料、薄壁工件、表面要求高的工件和成品件,则不宜用布氏硬度计测定。若要测定,只能使用硬质合金球压头进行测定。

布氏硬度试验规范见表 1-1。

表 1-1   **布氏硬度试验规范**

材料种类	布氏硬度值范围/HB	试样厚度/mm	载荷 F /N(kgf)	钢球直径 D /mm	$0.102F/D^2$	载荷保持时间/s
钢和铸铁	450～140	>6	29420(3000)	10	30	10～15
		6～3	7355(750)	5		
		<3	1839(187.5)	2.5		
	<140	>6	9807(1000)	10	10	10～15
		6～3	2452(250)	5		
		<3	613(62.5)	2.5		
有色金属及其合金(铜、铝)	≥130	>6	29420(3000)	10	30	30
		6～3	7355(750)	5		
		<3	1839(187.5)	2.5		
	35～130	>6	9807(1000)	10	10	30
		6～3	2452(250)	5		
		<3	613(62.5)	2.5		
	<35	>6	4903(500)	10	5	60
		6～3	1226(125)	5		
		<3	307(31.25)	2.5		

因为硬度和强度以不同形式反映了金属材料在载荷作用下抵抗变形和断裂的能力,所以二者之间存在着一定的关系,其经验换算关系为

低碳钢 $1\ \sigma_b \approx 3.6$ HBS

高碳钢 $1\ \sigma_b \approx 3.4$ HBS

调质合金钢 $1\ \sigma_b \approx 3.25$ HBS

灰铸铁 $1\ \sigma_b \approx 1$ HBS

式中,σ_b 的单位为 MPa。譬如,当低碳钢构件的硬度为 100 HBS 时,则其抗拉强度 $\sigma_b \approx$ 3.6×100＝360 MPa。

1.1.3.2 洛氏硬度(HR)

根据 GB/T 230—91《金属洛氏硬度试验方法》,洛氏硬度试验的原理和方法是在洛氏硬度计上用金刚石圆锥体(或钢球)压头,在先后施加两个载荷(即初始载荷 F_0 和主载荷 F_1)的作用下逐步压入试件表面,经保持一定(规定)时间后卸去主载荷 F_1,保持初始载荷 F_0,并用测量其残余压入深度 h 来计算硬度值。这种方法测定出来的硬度称为洛氏硬度,用 HR 表示。根据压头的种类和总载荷的大小,洛氏硬度常用 HRA、HRB、HRC 三种尺度表示。生产实际中,测量工件的硬度可以直接从洛氏硬度计表盘上读出硬度值,不需要测量和计算。图 1-4 为洛氏硬度测试原理图。洛氏硬度的表示方法采取"HR"

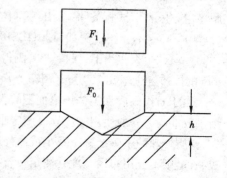

图 1-4   洛氏硬度测试原理示意图

前面的数值为硬度数值,例如:55HRC,表示用 C 尺度测得的洛氏硬度值为 55。

洛氏硬度测定操作简便,可直接从洛氏硬度计表盘上读出硬度值;测量范围大,可测最硬和最软的材料;压痕小,可直接测量成品。因此,广泛用于测定各种材料、不同工件以及薄、小和表面要求高的工件的硬度。

但因为洛氏硬度测定压痕小,对内部组织和性能不均匀的材料,测量结果可能不够准确、稳定、典型,所以要求测量不同部位三个点,取其算术平均值作为被测定材料或构件的硬度值。当布氏硬度在 220 至 500 之间时,布氏硬度与洛氏硬度之间大致满足以下关系

$$HRC = \frac{1}{10}HBS$$

即当材料的布氏硬度为 300 HBS 时,相当于洛氏硬度为 30 HRC。洛氏硬度试验规范见表1-2。

表 1-2　　　　　　　　　　　　洛氏硬度试验规范

硬度单位	洛氏硬度值范围	压头类型	初始载荷 F_0 /N	主载荷 F_1 /N	总载荷 F /N(kgf)	应用
HRA	70～85	120°金刚石圆锥体	98.07	490.3	588.4 (60)	硬质合金、表面渗碳钢、表面淬火钢
HRB	25～100	φ1.588 mm 钢球	98.07	882.6	980.7 (100)	有色金属、退火钢、正火钢
HRC	20～67	120°金刚石圆锥体	98.07	1372.9	1471.0 (150)	淬火钢、调质钢

注:$F = F_0 + F_1$。

1.1.3.3　维氏硬度(HV)

维氏硬度测定的方法和基本原理与布氏硬度相同,也是根据试件表面压痕单位面积承受的压力大小来测量的。不同的是,维氏硬度压头是锥面夹角为 136° 的金刚石正四棱锥体。维氏硬度测试原理如图 1-5 所示。根据 GB 4340—84《金属维氏硬度试验方法》的规定,测试时,用选定的试验压力 F,将压头压入试件表面并保持一定时间,卸载后测量压痕对角线长度 d,即可确定被测金属材料的硬度值。这种方法测定出来的硬度称为维氏硬度,用 HV 表示,即

$$HV = 0.1891\frac{F}{d^2}$$

式中　F——试验压力,kgf(N);

　　　d——压痕对角线长度,mm。

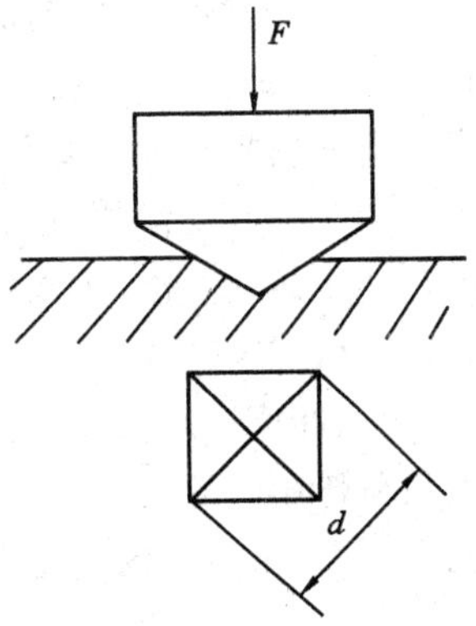

图 1-5　维氏硬度测试原理示意图

通过维氏硬度表查得的维氏硬度值以 kgf/mm² 作为单位,并且习惯上不予标出。比如,当试验力 F 为 30 kgf(294.2 N),压痕对角线平均长度 d 为 0.3 mm 时,查得的维氏硬度值为 618。

由于维氏硬度测试的压痕为轮廓分明的正方形或近似正方形,便于测量,误差较小,精度较高,测量范围广,所以适用于测定各种软、硬金属,尤其适用于渗碳、渗氮工件和极薄零件的硬度。但其操作不如洛氏硬度测定方法简便,效率不高,测点的代表性不强,所以不宜用于大批量生产工件的常规测定。

维氏硬度的标注,一般采用在符号"HV"之前注明硬度值,符号后面按以下顺序用数值表示试验条件:① 试验力(kgf 或 N);② 试验力保持时间(s),10~15 s 不标注。例如:640HV30,表示在 30 kgf(294.2 N)试验力作用下,保持 10~15 s 测得的维氏硬度值为 640。640HV30/20 表示在 30 kgf(294.2 N)试验力作用下,保持 20 s 测得的维氏硬度值为 640。

维氏硬度试验力规范见表 1-3。

表 1-3　　　　　　　　　　　　　　维氏硬度试验力规范

硬度符号	HV5	HV10	HV20	HV30	HV50	HV100
试验力/kgf(N)	5(49.03)	10(98.07)	20(196.1)	30(294.2)	50(490.3)	100(980.7)

总的来说,硬度实际上反映了金属材料的综合力学性能,它不仅从金属表面层的一个局部反映了材料的强度(即抵抗局部变形,特别是塑性变形的能力),也反映了材料的塑性(压痕的大小或深浅)。硬度试验和拉伸试验都是利用静载荷确定金属材料力学性能的方法,但拉伸试验属于破坏性试验,测定方法也比较复杂;硬度试验则简便迅速,基本上不损伤材料,甚至不需要做专门的试样,可以直接在工件上测试。因此,硬度试验在生产中得到更为广泛的应用,常常把各种硬度值作为技术要求标注在零件工作图上。

1.1.4　冲击韧性与疲劳强度

塑性、强度、硬度等都是在静载荷作用下测量金属材料的力学性能。而实际上,多数机械零件和构件却不是在静载荷作用下工作,它们往往要承受动载荷的作用。由于动载荷作用下产生的变形和破坏要比静载荷作用时大得多,因此,必须考虑动载荷对机械零件和构件的作用。冲击韧性和疲劳强度是在动载荷作用下测定的金属材料的力学性能。

1.1.4.1　冲击韧性

金属材料抵抗冲击载荷作用而不被破坏的能力称为冲击韧性,即金属材料在冲击力作用下折断时吸收变形能量的能力。金属材料的冲击韧性可以根据 GB/T 229—94《金属夏比缺口冲击试验方法》来测定。

许多机械零件和工具在工作中往往要承受短时突然加载的冲击载荷作用,例如,汽车启动和刹车、冲床冲压工件、空气锤锻压工件等。由于零件冲击力作用下产生的变形和破坏要比静载荷作用时的大得多,因此,设计这些承受冲击载荷的零件时,必须考虑金属材料的冲击韧性,并且金属的韧性通常随加载速度的增大而减小。

冲击韧性是在冲击试验机上测得的。在冲击试验机上,使处于规定高度的摆锤自由落下,将带有缺口(U 形或 V 形)的标准试件进行一次性打击,以试件折断时缺口处单位面积上所吸收的冲击功作为冲击韧性。如图 1-6 所示。

试件缺口处单位面积上的冲击吸收功,即冲击韧度为

$$a_K = \frac{A_K}{S} \quad \text{J/cm}^2$$

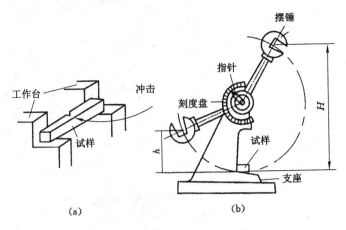

图 1-6　冲击试验原理示意图

式中　A_K——试件在一次冲断时所吸收的冲击功,J;

　　　　S——试件缺口处的横截面积,cm^2。

必须强调的是,冲击试验是在一次大能量冲击下的破坏性试验,而实际的生产过程中零部件多承受小能量的反复冲击,此时材料的韧性用冲击韧性值来衡量就不太准确,而是取材料的强度值。

1.1.4.2　疲劳强度

轴、齿轮、轴承、弹簧、叶片等零件在工作过程中,各点所受的载荷随时间做周期性的变化,且其应力的大小、方向也发生相应变化。这种随时间作周期性变化的应力称为交变应力(亦称循环应力)。金属材料在交变应力或应变作用下,在一处或几处产生局部的永久性累积损伤,经一定循环次数后,产生裂纹或突然发生完全断裂的过程称为金属疲劳。

值得注意的是,产生疲劳破坏所需的应力值通常远远小于材料的屈服强度和抗拉强度,在工件工作较长时间并达到某一数值后,就会发生突然断裂。疲劳断裂前不产生明显的塑性变形,不容易引起注意,故危险性非常大,常造成严重危害。据统计,机械零件的失效80%是属于疲劳破坏造成的。

金属材料在指定循环基数的交变载荷作用下,不产生疲劳断裂所能承受的最大应力称为疲劳强度(亦称疲劳极限)。对称循环交变应力的疲劳强度值用 σ_{-1} 表示。一般规定钢的交变应力循环基数为 10^7 次,有色金属、不锈钢的交变应力循环基数为 10^8 次,在这种循环基数下不发生疲劳破坏的最大应力值即为该材料的疲劳强度 σ_{-1}。疲劳强度 σ 与循环次数 N 的关系曲线如图 1-7 所示。

试验结果发现,金属材料的疲劳强度 σ_{-1} 与抗拉强度 σ_b 之间存在一定的近似关系,例如,碳素钢 $\sigma_{-1} \approx (0.4 \sim 0.55)\sigma_b$,灰铸铁 $\sigma_{-1} \approx 0.4\sigma_b$,有色金属 $\sigma_{-1} \approx (0.3 \sim 0.4)\sigma_b$。

导致疲劳断裂的原因很多,一般认为是由于材料内部有气孔、疏松、夹杂等组织缺陷,内部有残余应力的缺陷,表面有划痕、缺口等引起应力集中的缺陷等,从而导致微裂纹的产生,随着应力循环次数的增加,微裂纹逐渐扩展,最后造成工件不能承受所加载荷而突然断裂破坏。

生产实际中主要是通过改善零件结构形状(例如避免尖角和尺寸的突然变化,采用圆弧过渡等)、减小表面粗糙度值(例如精细加工、无屑加工)、表面强化处理(例如表面淬火、表面

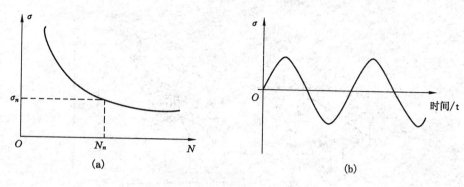

图 1-7　N-σ 疲劳曲线及对称循环交变应力图
(a) 疲劳曲线；(b) 对称循环交变应力

滚压、喷丸处理等)、减小内应力(例如退火热处理、时效处理等)、合理选择材质等方法来提高材料和工件的疲劳强度。

1.2　金属材料的物理、化学性能

[知识要点]
1. 金属材料的主要物理性能
2. 金属材料的主要化学性能

[教学目标]
了解金属材料的主要物理、化学性能及各性能指标在金属工艺学学科中的用途、意义以及对金属材料选择的影响

[相关知识]

1.2.1　物理性能

金属材料物理性能主要有密度、熔点、热膨胀性、导热性及导电性等。

（1）密度

密度是指材料单位体积的质量(kg/m^3 或 g/cm^3)。工程上常利用密度来计算零件毛坯的质量；工厂在铸造金属物之前，需估计熔化多少金属，可根据模子的容积和金属的密度算出需要的金属量。材料的密度直接关系到由它制成的零部件的重量或紧凑程度，这点对于需要减重的航空航天领域制件具有特别重要的意义，如飞机、火箭等尽量采用密度较小的铝合金制件。

（2）熔点

熔点是指材料由固态转变为液态时的熔化温度。金属材料都有固定的熔点，而合金的熔点与其成分有关。以铁碳合金（钢铁）为例，组成成分中碳的质量分数改变，则其熔点也发生改变。碳含量较低的钢与碳含量较高的铁，其熔点相差较大。金属材料热加工时，其熔点是制定加工工艺的重要依据。熔点高的金属如 W,Mo 等可用于制造耐高温零件，如飞机发动机燃烧室；熔点低的金属如 Sn,Pb 等可用于制造电路板上的熔丝。

（3）热膨胀性

热膨胀性是指材料随温度变化发生体积上的膨胀或收缩的特性，衡量热膨胀性的指标

称为热膨胀系数。许多场合需要考虑材料的热膨胀性,如:发动机中的活塞与缸套的配合工作要求两者材料的热膨胀性尽量相近,避免工作时受热发生拉缸或漏气现象;金属材料焊接时也要求两种材料具备相近的热膨胀性,以免产生较大应力。

（4）导热性

导热性是指材料传导热量的能力。导热性能是工程上选择保温或热交换材料的重要依据,也是金属材料制定热处理工艺时的重要参考。材料的导热性能较差时,在热处理过程中将导致其表面与心部具有较大的温差,进而产生不一致的变形而引起应力产生,严重时致使机件发生变形、开裂。一般而言,金属材料的导热性要远高于非金属材料,合金的导热性比纯金属差一些。因此,在对合金进行锻造或热处理时,需要适当降低加热速度以避免形成较大的内应力。

（5）导电性

导电性是指材料传导电流的能力。电导率是衡量导电能力的指标。具有不同导电性能的金属材料,其用途也各不相同。导电性好的金属如铝、铜用于制作导电材料,而导电性差的金属如康铜、钨等适于制作电热元件。

1.2.2　化学性能

金属及合金的化学性能是指它们在室温或高温环境下抵抗各种介质的化学侵蚀的稳定性能力,主要有耐腐蚀性、抗氧化性及化学稳定性。

（1）耐腐蚀性

金属材料抵抗周围介质（氧、水蒸气等）腐蚀破坏作用的能力称为耐腐蚀性。由材料的成分、化学性能、组织形态等决定的。在钢中加入可以形成保护膜的铬、镍、铝、钛,改变电极电位的铜以及改善晶间腐蚀的钛、铌等,可以提高耐腐蚀性。

（2）抗氧化性

金属材料抵抗氧化性气氛腐蚀作用的能力称为抗氧化性。几乎所有的金属都能与空气中的氧形成氧化物。有些金属的氧化物结构致密（如 Al_2O_3）,能够覆盖在材料表面,阻碍金属被进一步氧化,起到保护作用。在钢中加入 Cr、Ni 等合金元素可以提高钢材的抗氧化性。

（3）化学稳定性

金属材料在化学因素作用下保持原有物理化学性质的能力,是耐腐蚀性和抗氧化性的总称。在高温环境下工作的机器零部件应选择热稳定性好的材料制造;在腐蚀环境中工作的设备则应选择化学稳定性好的材料制造。

1.3　金属材料的工艺性能

［知识要点］

金属材料的工艺性能

［教学目标］

了解金属材料的工艺性能的概念及意义

［相关知识］

材料的工艺性能是物理、化学和力学性能的综合,是指材料对各种加工工艺的适应能力;或者说是用某种工艺方法对材料进行成型、加工、处理等,使之达到所要求的形状、尺寸和性能的难易程度。

　　金属的工艺性能主要包括铸造性能、锻压性能、焊接性能、切削加工性能和热处理性能。工艺性能的好坏直接影响零件的加工质量和生产成本，所以它是选材和制定零件加工工艺必须考虑的因素之一。以铸造成型为例，合金的铸造性能需要考虑的因素有合金的流动性和收缩性，与合金的化学成分、浇注温度、铸型条件有关。并且，铸造性能对铸件的结构也是有要求的。有关金属材料的各种成型、加工工艺性能会在后续的各个章节陆续讨论。

　　金属材料的力学性能是工程上设计和制造金属零部件的重要依据，只有了解各个力学性能指标的物理意义才能正确地设计零件，确保达到设计要求。

思 考 题

　　1. 何谓金属材料的机械性能？它包含哪些指标？各种指标对机械零件的选材、制造有什么意义？

　　2. 某厂购进一批 20 钢，入库抽检制成 $d_0=10$ mm 圆形截面短试样。经过拉伸试验，测得 $F_b=31\ 800$ N，$F_s=19\ 200$ N，拉断后长度 $l_1=63$ mm，断裂处最小直径 $d_1=6$ mm，试计算试样的有关力学性能指标；查出国家标准规定的指标参数，判断这批材料是否合格。

　　3. 布氏硬度和洛氏硬度的测定方法有什么区别？各适应于什么场合？

　　4. 为什么硬度试验比拉伸试验在生产中更实用？

　　5. 什么是疲劳破坏？其主要原因是什么？

　　6. 硬度和抗拉强度之间有没有一定的关系？为什么？

　　7. 下列硬度要求或写法是否恰当？为什么？

　　(1) HRC12~17；(2) HRC=50~60 kgf/mm²；(3) 500~530 HBS；

　　(4) 70HRC~75HRC；(5)230 HBW；

　　8. 下列物品应采用什么方法测定其硬度值？写出硬度值符号：硬质合金刀头、黄铜、普通铸铁毛坯、淬火齿轮、手锤、钢丝钳。

第2章　金属和合金的晶体结构

 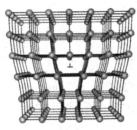 

　　金属材料的强度、硬度、塑性和韧性等力学性能主要取决于材料的化学成分和内部组织结构(微观结构)。因此,只有了解金属内部结构的变化规律,才能掌握金属材料性能的变化规律,对于选材和加工金属材料具有非常重要的意义。

　　金属材料中,铁碳合金(钢和铸铁)是制造机器设备的主要金属材料,与工业生产和日常生活密切相关。与其他材料相比,其资源广泛、冶炼方便、性能优越。要了解钢和铸铁的本质,更好地进行合金的冶炼、加工,首先必须了解纯金属与实际金属的晶体结构,学习相关晶体结构的知识与概念。

　　本章重点学习金属的晶体结构、结晶过程以及相与组织等概念,为后续的学习奠定理论基础。

2.1 金属的晶体结构

[知识要点]
1. 晶体结构(晶格、晶胞)的概念与常见的金属晶体结构
2. 实际金属的晶体结构与常见的金属晶体缺陷

[教学目标]
1. 了解晶体结构(晶格、晶胞)的概念与实际金属的晶体结构
2. 熟悉常见的金属晶体结构与常见的金属晶体缺陷

[相关知识]

2.1.1 纯金属的晶体结构

2.1.1.1 晶体与非晶体

世界上一切物质都由原子组成,且工程实际中大多数物质都呈固态。固态物质按组成原子(或分子、或离子)在内部的排列情况,可分为晶体和非晶体两大类。内部原子在空间按一定次序有规则地排列的物质称为晶体,例如固态的金属及合金、金刚石、石墨、水晶等。内部原子在空间无规则地排列的物质称为非晶体,例如玻璃、沥青、松香、石蜡等。晶体物质都具有固定的熔点、较高的硬度、良好的塑性、良好的导电性和各向异性等特征。非晶体物质没有固定的熔点,而且性能无方向性,即各向同性。工业生产中利用金属(晶体)的各向异性制造变压器的硅钢片(单晶体铁),以降低变压器的铁损。

2.1.1.2 晶格和晶胞

为了便于研究,假设把金属晶体中的原子抽象为一个点,并将这些点连接起来构成一个空间格架,这种假设的空间格架称为结晶格子,简称晶格。晶体的晶格在空间排列有周期性重复的特点。把晶格中能反映其空间排列规则特征的最小几何单位称为单位晶格,通常称为晶胞。因此,晶胞组成晶格。图 2-1 为晶体结构示意图。由于晶体中原子重复排列的规律性,因此晶胞可以表示晶格中原子排列的特征。在研究晶体结构时,通常以晶胞作为代表来考察。为了研究晶体结构,规定以晶胞的棱边长度 a、b、c 和棱面夹角 α、β、γ 来表示晶胞的形状和大小,如图 2-1(c)所示。其中棱边长度为晶格常数,单位为埃,用 Å 表示(1Å = 10^{-10} m)。

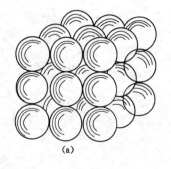
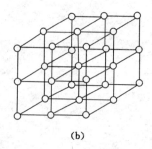
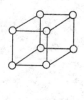

(a)　　　　　　　　　(b)　　　　　　　　(c)

图 2-1　晶体结构示意图
(a) 晶体;(b) 晶格;(c) 晶胞

　　晶格中原子所构成的平面为晶面,原子所构成的方向为晶向。各种晶体,由于其晶格类型、晶格常数及晶面、晶向上的原子排列情况不同,故会表现出不同的物理、化学和力学性能。

2.1.1.3　常见金属的晶体结构

　　金属材料(晶体)各原子(或离子、或分子)在空间规则排列的分布规律称为金属的晶体结构。常见的纯金属晶格结构有体心立方晶格、面心立方晶格和密排六方晶格。

　　1. 体心立方晶格(B.C.C.)

　　如图 2-2(a)所示,体心立方晶格的晶胞是一个立方体,立方体的 8 个顶点和立方体的中心上各有一个原子,顶点上的原子为晶格中相邻 8 个晶胞所共有。其晶格常数 $a=b=c$,所以只要一个常数 a 即可表示,其 $\alpha=\beta=\gamma=90°$,属于这类晶格的金属有铁(Fe)、铬(Cr)、钨(W)、钼(Mo)、钒(V)等,其中,铁在 912 ℃以下具有体心立方晶格,亦称为 α-Fe。这类金属的塑性较好。

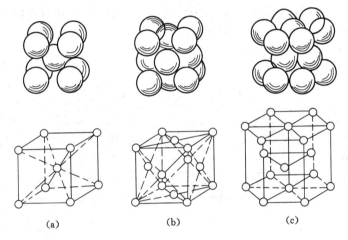

图 2-2　常见的金属晶体结构示意图

(a) 体心立方晶胞;(b) 面心立方晶胞;(c) 密排六方晶胞

　　2. 面心立方晶格(F.C.C.)

　　如图 2-2(b)所示,面心立方晶格的晶胞也是一个立方体,立方体的八个顶点和立方体六个面的中心上各有一个原子;顶点上的原子为晶格中相邻 8 个晶胞所共有,各面中心上的原子为相邻两个晶胞所共有。属于这类晶格的金属有铁(Fe)、铝(Al)、铜(Cu)、金(Au)、镍(Ni)等,其中铁在 912 ℃~1 394 ℃具有面心立方晶格,亦称为 γ-Fe。这类金属的塑性通常优于体心立方晶格的金属。

　　3. 密排六方晶格(H.C.P.)

　　如图 2-2(c)所示,密排六方晶格的晶胞是一个六方柱体,六方柱体的 12 个顶点上和上、下两个底面的中心处各有一个原子,柱体内部还均匀分布着三个原子。属于这类晶格的金属有镁(Mg)、锌(Zn)、铍(Be)、镉(Cd)等。这类金属比较脆。

　　以上三种金属晶体结构中,面心立方晶格和密排六方晶格中的原子排列紧密程度完全一样,体心立方晶格中的原子排列紧密程度要差一些,故面心立方晶格的 γ-Fe(最多容纳 2.11%碳原子)比体心立方晶格的 α-Fe(最多容纳 0.02%碳原子)能容纳更多的碳原子,这对钢的化学热处理(例如渗碳、渗氮)有利。

2.1.2 实际金属的晶体结构

2.1.2.1 多晶体结构

如果晶体内部的晶格位向完全一致，则称为单晶体。实际使用的金属材料，绝大部分并非理想的单晶体，而是由许多小单晶体组成。由于每个小单晶体的外形多为不规则的颗粒状，所以常称为晶粒。晶粒与晶粒之间的接触界面简称晶界。由许多晶格排列规则相同而位向不同的小单晶体（晶粒）组成的晶体结构就称为多晶体结构。实际的金属材料多为多晶体结构。

钢铁材料的晶粒尺寸一般约 $10^{-1} \sim 10^{-3}$ mm，只有用显微镜才能观察到晶粒情况。在显微镜下所观察到的晶粒大小、形状和分布就称为显微组织。

2.1.2.2 晶体缺陷

实际金属晶体内部的原子排列并不像理想晶体那样完整和严守"规则"。由于各种原因，原子的规则排列遭到破坏，这种原子排列不完整和不规则的局部区域称为晶体缺陷。晶体缺陷对金属材料的性能有很大影响。晶体缺陷根据几何特征分为点缺陷、线缺陷和面缺陷三类，如图 2-3 所示。

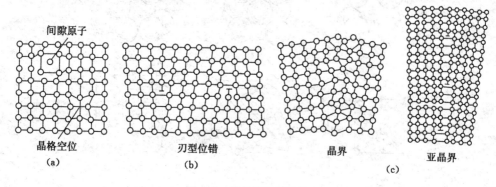

图 2-3　晶体缺陷示意图
(a) 点缺陷；(b) 线缺陷；(c) 面缺陷

1. 点缺陷

如图 2-3(a)所示，点缺陷指晶体内部空间尺寸很小（即三个方向尺寸都很小）的晶体缺陷。若晶体晶格中的某些结点未被原子占据，这些空着的结点称为晶格空位。若晶体晶格中原子之间的空隙出现多余的原子，这些处于晶格间隙中的原子称为间隙原子。由于"晶格空位"和"间隙原子"的出现，在晶格空位和间隙原子附近，原子间距和相互作用力发生变化，形成"晶格畸变"，从而使金属材料的强度和硬度增大，塑性和韧性降低，形成强化效应。

2. 线缺陷

如图 2-3(b)所示，线缺陷指晶体内部某一平面上沿某一方向呈线状（即一个方向尺寸很大，而另两个方向尺寸很小）的缺陷。常见的线缺陷是刃型位错。由于在位错线附近区域形成晶格畸变，从而使金属材料的强度和硬度提高，塑性和韧性下降。

3. 面缺陷

如图 2-3(c)所示，面缺陷指晶体内部呈面状分布（即两个方向尺寸很大，而另一个方向尺寸很小）的缺陷。常见的有晶界缺陷和亚晶界缺陷。由于金属的实际结构多为多晶体结构,多晶体内相邻的不同位向晶粒之间存在着过渡的、不规则的原子层,原子的不规则、混乱排列就形成了晶界缺陷。如果晶界两侧的晶粒位向相差较大,就形成了晶界缺陷;如果晶界两侧的晶粒位向相差不大,就形成了亚晶界缺陷。由于在晶界附近区域形成晶格畸变,所以造成金属材料的强度、硬度增高而塑性变形困难。

　　晶体缺陷使得其附近区域的晶格处于畸变状态,因此使金属材料的强度和硬度提高,塑性和韧性下降。这种用晶格畸变来强化金属材料的方法,称为形变强化。形变强化是强化金属材料的基本途径之一。

2.2　金属的结晶

[知识要点]
1. 金属的结晶与晶粒大小的控制方法
2. 同素异构转变的概念
· 3. 金属铸锭组织的特点
[教学目标]
1. 了解金属的结晶过程,理解过冷度的概念,掌握细化晶粒的手段
2. 了解金属的同素异构转变
3. 了解金属铸锭组织的特点
[相关知识]

2.2.1　金属的结晶

2.2.1.1　冷却曲线

　　绝大多数零件要么由液态金属直接浇铸成形,要么先将液态金属浇注成金属锭,然后轧制成型再加工而成。这种金属原子的聚集状态由无规则的液态转变为规则排列的固态晶体的过程称为金属的结晶。

　　金属的结晶过程可以用其冷却曲线来描述。如图 2-4 所示,由冷却曲线可见,开始时,金属的温度 T 随冷却时间 t 增加而下降,当散热液态金属的温度降低到 T_1 时,由于结晶而释放出大量结晶潜热,补偿了冷却过程中热量的散发,使得冷却时间增加但温度不再下降,所以冷却曲线出现一个水平台阶 ab 直线段,此段金属液体和金属晶体(固体)共存,可以简单理解为结晶从 a 点开始到 b 点结束。结晶完成,结晶潜能不再产生,金属温度随冷却时间增加而继续下降。结晶温度实质是一个平衡温度,是冷却散热和结晶潜热产生的动态平衡过程。

　　冷却曲线上的平台温度 T_1,称为实际结晶温度。用无限缓慢的速度冷却所测定的结晶温度 T_0,称为理论结晶温度。通常把理论结晶温度 T_0 与实际结晶温度 T_1 之差称为过冷度 ΔT,即

$$\Delta T = T_0 - T_1$$

过冷度是金属结晶过程自发进行的必要条件。

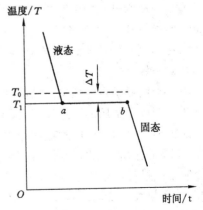

图 2-4　纯金属的冷却曲线

对于同一种金属,冷却速度越大,过冷度也越大,即金属的实际结晶温度越低。过冷度的大小影响金属材料的机械性能。

2.2.1.2　金属的结晶过程

金属的结晶过程包括晶核的生成和晶核的长大两个过程。金属的结晶过程如图 2-5 所示。

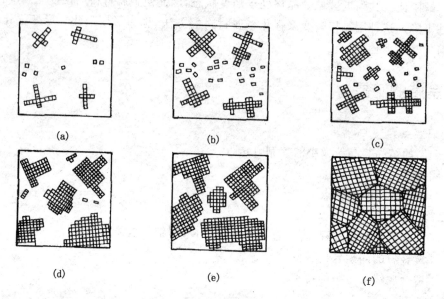

图 2-5　金属的结晶过程示意图

(a) 晶胚产生;(b) 晶核生成;(c) 晶核平面长大;(d) 晶核树枝状长大;(e) 晶核长大;(f) 形成多晶体

1. 晶核的生成

当液态金属冷却到接近结晶温度时,液态金属中有少数原子开始按一定规则排列,生成极细微的小晶体,称为晶胚。这些晶胚尺寸较小,大小不一,稳定性差,时聚时散。当液态金属冷却到结晶温度以下时,部分尺寸较大、稳定性较好的晶胚便继续形成小晶体,称为结晶的核心,简称晶核。

2. 晶核的长大

晶核在冷却过程中不断集结液体中的原子而逐渐呈多方位长大,同时,其他地方新的晶核也不断形成和长大,直至晶核长大而形成的晶粒彼此接近,液态金属全部消失,结晶方才完成。在晶核开始长大的初期,其外形一直保持规则,当晶核长大到彼此接触之后,规则的外形才被破坏。

液态金属原子自发长出的结晶核心,称为自发晶核。实际结晶过程中,金属液体中的某些杂质也能成为金属的结晶核心,这种晶核称为非自发晶核。在金属的结晶过程中,通常是自发晶核和非自发晶核同时存在。在实际金属和合金中,非自发晶核对结晶过程往往起到优先、主导的作用,因此,加入非自发晶核物质(例如人工晶核)来控制结晶过程,已成为调整和控制结晶过程的重要手段。

2.2.2　晶粒大小及其控制

当金属结晶后,便获得由大量晶粒组成的多晶体。晶粒大小对金属材料的机械性能影响很大,这是因为金属的晶粒越细小,单位面积里所包含的晶粒数量就越多,晶界就越多,晶界面积就越大,晶体缺陷就越多,晶界处的晶格排列方位就越不一致,就越容易产生犬牙交错、相互咬合的现象,相互之间的连接也就更加密切、可靠。因此,细晶粒组织的金属强度、硬度、塑性和韧性等都比粗晶粒组织的好。

为了获得细晶粒组织,就必须控制结晶过程的生核率(即单位时间、单位体积内产生晶核的数量)和长大率(即单位时间内晶体长大的各方向长度)。实际生产中经常采用增大过冷度 ΔT、变质处理和附加振动等方法来使生核率提高,而使长大率降低。

1. 增大过冷度 ΔT

金属冷却越快,过冷度 ΔT 也越大,晶核的生核率和长大率也随之增长,但晶核的生核率要比长大率大得多。因此,增大过冷度 ΔT,能提高生核率,获得细晶粒组织。

2. 变质处理

金属的体积较大时,要获得大的过冷度是比较困难的。对于形状复杂、结构尺寸大的铸件,实际生产中常常在浇注前向液体金属中加入少量细小的某些物质(变质剂或孕育剂)作为结晶核心,提高其生核率,以获得细晶粒组织,达到改善其力学性能的目的。这种方法称为变质处理(亦称孕育处理),加入的物质称为变质剂(亦称孕育剂)。生产实际中常在钢熔液中加入钛(Ti)、钒(V)、铝(Al)等变质剂,使晶粒细化;在铁熔液中加入硅铁合金、硅钙合金等变质剂,使石墨细化;在铝合金熔液中加入钛(Ti)、锆(Zr)等变质剂,使晶粒细化。

3. 附加振动

实际生产中还可以采用机械振动、超声波振动、电磁搅拌等方法,使金属液体在铸型中产生运动,从而使得晶体在长大过程中不断被破碎,以产生更多的结晶核心,提高生核率,降低长大率,达到细化晶粒的目的。

通过细化晶粒来强化金属材料的方法称为细晶强化,细晶强化是强化金属材料的基本途径之一。

值得注意的是,并非任何金属材料都要求晶粒愈细愈好。例如,制造电机、变压器的硅钢片,就要求晶粒粗大。因为晶粒粗大的硅钢片磁滞损耗较小,电磁效率高。所以,对于材料晶粒大小的要求,必须根据实际需要而定。

2.2.3　金属的同素异构转变

许多金属在结晶以后,其晶格类型都能保持不变。但有些金属(例如铁(Fe)、钛(Ti)、钴(Co)、锰(Mn)、锡(Sn)等)在不同温度下有不同的晶格类型。铁在 912 ℃ 以下具有体心立方晶格,称为 α-Fe;在 912 ℃～1 394 ℃ 具有面心立方晶格,称为 γ-Fe;在 1 394 ℃～1 538 ℃ 具有体心立方晶格,称为 δ-Fe。这种纯金属在固态下随着温度的改变,其晶格类型由一种转变为另外一种的现象,称为同素异构转变,亦称为同素异晶转变。图 2-6 所示为纯铁同素异构转变的冷却曲线。

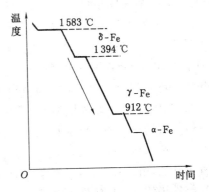

图 2-6　纯铁的冷却曲线
及同素异构转变示意图

δ-Fe(体心立方晶格) $\xrightleftharpoons{1\,394\,℃}$ γ-Fe(面心立方晶格) $\xrightleftharpoons{912\,℃}$ α-Fe(体心立方晶体)

在固态金属中,同素异构转变与液态金属的结晶过程类似,转变时遵循结晶的一般规律。比如,具有一定的转变温度,转变过程包括形核、长大两阶段等。因此,同素异构转变也被称为二次结晶或重结晶。通过同素异构转变可以使晶粒得到细化,从而提高金属材料的机械性能。

2.2.4　金属铸锭组织

金属铸锭可以看成是一种形状简单的大型铸件,它是金属型材的基础坯料,其组织性能直接影响到金属型材的机械性能。铸锭的表层和中心部因冷却结晶条件不同,结晶后从表面到里面形成三个具有不同特征的结晶区。铸锭组织的剖面示意图如图 2-7 所示。

1. 表面细晶粒层

液态金属注入低温铸锭模时,接触金属模壁的液态金属层迅速被激冷,产生很大的过冷度,生核率很高,从而生成大量的晶核,同时金属模壁也能促进非自发晶核的产生,因此,在金属铸锭表面就形成了等轴细晶粒层。

2. 柱状晶粒层

在表面细晶粒层形成的同时,随着模壁温度的逐渐升高,金属液的冷却速度逐渐降低,过冷度减小,生核率降低,而晶核的长大率较大。由于垂直模壁方向散热较快,晶粒沿此方向长大较快,因此,形成垂直于模壁向内部金属液生长的柱状晶粒层。

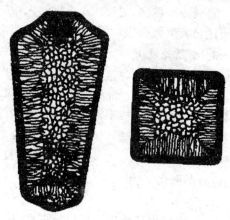

图 2-7　铸锭组织的剖面示意图

3. 中心等轴晶粒区

随着柱状晶粒的发展,模壁、表面细晶粒层、柱状晶粒层向外散热的速度越来越慢,铸锭模中心部分剩余金属液的温差也越来越小,散热冷却逐渐失去方向性,趋于均匀冷却状态,并处于相近的过冷状态;同时,由于液态金属中的杂质和枝晶碎片也集聚到这最后结晶的中心部分,因此,在较小的过冷度下,最后形成晶粒较为粗大的等轴晶粒区。

铸锭的表面细晶粒层组织细密、均匀,力学性能好,但一般都很薄,没有多大使用价值。

铸锭的柱状晶粒层,其晶界常有非金属夹杂物和低熔点杂质,在热轧、锻造时容易开裂。但是,对于塑性较好的合金和有色金属,在热压力加工时,通常不会开裂,而且柱状晶粒层组织较中心等轴晶粒区组织致密,性能也较好,所以对于塑性好的金属材料铸锭,可以有意获得较大的柱状晶粒层。然而,由于柱状晶粒层的力学性能有方向性,因此,在某些场合使用的金属材料应控制减小柱状晶粒区。此外,对于一些承受单向载荷的机械零件(如汽轮机叶片等),可以利用柱状晶粒轴向力学性能较高的特点,采用定向结晶以获得方向性强的柱状晶粒层,以有效提高使用性能。采用加热温度高、冷却速度大、铸造温度高和浇注速度大都可以获得较发达的柱状晶粒。

铸锭的等轴晶粒区,其不同位向晶粒交错咬合,力学性能均匀,无方向性,但由于是最后凝固结晶,组织较疏松,有夹杂、气孔和微缩孔等缺陷。一般用途的铸件可以使用等轴晶粒的钢铁铸件。采用铸造温度低、冷却速度小、机械振动、电磁搅拌等方法,可以获得较好的等轴晶粒工件。

2.3　合金的晶体结构

[知识要点]

1. 合金的基本概念
2. 合金的晶体结构

[教学目标]

1. 学习合金的基本概念,重点理解"相"与"组织"的区别
2. 理解固溶体、金属化合物的晶体结构特点

[相关知识]

2.3.1　合金的基本概念

1. 合金

由一种金属与另一种或几种金属、非金属熔合组成的具有金属特性的物质,称为合金。例如碳素钢、铸铁是铁与碳组成的合金;黄铜是铜与锌组成的合金。与纯金属良好的塑性、导电性和导热性相比,合金的强度、硬度、耐磨性等机械性能都比纯金属高许多,某些合金还具有电、磁、记忆、耐热、耐腐蚀等特殊性能。因此,合金得到广泛应用。

2. 组元

组成合金的最基本的、独立的物质单元,简称组元。组元可以是纯金属和非金属的化学元素,也可以是某些稳定的化合物。例如,钢是由铁(Fe)元素和碳化三铁(Fe_3C)组成的合金。由两种组元组成的合金称为二元合金,例如实际工程中常用的铁碳合金、铝铜合金、锡铜合金等。由三种组元组成的合金称三元合金,例如实际工程中常用的轴承合金、钛合金等。相同组元可按不同比例配制成一系列成分不同、性能不同的合金,构成一个合金系统,简称合金系。例如铅锡二元合金系等。

3. 合金系

合金系是由两种以上的组元,按不同的比例浓度配制而成的一系列合金。按组元的数目不同,合金可分为二元合金系、三元合金系及多元合金系。如黄铜是铜和锌两种元素组成的二元合金系;硬铝是铝、铜、镁三种元素组成的三元合金系;保险丝是锡、铋、镉、铅四种元素组成的四元合金系。

4. 相

金属或合金中化学成分相同、晶体结构相同或原子聚集状态相同,并与其他部分之间有明确界面的独立均匀组成,称为相。例如,液态纯金属称为液相,结晶出的固态纯金属称为固相。若合金是由成分、结构都相同的同一种晶粒组成的多晶体组织,尽管晶粒间有明确界面,但仍为同一种相;而若合金由成分、结构都互不同的几晶粒组成,则为多相组织。

5. 组织

通常把在金相显微镜、电子显微镜下观察到的金属材料内部的微观形貌,称为显微组织,简称组织。通过对金属材料组织微观形貌的观察分析,可了解材料内部各组织组成相的大小、形态、分布和相对数量等,从而进一步了解材料的组织结构与性能之间的关系,合理使用金属材料。观察金属材料的显微组织,不能直接把金属材料或工件放到金相显微镜或电子显微镜下观察,而是要从金属材料或工件上取下一小块金属片,用金相砂纸磨光后进行抛

光,然后用侵蚀材料进行侵蚀,方可使用。

2.3.2　合金的晶体结构

在液态下,大多数合金的组元都能相互溶合,形成均匀的单一液相。而固态合金并非只有一个相。从晶体结构的角度看,合金中常见的相有液相、纯金属(固相)、固溶体(固相)、金属化合物(固相)等。合金的结构比较复杂,根据组元之间在结晶时相互作用的不同,按合金晶体结构的基本属性,可把合金分为固溶体和金属化合物两类晶体结构。研究合金材料的晶体结构,就是研究合金的相结构。

2.3.2.1　固溶体

在固态合金中,一种组元的晶格中溶入另一种或多种其他组元而形成的成分相同、性能均匀、结构与组元之一相同的固相,称为固溶体。在互相溶解时,保留自己原有晶格形式的组元称为溶剂;失去自己原有晶格形式而溶入其他晶格的组元称为溶质。固溶体是合金的一种最基本的晶体结构。

按溶质原子在溶剂晶格中分布的位置,固溶体可分为置换固溶体和间隙固溶体两种。

1. 置换固溶体

溶质原子置换溶剂晶格结点上部分原子而形成的固溶体,称为置换固溶体,如图 2-8(a)所示。在固态时,若两组元能按任意比例(即溶质的溶解度可达 100%)相互溶解的置换固溶体,称为无限固溶体。例如铜镍合金等。在固态时,溶质的溶入有一定的限度的置换固溶体,称为有限固溶体。如铜锌合金、铁碳合金等。大部分的合金都属于有限固溶体,要形成无限固溶体必须具备一定的条件。置换固溶体溶质的溶解度一般随温度升高而增大,温度降低则溶解度减小。

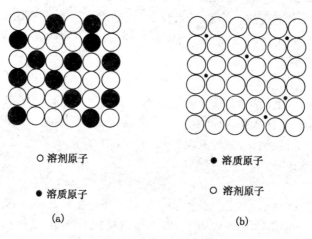

○ 溶剂原子　　　　　　　　　● 溶质原子

● 溶质原子　　　　　　　　　○ 溶剂原子

(a)　　　　　　　　　　　　(b)

图 2-8　固溶体结构示意图

(a)置换固溶体;(b)间隙固溶体

2. 间隙固溶体

溶质原子溶入溶剂晶格的间隙而形成的固溶体,称为间隙固溶体,如图 2-8(b)所示。由于晶格间隙一般都很小,因此要求溶质的原子半径必须很小,通常溶质元素多是原子半径较小的非金属元素,例如碳(C)、硼(B)、氮(N)等。溶剂晶格的间隙有限,溶解度也有限,故间隙固溶体都是有限固溶体。

　　无论是置换固溶体还是间隙固溶体,都是均匀的单相组织,晶格类型仍然保持溶剂的晶格形式。由于溶质原子的溶入使溶剂晶格发生晶格畸变(如图 2-9 所示),从而提高了固溶体组织的强度、硬度。这种通过溶入溶质原子形成固溶体而使金属材料得到强化的方法称为固溶强化。固溶强化是强化金属材料的又一条基本途径。

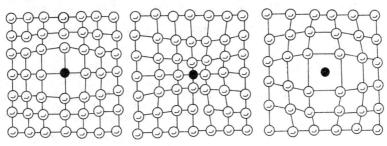

● 溶质原子　　　　○ 溶剂原子

图 2-9　固溶体的晶格畸变示意图

　　金属材料通过固溶强化,不但其强度、硬度得到提高,而且其塑性、韧性没有明显降低,这适用于做综合力学性能要求高的结构材料。例如,在纯铜中加入 1% 的镍而形成单相固溶体后,其强度提高了 170 MPa,硬度提高了 30 HB,断面收缩率仍然可达 70%。但固溶体与纯金属相比,电阻率上升,导电率下降。

2.3.2.2　金属化合物

　　由于合金在固态下其组元之间相互溶解的能力有限,所以,当溶质含量超过溶剂的溶解度时,溶质与溶剂相互作用就会形成晶格类型和特性完全不同于任何一种组元的新相,这种新相称为金属化合物。金属化合物具有明显的金属特性,其晶体结构复杂,熔点较高,硬度高而脆性大。当合金中含有金属化合物时,合金材料的硬度、强度和耐磨性就会提高,而塑性和韧性降低。金属化合物是金属材料中的重要强化相。例如,铁碳合金中的金属化合物 Fe_3C,称为渗碳体,其晶格结构复杂、熔点高(1 227 ℃)、硬度高(800 HBW),而塑性和韧性极低,是一种脆性金属化合物。但当 Fe_3C 在铁碳合金中形态细小、分布均匀时,便可提高铁碳合金的强度和硬度。

　　图 2-10 所示为金属化合物 Fe_3C 的晶体结构图。

　　金属化合物也是合金的一种最基本的晶体结构。以金属化合物作为强化相强化金属材料的方法,称为第二相强化。第二相强化是强化金属材料的又一条基本途径。

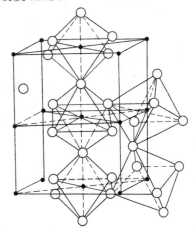

○ 铁原子　● 碳原子

图 2-10　金属化合物 Fe_3C 的
晶体结构示意图

2.3.2.3　多相复合物

　　合金中的组元相互作用,一般并非简单地形成一种金属化合物,而是形成多种固溶体和金属化合物相互混合的多相复合组织。这种由两种或两种以上的相组成的多相组织称为多相复合组织或多相复合物,其合金称为多相复合组织合金。例如,钢铁这类铁碳合金大都是铁素体和渗碳体或铁素体和石墨组成的多相复合物。铁素体是固溶体,渗碳体是金属化合物,石墨是碳的一种特殊晶体形态的单相物质,它们组成了铁碳合金的多相复合组织。

在复合相组织中,各相仍然保持各自的晶格及性能。多相复合合金的性能主要取决于各组成相的数量、形态、分布状况和性能。因此,只有通过对其组成相的相对数量、分布情况及形状大小的控制,才能获得好的合金性能。

值得注意的是,金属材料的性能取决于材料的组织结构,材料的组织结构由它的化学成分和生产工艺决定。可以说,化学成分是决定组织结构的内因,加工工艺是决定组织结构的外因,材料性能则是其内部组织结构的宏观表现。也就是说,化学成分相同的金属材料,由于加工或热处理不同,其强度、硬度、塑性等性能都会有很大差异。例如,T8 碳素工具钢(w_C=0.8%),在退火状态下硬度仅为 20 HRC,而淬火热处理后,硬度可高达 60 HRC 以上。因此,要提高金属材料的机械性能,就必须分析研究金属材料的化学成分、组织结构、生产工艺与性能之间的关系。

思 考 题

1. 简述强化金属材料的四种基本途径。

2. 细晶粒组织的零件和构件为什么具有较好的综合机械性能?细化晶粒的基本途径有哪些?

3. 以纯铁为例,说明什么是同素异构转变。

4. 合金的结构与纯金属的结构有什么不同?合金的力学性能为什么优于纯金属?

5. 金属铸锭组织的性能对所轧制的金属型材的机械性能有何影响?

6. 金属材料的性能取决于哪些方面的因素?

第3章 铁碳合金相图

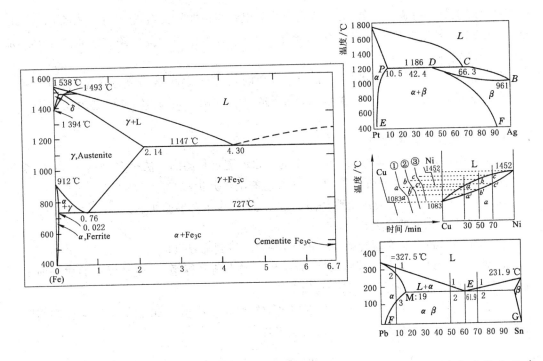

　　钢铁材料作为现代工业中应用最为广泛的重要金属材料,它是以铁和碳作为基本元素的合金。普通碳钢和铸铁均属铁碳合金范畴,合金钢和合金铸铁实际上是有意加入合金元素的铁碳合金。为了熟悉钢铁材料的组织和性能,以便在生产中合理使用,首先必须研究铁碳合金的相图。

　　铁碳合金相图是人类经过长期生产实践和大量科学实验总结出来的,是研究在平衡条件下(极其缓慢冷却)铁碳合金的成分、温度、组织和性能之间的关系及其变化规律,因此成为研究钢铁材料、制定热加工工艺的重要理论依据和工具。

　　铁和碳可以形成 Fe_3C、Fe_2C、FeC 等一系列稳定的化合物,因此整个铁碳合金相图可以看成是由 $Fe-Fe_3C$,Fe_3C-Fe_2C,Fe_2C-FeC 等各部分所组成。实际应用的铁碳合金含碳量不超过 5%,因为含碳量超过 5% 的铁碳合金性能很脆,没有实用价值,所以铁碳合金相图中只研究 $Fe-Fe_3C$ 部分。因此,一般所说的铁碳合金相图,实际上是铁—渗碳体相图。

　　本章重点掌握有关铁碳合金相图的知识。

3.1　二元合金相图

[知识要点]

二元合金相图

[教学目标]

1. 了解相图的概念与作用

2. 初步掌握二元匀晶反应、共晶反应、共析反应的概念及各相图的特点

[相关知识]

　　合金的组织比纯金属复杂,为了研究合金的组织与性能的关系,必须了解合金的结晶过程,了解合金中各组织的形成及变化的规律。为此,必须应用合金相图这一重要工具。那么,什么是相图呢?

　　合金相图是表示在平衡状态下,合金系合金的状态与温度、成分间的关系的图解,是表示合金系在平衡条件下、在不同温度、成分下的各相的关系的图解,又称之为状态图或平衡图。

3.1.1　二元合金相图的建立

　　合金相图都是通过实验方法建立起来的。目前测定相图的方法很多,如热分析法、金相分析法、膨胀法及 X 射线分析法等,其中最常用的是热分析法。

　　现以 Cu-Ni 二元合金为例说明相图的建立过程,其建立步骤如下:

　　① 配置不同成分的合金;

　　② 测定每一种合金在缓冷条件下的冷却曲线,得到临界点;

　　③ 建立一个以温度为纵坐标、成分为横坐标的直角坐标系,自横坐标上的成分向上作成分垂线,把临界点分别标注在成分垂线上;

　　④ 把开始转变点和转变终了点分别用光滑的曲线连接起来,并根据已知条件和实际分析结果写上数字、字母和各区内的相或组织名称。

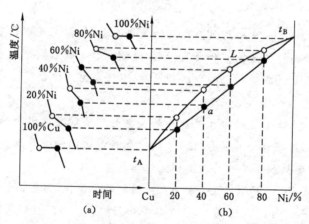

图 3-1　铜镍合金相图的绘制

(a) 冷却曲线;(b) 相图

3.1.2　二元合金基本相图

1.二元匀晶相图

凡是在液态和固态都能完全互溶、固态下又形成无限固溶体的二元合金,均形成二元匀晶相图。二元合金系 Cu-Ni、Au-Ag、Fe-Cr、Fe-Ni、W-Mo 等具有这类相图。

图 3-2 是 Cu-Ni 合金相图,图中只有两条曲线,其中 Al_1B 称为液相线,是各种成分的合金在冷却时开始结晶或加热时熔化终止的温度;$A\alpha_4B$ 称为固相线,是各种成分的合金在加热时开始熔化或冷却时结晶终止的温度。显然,在液相线以上为液相单相区,以 L 表示;在固相线以下为固相单相区,各种成分的合金均呈 α 固溶体,以 α 表示;在液相线与固相线之间是液相与 α 固溶体两相共存区,以 $\alpha+L$ 表示。A 点是 Cu 的熔点,B 点是 Ni 的熔点。

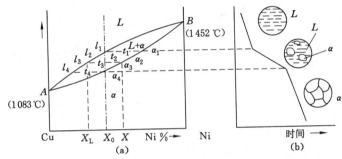

图 3-2　铜镍合金相图

现在以合金 I 为例来说明合金的结晶过程。

如图 3-2 所示,当合金缓慢冷却至 l_1 点以前时,均为单一的液相,成分不发生变化,只是温度的降低。冷却到 l_1 点时,开始从液相中析出 α 固溶体,冷却到 α_4 点时,合金全部转变为 α 固溶体,在 l_1 点与 α_4 点之间,液相和固相两相共存。若继续从 α_4 点冷却到室温,合金只是温度的降低,组织和成分不再变化,为单一的 α 固溶体。

在液固两相共存区,随着温度的降低,液相的量不断减少,固相的量不断增多,同时液相和固相的成分也将通过原子的扩散不断改变。当合金的温度在 $t_1 \sim t_4$ 之间时,液相的成分是温度水平线与液相线的交点,固相的成分是温度水平线与固相线的交点。由此可见,在两相共存区,液相的成分沿液相线变化,固相成分沿固相线变化。这对于其他性质相同的两相区也是一样,即相互处于平衡状态的两个相的成分,分别沿两相区的两条边界相线变化。

2.共晶相图

凡是二元合金系中两组元在液态无限互溶,而在固态仅有限互溶,并发生共晶转变的相图称为共晶相图。例如 Pb-Sn、Pb-Sb、Al-Si、Ag-Cu 等合金都属于这类相图。

图 3-3 是 Pb-Sn 合金相图。图中有 α、β、L 三种相。其中,α 是以 Pb 为溶剂,以 Sn 为溶质的有限固溶体;β 是以 Sn 为溶剂,以 Pb 为溶质的有限固溶体。

图中共包含有 α、β、L 三个单相区,还有 $L+\alpha$、$L+\beta$、$\alpha+\beta$ 三个双相区。AEB 是液相线,$ACENB$ 是固相线,CF 是 Sn 在 α 相中的溶解度线,NG 是 Pb 在 β 中的溶解度线。A 为 Pb 的熔点,B 为 Sn 的熔点。

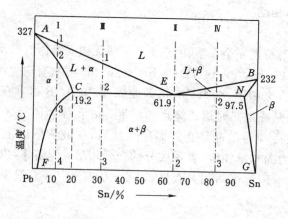

图 3-3　Pb-Sn 相图

根据共晶合金的成分和组织特点,Pb-Sn 合金系可以分为固溶体合金、共晶合金、亚共晶合金和过共晶合金四类。下面分析各类合金的结晶过程及组织。

(1) 合金 I(WSn<19%)的结晶过程

合金 I 在结晶过程中的反应为"匀晶反应+二次析出",其室温下的组织为 $\alpha+\beta_{II}$。图 3-4 是其冷却曲线及组织变化示意图。

(2) 合金 II 的结晶过程

合金 II 的成分为共晶成分,称为共晶合金,其冷却曲线和组织变化如图 3-5 所示。

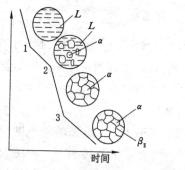

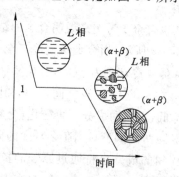

图 3-4　合金 I 的冷却曲线及组织变化示意图　　　图 3-5　合金 II 的冷却曲线及组织变化示意图

共晶反应:一定成分的合金液相,冷却至共晶反应线温度时,发生同时结晶出两个不同固相的混合物的反应;其产物称为共晶组织。

(3) 合金 III 的结晶过程

合金 III 的成分位于 C、E 点之间,称为亚共晶合金。其冷却曲线及组织变化如图 3-6 所示。

(4) 合金 IV 的结晶过程

合金 IV 的成分大于共晶成分,称为过共晶合金。其冷却曲线及组织变化如图 3-7 所示。

综上所述,从相角度看,Pb-Sn 合金结晶的产物只有 α 和 β 两相,它们称为相组成物。但不同方式析出的 α 和 β 相具有不同的特征,上述各合金结晶所得的 α、β、α_{II}、β_{II} 及共晶 $(\alpha+\beta)$,在显微镜下可以看到各具有一定的组织特征,它们称为组织组成物。

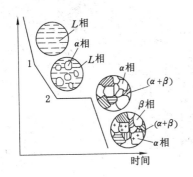

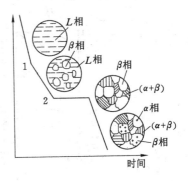

图 3-6　合金Ⅲ的冷却曲线及组织变化示意图　　　图 3-7　合金Ⅳ的冷却曲线及组织变化示意图

3. 共析相图

在二元合金相图中,组元具有同素异晶转变,使高温时由匀晶转变所形成的固溶体,再冷至较低温度时又发生固态相变。这种由某种单相固溶体中同时析出两种新的固相的转变称为共析转变。图 3-8 是一种包括共析反应的相图。

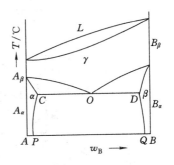

图 3-8　共析相图

3.1.3　相图与合金性能的关系

合金的性能取决于合金的成分及其内部组织,而相图却表明了合金的成分与其内部组织之间的相互关系,因此,利用相图可以大致判断合金成分、组织与性能之间的关系。图 3-9 表示各类合金相图与合金性能之间的关系。

从图 3-9(a)中可以看出,组织为固溶体的合金,由于固溶强化,随着溶质组元含量的增加,其强度和硬度提高,呈曲线关系变化。而固溶体合金的电阻率与成分之间的关系也呈曲线关系变化,随着溶质组元含量的增加,晶格畸变加大,增加了合金中自由电子的运动阻力,导致合金的电阻率增大。

共晶系的合金,相图两端均为固溶体,其性能与合金成分之间呈曲线关系。而相图中间部分为两相机械混合物,在平衡状态下,若两相的大小和分布都比较均匀,合金的性能大致是两相性能的算术平均值,即合金的强度、硬度、电阻率与成分呈直线关系。但两相十分细密时,合金的强度、硬度将偏离直线关系而出现峰值,如图中虚线所示。

图 3-9(b)是匀晶相图和共晶相图中合金成分与合金铸造性能之间关系的示意图。

合金的铸造性能主要表现为流动性、缩孔、裂纹、偏析等。这些性能主要取决于相图上液相线与固相线之间的垂直距离和水平距离,即结晶的温度范围和成分范围。由图可见,在恒温下结晶的共晶合金,不仅结晶温度一定,而且结晶温度最低,所以具有最好的流动性,并在结晶时易形成集中缩孔。固溶体合金的固相线与液相线距离越大,越容易产生偏析;在结晶过程中,若结晶树枝比较发达,则会阻碍液体流动,从而流动性变差,并会在枝晶内部与枝晶之间产生分散缩孔,这对铸造性不利。结晶温度范围小时,流动性提高,并可得到集中缩孔。

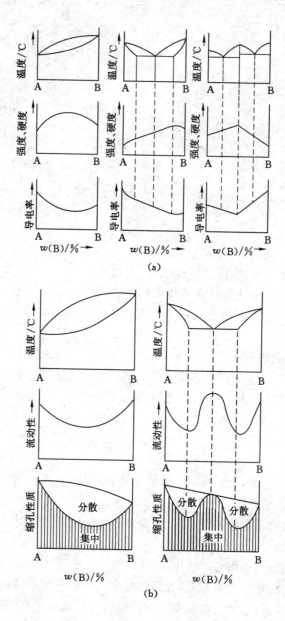

图 3-9 相图与合金性能的关系

(a) 相图与合金强度、硬度、导电率之间的关系;(b) 相图与合金铸造性能之间的关系

3.2 铁碳合金的基本组织

[知识要点]

铁碳合金的基本组织

[教学目标]

掌握铁素体、奥氏体、渗碳体、珠光体及莱氏体的概念及符号

[相关知识]

在固态时,碳能溶解于铁的晶格中,形成间隙固溶体。当含碳量超过铁的溶解度时,过量的碳便与铁形成化合物 Fe_3C。此外,固溶体和 Fe_3C 还可以形成机械混合物。由于铁和碳元素的相互作用不同,铁碳合金中形成了以下几种基本组织。

1. 铁素体

碳溶于 $\alpha\text{-Fe}$ 中形成的间隙固溶体称为铁素体,用符号 F 表示。

铁素体仍保持 $\alpha\text{-Fe}$ 的体心立方晶格结构,在 727 ℃时溶碳量最大(0.021 8%)。随着温度的降低,其溶碳量减少,室温下仅溶碳 0.006%,故可以把铁素体看作纯铁。

铁素体的强度和硬度较低,一般 $\sigma_b = 250$ MPa,硬度为 80 HBS,但具有良好的塑性和韧性,δ 可达 50%。铁碳合金中铁素体含量越多,硬度就越低,塑性就越好。

2. 奥氏体

碳溶于 $\gamma\text{-Fe}$ 中形成的间隙固溶体称为奥氏体,用符号 A 表示。

奥氏体呈面心立方晶格,溶碳能力较强,在 1 148 ℃时溶碳可达 2.11%。随着温度的下降,溶碳量逐渐减少,在 727 ℃时溶碳量为 0.77%。

奥氏体的强度 $\sigma_b \approx 400 \sim 850$ MPa,硬度约为 $120 \sim 200$ MPa。奥氏体仍是单一固溶体,具有良好的塑性($\delta \approx 40\% \sim 60\%$),抗变形能力较低,是大多数钢种进行塑性成型的理想组织。一般锻造、热处理都加热到奥氏体区域。稳定奥氏体存在的最低温度为 727 ℃,所以大多数钢的塑性成型要在高温下进行。

3. 渗碳体

碳在铁中的溶解能力是有限的。当碳的含量超过铁的溶解度时,多余的碳就会和铁按一定的比例化合,形成一种具有复杂晶格结构的金属化合物 Fe_3C,称为渗碳体,其含碳量为6.69%。

渗碳体的硬度很高,可达 800 HBW;脆性极大,塑性几乎为零。它的数量、形状、大小及分布对钢的性能有很大的影响。

4. 珠光体

铁素体和渗碳体组成的机械混合物称为珠光体,用符号 P 表示。

珠光体的含碳量为 0.77%。由于它是铁素体和渗碳体两相组成的混合物,其力学性能介于铁素体与渗碳体之间,强度较高($\sigma_b \approx 700$ MPa),硬度约为 180 HBS,有一定的塑性($\delta \approx 20\% \sim 25\%$)和韧性($\alpha_k \approx 30 \sim 40$ J/cm²),在金相显微镜下观察,能清楚地看到铁素体和渗碳体呈片层状交替排列。

5. 莱氏体

含碳量为 4.3%的铁碳合金,在 1 148 ℃时从液体中结晶出奥氏体和渗碳体而形成的机械混合物称为莱氏体(也称高温莱氏体),用符号 L_d 表示。由于莱氏体内的奥氏体在冷却至727 ℃时将变为珠光体,故室温下莱氏体是珠光体与渗碳体的机械混合物,称为变态莱氏体(也称低温莱氏体),用 L_d' 表示。

莱氏体的性能和渗碳体相近,硬度大于 700 HBW,塑性很差。

3.3 铁碳合金状态图

[知识要点]

铁碳合金相图

[教学目标]

1. 学会分析不同成分 Fe-C 合金的冷却结晶过程

2. 理解 Fe-C 合金相图中包含的主要特性点、特性线

3. 了解铁碳合金成分、组织与性能之间的关系;铁碳合金相图的应用

[相关知识]

铁碳合金状态图是指在极其缓慢加热(或冷却)条件下,各种成分的铁碳合金在不同温度下所处的组织状态或组织构成图形。在铁碳合金状态图中,有实用价值的只有碳含量为 0~6.69% 的 $Fe-Fe_3C$ 状态图部分。$Fe-Fe_3C$ 状态图是研究铁碳合金相转变规律、正确分析组织及性能的基础,也是制定热加工工艺的依据。

在 $Fe-Fe_3C$ 状态图中,若用相来描述铁碳合金的组织形态,则称之为 $Fe-Fe_3C$ 相图。由于状态图中的组织是在极其缓慢加热(或冷却)条件下获得的,接近平衡状态,故又称为 $Fe-Fe_3C$ 平衡图。

3.3.1 Fe-Fe₃C 状态图的分析

$Fe-Fe_3C$ 状态图是用实验方法建立的,经过长期不断地验证、修改、完善,其图形已基本确定,所有特性点(线)的表示符号也获得公认,如图 3-10 所示。图中纵坐标表示温度,横坐标表示含碳量,图中曲线是各种成分的合金所对应的相变临界点连接线。

1. Fe-Fe₃C 状态图中的主要特性点

各特性点的温度、符号、含碳量及意义在表 3-1 中列出。

表 3-1   Fe-Fe₃C 状态图中的特性点

特性点	温度/℃	含碳量/%	特性点的意义
A	1 538	0	纯铁的熔点
C	1 148	4.30	共晶转变点
D	1 227	6.69	渗碳体的熔点(理论值)
E	1 148	2.11	碳在 γ-Fe 中的最大溶解度
G	912	0	α-Fe 与 γ-Fe 同素异晶转变点
S	727	0.77	共析转变点
P	727	0.021 8	碳在 α-Fe 中的最大溶解度

2. Fe-Fe₃C 状态图中的主要特性线

ABCD 线——液相线。任何成分的铁碳合金在此线以上都处于液相。含 C 量在 BC 间的液态合金缓冷至 BC 线时,从液相中开始结晶出奥氏体;大于 4.3% 的液态合金缓冷到 CD 线时,开始结晶出渗碳体。这种渗碳体称为一次渗碳体(Fe_3C_I)。

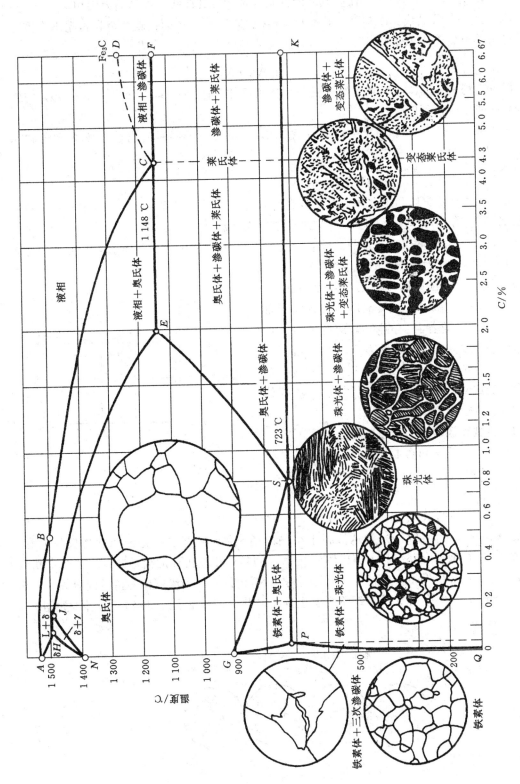

图3-10　Fe-Fe₃C 状态图

AHJECF 线——固相线。任何成分的铁碳合金缓冷到此线全部结晶为固相。

ECF 线——共晶线。冷却至 1 148 ℃时,含碳量为 2.11%的铁碳合金在恒温下由液态会同时结晶出奥氏体 A 和渗碳体 Fe_3C,即发生共晶反应,其反应式为

$$L \xrightarrow{1\ 148\ ℃} A + Fe_3C$$

反应产物是奥氏体和渗碳体的机械混合物莱氏体 L_d。含碳量在 2.11%～6.69%的铁碳合金均能发生共晶反应。

PSK 线——共析线。奥氏体冷却时,在 727 ℃恒温下会同时析出铁素体 F 和渗碳体 Fe_3C,即发生共析反应,反应式如下

$$A \xrightarrow{727\ ℃} F + Fe_3C$$

反应产物是铁素体和渗碳体的机械混合物珠光体 P。凡含碳量在 0.021 8%～6.69%之间的铁碳合金均可发生此反应,PSK 线常称为 A_1 线。

GS 线——含碳量<0.77%的铁碳合金冷却时从奥氏体中析出铁素体的开始线,也是加热时铁素体转变为奥氏体的终了线,常称 A_3 线。

ES 线——碳在奥氏体中的溶解度曲线,常称 A_{cm} 线。在 1 148 ℃时,奥氏体的溶碳能力最大,为 2.11%。随着温度的降低,溶解度也沿此线降低,在 727 ℃时,溶碳量为 0.77%。含碳量大于 0.77%的铁碳合金,由高温缓冷到此线温度时,会从奥氏体中开始析出渗碳体,这种渗碳体称为二次渗碳体(Fe_3C_{II})。

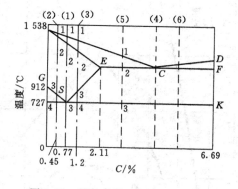

图 3-11　简化后的 $Fe\text{-}Fe_3C$ 状态图

3.3.2　典型铁碳合金的结晶过程分析

为了便于研究和分析,我们把 $Fe\text{-}Fe_3C$ 状态图左上角高温部分简化,如图 3-11 所示。

1. 共析钢的结晶过程

含 C 0.77%的共析钢(图 3-11 中合金(1))自液态缓冷至 1 点温度时,开始从液相中结晶出奥氏体,1～2 点间是液相和奥氏体共存。当冷至 2 点时,液相全部结晶为奥氏体。2～3 点间是单相奥氏体的简单冷却。冷到共析线上 3 点(既 S 点)时,发生共析转变,由奥氏体同时析出铁素体和渗碳体的机械混合物——珠光体。冷至 S 点以下,珠光体组织不再发生变化。共析钢室温下的组织为珠光体,如图3-12所示。

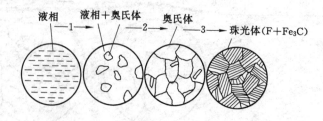

图 3-12　共析钢的结晶过程示意图

2. 亚共析钢的结晶过程

含 C 小于 0.77% 的亚共析钢(图 3-11 中合金(2))自液态缓冷至 1 点时,开始从液相中结晶出奥氏体。当冷至 2 点时,液相全部结晶为奥氏体。2～3 点间是单相奥氏体的简单冷却。冷至 3 点时,开始从奥氏体中析出铁素体,使剩余奥氏体中的溶碳量不断升高。冷到 4 点时,到达共析线,奥氏体中的含碳量也达到 0.77%,则发生共析转变,剩余的奥氏体全部转变为珠光体。4 点以下至室温,合金组织不再发生变化。亚共析钢的室温组织为珠光体和铁素体,如图 3-13 所示。随含碳量的不同,珠光体和铁素体的相对量也不同。含碳量愈高,则珠光体的数量也就愈多。

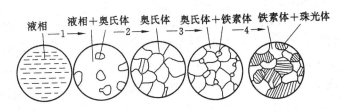

图 3-13　亚共析钢的结晶过程示意图

3. 过共析钢的结晶过程

含 C 大于 0.77% 的过共析钢(图 3-11 中合金(3))自液态缓冷至 1 点时,开始从液相中结晶出奥氏体,到 2 点结晶完毕。2～3 点间为单相奥氏体的简单冷却。冷至 3 点,奥氏体的含碳量达到饱和。继续冷却,碳便于 Fe_3C 形式从奥氏体中析出,即二次渗碳体。析出的 Fe_3C 沿奥氏体晶界分布。继续冷却,奥氏体中的溶碳量降低,析出的二次渗碳体数量增多,3～4 点间其组织是奥氏体和二次渗碳体。冷至 4 点时,剩余的奥氏体发生共析转变,形成珠光体。4 点以下至室温,合金组织不再变化。室温下过共析钢的组织为珠光体和二次渗碳体,结晶过程如图 3-14 所示。含碳量愈高,二次渗碳体的量也就愈多。当合金中含碳量大于 1.2% 时,二次渗碳体容易呈网状析出。

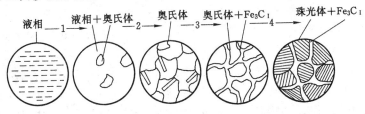

图 3-14　过共析钢的结晶过程示意图

4. 共晶白口铸铁的结晶过程

含碳量为 4.30% 的共晶白口铸铁(图 3-11 中合金(4))自液态缓冷至 1 点温度时,发生共晶反应,全部转变成莱氏体(奥氏体和渗碳体的共晶组织,称为高温莱氏体)。在 1～2 点之间,莱氏体中的奥氏体不断析出二次渗碳体。二次渗碳体与共晶反应形成的渗碳体连在一起,在显微镜下无法分辨,此时的莱氏体由奥氏体、二次渗碳体和共晶渗碳体所组成。到 2 点时,奥氏体的含碳量降为 0.77%,并发生共析反应,转变为珠光体,高温莱氏体转变为低温莱氏体(珠光体＋二次渗碳体＋共晶渗碳体)。2 点以下合金组织不再变化。因此,共晶白口铸铁的室温平衡组织为低温莱氏体。其平衡结晶过程中的组织转变如图 3-15 所示。

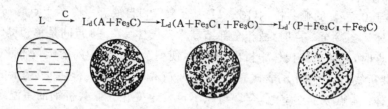

$$L \xrightarrow{C} L_d(A+Fe_3C) \longrightarrow L_d(A+Fe_3C_I+Fe_3C) \longrightarrow L_{d'}(P+Fe_3C_I+Fe_3C)$$

图 3-15　共晶白口铸铁的结晶过程示意图

5. 亚共晶白口铸铁的结晶过程

含碳量小于 4.30% 的亚共晶白口铸铁（图 3-11 中合金（5）），自液态缓冷至 1 点时，开始从液相中结晶出奥氏体，在 1～2 点之间，结晶出的奥氏体数量不断增加，液相逐渐减少。到 2 点时，液相的成分变为含碳量 4.3%，奥氏体的成分变为含碳量 2.11%，液相发生共晶反应，转变为高温莱氏体，奥氏体不参加反应。在 2～3 点间继续冷却时，从奥氏体中不断析出二次渗碳体。到 3 点时，所有奥氏体的成分均变为含碳量 0.77%，奥氏体发生共析反应转变为珠光体，同时高温莱氏体也转变为低温莱氏体。3 点以下合金组织不再变化，因此，亚共晶白口铸铁的室温平衡组织为珠光体＋二次渗碳体＋低温莱氏体。其平衡结晶过程中的组织转变如图 3-16 所示。

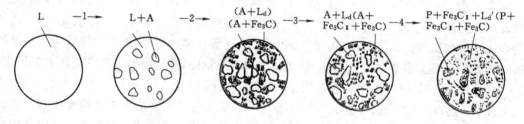

图 3-16　亚共晶白口铸铁的结晶过程示意图

6. 过共晶白口铸铁的结晶过程

含碳量大于 4.30% 的过共晶白口铸铁（图 3-11 中合金（6）），自液态缓冷至 1 点时，开始从液相中结晶出一次渗碳体，到 2 点时液相的成分变为含碳量 4.3%，发生共晶反应，转变为高温莱氏体。在 2～3 点之间，高温莱氏体中的氏体不断析出二次渗碳体，并在 3 点时发生共析反应转变为珠光体，高温莱氏体转变为低温莱氏体，一次渗碳体始终不变。3 点以下合金组织不再变化。因此，过共晶白口铸铁的室温平衡组织为一次渗碳体和低温莱氏体。其平衡结晶过程中的组织转变如图 3-17 所示。

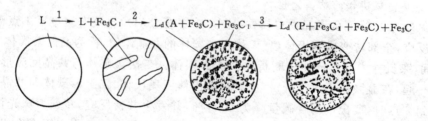

$$L \xrightarrow{1} L+Fe_3C_I \xrightarrow{2} L_d(A+Fe_3C)+Fe_3C_I \xrightarrow{3} L_{d'}(P+Fe_3C_I+Fe_3C)+Fe_3C$$

图 3-17　过共晶白口铸铁的结晶过程示意图

3.3.3 铁碳合金的成分、组织、性能之间的关系

1. 含碳量对铁碳合金平衡组织的影响

含碳量与铁碳合金室温时的组织组成物和相组成物间的定量关系如图 3-18 所示。

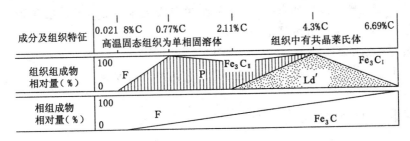

图 3-18 含碳量与组织的关系

2. 碳量对机械性能的影响

在铁碳合金中,渗碳体是一个强化相。如果合金是以铁素体为基体,那么分布在基体上的渗碳体量愈多,愈细小,愈均匀,则合金的强度、硬度就愈高。而当硬而脆的渗碳体分布在晶界上,特别是作为基体时,合金的塑性和韧性就要大大下降,强度也随之降低。含碳量对钢的力学性能的影响如图 3-19 所示。当含碳量小于 0.9% 时,随着钢中含碳量增加,渗碳体相应增加,钢的强度和硬度上升,而塑性和韧性不断下降。当含碳量超过 0.9% 时,因渗碳体在晶界上分布,虽然钢的硬度仍直线上升,但却使塑性、韧性进一步降低,强度明显下降。工业上使用的碳钢一般要求具有足够的强度和韧性,其含碳量大多数不超过 1.3%～1.4%。

3.3.4 Fe-Fe₃C 状态图的应用

Fe-Fe₃C 状态图在金属材料的研究和生产实践中均有重要实用价值,其应用如下:

1. 在选材方面的应用

根据 Fe-Fe₃C 相图可以推断铁碳合金的组织随成分、温度的变化规律。依据工件的工作条件及对性能的要求,可以借助状态图合理地选择材料。

2. 在铸造方面的应用

从 Fe-Fe₃C 状态图中可以找出不同铁碳合金的熔点,从而可以确定合适的熔化浇注温度。靠近共晶成分的铸铁,熔点低,结晶温度区间小,其流动性较好,分散缩孔较少,可使缩孔集中,得到致密的铸件。因此,依据状态图可以确定所需铸铁成分及浇注温度,得到共晶成分的铸铁。

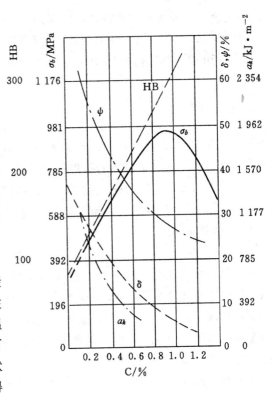

图 3-19 含碳量对钢力学性能的影响

3. 在锻造方面的应用

奥氏体具有良好的塑性和压力加工性能,一般把钢加热到单相奥氏体区进行压力加工。为了避免钢材氧化严重,始锻、始轧温度不能过高;为了避免塑性过低而发生裂纹,终锻、终轧温度也不能过低。根据 Fe-Fe₃C 相图,可以正确地选择锻、轧工艺温度规范。

4. 在热处理方面的应用

根据 $Fe\text{-}Fe_3C$ 相图,可以确定各种热处理工艺的加热温度规范。

3.4　碳钢

[知识要点]

碳钢的分类、牌号及用途

[教学目标]

了解碳钢的分类、牌号及用途

[相关知识]

碳素钢简称碳钢,是含碳量小于 2.11% 的铁碳合金,并含有少量的硅、锰、硫、磷等杂质。碳钢冶炼方便,价格低廉,产量大且具有良好的力学性能和工艺性能,能够满足一般机械工业用钢要求,其应用十分广泛。

3.4.1　常存杂质元素对碳钢性能的影响

碳钢中碳元素对钢的性能起着决定性作用。冶炼时难以清除的一些杂质元素,主要有 P、S、Si、Mn 等,它们对钢的性能也会产生重要影响。下面简要介绍这几种常存杂质元素的作用。

1. 磷(P)

磷是由生铁带入钢中的杂质元素。通常磷能全部固溶于铁素体中,使铁素体强化,提高钢的强度和硬度,但使塑性和韧性显著降低,特别是在低温下影响更大。我们把这种现象称为冷脆性。由于含碳量较高的钢焊接时易产生裂纹,因此,钢中的含磷量应严格控制。

磷的有害作用可以被转化利用。在易切削钢中提高磷的含量,可使高速切削条件下刀具磨损较轻,达到较低的表面粗糙度;在炮弹钢中提高磷的含量,能够使炮弹爆炸时裂成更多碎片,增强杀伤力。

2. 硫(S)

硫是由生铁和燃料带来的。在固态下,它不溶于铁,而是以 FeS 的形式存在于钢中。FeS 与铁形成低熔点共晶体,熔点为 985 ℃,分布在奥氏体晶界上。当钢在 1 000 ℃～1 200 ℃进行热加工时,由于晶界上共晶体已经熔化,致使各个晶粒分离,使钢沿晶界开裂。这种现象称为热脆性。为了避免产生热脆性,钢中的含硫量也是严格控制的。

3. 硅和锰(Si、Mn)

硅和锰都来自于生铁和脱氧剂。在室温下都能溶于铁素体形成固溶体,使铁素体强化,提高钢的强度和硬度。锰还可以降低硫的有害作用。一般认为,硅和锰在钢中是有益的元素。硅的含量不超过 0.4%,锰的含量约为 0.25%～0.8%。

3.4.2　碳钢的分类、牌号及用途

碳钢的品种繁多,分类如下:

① 按钢的含碳量分为以下三种:

低碳钢　　　　含碳量≤0.25%

中碳钢　　　　含碳量0.25%~0.6%

高碳钢　　　　含碳量≥0.6%

② 按钢的用途可分为碳素结构钢、优质碳素结构钢及碳素工具钢三大类,下面分别介绍。

3.4.2.1　碳素结构钢

这类钢含硫、磷杂质多,一般都制成型材、板材及槽钢、圆钢、方钢、扁钢、螺纹钢、角钢、盘条、钢管、工字钢等,价格比较便宜,在能满足使用性能要求的情况下应优先选用。

根据 GB 700—88《碳素结构钢》的规定,碳素结构钢的牌号由代表屈服点的字母 Q、屈服点数值、质量等级符号及脱氧程度符号等四部分按顺序组成。碳素结构钢的牌号及化学成分见表 3-2,其力学性能见表 3-3。

表 3-2　　　　　　　　碳素结构钢的牌号及化学成分　（摘自 GB 700—88）

牌号	等级	化　学　成　分						脱氧方法
		C	Mn	Si	S	P		
					（不大于）			
Q195	—	0.06~0.12	0.25~0.50	0.30	0.050	0.045		F\b\Z
Q215	A	0.09~0.15	0.25~0.55	0.30	0.050	0.045		FbZ
	B				0.045			
Q235	A	0.14~0.22	0.30~0.65	0.30	0.050	0.045		FbZ
	B	0.12~0.20	0.30~0.70		0.045			
	C	≤0.18	0.35~0.80		0.040	0.045		Z
	D	≤0.17			0.035	0.045		TZ
Q255	A	0.18~0.28	0.40~0.70	0.30	0.050	0.045		Z
	B				0.045			
Q275	—	0.28~0.38	0.50~0.80	0.35	0.050	0.045		Z

注:Q235A、Q235B级沸腾钢锰含量上限为 0.60%。

表 3-3　　　　　　　　碳素结构钢的力学性能（摘自 GB 700—88）

牌号	等级	屈服点 δ_s/MPa						抗拉强度 σ_b/MPa	伸长率 δ_5/%≥						V 形冲击功（纵向）/J
		钢材厚度（直径）/mm							钢材厚度（直径）/mm						
		≤16	>16~40	>40~60	>60~100	>100~150	>150		≤16	>16~40	>40~60	>60~100	>100~150	>150	
Q195	—	(195)	(185)	—	—	—	—	315~390	33	32	—	—	—	—	—
Q215	A	215	205	195	185	175	165	335~410	31	30	29	28	27	20	—
	B														27

续表 3-3

牌号	等级	屈服点 δ_s/MPa						抗拉强度 σ_b/MPa	伸长率 δ_5/%≥						V 形冲击功（纵向）/J
		钢材厚度（直径）/mm							钢材厚度（直径）/mm						
		≤16	>16~40	>40~60	>60~100	>100~150	>150		≤16	>16~40	>40~60	>60~100	>100~150	>150	
Q235	A	235	225	215	205	195	185	375~460	26	25	24	23	22	21	—
	B														27
	C														
	D														
Q255	A	255	245	235	225	215	205	410~510	24	23	22	21	20	19	27
	B														
Q275	—	275	265	255	245	235	225	490~610	20	19	18	17	16	15	

牌号中字母、数字表示的含义介绍如下：

Q——钢材屈服点，"屈"字汉语拼音之首字母；

数字——屈服点数值，MPa；

A、B、C、D——质量等级，其中 A、B、C 为普通级，D 为优质级；

F——沸腾钢，"沸"字汉语拼音之首字母；

b——半镇静钢，"半"字汉语拼音之首字母；

Z——镇静钢，"镇"字汉语拼音之首字母；

TZ——特殊镇静钢，"特"、"镇"汉语拼音之首字母。

在牌号中"Z"符号予以省略。凡牌号中不写脱氧方法符号的都为镇静钢。

在冶炼过程中，当杂质氧化时，铁也被氧化成 FeO，氧化铁溶解在钢中使钢质量变坏，因为钢水在凝固过程中氧化铁被还原放出一氧化碳（CO），其反应如下：

$$FeO + C \rightarrow Fe + CO$$

当钢表面凝固后，CO 气体仍在钢中不断析出形成起泡，导致钢锭产生气孔从而影响钢的质量。为了减少 FeO 的有害作用，要在钢中加入锰铁、硅铁进行脱氧，其反应是

$$Mn + FeO \rightarrow Fe + MnO$$

$$Si + 2FeO \rightarrow 2Fe + SiO_2$$

若钢水脱氧不完全，一氧化碳气体在钢水中上升使钢水沸腾，这样的钢叫沸腾钢。当钢的表面凝固后，CO 气体就形成许多小气孔，残留在钢锭中不能逸出。这类钢内部组织疏松，均匀分布着海绵状松孔，钢锭上部无缩孔，轧制时不需要切除浇口，损耗较少，成本较低，但强度和韧性较差。

脱氧完全、钢水不沸腾的钢叫镇静钢。这类钢的内部组织致密，钢锭上有较深的缩孔，轧制前必须将顶端切除，钢材利用率低、成本较高，但质量较好。优质碳素结构钢和合金钢都是镇静钢。

碳素结构钢的用途参看表 3-4。

表 3-4 碳素结构钢的主要用途

钢号	用途举例
Q195	薄板、钢丝、焊接钢管、钢丝网、屋面板、烟筒、炉撑、地脚螺丝、铆钉、犁板等
Q215	
Q235	薄板、钢筋、钢结构用各种型钢及条钢、中厚板、铆钉、道钉,各种机械零件如拉杆、螺栓、螺钉、钩子、套环、轴、连杆、销钉等
Q255	钢结构用各种型钢及条钢,但使用面不如 Q235 广泛,也用于制造各种机械零件,如 Q235 所列项
Q275	鱼尾板、农业机械用型钢及异类钢,还用于钢筋,但已逐渐减少使用

3.4.2.2　优质碳素结构钢

优质碳素结构钢是主要的机械制造用钢。这类钢含 S、P 等有害杂质少(S、P≤0.035%),质量较好,一般要经过热处理以提高其力学性能,常用来制造各种重要的机械零件。

根据含碳量不同,优质碳素结构钢又分为正常含锰量和较高含锰量两种。优质碳素结构钢的牌号中用两位数字表示其含碳量的万分数。含碳量较高的钢(0.7%~1.2%)在两位数字后标出锰元素符号,如"50Mn"。牌号中"F"表示沸腾钢,如"15F"。优质碳素结构钢的牌号、成分、热处理及力学性能见表 3-5。

表 3-5 优质碳素结构钢的牌号、成分、热处理及力学性能(摘自 GB 699—88)

牌号	主要化学成分/%			试样毛坯/mm	交货状态硬度 HBS(不大于)		推荐热处理/℃			力学性能				
	C	Si	Mn		未热处理	退火钢	正火	淬火	回火	σ_b/MPa	σ_s/MPa	δ_5/%	φ/%	a_k/J
										不小于				
08F	0.05~0.11	≤0.06	0.25~0.50	25	131		930			295	175	35	60	
10F	0.07~0.14	≤0.07	0.25~0.50	25	137		930			315	185	33	55	
15F	0.12~0.19	≤0.07	0.25~0.50	25	143		920			355	205	29	55	
08	0.05~0.12	0.17~0.37	0.35~0.65	25	131		930			325	195	33	60	
10	0.07~0.14	0.17~0.37	0.35~0.65	25	137		930			335	205	31	55	
15	0.12~0.19	0.17~0.37	0.35~0.65	25	143		920			375	225	27	55	
20	0.17~0.24	0.17~0.37	0.35~0.65	25	156		910			410	245	25	55	
25	0.22~0.30	0.17~0.37	0.50~0.80	25	170		900	870	600	450	275	23	50	71
30	0.27~0.35	0.17~0.37	0.50~0.80	25	179		880	800	600	490	295	21	50	63
35	0.32~0.40	0.17~0.37	0.50~0.80	25	197		870	850	600	530	315	20	45	55
40	0.37~0.45	0.17~0.37	0.50~0.80	25	217	187	860	840	600	570	335	19	45	47
45	0.42~0.50	0.17~0.37	0.50~0.80	25	229	197	850	840	600	600	355	16	40	39
50	0.47~0.55	0.17~0.37	0.50~0.80	25	241	207	830	830	600	630	375	14	40	31
55	0.52~0.60	0.17~0.37	0.50~0.80	25	255	217	820	820	600	645	380	13	35	
60	0.57~0.65	0.17~0.37	0.50~0.80	25	255	229	810			675	400	12	35	

牌号	主要化学成分/%			试样毛坯/mm	交货状态硬度 HBS（不大于）		推荐热处理/℃			力学性能				
	C	Si	Mn		未热处理	退火钢	正火	淬火	回火	σ_b/MPa	σ_s/MPa	δ_5/%	φ/%	a_k/J
										不小于				
65	0.62~0.70	0.17~0.37	0.50~0.80	25	255	229	810			695	410	10	30	
70	0.67~0.75	0.17~0.37	0.50~0.80	25	269	229	790			715	420	9	30	
75	0.72~0.80	0.17~0.37	0.50~0.80	试样	285	241		820	480	1080	880	7	30	
80	0.77~0.85	0.17~0.37	0.50~0.80	试样	285	241		820	480	1080	930	6	30	
85	0.82~0.90	0.17~0.37	0.50~0.80	试样	302	255		820	480	1130	980	6	30	
15Mn	0.12~0.19	0.17~0.37	0.70~1.00	25	163		920			410	245	26	55	
20Mn	0.17~0.24	0.17~0.37	0.70~1.00	25	197		910			450	275	24	50	
25Mn	0.22~0.30	0.17~0.37	0.70~1.00	25	207		900	870	600	490	295	22	50	71
30Mn	0.27~0.35	0.17~0.37	0.70~1.00	25	217	187	880	860	600	540	315	20	45	63
35Mn	0.32~0.40	0.17~0.37	0.70~1.00	25	229	197	870	850	600	560	335	19	45	55
40Mn	0.37~0.45	0.17~0.37	0.70~1.00	25	229	207	840	600		590	355	17	45	47
45Mn	0.42~0.50	0.17~0.37	0.70~1.00	25	241	217	850	840	600	620	375	15	40	39
50Mn	0.48~0.56	0.17~0.37	0.70~1.00	25	255	217	830	830	600	645	390	13	40	31
60Mn	0.57~0.65	0.17~0.37	0.70~1.00	25	269	229	810			695	410	11	35	
65Mn	0.62~0.70	0.17~0.37	0.90~1.20	25	285	229	810			735	430	9	30	
70Mn	0.67~0.75	0.17~0.37	0.90~1.20	25	285	229	790			785	450	8	30	

1. 正常含锰量的钢（Mn=0.25%~0.8%）

这类钢的含碳量在 0.05%~0.8%之间，且产量高，价格低廉，应用最广泛。其牌号以含碳量的万分之几的两位数字表示。如 20 号钢表示含碳量为 0.20%。

10~30 钢强度不高，但塑性好，具有良好的冷冲压性和焊接性能，常用来制造受力不大，而韧性、塑性要求较高的零件，如焊接容器、螺钉、螺母、杆件、轴套等。此外，可以经过渗碳热处理使得表面硬而耐磨且心部有良好的韧性，可用于制造齿轮、摩擦片等。

35~55 钢具有一定的强度，又有较好的塑性，经过热处理可获得良好的综合力学性能，一般多用作受力较大的零件，如制造轴、齿轮、凸轮、水泵转子及减速机齿轮等，其中以 45 钢应用最广泛。

60~85 钢经适当热处理后，具有良好的弹性、耐磨性，故用来做螺旋弹簧以及耐磨件等。

15~50 钢也常用来做铸钢件，如大齿轮及绳轮等。

2. 较高含锰量的钢（Mn=0.7%~1.2%）

这类钢含碳量一般在 0.17%~1.2%之间，因含锰量较高，所以强度和耐磨性都比正常含锰量钢好，并具有更优良的使用性能。

3.4.2.3 碳素工具钢

碳素工具钢主要用于制造工具、量具和模具。这类钢的含碳量一般在 0.65%~1.35%

之间,具有高的硬度、耐磨性及足够的韧性,全部是优质或高级优质钢。

根据 GB1298—86 的规定,碳素工具钢牌号用"碳"字汉语拼音之首字母"T"表示,并在其后附以数字来表示钢中平均含碳量的千分之几,如"T7"。高级优质碳素工具钢在牌号后加"A",如"T7A"。

优质碳素工具钢和高级优质碳素工具钢的区别在于杂质 S、P 的含量不同。

碳素工具钢经适当热处理,可获得很高的硬度和耐磨性,但热硬性差,只能用于制作一般温度下工作的工、量具和模具等,如冲头、手锯锯条、丝锥、量规、锉刀、手锤等。

碳素工具钢的牌号、化学成分、性能和用途见表 3-6。

表 3-6　　　　　　　　　　　　碳素工具钢的牌号、化学成分、性能和用途

牌号	化学成分/%					硬度			用途举例
	C	Mn	Si	S	P	退火状态/GBS (不大于)	试样淬火		
				(不大于)			淬火温度(℃)和冷却剂	HRC (不小于)	
T7	0.65~0.74	≤0.40	≤0.35	0.030	0.035	187	800~820 水	62	淬火、回火后,常用于制造能承受振动、冲击,并且在硬度适中情况下有较好韧性的工具,如凿子、冲头、木工工具、大锤等
T8	0.75~0.84	≤0.40	≤0.35	0.030	0.035	187	780~800 水	62	淬火、回火后,常用于制造要求有较高硬度和耐磨性的工具,如冲头、木工工具、剪切金属用剪刀等
T8Mn	0.80~0.90	≤0.40	0.40~0.80	0.030	0.035	187	780~780 水	62	性能和用途与 T8 钢相似,但由于加入锰,提高了淬透性,可用于制造截面较大的工具
T9	0.85~0.94	≤0.40	≤0.35	0.030	0.035	192	760~780 水	62	用于制造一定硬度和韧性的工具,如冲模、冲头、凿岩石用凿子等
T10	0.95~1.04	≤0.40	≤0.35	0.030	0.035	197	760~780 水	62	用于制造耐磨性要求较高,有锋利刃口的各种工具,如刨刀、车刀、钻头、丝锥、手锯锯条、拉丝模、冷冲膜等
T11	1.05~1.14	≤0.40	≤0.35	0.030	0.035	207	760~780 水	62	用途与 T10 钢基本相同,一般习惯上采用 T10 钢
T12	1.15~1.24	≤0.40	≤0.35	0.030	0.035	207	760~780 水	62	用于制造不受冲击、要求高硬度的各种工具,如丝锥、锉刀、刮刀、绞刀、板牙、量具等
T13	1.25~1.35	≤0.40	≤0.35	0.030	0.035	217	760~780 水	62	适用于制造不受振动、要求极高硬度的各种工具,如剃刀、刮刀、刻字刀具等

思考题

1. 铁从液态冷至室温,有哪些异晶转变? 各自的溶碳量是多少?

2. 画出铁碳合金相图,填出各相区的相组成物,说明相图中的主要点和线的意义。

3. 分析含碳量为 0.45%、1.20%、3.0%的铁碳合金从液态缓冷到室温的平衡相变过程和室温平衡组织,画出显微组织示意图。

4. 简述碳钢的含碳量、显微组织与力学性能之间的关系。

5. 现有形状尺寸完全相同的四块平衡状态的铁碳合金,它们分别为 C0.20%;C0.40%;C1.20%;C3.50%合金。根据所学的理论,可有哪些方法区别它们?

6. 试说明下列牌号各代表什么钢,其牌号中的符号各表示什么:Q235A、10、45、15Mn、T8、T10A。

7. 试对下列工件选用合适的碳钢,并说明选用的理由是什么:手锤、自行车座垫弹簧、机床齿轮、手工锯条。

第4章 钢的热处理

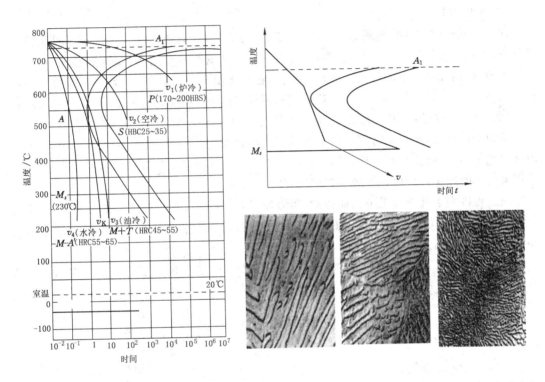

改善钢铁材料的性能,目前主要从三个加工工艺环节来实现。第一,调整钢的化学成分,加入合金元素,即合金化环节;第二,钢铁材料在加工成需要的形状尺寸或备制毛坯时,采取各种压力加工方法,在材料发生塑性变形的同时也改善了其内部组织结构,促使材料性能向进一步加强的积极方面发展;第三,对钢铁实施热处理,来实现和完成之前两种途径的最终目的,使得钢铁材料性能得到大幅提高,来满足使用需求。

钢的热处理是通过加热、保温和冷却改变金属内部或表面的组织,从而获得所需性能的工艺方法。组织转变是热处理的核心问题,因此钢在加热和冷却过程中的组织转变规律是讨论的重点,也是理解和掌握各种热处理工艺方法的基础。普通常用钢的处理工艺有退火、正火、淬火、回火(俗称"四把火")和表面热处理。

本章应掌握钢在加热和冷却过程中组织转变的基本规律,并能熟练应用钢的等温转变曲线和连续转变曲线来解决实际问题。针对具体情况具体分析,合理应用"四把火"等热处理工艺。

4.1　热处理概述

［知识要点］
热处理的定义与分类
［教学目标］
1. 掌握热处理的概念
2. 了解热处理的目的和热处理的种类
［相关知识］

热处理是一种重要的金属加工工艺,在机械制造工业中已被广泛应用。钢经过正确的热处理,可提高使用性能,改善工艺性能,达到充分发挥材料性能潜力、提高产品质量、延长使用寿命、提高经济效益的目的。据初步统计,在机床制造中,约 60%～70% 的零件要经过热处理;在汽车、拖拉机制造中,需要热处理的零件多达 70%～80%;至于工、模具及滚动轴承,则要 100% 进行热处理。总之,重要的零件都必须进行适当的热处理才能使用。

所谓钢的热处理,是指将钢在固态下进行加热、保温和冷却三个基本过程,以改变钢的内部组织结构,从而获得所需性能的一种加工工艺。为简明表示热处理的基本工艺过程,通常用温度—时间坐标绘出热处理工艺曲线,如图 4-1 所示。

热处理区别于其他加工工艺如铸造、压力加工等的特点是不改变工件的形状,只改变其组织,通过改变组织来改变性能。热处理只适用于固态下发生组织相变的材料,不发生固态相变的材料不能用热处理来强化。

根据不同的目的、要求、工艺方法和组织性能的变化,热处理可以分为三大类,如图 4-2 所示。

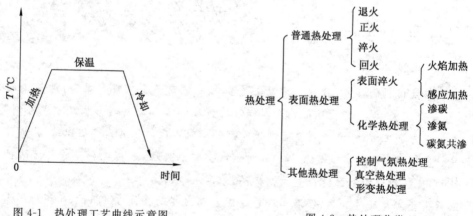

图 4-1　热处理工艺曲线示意图　　　　图 4-2　热处理分类

热处理可以是机械零件加工制造工艺中的一中间工序,如改善锻、轧、铸毛坯组织的退火或正火,消除应力、降低工件硬度、改善切削加工性能的退火等,也可以是使机械零件性能达到规定技术指标的最终工序,如经过淬火加高温回火,使机械零件获得极为良好的综合力学性能等。由此可见,热处理同其他工艺过程关系密切,在机械零件加工制造过程中有很重要的地位和作用。

4.2　钢在加热时的组织转变

[知识要点]

1. 钢在加热、冷却时的临界转变温度
2. 钢加热过程的中奥氏体化
3. 奥氏体晶粒的长大和控制

[教学目标]

1. 了解钢的临界转变温度的概念
2. 初步掌握钢在加热过程中奥氏体的形成过程,奥氏体晶粒的长大和控制因素

[相关知识]

4.2.1　碳钢组织转变临界温度

如图 4-3 所示是碳钢加热和冷却时临界转变温度的相应位置。共析钢加热至 Fe-Fe₃C 相图 PSK 线(A_1线)以上全部转变为奥氏体;亚、过共析钢则必须加热到 GS 线(A_3线)和 ES 线(A_{cm}线)以上才能获得单相奥氏体。A_1线、A_3线和 A_{cm}线是钢在缓慢加热和冷却过程中组织转变的临界点。实际上,钢进行热处理时其组织转变并不是按铁碳相图上的平衡温度进行,通常都有不同程度的滞后现象,金属学上又叫过冷和过热现象,即实际转变温度要偏离平衡的临界温度。通常把加热时的实际临界温度标以字母"c",如 A_{c1}、A_{c3}、A_{ccm};而把冷却时的实际临界温度标以字母"r",如 A_{r1}、A_{r3}、A_{rcm}等。

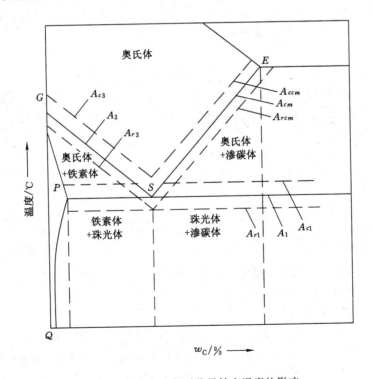

图 4-3　加热和冷却对临界转变温度的影响

钢的热处理首先需要进行加热,在生产中有两种不同性质的加热:一种是在 A_1(727℃)温度以下的加热,这种热处理工艺并不需要通过相变来完成,如去应力退火;另一种是在 A_1 温度以上的加热,其目的是使钢全部或部分获得均匀的奥氏体组织,以便采用适当的冷却方式获得需要的组织结构。由 Fe-Fe₃C 状态图可知,共析钢、亚共析钢、过共析钢分别加热到 A_1、A_3、A_{cm} 温度以上,都可获得单相的奥氏体组织。通常把这种加热转变称为奥氏体化。

4.2.2 钢的奥氏体化

为了使钢件热处理后获得所需要的性能,对于大多数热处理工艺(如淬火、正火和普通退火等),其加热温度应高于钢的临界点 A_1 或 A_3,使钢件转变为奥氏体组织,然后以一定的冷却方式冷却,以获得所要求的组织和性能。加热(及保温)获得奥氏体组织的这一过程称为奥氏体化。一般来讲,加热时形成的奥氏体晶粒越细小,钢热处理后的强度越高,塑性越好,冲击韧性越高,所以说钢的奥氏体化就是为了获得均匀、细小的奥氏体晶粒,以便在冷却后获得良好的组织与性能。

4.2.2.1 共析钢加热组织转变

按照铁—碳相图,共析钢在 A_1 温度以下加热时,其相组成保持不变;加热到 A_1 点以上时,珠光体全部转变为奥氏体。在亚共析(过共析)钢中,当缓慢加热到 A_1 稍上温度后,除珠光体全部转变为奥氏体外,还有少量先共析铁素体(渗碳体)转变为奥氏体。此时钢由先共析铁素体(渗碳体)加奥氏体两相组成。继续升高温度,先共析铁素体(渗碳体)不断向奥氏体转变。当温度升高到 A_3(A_{cm})点以上时,先共析相全部转变为奥氏体,此时钢中只有单相奥氏体存在。奥氏体的形成是通过形核及长大过程来实现的,基本过程可以描述为四个步骤,如图 4-4 所示。现以共析钢为例说明。

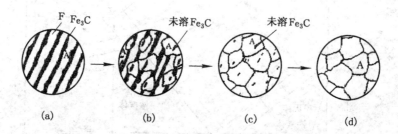

图 4-4 共析碳钢的奥氏体形成过程示意图
(a) A 形核;(b) A 长大;(c) 残余 Fe₃C;(d) A 均匀化

1. 奥氏体晶核的形成

奥氏体晶核的形成伴随着铁原子和碳原子的扩散,是一种扩散型的相变。奥氏体晶核容易在铁素体和渗碳体相界面处形成。

2. 奥氏体晶核的长大

奥氏体晶核形成之后,它一面与渗碳体相接,另一面与铁素体相接。奥氏体的含碳量是不均匀的,与铁素体相接处含碳量较低,而与渗碳体相接处含碳量较高,因此,在奥氏体中出现了碳含量梯度,引起碳在奥氏体中不断由高含量向低含量的扩散。随着碳原子扩散的进行,破坏了原先碳含量的平衡,造成奥氏体与铁素体相接处的碳含量增高以及奥氏体与渗碳体相接处碳含量的降低。为了恢复原先碳含量的平衡,势必促使铁素体向奥氏体转变以及渗碳体的溶解。这样,碳含量破坏平衡和恢复平衡的反复循环过程,就使奥氏体逐渐向渗碳体和铁素体两方面转变,直至铁素体全部转变为奥氏体为止。

3. 残余渗碳体的溶解

在奥氏体的形成过程中,铁素体比渗碳体先消失,因此奥氏体形成之后,还残存未溶渗碳体。这部分未溶的残余渗碳体将随着时间的延长,继续不断地溶入奥氏体直至渗碳体全部消失。

4. 奥氏体均匀化

当残余渗碳体全部溶解时,奥氏体中的碳含量仍然是不均匀的,在原来渗碳体处含碳量较高,而在原来铁素体处含碳量较低。如果继续延长保温时间,通过碳的扩散,可使奥氏体的含碳量逐渐趋于均匀。

4.2.2. 非共析钢的加热转变

亚共析钢与过共析钢的珠光体加热转变为奥氏体过程与共析钢转变过程是一样的,即在 A_{c1} 温度以上加热无论亚共析钢或是过共析钢中的珠光体均要转变为奥氏体。不同的是还有亚共析钢的铁素体的转变与过共析钢的二次渗碳体的溶解。更重要的是铁素体的完全转变要在 A_3 温度(Fe-Fe$_3$C 状态图的 GS 线)以上,考虑热滞后实际要在 A_{c3} 以上,二次渗碳体的完全溶解要在温度 A_{cm}(Fe-Fe$_3$C 状态图的 ES 线)以上,考虑热滞后要在 Ac_{cm} 以上。即亚共析钢加热后组织全为奥氏体需在 A_{c3} 以上,对过共析钢要在 A_{ccm} 以上。如果亚共析钢仍仅在 A_{c1}～A_{c3} 温度之间加热,无论加热时间多长加热后的组织仍为铁素体与奥氏体共存。对过共析钢在 A_{c1}～A_{ccm} 温度之间加热,加热后的组织应为二次渗碳体与奥氏体共存。加热后冷却过程的组织转变也仅是奥氏体向其他组织的转变,其中的铁素体及二次渗碳体在冷却过程中不会发生转变。

4.2.3 影响奥氏体形成和长大的因素

钢在加热时所获得的奥氏体晶粒大小将直接影响到冷却后的组织和性能。

4.2.3.1 奥氏体的晶粒度

奥氏体化刚结束时的晶粒度称起始晶粒度,此时晶粒细小均匀。随加热温度升高或保温时间延长,会出现晶粒长大的现象。在给定温度下奥氏体的晶粒度称为实际晶粒度,它直接影响钢的性能。钢在加热时奥氏体晶粒的长大倾向称为本质晶粒度。通常将钢加热到 940 ±10 ℃奥氏体化后,设法把奥氏体晶粒保留到室温来判断钢的本质晶粒度,如图 4-5 所示。晶粒度为 1～4 级的是本质粗晶粒钢,5～8 级的是本质细晶粒钢,前者晶粒长大倾向大,后者晶粒长大倾向小。

在工业生产中,经锰硅脱氧的钢一般都是本质粗晶粒钢,而经铝脱氧的钢、镇静钢则多为本质细晶粒钢。需进行热处理的工件,一般应采用本质细晶粒钢制造。

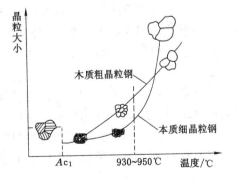

图 4-5　钢的本质晶粒度示意图

4.2.3.2　影响奥氏体晶粒大小的因素

由于奥氏体的形成是靠晶核形成和长大来完成的,因此,一切影响奥氏体形成速度的因素都对奥氏体晶粒大小起作用。

（1）加热温度和保温时间

加热温度高、保温时间长,奥氏体晶粒粗大。即使是本质细晶粒钢,当加热温度过高时,奥氏体晶粒也会迅速粗化。

（2）加热速度

加热速度越快,过热度越大,形核率越高,晶粒越细。

（3）合金元素

随奥氏体中碳含量的增加,奥氏体晶粒长大倾向变大,但如果碳以残余渗碳体的形式存在,则由于其阻碍晶界移动,反而使长大倾向减小。同样,在钢中加入碳化物形成元素（如钛、钒、铌、钽、锆、钨、钼、铬等）和氮化物、氧化物形成元素（如铝等）,都能阻碍奥氏体晶粒长大。而锰、磷溶于奥氏体后,使铁原子扩散加快,所以会促进奥氏体晶粒长大。

（4）原始组织

接近平衡状态的组织有利于获得细奥氏体晶粒。

奥氏体晶粒粗大,冷却后的组织也粗大,降低钢的常温力学性能,尤其是塑性。因此加热得到细而均匀的奥氏体晶粒是热处理的关键问题之一。

4.3　钢在冷却时的组织转变

[知识要点]

1. 过冷奥氏体等温转变
2. 过冷奥氏体的连续冷却转变

[教学目标]

1. 学习过冷奥氏体等温转变与连续冷却转变的特点
2. 掌握过冷奥氏体等温转变组织变化规律

[相关知识]

钢加热的组织转变并不是最终目的,钢的性能最终取决于奥氏体冷却转变后的组织,而冷却才是热处理的关键阶段。钢奥氏体化后再冷却到 A_1 线以下时,处于不稳定状态,它有自发地转变为稳定状态的倾向,处于未转变的、暂时存在的、不稳定的奥氏体称为过冷奥氏体,它是非稳定组织,迟早要发生转变。在热处理生产中,过冷奥氏体的冷却方式有两种:

一种是等温冷却方式,即将过冷奥氏体快速冷却到相变点以下某一温度进行等温转变,然后再冷却到室温,如图 4-6 所示为共析钢等温转变曲线。

另一种是连续冷却方式,即将过冷奥氏体以不同的冷却速度连续地冷却到室温,使之发生转变的方式,如图 4-7 所示为共析钢连续冷却组织转变图。

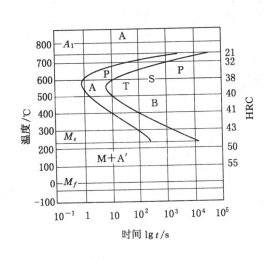

图 4-6 冷却方式示意图
1——等温冷却；2——连续冷却

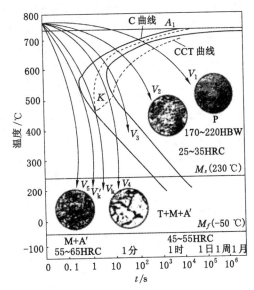

图 4-7 共析钢连续冷却组织转变图

4.3.1 过冷奥氏体的等温转变

4.3.3.1 共析钢的等温转变图

过冷奥氏体的等温转变图是表示奥氏体急速冷却到临界点 A_1 以下，在各不同温度下的保温过程中，其转变量与转变时间的关系曲线图，也称 TTT 曲线，因为其形状像字母 C，所以又称 C 曲线。C 曲线是利用热分析等方法获得的。

图 4-7 为共析钢的 C 曲线，可将其分成 5 个区域：

A_1 线以上是稳定的奥氏体区；

两条 C 曲线中，左边的一条为转变开始线，其与 M_s 线为过冷奥氏体转变开始线，$A_1 \sim M_s$ 间及转变开始线以左的区域为过冷奥氏体区；

C 曲线中右边的一条为转变终了线，转变终了线以右及 M_f 线以下为转变产物区，该区是奥氏体转变产物区；

两曲线中间为"过冷奥氏体＋转变产物"的混合区；

在 $M_s \sim M_f$ 之间为马氏体区。马氏体是过冷奥氏体以极快的冷却速度冷却到室温时形成的碳在 α-Fe 中的过饱和固溶体。M_s 是马氏体开始转变温度，M_f 是转变终了温度。

4.3.3.2 共析钢过冷奥氏体等温转变产物及性能

共析钢的过冷奥氏体等温转变产物分析见表 4-1，共析钢等温转变产物的显微组织如图 4-8 所示。

亚共析钢与过共析钢过冷奥氏体等温转变规律与共析钢类似，本书不做过多叙述。

4.3.2 过冷奥氏体的连续冷却转变

为了描述过冷奥氏体在连续冷却条件下的转变，需要建立一个连续冷却转变图。过冷奥氏体的连续冷却转变图是指钢经奥氏体化后，在经过不同的冷却速度连续冷却的条件下，获得的转变温度、转变时间、转变产物之间的关系曲线（又称 CCT 曲线）。

表 4-1　　　　　　　　　　　共析钢等温转变产物及性能

转变性质	转变产物		转变温度 /℃	组织形态	性　能
	名　称	符号			
高温扩散型转变（Fe、C 原子扩散）（$A_1 \sim 550$ ℃）	珠光体类型（Fe+Fe₃C）	P	$A_1 \sim 650$	光学显微镜下呈粗层片状珠光体	片间距>0.3 μm,17 ~23 HRC
		S	$650 \sim 600$	高倍光学显微镜下呈细层片状索氏体	片间距 0.1 ~ 0.3 μm，23 ~ 32 HRC
		T	$600 \sim 550$	电子显微镜下呈极细层片状托氏体	片间距<0.1 μm,33 ~40 HRC
中温过渡型转变（Fe 原子不能扩散,只有 C 原子做短距离扩散）（550 ℃~M_s）	贝氏体类型（含碳过饱和的铁素体+碳化物）	B上	$550 \sim 350$	呈羽毛状的上贝氏体	硬度约为 45 HRC,韧性差
		B下	$350 \sim 230$	呈针叶状的下贝氏体	硬度约为 50 HRC,韧性好,综合力学性能高
低温非扩散型转变（Fe、C 原子不能扩散）（$M_s \sim M_f$）	马氏体（C 在 α-Fe 中的过饱和固溶体）	M	$M_s \sim M_f$ 230~50 （非等温）	板条状马氏体（ω_c<0.2%）	硬度为 50 ~ 55 HRC,韧性好
				片状马氏体（ω_c>1.0%）双凸透镜状	硬度约为 60 HRC,脆性大

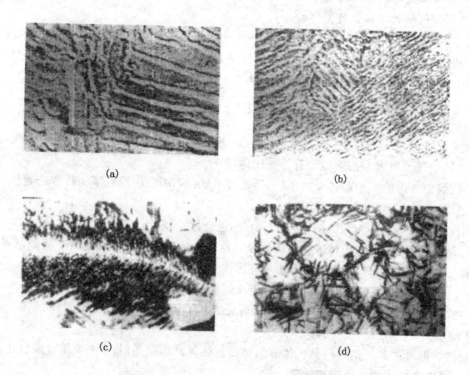

图 4-8　共析钢等温转变产物显微组织
(a) 索氏体(电镜);(b) 托氏体(电镜子);(c) 上贝氏体(500×);(d) 下贝氏体(500×)

共析钢过冷奥氏体连续冷却转变图如图 4-9 所示。从图 4-9 可以看出，连续冷却转变曲线只有 P、M 转变区，无 B 转变区。P_s、P_f 为过冷奥氏体向珠光体转变的开始线和终了线，AB 线是珠光体的停止转变线。当冷却曲线与 AB 线相交时，过冷奥氏体不再发生珠光体类型的转变，未转变的过冷奥氏体直接冷却到 M_s～M_f 点之间进行马氏体转变。冷却曲线与 A 点相切的冷却速度 v_k 称上临界冷却速度（或称马氏体临界冷却速度），它是获得全部马氏体组织的最小冷却速度；v_k 愈小，钢件在淬火时愈易得到马氏体组织。v_k' 称为下临界冷却速度，它是获得全部珠光体型组织的最大冷却速度；v_k' 愈小，则退火所需要的时间就愈长。图中标出了不同冷却速度的冷却曲线。实验表明，按不同冷却速度连续冷却时，过冷奥氏体的转变产物接近于连续冷却曲线与等温转变曲线相交温度范围所发生的等温转变产物。

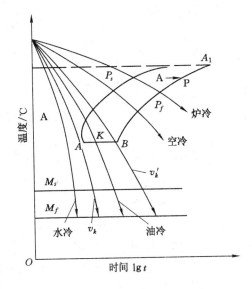

图 4-9 共析钢连续冷却转变图

共析钢连续冷却转变曲线较等温转变曲线向右下方移一些，并且没有贝氏体相变区域。由于连续冷却转变曲线的测定比较困难，所以，生产实践中，常利用等温转变图来定性地分析钢在连续冷却时的转变情况。

4.4 钢的普通热处理

[知识要点]
1. 钢的退火和正火
2. 钢的淬火和回火

[教学目标]
1. 掌握钢的退火、正火、淬火和回火的概念
2. 了解退火、正火、淬火和回火的目的和分类
3. 掌握退火、正火、淬火和回火的应用

[相关知识]

4.4.1 钢的退火和正火

4.4.1.1 退火、正火的定义、目的和分类

将组织偏离平衡状态的金属和合金加热到适当的温度，保持一定时间，然后缓慢冷却以达到接近平衡状态组织的热处理工艺称为退火。

钢的退火一般是将钢材或钢件加热到临界温度以上的适当温度，保温适当时间后缓慢冷却，以获得接近平衡的珠光体组织的热处理工艺。

钢的正火也是将钢材或钢件加热到临界温度以上的适当温度，保温适当时间后以较快冷却速度冷却（通常在空气中冷却），以获得珠光体类型组织的热处理工艺。

退火和正火是应用非常广泛的热处理。在机器零件或工、模具等工件的加工制造过程中,退火和正火经常作为预先热处理工序,安排在铸造或锻造之后、切削(粗)加工之前,用以消除前一工序所带来的某些缺陷,为随后的工序作组织准备。例如,在铸造或锻造等热加工以后,钢件中不但存在残余应力,而且组织粗大不均匀,成分也有偏析,这样的钢件力学性能低劣,淬火时也容易造成变形和开裂。经过适当的退火或正火处理可使钢件的组织细化,成分均匀,应力消除,从而改善钢件的力学性能并为随后的淬火作准备。

退火和正火除经常作为预先热处理工序外,在一些普通铸钢件、焊接件以及某些不重要的热加工工件上,还作为最终热处理工序。

综上所述,退火和正火的主要目的是为了消除组织缺陷,改善组织使成分均匀化以及细化晶粒,提高钢的力学性能,减少残余应力;同时可降低硬度,提高塑性和韧性,改善切削加工性能。所以退火和正火既为了消除和改善前道工序遗留的组织缺陷和内应力,又为后续工序(淬火和回火等最终热处理)做好准备,故退火是属于半成品热处理,又称预先热处理。钢件退火工艺种类很多,按加热温度可分为两大类:一类是在临界温度以上的相变重结晶退火,包括完全退火、等温退火、均匀化退火和球化退火等;另一类是在临界温度以下的退火,包括软化退火、再结晶退火及去应力退火等。图 4-10 给出了各种退火与 Fe-Fe_3C 相图的关系。

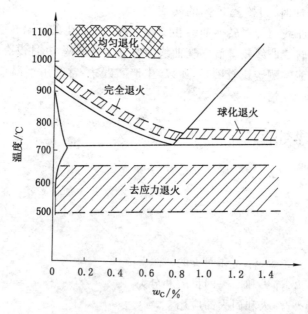

图 4-10　各类退火与 Fe-Fe_3C 相图的关系

4.4.1.2　退火和正火的种类及应用

1. 退火的工艺种类及应用

(1) 均匀化退火

亦称扩散退火,应用于钢及非铁合金(如锡青铜、硅青铜、白铜、镁合金等)的铸锭或铸件的一种退火。将金属铸锭或铸件加热到各该合金的固相线温度以下的某一较高温度,长时间保温,然后缓慢冷却下来,目的是使合金中的元素发生固态扩散,来减轻化学成分不均匀性(偏析),主要是减轻晶粒尺度内的化学成分不均匀性(晶内偏析或称枝晶偏析)。均匀化退火温度所以如此之高,是为了加快合金元素扩散,尽可能缩短保温时间。合金钢的均匀化退火温度远高于 A_{c3},通常是 1 050～1 200 ℃。

由于铸件凝固时要发生偏析,造成成分和组织的不均匀性。如果是钢锭,这种不均匀性则在轧制成钢材时,将沿着轧制方向拉长而呈方向性,最常见的如带状组织。由于这种成分和结构的不均匀性,需要长过程均匀化才能消除,因而过程进行得很慢,并要消耗大量的能量,且生产效率低,只有在必要时才使用均匀化退火,其多用于优质合金钢及偏析现象较为严重的合金。均匀化退火在铸锭开坯或铸造后进行比较有效。

(2) 完全退火

完全退火的定义是:应用于平衡加热和冷却时有固态相变(重结晶)发生的合金。其退火温度为各该合金的相变温度区间以上或以内的某一温度。加热和冷却都是缓慢的。合金于加热和冷却过程中各发生一次相变重结晶,故称为重结晶退火,常被简称为完全退火。

钢的完全退火工艺是:缓慢加热到 A_{c3}(亚共析钢)或 A_{c1}(共析钢或过共析钢)以上 30～50 ℃,保温适当时间,然后随炉缓慢冷却至 600 ℃ 以下,之后在空气中冷却下来。通过加热过程中发生的珠光体(或者还有先共析的铁素体或渗碳体)转变为奥氏体(第一回相变重结晶)以及冷却过程中发生的与此相反的第二回相变重结晶,形成晶粒较细、片层较厚、组织均匀的珠光体(或者还有先共析铁素体或渗碳体)。退火温度在 A_{c3} 以上(亚共析钢)使钢发生完全的重结晶者,称为完全退火。

完全退火的目的是细化晶粒,均匀组织,降低硬度以利于切削加工,并充分消除内应力。主要用于亚共析钢的铸件、锻轧件、焊件,以消除组织缺陷(如魏氏组织、带状组织等),使组织变细和变均匀,以提高钢件的塑性和韧性。相对于完全退火还有不完全退火,其是将铁碳合金加热到 A_{c1} 与 A_{c3} 之间(亚共析钢)或 A_{c1} 与 A_{cm} 之间(过共析钢),使钢发生部分的重结晶者,称为不完全退火。不完全退火主要适用于中、高碳钢和低合金钢锻轧件等,其目的是细化组织和降低硬度,主要用于中碳和高碳钢及低合金结构钢的锻轧件。此种锻、轧件若锻、轧后的冷却速度较大时,形成珠光体较细、硬度较高;若停锻、停轧温度过低,钢件中还有大的内应力。此时可用不完全退火代替完全退火,使珠光体发生重结晶,晶粒变细,同时也降低硬度,消除内应力,改善被切削性。此外,退火温度在 A_{c1} 与 A_{cm} 之间的过共析钢球化退火,也是不完全退火。

(3) 等温退火

完全退火全过程所需时间比较长,生产率低。对一般奥氏体比较稳定的合金钢和大型碳钢件,常采用等温退火,其目的与完全退火相同。

等温退火对于钢来说,是缓慢加热到 A_{c3}(亚共析钢)或 A_{c1}(共析钢和过共析钢)以上 20～40 ℃ 的温度,保温一段时间,使钢奥氏体化,然后迅速移入温度在 A_{r1} 以下不多温度的另一炉内,等温保持直到奥氏体全部转变为片层状珠光体(亚共析钢还有先共析铁素体;过共析钢还有先共析渗碳体)为止,最后以任意速度冷却下来(通常是出炉在空气中冷却)。它不仅大大缩短了退火时间,而且转变产物较易控制,同时,由于工件内外都是处于同一温度下发生组织转变,因此能获得均匀的组织和性能。

(4) 球化退火

将钢加热到 A_{c1} 以上 20～30 ℃,保温一段时间,然后缓慢冷却到略低于 A_{c1} 的温度,并停留一段时间,使组织转变完成,得到在铁素体基体上均匀分布的球状或颗粒状碳化物的组织。目的在于使珠光体内的片状渗碳体以及先共析渗碳体都变为球粒状,均匀分布于铁素体基体中(这种组织称为球化珠光体)。

球化退火主要用于过共析的碳钢及合金工具钢(如制造刃具,量具,模具所用的钢种)。其主要目的在于降低硬度,改善切削加工性,并为以后淬火做好准备。这种工艺有利于塑性加工和切削加工,还能提高机械韧性。

(5)去应力退火。

将钢件加热到 A_{c1} 以下的适当温度(非合金钢在 $500\sim600$ ℃),保温后随炉冷却的热处理工艺称为去应力退火。去应力加热温度低,在退火过程中无组织转变,主要适用于毛坯件及经过切削加工的零件,目的是为了消除毛坯和零件中的残余应力,稳定工件尺寸及形状,减少零件在切削加工和使用过程中的形变和裂纹倾向。

2. 正火的工艺及应用

正火是将工件加热至 A_{c3} 或 A_{cm} 以上 $30\sim50$ ℃,保温一段时间后,从炉中取出在空气中或喷水、喷雾或吹风冷却的金属热处理工艺。其目的是在于使晶粒细化和碳化物分布均匀化,去除材料的内应力,降低材料的硬度,提高塑性这样是为了接下来的加工做准备。

正火与退火的不同点是正火冷却速度比退火冷却速度稍快,因而正火组织要比退火组织更细一些,其机械性能也有所提高。另外,正火炉外冷却不占用设备,生产率较高,因此生产中尽可能采用正火来代替退火。对于形状复杂的重要锻件,在正火后还需进行高温回火($550\sim650$ ℃)高温回火的目的在于消除正火冷却时产生的应力,提高韧性和塑性。

正火的主要应用范围有:

① 用于低碳钢,正火后硬度略高于退火,韧性也较好,可作为切削加工的预处理。

② 用于中碳钢,可代替调质处理(淬火+高温回火)作为最后热处理,也可作为用感应加热方法进行表面淬火前的预备处理。

③ 用于工具钢、轴承钢、渗碳钢等,可以消降或抑制网状碳化物的形成,从而得到球化退火所需的良好组织。

④ 用于铸钢件,可以细化铸态组织,改善切削加工性能。

⑤ 用于大型锻件,可作为最后热处理,从而避免淬火时较大的开裂倾向。

⑥ 用于球墨铸铁,使硬度、强度、耐磨性得到提高,如用于制造汽车、拖拉机、柴油机的曲轴、连杆等重要零件。

⑦ 过共析钢球化退火前进行一次正火,可消除网状二次渗碳体,以保证球化退火时渗碳体全部球粒化。

3. 退火和正火后钢的组织和性能

退火和正火所得到的均是珠光体类型组织,但是正火与退火相比,正火的珠光体是在较大的过冷度下得到的。对亚共析钢来说,析出的先共析铁素体较少,珠光体数量较多(伪共析),珠光体片间距较小。对过共析钢来说,与完全退火相比较,正火不仅使珠光体的片间距及团直径减小,而且可以抑制先共析网状渗碳体的析出;而完全退火则有网状渗碳体存在。

由于退火(主要指完全退火)与正火在组织上有上述差异,因而在性能上也不同。对亚共析钢,若以 40 Cr 钢为例,其正火与退火后的力学性能如表 4-2 所示。由表可见,正火与退火相比较,正火的强度与韧性较高,二者塑性相仿;对过共析钢,完全退火后因有网状渗碳体存在,其强度、硬度、韧性均低于正火,球化退火后,因其所得组织为球状珠光体,故其综合性能优于正火。

表 4-2	正火与退火的 40 Cr 钢的力学性能				
状　态	力学性能 σ_b（比普通热处理提高约 300 MPa）				
	σ_b/MPa	σ_s/MPa	δ/%	ψ/%	α_k/cm^{-2}
退　火	643	357	21	53.5	54.9
正　火	739	441	20.9	76	76.5

　　在生产上对退火、正火工艺的选用,应该根据钢种、前后连接的冷、热加工工艺以及最终零件使用条件等来进行。根据钢中含碳量不同,一般按如下原则选择:

　　① 含碳 0.25% 以下的钢,在没有其他热处理工序时,可用正火来提高强度。

　　② 对渗碳钢,用正火消除锻造缺陷及提高切削加工性能。但对含碳低于 0.20% 的钢,如前所述,应采用高温正火。对这类钢,只有形状复杂的大型铸件,才用退火消除铸造应力。

　　③ 对含碳 0.25%～0.50% 的钢,一般采用正火。其中含碳 0.25%～0.35% 钢,正火后其硬度接近于最佳切削加工的硬度。对含碳较高的钢,硬度虽稍高(200 HB),但由于正火生产率高,成本低,仍采用正火。只有对合金元素含量较高的钢才采用完全退火。

　　④ 对含碳 0.50%～0.75% 的钢,一般采用完全退火。因为含碳量较高,正火后硬度太高,不利于切削加工,而退火后的硬度正好适宜于切削加工。此外,该类钢多在淬火、回火状态下使用,因此一般工序安排是以退火降低硬度,然后进行切削加工,最终进行淬火、回火。

　　⑤ 含碳 0.75%～1.0% 的钢,有的用来制造弹簧,有的用来制造刀具。前者采用完全退火作预备热处理,后者则采用球化退火。诚然,当采用不完全退火法使渗碳体球化时,应先时行正火处理,以消除网状渗碳体,并细化珠光体片。

　　⑥ 含碳大于 1.0% 的钢用于制造工具,均采用球化退火作预备热处理。

　　4. 退火、正火常见缺陷

　　(1) 过烧

　　由于加热温度过高,出现晶界局部熔化,造成工件报废。

　　(2) 黑脆

　　碳素工具钢或低合金工具钢在退火后,有时发现硬度虽然很低,但脆性却很大,一折即断,断口呈灰黑色,所以被称为"黑脆"。金相组织特点是部分渗碳体转变成石墨。

　　产生这种现象的主要原因是由于退火温度过高,保温时间过长,冷却缓慢,珠光体转变按更稳定的平衡图所致。钢中含碳量过高,含锰量过底,以及含有微量促进石墨化的杂质元素等均能促进石墨化。发现黑脆的工具不能返修。

　　(3) 粗大魏氏组织

　　退火或正火钢中出现粗大魏氏组织的主要原因是由于加热温度过高所造成的。由魏氏组织的形成规律得知,当奥氏体晶粒较细时,只有含碳量范围很小的钢,在适当冷却速度范围内冷却时才出现魏氏组织。当奥氏体晶粒很粗大时,出现魏氏组织的含碳量范围扩大,且在冷却速度较低时才能出现魏氏组织。

　　为了消除魏氏组织,可以采用稍高于 A_{c3} 的加热温度,使先共析相完全溶解,又不使奥氏体晶粒粗大,而根据钢的化学成分采用较快或较慢的冷却速度冷却。

（4）反常组织

其组织特征是在亚共析钢中,在先共析铁素体晶界上有粗大的渗碳体存在,珠光体片间距也很大。在过共析钢中,在先共析渗碳体周围有很宽铁素体条,而先共析渗碳体网也很宽。反常组织将造成淬火软点,出现这种组织时应进行重新退火消除。

（5）网状组织

网状组织主要是由于加热温度过高,冷却速度过慢所引起的。因为网状铁素体或渗碳体会降低钢的机械性能,特别是网状渗碳体,在后继淬火加热时很难消除,因此必须严格控制。网状组织一般采取重新正火的方法来消除。

（6）球化不均匀

二次渗碳体呈粗大块状分布,形成原因为球化退火前没有消除网状渗碳体,在球化退火时集聚而成。消除方法是进行正火和一次球化退火。图 4-11 所示为 T10 钢球化退火后所得的碳化物球化不均匀组织,二次渗碳体呈粗大块状分布。

图 4-11　T10 钢球化不均匀

（7）硬度过高

中高碳钢退火的重要目的之一是降低硬度,便于切削加工。但是,如果退火时加热温度过高,冷却速度较快,特别是对合金元素含量较高、过冷奥氏体稳定的钢,就会出现索氏体、托氏体甚至马氏体,导致硬度过高。如出现硬度过高,则应重新进行退火。

4.4.2　钢的淬火与回火

钢的淬火与回火是热处理工艺中最重要、也是用途最广泛的工序。淬火可以显著提高钢的强度和硬度。为了消除淬火钢的残余内应力,得到不同强度、硬度和韧性相互协调的性能,需要配以不同温度的回火,所以,淬火和回火又是不可分割的、紧密衔接在一起的两种热处理工艺。淬火、回火作为各种机器零件及工、模具的最终热处理,是赋予钢件最终性能的关键性工序,也是钢件热处理强化的重要手段之一。

4.4.2.1　钢的淬火

1. 淬火的含义和目的

钢的淬火是将钢加热到临界温度 A_{c3}（亚共析钢）或 A_{c1}（过共析钢）以上温度,保温一段时间,使之全部或部分奥氏体化,然后以大于临界冷却速度的冷速快冷到 M_s 以下（或 M_s 附近等温）进行马氏体（或贝氏体）转变的热处理工艺。淬火可采用水或油作为冷却介质。

淬火的目的是使过冷奥氏体进行马氏体或贝氏体转变,得到马氏体或贝氏体组织,然后配合以不同温度的回火,以大幅提高钢的强度、硬度、耐磨性、疲劳强度以及韧性等,从而满足各种机械零件和工具的不同使用要求。也可以通过淬火满足某些特种钢材的铁磁性、耐蚀性等特殊的物理、化学性能。

2. 淬火温度的选择

以钢的相变临界点为依据,加热时要形成细小、均匀奥氏体晶粒,淬火后获得细小马氏体组织。

一般亚共析钢加热温度为 A_{c3} 温度以上 30～50 ℃。高温下钢的状态处在单相奥氏体(A)区内,故称为完全淬火。如果亚共析钢加热温度高于 A_{c1}、低于 A_{c3} 温度,则高温下部分先共析铁素体未完全转变成奥氏体,即为不完全(或亚临界)淬火。

过共析钢淬火温度为 A_{c1} 温度以上 30～50 ℃,这温度范围处于奥氏体与渗碳体(A+C)双相区。因而过共析钢的正常的淬火仍属不完全淬火,淬火后得到马氏体基体上分布渗碳体的组织。这一组织状态具有高硬度和高耐磨性。实际生产中,加热温度的选择要根据具体情况加以调整。如亚共析钢中碳含量为下限,当装炉量较多,欲增加零件淬硬层深度等时可选用温度上限;若工件形状复杂,变形要求严格等要采用温度下限。

3. 淬火介质

钢从奥氏体状态冷至 M_s 点以下所用的冷却介质叫作淬火介质。淬火操作的难度比较大,这主要是因为:淬火要求得到马氏体,淬火的冷却速度就必须大于临界冷却速度(v_k),而快冷总是不可避免地要造成很大的内应力,这往往会引起钢件的变形和开裂。钢的理想淬火冷却速度如图 4-12 理想淬火介质的冷却曲线所示,应只在 C 曲线"鼻尖"处快冷,以通过过冷奥氏体不稳定区,而在 M_s 附近尽量缓冷,以尽量降低淬火热应力,以达到既获得马氏体组织,又减小内应力的目的。但目前还没有找到这种理想的淬火介质。

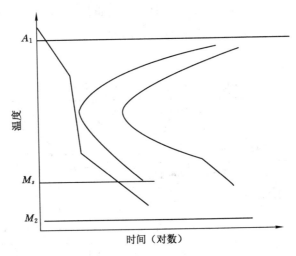

图 4-12　钢的理想淬火冷却速度

淬火时,最常用的淬火介质是水、盐水或碱水、油。

水是冷却能力较强的淬火介质,来源广、价格低、成分稳定不易变质。缺点是在 C 曲线的"鼻子"区(500～600 ℃左右),水处于蒸汽膜阶段,冷却不够快,会形成"软点";而在马氏体转变温度区(300～100 ℃),水处于沸腾阶段,冷却太快,易使马氏体转变速度过快而产生很大的内应力,致使工件变形甚至开裂。当水温升高,水中含有较多气体或水中混入不溶杂质(如油、肥皂、泥浆等),均会显著降低其冷却能力。因此水适用于截面尺寸不大、形状简单的碳素钢工件的淬火冷却。盐水的淬冷能力更强,尤其在 650~550 ℃ 范围内具有很大的冷却能力(>600 ℃/s),这对保证工件,特别是碳钢件的淬硬来说是非常有利的。用盐水淬火的工件,容易得到高的硬度和光洁的表面,不易产生淬不硬的软点,这是清水淬火所不及的。可是盐水仍然有清水的缺点,即在 300~200 ℃ 以下温度范围,盐水的冷却能力仍然像清水那样相当大,这将使工件变形严重,甚至发生开裂。

　　常用盐水的质量分数为 10%~15%,含量过高不但不能增加冷却能力,反而由于溶液黏度的增加使冷却速度有降低的趋势;含量过低也会减弱冷却能力。水中食盐的含量应经常注意调整。盐水对工件有锈蚀作用,淬过火的工件必须仔细进行清洗。盐水比较适用于淬形状简单、硬度要求高而均匀、表面要求光洁、变形要求不严格的碳钢零件,如螺钉、销子、垫圈、盖等。

　　油也是一种常用的淬火介质,目前使用的新型淬火油主要有高速淬火油、光亮淬火油和真空淬火油三种。

　　高速淬火油是在高温区冷却速度得到提高的淬火油。生产实践表明,高速淬火油在过冷奥氏体不稳定区冷却速度明显高于普通淬火油,而在低温马氏体转变区冷速与普通淬火油相接近。这样既可得到较高的淬透性和淬硬性,又大大减少了变形,适用于形状复杂的合金钢工件的淬火。

　　光亮淬火油能使工件在淬火后保持光亮表面。在矿物油中加入不同性质的高分子添加物,可获得不同冷却速度的光亮淬火油。

　　真空淬火油是用于真空热处理淬火的冷却介质。真空淬火油必须具备低的饱和蒸气压,较高而稳定的冷却能力以及良好的光亮性和热稳定性,否则会影响真空热处理的效果。

　　除盐水和油外,还可用硝盐浴或碱浴作为淬火介质。表 4-3 所列为常用碱浴、硝盐浴的成分、熔点及其使用温度。

表 4-3　　常用碱浴、硝盐浴的成分、熔点及使用温度

介质	成分(质量分数)	熔点/℃	使用温度/℃
碱浴	80%KOH+20%NaOH,另加 3%KNO₃+3%NaNO₂+6%H₂O	120	140~180
	85%KOH+15%NaNO₂,另加 3%~6%H₂O	130	150~180
硝盐浴	53%KNO₃+40%NaNO₂+7%NaNO₃,另加 3%H₂O	100	120~200
	55%KNO₃+45%NaNO₂,另加 3%~5%H₂O	130	150~200
	55%KNO₃+45%NaNO₂	137	155~550
	50%KNO₃+50%NaNO₂	145	165~500
碱浴	80%KOH+20%NaOH,另加 3%KNO₃+3%NaNO₂+6%H₂O	120	140~180
	85%KOH+15%NaNO₂,另加 3%~6%H₂O	130	150~180
硝盐浴	53%KNO₃+40%NaNO₂+7%NaNO₃,另加 3%H₂O	100	120~200
	55%KNO₃+45%NaNO₂,另加 3%~5%H₂O	130	150~200
	55%KNO₃+45%NaNO₂	137	155~550
	50%KNO₃+50%NaNO₂	145	165~500

4. 常用的淬火方法

选择适当的淬火方法同选用淬火介质一样,可以保证在获得所要求的淬火组织和性能的条件下,尽量减小淬火应力,减小工件变形和开裂倾向。

(1) 单液淬火法

它是将奥氏体状态的工件,放入一种淬火介质中,一直冷却到室温的淬火方法,如图 4-13 曲线 1 所示。这种淬火方法适用于形状简单的碳钢和合金钢工件。一般来说,对临界淬火速度大的碳钢,尤其是尺寸较大的碳钢工件多采用水淬;而小尺寸碳钢件及过冷奥氏体较稳定的合金钢件则可采用油淬。

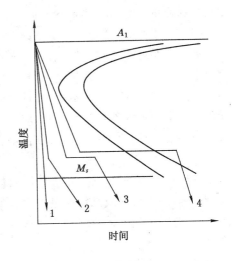

图 4-13　各种淬火方法冷却曲线示意图

为了减小单介质淬火时的淬火应力,常采用延时淬火法,即将奥氏体化的工件从炉中取出后,先在空气中或预冷炉中冷却一定时间,待工件冷至临界点稍上一点的一定温度后再放入淬火介质中冷却。延时可以减少热应力和组织应力,从而减小工件变形或开裂倾向。但操作上不易控制延时温度,需要靠经验来掌握。

单介质淬火的优点是操作简便,但只适用于小尺寸且形状简单的工件,对尺寸较大的工件实行单介质淬火容易产生较大的变形或开裂。

(2) 双液淬火法

它是先将奥氏体状态的工件在冷却能力强的淬火介质中冷却至接近 M_s 点温度,再立即转入冷却能力较弱的淬火介质中冷却,直至完成马氏体转变如图 4-13 曲线 2 所示。一般用水作为快冷淬火介质,用油作为慢冷淬火介质。采用双介质淬火法必须严格控制工件在水中的停留时间,水中停留时间过短会引起奥氏体分解,导致失去双介质淬火的意义。因此,实行双介质淬火要求工人必须有丰富的经验和熟练的技术。

(3) 分级淬火法

它是将奥氏体化的工件首先淬入略高于钢的 M_s 点的盐浴或碱浴炉中保温,当工件内外温度均匀后,再从浴炉中取出空冷至室温,完成马氏体转变如图 4-13 曲线 3 所示。这种淬火方法由于工件内外温度均匀并在缓慢冷却条件下完成马氏体转变,不仅减小了淬火热应力(比双介质淬火小),而且显著降低组织应力,因而有效地减小或防止了工件淬火变形或开裂。分级淬火只适用于尺寸较小的工件,如刀具、量具和要求变形很小的精密工件。

(4) 等温淬火

它是将奥氏体化后的工件淬入 M_s 点以上某温度盐浴中等温保持足够长时间,使之转变为下贝氏体组织,然后于空气中冷却的淬火方法(如图 4-12 曲线 4 所示)。等温淬火实际上是分级淬火的进一步发展,所不同的是等温淬火获得下贝氏体组织。下贝氏体组织的强度、硬度较高且韧性良好,故等温淬火可显著提高钢的综合力学性能。等温淬火可以显著减小工件变形和开裂倾向,适宜处理形状复杂、尺寸要求精密的工具和重要的机器零件,如模具、刀具、齿轮等。同分级淬火一样,等温淬火也只能适用于尺寸较小的工件。

5. 常见的淬火缺陷及预防

常见的淬火缺陷有硬度不足和软点、过热过烧、氧化脱碳、变形与开裂等。大多数缺陷是可以返修的,但过烧、严重的变形及开裂无法返修。

(1) 硬度不足和软点

硬度不足是指工件整体或大部分硬度达不到技术要求,软点是指工件局部硬度偏低。软点常是工件磨损或疲劳裂纹的中心,显著影响工件的使用寿命。产生硬度不足和软点的主要原因是工件淬入方式不当,工件表面有氧化皮或锈斑,保温时间及淬火介质选择不当引起的。当出现硬度不足和软点时,应找出原因,有针对性地解决。如合理选择保温时间和淬火介质;淬火前清除工件表面的氧化皮、锈斑等。

(2) 过热和过烧

过热是指加热温度过高,奥氏体晶粒粗大,力学性能下降的现象。过烧是指加热温度更高,奥氏体晶界熔化或晶粒被氧化的现象。产生过热和过烧的主要原因是淬火加热温度过高,保温时间过长。过热工件可以经正火和退火后重新淬火加以补救,而过烧工件则无法挽救。

(3) 氧化和脱碳

加热时周围介质中的氧、二氧化碳、水分和氢气等,和工件表面的铁和碳发生化学反应,形成氧化和脱碳。氧化使工件表面金属烧损,影响了工件的尺寸和表面粗糙度,降低了钢的强度。脱碳使工件表面贫碳,工件硬度和耐磨性下降。严重氧化和脱碳会使工件报废。

防止氧化和脱碳的措施如下:

① 向炉内通往可控气氛(保护气),或通入防氧化剂。

② 用盐浴加热。

③ 装箱加热。

④ 涂保护涂料。

(4) 淬火变形和开裂

由于淬火冷却时产生的淬火冷却应力使工件的尺寸和形状发生变化,称为淬火变形。当淬火冷却应力过大超过了钢的抗拉强度时,在工件上会产生裂纹,称为淬火开裂。

淬火冷却应力是工件淬火冷却时,由于不同部位的温度差异及组织转变的不同时性所引起的应力。为了控制与减小变形,防止开裂,可采用如下措施:

① 合理选择钢材,正确设计零件结构。对形状复杂、截面变化大的零件应选用淬透性好的合金钢,采用比较缓和的淬火介质(如油)进行淬火冷却。在零件结构设计中,必须考虑热处理的工艺要求,如应尽量减少截面尺寸的差异、避免尖角等。

② 合理地锻造,进行预先热处理。其目的是改善碳化物的分布,细化晶粒,减少淬火冷却应力。

③ 采用合理的热处理工艺。为了减小淬火变形,应正确选定加热温度与时间,避免奥氏体晶粒粗化。对于形状复杂或用高合金钢制造的工件,应采用一次或多次预热、预冷淬火或等温淬火等,以减小工件的变形。

④ 采用正确的浸入淬火介质的方式。工件浸入淬火介质时,应保证工件各部位尽可能均匀地冷却。如轴类件应垂直浸入淬火介质,截面厚薄不均匀的零件,应将截面较厚的部位先浸入淬火介质等。

⑤ 淬火后及时回火。其目的是消除淬火冷却应力,防止淬火件在等待回火期间发生变

形和开裂。

4.4.2.2　钢的淬透性与淬硬性

1. 钢的淬透性

一定尺寸和化学成分的钢件在某种介质中淬火能否得到全部马氏体将取决于钢的淬透性。所谓钢的淬透性,是指奥氏体化后的钢在淬火时获得马氏体的能力。其大小用钢在一定条件下淬火获得的有效淬硬深度表示。它是在规定条件下决定钢材淬硬深度和硬度分布的特性,反映了钢在淬火时获得马氏体组织的难易程度。如果工件截面中心的冷却速度高于钢的临界淬火速度,工件就会淬透。

影响淬透性的主要因素是过冷奥氏体的稳定性,即临界冷却速度的大小。过冷奥氏体越稳定,临界冷却速度越小,则钢的淬透性越好。

钢的淬透性是选择材料和确定热处理工艺的重要依据。钢的淬透性越高,能淬透的工件截面尺寸越大。对于承受较大负荷(特别是受拉、压、剪切力)的结构零件,都应选用淬透性好的钢。此外,对于淬透性好的钢,在淬火冷却时可采用比较缓和的淬火介质,以减小淬火应力,从而减少工件淬火时的变形和开裂倾向。

2. 钢的淬硬性

钢的淬硬性是指钢在理想条件下进行淬火硬化所能达到的最高硬度的能力。淬硬性的高低主要取决于钢的含碳量。钢中含碳量越高,淬硬性越好。

3. 钢的淬透性及其测定方法

钢在淬火时获得淬硬层深度的能力称作钢的淬透性,其高低是用规定条件下的淬硬层深度来表示。淬硬层深度是指由工件表面到半马氏体区(即 50% 马氏体 + 50% 非马氏体组织区)的深度。淬透性与淬硬性不同,淬硬性是指钢淬火后所能达到的最高硬度,即硬化能力。

同一材料的淬硬层深度与工件的尺寸、冷却介质有关,工件尺寸小、介质冷却能力强,淬硬层深。而淬透性与工件尺寸、冷却介质无关,它只用于不同材料之间的比较,是在尺寸、冷却介质相同时,用不同材料的淬硬层深度来进行比较的。

淬透性常用末端淬火法测定(见 GB225—63),如图 4-14(a)所示,将 F25×100 mm 的标准试样经奥氏体化后,对末端进行喷水冷却。试样上距水冷端越远的部分,冷速越低,其硬度也随之下降。将已冷却的试样沿轴向在相对 180° 的两边各磨一深度为 $0.2 \sim 0.5$ mm 的窄平面,然后从水冷端开始,每隔一定距离测量一个硬度值,即可得到试样沿轴向的硬度分布曲线,称为钢的淬透性曲线,如图 4-14(b)所示。图 4-14(c)为钢的半马氏体区硬度与其含碳量的关系。利用 4-14(b)和图 4-14(c)可以找出相应钢的半马氏体区至水冷端的距离,该距离越大,钢的淬透性越大。由于钢成分的波动,同一钢号的淬透性曲线实际上是一个有一定波动范围的淬透性带。

在实际生产中,常用临界直径来表示淬透性。所谓临界直径是指圆形钢棒在介质中冷却时,中心被淬成半马氏体的最大直径,用 d_c 表示。显然,在相同的冷却条件下,d_c 越大,钢的淬透性越好。

4. 影响淬透性的因素

钢的淬透性取决于其临界冷却速度,临界冷却速度越小,则奥氏体越稳定,钢的淬透性越高。而临界冷却速度取决于 C 曲线的位置,C 曲线越靠右,临界冷却速度越小。因而凡

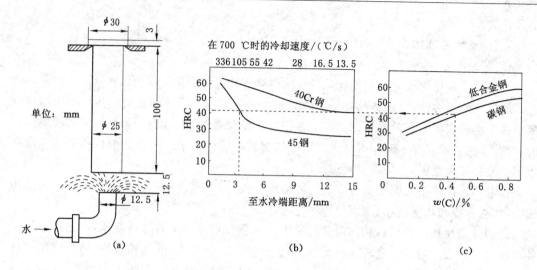

图 4-14　末端淬火实验方法

(a) 淬火装置示意图;(b) 淬透性曲线;(c) 钢的半马氏体区硬度与钢的含碳量的关系

是影响 C 曲线的因素都是影响淬透性的因素。

在碳钢中,共析钢的临界冷却速度最小,因而其淬透性在碳钢中最高。

除 Co 外,凡溶入奥氏体的合金元素都使 C 曲线右移,临界冷却速度减小,钢的淬透性提高。

提高奥氏体化温度、延长保温时间使奥氏体晶粒长大、成分均匀,不利于冷却转变时的形核,从而提高了奥氏体的稳定性,使钢的淬透性提高。而钢中未溶的第二相则促进冷却转变时的形核,降低奥氏体的稳定性,使淬透性下降。

5. 淬透性的应用

力学性能是机械设计中选材的主要依据,而钢的淬透性又直接影响其热处理后的力学性能。因此,在选材时,必须对钢的淬透性有充分的了解。图 4-15 为两种淬透性不同的钢制成相同的轴经调质处理(淬火加高温回火)后其力学性能的比较。高淬透性钢的整个截面都是回火索氏体(渗碳体为颗粒状)组织,力学性能均匀,强度高,韧性好。而低淬透性钢的心部组织为片状索氏体加铁素体,韧性差。此外,淬火组织中马氏体量增加还会提高钢的屈强比 σ_s/σ_b 和疲劳极限 σ_{-1}。

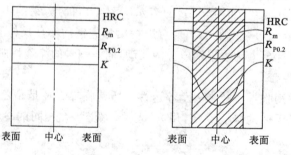

图 4-15　不同淬透性钢经调制后的力学性能

(a) 高淬透性钢;(b) 低淬透性钢

对于截面尺寸较大、形状复杂的重要零件以及承载较大而要求截面力学性能均匀的零件,如螺栓、连杆、锻模、锤杆等,应选用高淬透性的钢制造,并要求全部淬透。而承受弯曲和扭转的零件,如轴类、齿轮等,由于其外层受力较大,心部受力较小,可选用淬透性较低的钢种,不必全部淬透。由于淬硬层深度受工件尺寸影响,在设计制造时,应注意尺寸效应。

4.4.2.4 钢的回火

回火是指将淬火钢加热到 A_1 以下的某温度,使其转变为稳定的回火组织,并以适当方式冷却到室温的工艺过程。

1. 回火的目的

① 减少或消除淬火内应力,防止工件变形或开裂。

② 获得工艺所要求的力学性能。淬火钢一般硬度高、脆性大,通过适当回火可调整硬度和韧性。

③ 稳定工件尺寸。淬火马氏体和残余奥氏体都是非平衡组织,有自发向平衡组织—铁素体加渗碳体转变的倾向。回火可使马氏体与残余奥氏体转变为平衡或接近平衡的组织,防止使用时变形。

④ 对于某些高淬透性的钢,由于空冷即可淬火,如采用退火则软化周期太长,而采用回火软化则既能降低硬度,又能缩短软化周期。

对于未经淬火的钢,回火是没有意义的,而淬火钢不经回火一般也不能直接使用,为避免淬火件在放置过程发生变形或开裂,钢件经淬火后应及时进行回火。

2. 回火的种类

根据钢的回火温度范围,可将回火分为三类。

(1) 低温回火

回火温度为 150～250 ℃。低温回火时,马氏体将发生分解,从马氏体中析出 ε-碳化物(Fe_xC),使马氏体过饱和度降低。析出的碳化物以细片状分布在马氏体基体上,这种组织称为回火马氏体,用 M$_回$ 表示。在光学显微镜下 M$_回$ 为黑色,A' 为白色,如图 4-16(a)所示。由于马氏体分解,其正方度下降,减轻了对残余奥氏体的压力,马氏体点上升,因而残余奥氏体分解为 ε-碳化物和过饱和铁素体,即转变为 M$_回$。

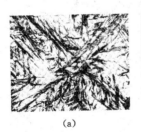 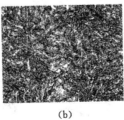 

(a)　　　　　　　　　(b)　　　　　　　　　(c)

图 4-16　低温、中温和高温回火显微组织图
(a) 低温回火马氏体 400×;(b) 中温回火托氏体 400×;(c) 高温回火索氏体 400×

低温回火的目的是在保留淬火后高硬度(一般为 58～64HRC)、高耐磨性的同时,降低内应力,提高韧性。主要用于处理各种工具、模具、轴承及经渗碳和表面淬火的工件。

(2) 中温回火

回火温度为 350～500 ℃。中温回火时,e-碳化物溶解于铁素体中,同时从铁素体中析出 Fe₃C。到 350℃,马氏体中的含碳量已降到铁素体的平衡成分,内应力大量消除,M回转变为在保持马氏体形态的铁素体基体上分布着细粒状组织,称为回火托氏体,用 T回表示,如图 4-16(b)所示。回火托氏体组织具有较高的弹性极限和屈服极限,并具有一定的韧性,硬度一般为 35～45HRC。主要用于各类弹簧的处理。

（3）高温回火

回火温度为 500～650 ℃。此时,Fe₃C 发生聚集长大,铁素体发生多边形化,由针片状转变为多边形,这种在多边形铁素体基体上分布着颗粒状 Fe₃C 的组织称为回火索氏体,用 S回表示,如图 4-16(c)所示,组织具有良好的综合力学性能,即在保持较高的强度同时,具有良好的塑性和韧性,硬度一般为 25～35HRC。通常把淬火加高温回火的热处理工艺称作"调质处理",简称"调质"。表 4-4 为 45 钢经调质和正火处理后力学性能的比较,由于调质组织中的渗碳体是颗粒状的,正火组织中的渗碳体是片状的,而粒状渗碳体对阻碍裂纹扩展比片状渗碳体更有利,因而调质组织的强度、硬度、塑性及韧性均高于正火组织。调质广泛用于各种重要结构件如连杆、轴、齿轮等的处理。也可作为某些要求较高的精密零件、量具等的预备热处理。

表 4-4　　　　　45# 钢(φ200－φ40mm)经调质和正火处理后力学性能的比较

工艺	力学性能				组　织
	R_m/MPa	A/%	K/J	HBW	
调质	750～850	20～25	80～120	210～250	回火索氏体
正火	700～800	12～20	50～80	163～220	细片状珠光体＋铁素体

值得注意的是,淬火钢的韧性不总是随着回火温度上升而提高的。在某些温度范围内回火时,淬火钢会出现冲击韧度显著下降的现象,称为"回火脆性",如图 4-17 所示。

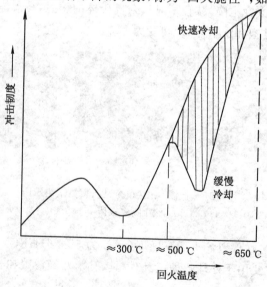

图 4-17　钢的冲击韧度与回火温度的关系

4.5　钢的其他类型热处理

［知识要点］

1. 钢的形变热处理

2. 钢的表面淬火

3. 钢的化学热处理

4. 热处理工序位置安排

［教学目标］

1. 掌握形变热处理、表面淬火、钢的化学热处理的概念

2. 了解形变热处理、表面淬火、钢的化学热处理的方法

3. 学习热处理工序的安排

［相关知识］

4.5.1　钢的形变热处理

4.5.1.1　形变热处理的概念

形变热处理是压力加工与热处理相结合的金属热处理工艺,在金属材料上有效地综合利用形变强化和相变强化、将压力加工与热处理操作相结合、使成形工艺同获得最终性能统一起来的一种工艺方法。形变热处理不但能够得到一般加工处理所达不到的高强度、高塑性和高韧性的良好配合,而且还能大大简化钢材或零件的生产流程,从而带来相当好的经济效益。

4.5.1.2　形变热处理按形变的温度范围分类

1. 高温形变热处理

是将钢加热至稳定奥氏体区,保持一段时间,在该温度下变形,随后立即快冷至一定温度以获得所需组织的综合工艺。如果快冷至贝氏体转变区后空冷,最后获得贝氏体组织,则称之为高温形变贝氏体化。如果快冷至珠光体转变区,获得铁素体一珠光体组织,这就是通常所说的控制轧制和控制冷却工艺,如图 4-18(a)所示。

2. 低温形变热处理

是将钢加热至奥氏体状态,保持一定时间,急速冷却至以下的某一中间温度(亚稳定奥氏体区)进行变形,然后快速冷却至室温的综合工艺。快冷后得到马氏体组织的低温形变热处理,称为低温形变淬火。采用该工艺的钢种必须具有比较大的亚稳定奥氏体区域,以便有充分时间进行变形。形变温度在 M_s 附近和在之下的形变热处理工艺分别称为马氏体相变过程中的形变热处理和马氏体相变以后的形变热处理,如图 4-18(b)所示。

3. 复合形变热处理

是将两种或两种以上不同的形变热处理工艺方法联合使用的工艺。如将高温形变淬火与低温形变淬火相结合的复合形变淬火。

4.5.1.3　形变热处理的优点

① 将金属材料的成形与获得材料的最终性能结合在一起,简化了生产过程,节约能源消耗及设备投资。

② 与普通热处理比较,形变热处理后金属材料能达到更好的强度与韧性相配合的机械

性能。有些钢特别是微合金化钢,唯有采用形变热处理才能充分发挥钢中合金元素的作用,得到强度高、塑性好的性能。例如 09 MnNb 钢正常轧制后屈服强度(σ_s)为 39 kgf/mm^2,$-40\ ℃$梅氏(Mesnager)冲击值(α_K)为 0.63 kgf·m/cm^2;经正火后,$-40\ ℃$的 α_K 可提高到 $6\sim8$ kgf·m/cm^2,而 σ_s 下降 5 kgf/mm^2;如采用控制轧制(形变热处理工艺之一),强度与韧性都可进一步提高:σ_s 约 45 kgf/mm^2,$-40\ ℃$的 α_K 可达 $6\sim12$ kgf·m/cm^2。由于以上原因,形变热处理已广泛应用于生产金属与合金的板材、带材、管材、丝材,和各种零件如板簧、连杆、叶片、工具、模具等。

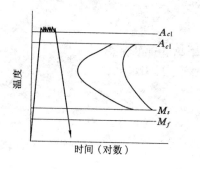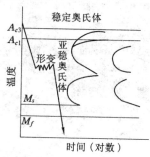

图 4-18　形变热处理工艺过程示意图

(a)高温形变热处理,(b)低温形变热处理

4.5.2　钢的表面淬火

在动载荷及摩擦条件下工作的机械零件(如齿轮、曲轴、凸轮轴、主轴等),它们表面承受着比芯部高的应力,并不断地被磨损,因此对零件的表面层提出了强化的要求,即具有高的强度、硬度、耐磨性和疲劳强度而心部仍保持足够的塑性和韧性。在这种情况下,如果只从材料方面去解决是很困难的,所以生产中广泛采用表面淬火的方法。

钢的表面淬火是一种不改变钢表面层化学成分,只改变表面层组织的局部热处理方法。它是通过快速加热,使钢表层奥氏体化,不等热量传至芯部即迅速冷却,这样可使表层获得硬而耐磨的组织,而芯部仍保持着原来塑性和韧性较好的退火、正火或调质状态的组织。由于表面淬火是局部加热,故能显著地减小淬火变形,降低能耗。

按加热方法的不同,表面淬火可分为感应加热淬火、火焰加热淬火、接触电阻加热淬火、电解液淬火等。应用最广泛的是感应加热淬火和火焰加热淬火。

1. 感应加热表面淬火

感应加热表面淬火是利用感应电流通过工件时所产生的热效应,使工件表面局部或整体加热并进行快速冷却的淬火工艺。

感应加热的基本原理:把工件放在一个由铜管制成的感应器内,感应器中通入一定频率的交流电,在感应器周围将产生一个频率相同的交变磁场,于是工件内就会产生同频率的感应电流,这个电流在工件内形成回路,称为涡流。此涡流能使电能变为热能加热工件。涡流在工件内分布是不均匀的,表面密度大,心部密度小。通入感应器的电流频率愈高,涡流集中的表层愈薄,这种现象称为集肤效应。由于集肤效应使工件表面迅速被加热到淬火温度,随后喷水冷却,工件表面被淬硬,就达到了淬火的目的,如图 4-19 所示。

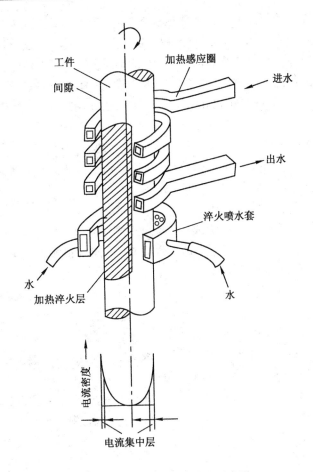

图 4-19　感应加热表面淬火示意图

　　由于通入感应器的电流频率越高,感应涡流的集肤效应就会越强烈,因此感应加热表面淬火的淬硬层深度主要取决于电流频率。频率越高,淬硬层越浅。生产中常用的电流频率与淬硬层深度的关系如表 4-5 所示。

表 4-5　　　　　　　　常用感应加热的电流频率、淬硬层深度及应用

类　　别	常用频率	淬硬层深度/mm	应　用　举　例
高频感应加热	20～30 kHz	0.5～2	用于要求淬硬层较薄的中、小型零件,如小模数齿轮、小轴等
中频感应加热	2500～8000 Hz	2～10	用于承受较大载荷和磨损的零件,如大模数齿轮、尺寸较大的凸轮等
工频感应加热	50 Hz	>10～15	用于要求淬硬层深的大型零件和钢材的穿透加热,如轧辊、火车车轮等
超音频感应加热	20～40 kHz	2.5～3.5	用于模数为 3～6 的齿轮、花键轴、链轮等要求淬硬层沿轮廓分布的零件

感应加热表面淬火的特点是：① 加热速度快。工件表面由室温加热到淬火温度,仅需要几秒到几十秒的时间。② 淬火质量好。由于加热迅速,时间短,使奥氏体晶粒细小均匀,淬火后表层可获得极细的马氏体,硬度比一般淬火的高 2～3 HRC;而且在淬硬的表面层存在很大的残余压应力,有效地提高了工件的疲劳强度,并降低缺口敏感性。③ 淬硬层深度易于控制,淬火操作便于实现机械化和自动化。但设备费用较高,维修调整较难,故不适用于单件生产。

感应加热表面淬火主要用于中碳钢和中碳低合金钢,也可用于高碳工具钢和铸铁。工件在表面淬火前一般先进行正火或调制处理;表面淬火后需进行低温回火,以减小淬火应力和降低脆性。

2. 火焰加热表面淬火

火焰加热表面淬火是用氧—乙炔或氧—煤气的混合气体燃烧的火焰喷射在工件表面上,使之快速加热,当达到淬火温度时立即喷水冷却,从而获得预期的硬度和有效淬硬深度的一种表面淬火方法。

常用火焰加热表面淬火的材料有中碳钢,如 35、45 钢以及中碳合金结构钢(合金元素总的质量分数<3%),如 45 Cr、55 Mn 等。如果含碳量太低,则淬火后硬度较低;碳和合金元素含量过高,则易淬裂。火焰加热表面淬火法还可用于对铸铁件如灰铸铁、合金铸铁进行表面淬火。火焰加热表面淬火的有效淬硬深度一般为 2～6 mm。若要获得更深的淬硬层,往往会引起工件表面严重过热,且易产生淬火裂纹。

火焰加热表面淬火的优点是设备简单,成本低,使用方便灵活。但生产效率低,淬火质量较难控制,因此只适用于单件、小批量生产或用于中碳钢、中碳合金钢制造的大型工件,如大齿轮、轴的表面淬火。

4.5.3 钢的化学热处理

化学热处理是将钢件置于活性介质中,通过加热和保温,使介质分解析出某些元素的活性原子,并渗入工件表层,以改变其化学成分、组织和性能的热处理工艺。化学热处理与其他热处理相比较,其特点是不仅改变了钢的组织,而且还改变了钢表层的化学成分。

化学热处理的主要作用是提高工件表面的硬度、耐磨性、疲劳强度、耐热性、耐蚀性和抗氧化性等。

化学热处理种类很多,按渗入元素的不同可分为渗碳、渗氮(氮化)、碳氮共渗、渗铝、渗硼、渗硅、渗铬等。

化学热处理都是通过以下三个基本过程完成的:

① 分解。活性介质在高温下通过化学反应进行分解,形成渗入元素的活性原子。

② 吸收。活性原子被工件表面吸收,也就是活性原子由钢的表面进入铁的晶格而形成固溶体或形成化合物。

③ 扩散。被吸收的活性原子由工件表面逐渐向内部扩散,形成一定厚度的扩散层(即渗层)。

目前,在机械制造工业中最常用的化学热处理有以下几种:

4.5.3.1 钢的渗碳

渗碳是将工件置于渗碳介质中加热并保温,使碳原子渗入工件表层的热处理工艺。

在机械制造业中,许多重要的零件,如齿轮、凸轮、活塞销、摩擦片等,它们都是在交变载荷、冲击载荷、很大接触应力以及严重磨损条件下工作的,因此要求零件表面具有高的硬度和耐磨性,而心部具有一定的强度和韧性。为满足上述性能要求,必须选用低碳钢或低碳合金钢进行渗碳,随后进行淬火和回火处理。渗碳层深度按使用要求一般为 0.5～2.0 mm,渗碳层碳的质量分数控制在 0.8％～1.1％范围内。

1. 渗碳方法

渗碳所用的介质称为渗碳剂。按渗碳剂不同可分为气体渗碳、固体渗碳和液体渗碳。目前常用的是前两种。

① 气体渗碳法

气体渗碳是将工件置于密封的加热炉(如井式渗碳炉)中,通入渗碳气体(如煤气、天然气等)或滴入易于热分解和气化的液体(如煤油、丙酮等),并加热到渗碳温度(一般为 900 ℃～950 ℃),使工件在高温渗碳气氛中进行渗碳的一种热处理工艺方法(如图 4-20 所示)。

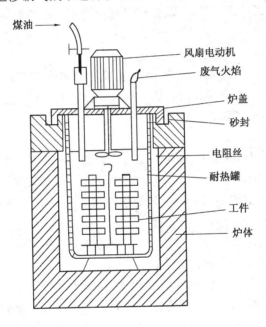

图 4-20　气体渗碳法示意图

② 固体渗碳法

固体渗碳法是将工件置于四周填满固体渗碳剂的密封箱中,然后放入加热炉内加热到 900 ℃～950 ℃,保温一定时间后出炉空冷的热处理工艺方法。通常,固体渗碳剂为一定粒度的木炭与 15％～20％的碳酸盐($BaCO_3$ 或 Na_2CO_3 等)的混合物。

渗碳时主要的工艺参数是加热温度和保温时间。加热温度愈高,渗碳速度愈快,渗碳层深度也愈深。但加热温度过高会使奥氏体晶粒过分长大,结果使钢变脆。在一定的渗碳温度下,保温时间愈长,渗碳层的深度也愈深。具体确定保温时间时,要根据工件要求的渗碳层深度及采用的渗碳方法等来决定。

工件渗碳后必须进行淬火和低温回火热处理,才能有效地发挥渗碳层的作用。常用的热处理方法有:

① 直接淬火法。直接淬火法是将渗碳后的工件从渗碳温度降至淬火温度后直接进行

淬火冷却,然后再进行低温回火的热处理工艺方法。直接淬火法操作简单,不需要重新加热淬火,生产率高,成本低。但淬火后马氏体较粗,残余奥氏体量也较多,故仅适用于本质细晶粒钢或性能要求不高的工件。

② 一次淬火法。一次淬火法是将渗碳后的工件出炉,先在空气中冷却(正火),然后再重新加热进行淬火和低温回火的热处理工艺方法。一次淬火法可以使心部的亚共析原始组织发生重结晶,使晶粒变小,细化组织,但表层组织仍然粗大,故此法也只适用于本质细晶粒钢。

③ 二次淬火法。第一次淬火是为了细化心部组织和消除表层网状渗碳体,第二次淬火是为了使表层得到细片马氏体和均匀分布的细粒状渗碳体组织,其加热温度应选在表层 A_{c_1} 温度以上。渗碳淬火后,应进行低温回火。二次淬火法使工件表层和心部组织都得到细化,且表层具有高的硬度、耐磨性,心部具有一定的强度,良好的塑性和韧性。但工艺过程复杂,生产率低,成本高,工件变形较大,故此法仅适用于本质粗晶粒钢以及使用性能要求很高的渗碳件。

4.5.3.2 钢的渗氮

在一定温度下(一般在 A_1 温度以下)使活性氮原子渗入工件表面的化学热处理工艺即为渗氮。其目的是提高表面硬度和耐磨性,并提高疲劳强度和耐蚀性。目前常用的渗氮方法主要有气体渗氮和离子渗氮。

1. 气体渗氮

工件在气体介质中进行渗氮称为气体渗氮。它是将工件放入密闭的炉内,加热到 500 ℃~580 ℃,通入氨气(NH_3)作为介质,氨分解产生的活性氮离子[N]被工件表面吸收,并逐渐向里层扩散,从而形成渗氮层。一般渗氮层的深度为 0.4~0.6 mm。

渗氮与渗碳相比较有如下特点:

① 渗氮用钢多采用含有铬、钼、铝等元素的合金钢,如典型钢种 38CrMoAlA 钢。渗氮前需进行调制处理,以获得均匀的回火索氏体组织。

② 工件渗氮后表面形成一层坚硬的氮化物,渗氮层硬度高达 950~1200 HV(相当于 68~72 HRC)故不再需要经过淬火便具有很高的表面硬度和耐磨性,而且这些性能在 600 ℃~650 ℃时仍可维持。

③ 渗氮层的致密性和化学稳定性均很高,因此渗氮工件具有很高的耐腐蚀性,可防止水、蒸汽、碱性溶液的腐蚀。

④ 渗氮处理温度低,工件变形小。

但是渗氮处理的生产周期长(约需 40~70 h),成本高,渗氮层薄而脆,不宜承受集中的重载荷,这就使渗氮的应用受到一定限制。因此,渗氮主要用于处理重要和复杂的耐磨、耐腐蚀的零件,如精密丝杠、镗床主轴、汽轮机的阀门、高精度传动齿轮、高速柴油机曲轴等。

2. 离子渗氮

在低于一个大气压的渗氮气体中,利用工件(阴极)和阳极之间产生的辉光放电进行渗氮的工艺称为离子渗氮。其工艺是将工件置于真空炉中,待炉内真空达到 1.33 Pa 后通入氨气或氨、氢混合气体,待炉压升至 70 Pa 左右时接通电源,在阴极(工件)和阳极(真空炉壁)间加以 400~700 V 直流电压,使炉内气体电离,形成辉光放电。被电离的氮离子以很高的速度轰击工件表面,使其表面温度升高(一般为 450 ℃~650 ℃)并使氮离子在阴极夺取电子后还原成氮原子而渗入工件表面,然后经过扩散形成渗氮层。

离子渗氮的渗氮层韧性和疲劳强度较一般渗氮层高,变形小,且缩短渗氮时间一倍以上,对材料的适应性强(碳钢、铸铁和有色金属、合金钢均适用)。目前,离子渗氮的缺点是成本高,测温困难,质量不稳定,对深而小的内孔很难氮化,故主要用于中小型的精密零件,如齿轮、凸轮、轴类、螺杆等。

3. 钢的碳氮共渗

碳氮共渗是将碳和氮原子同时渗入工件表面的一种化学热处理过程。碳氮共渗的方法有液体碳氮共渗和气体碳氮共渗两种。目前常用的是气体碳氮共渗。

气体碳氮共渗是将工件置于井式气体渗碳炉中,滴入煤油,使其热分解出渗碳气体,同时向炉内通入氨气,在共渗温度下使介质分解出活性炭、氮原子,并被工件表面吸收,然后逐渐向内部扩散,形成一定深度的碳、氮共渗层。常采用的共渗温度为 820 ℃～870 ℃,在此温度下共渗层碳的质量分数约为 0.7%～1.0%、氮的质量分数约为 0.15%～0.50%,故气体碳氮共渗是以渗碳为主。气体碳氮共渗大多用于低碳或中碳的碳钢和合金钢的热处理。为了提高表面硬度和心部强度,工件经碳氮共渗后还要进行淬火和低温回火。由于碳氮共渗温度较低,因此共渗后可以直接淬火,然后低温回火。

气体碳氮共渗具有以下特点:

① 热处理后的共渗层比渗碳层具有更高的硬度(约高出 2～3 HRC)、耐磨性、抗蚀性及疲劳强度。

② 与渗氮相比,共渗层深度比渗氮层深,表面脆性小,抗压强度较高。

③ 由于氮的渗入使共渗层过冷奥氏体的稳定性增加,降低了共渗层马氏体的淬火冷却速度,故可采用冷却速度较缓慢的冷却介质进行冷却,从而减小工件的变形与开裂。

④ 由于碳与氮的渗入使共渗层的 A_1 和 A_3 温度降低,故共渗温度比渗碳温度低,奥氏体晶粒长大不明显,易保证零件心部的强度。

⑤ 共渗速度快(0.1～0.15 mm/h),生产率高。

但由于共渗层较薄,故目前生产中主要用于处理要求变形小、耐磨及抗疲劳的薄件、小件,如自行车、缝纫机及仪表零件以及机床、汽车等要求耐磨的齿轮、蜗轮、蜗杆和轴类零件等。

4.5.4　热处理工序位置安排

热处理工序一般安排在铸、锻、焊等热加工和切削加工的各个工序之间。根据热处理的目的和工序位置的不同,可将其分为预先热处理和最终热处理两大类。

预先热处理包括退火、正火和调质等。

正火和退火的作用是消除热加工毛坯的内应力、细化晶粒、调整组织、改善切削加工性,为后续热处理工序做好组织准备。其工序位置均安排在毛坯生产之后,切削加工之前。对于精密零件,为了消除切削加工的残余应力,在切削加工之间还应安排去应力退火。

调质主要是提高零件的综合力学性能,或为以后表面淬火和为易变形的精密零件的整体淬火做好组织准备。调质工序一般安排在粗加工之后、精加工或半精加工之前。若粗加工之前调质,对于淬透性差的碳钢零件,表面调质层的优良组织很可能在粗加工中大部分被切除掉,失去调质作用。

有些零件性能要求不高,在铸、锻后经退火、正火调质后即可满足要求,则它们也可作为最终热处理。

最终热处理包括各种淬火＋回火及表面热处理等。零件经这类热处理后硬度较高,除磨削外,不适宜其他切削加工,故其工序位置应尽量靠后,一般均安排在半精加工之后、磨削之前。而渗氮的温度低、变形小、渗氮层硬而厚,因而其工序应尽量靠后,渗氮后只需研磨或精磨。

生产过程中,由于零件选用的毛坯与工艺过程的需要不同,在制定具体加工路线时,热处理工序还可能有所增减,因此工序位置的安排必须根据具体情况灵活运用。

4.6　热处理新工艺简介

[知识要点]
热处理新工艺技术
[教学目标]
了解钢铁的热处理新工艺技术
[相关知识]

4.6.1　离子渗扩热处理

离子渗扩热处理是利用阴极(工件)和阳极间的辉光放电产生的等离子体轰击工件,使工件表层的成分、组织及性能发生变化的热处理工艺。

1. 离子渗氮

离子渗氮是在真空室内进行的。工件接高压直流电源的负极,真空钟罩接正极。将真空室的真空抽到 66.67 Pa 后充入少量氨气或 H_2、N_2 的混合气体。当电压调整到 $400\sim800$ V 时,氨即电离分解成氮离子、氢离子和电子,并在工件表面产生辉光放电现象。正离子受电场作用加速轰击工件表面,使工件升温至渗氮温度;氮离子在钢件表面获得电子,还原成氮原子而渗入钢件表面并向内部扩散,形成渗氮层。

离子渗氮表面形成的氮化层具有优异的力学性能,如高硬度、高耐磨性、良好的韧性和疲劳强度等,并使得离子渗氮零件的使用寿命成倍提高。此外,离子渗氮节约能源,渗氮气体消耗少,其操作对环境无污染。缺点是设备昂贵,工艺成本高,不宜于大批量生产。

2. 离子渗碳

离子渗碳是将工件装入温度在 900 ℃ 以上的真空炉内,在通入碳氢化合物(CH_4 或 C_3H_8)的减压环境中加热,同时在工件(阴极)和阳极之间施加高压直流电,产生辉光放电使活化的碳被离子化,在工件附近加速,从而轰击工件表面进行渗碳。

离子渗碳从加热、渗碳到淬火处理,都在同一装置内进行,这种真空处理炉是具有辉光放电机构的加热渗碳室和油淬火室的双室型热处理炉。

离子渗碳的硬度、疲劳强度、耐磨性等力学性能比传统渗碳方法都高,而且渗碳速度快,特别是对狭小缝隙和小孔能进行均匀的渗碳,渗碳层表面碳浓度和渗碳层深度容易控制,工件不宜产生氧化;表面洁净,耗电省和无污染。

3. 离子注入

离子注入是在高能量离子轰击下强行注入工件表面,形成极薄的具有特殊功能的新型渗层。它不受合金相图固溶度的限制,致使表层的化学成分和结构产生变化,形成特殊功能。在离子源形成的金属离子经过聚焦加速,形成离子束,并有质量分离器分离出所需离子,然后经过偏转、扫描等过程对试料室内的工件进行轰击,形成合金渗层。整个过程在 1.3×10⁻³ Pa 的真空度下进行。

4.6.2　真空热处理

真空热处理是在环境压力低于正常大气压以下的减压空间中进行加热、保温的热处理工艺。与普通热处理相比,真空热处理具有工件表面无氧化和脱碳、脱气、脱脂作用以及表面光洁、变形小、耐磨性和疲劳强度高等优点。

1. 真空退火

由于金属在进行真空热处理时,既可避免氧化,又有脱气、脱脂等作用,所以真空退火用于钢、铜及其合金,以及与气体亲和力强的钛、钽、铌、锆等合金。例如,硅钢片的真空退火,可以去除大部分气体和氮化物、硫化物等,可以消除应力和晶格畸变,甚至可以提高磁感应强度。对于结构钢、碳素工具钢等零件采用真空退火,均可获得满意的光亮度。钛及钛合金进行真空退火,可以消除极易与钛产生反应的各种气体和挥发性有机物的危害,并可获得合金的光亮表面。

2. 真空淬火

在真空中进行加热淬火的工艺已广泛应用于各种钢材和钛、镍、钴基合金等,真空淬火后,钢件的硬度高且均匀,表面光洁,无氧化脱碳,变形小。在真空加热时的脱气作用还可以提高材料的强度、耐磨性、抗咬合性和疲劳强度,使工件寿命提高。例如,模具经真空淬火后寿命可提高 40% 以上,搓丝板的寿命可提高 4 倍。淬火冷却时,对于淬透性小或截面较大的工件,应采用真空淬火。

3. 真空渗碳

工件在真空中加热并进行气体渗碳,称为真空渗碳。渗碳温度一般为 1 030 ℃~1 050 ℃。真空渗碳的渗碳层均匀,渗碳层碳浓度变化平缓,表面光洁,无反常组织及晶界氧化物,而且渗碳速度快,工作环境好,基本上没有污染。

4.6.3　激光热处理

激光热处理是利用高能量密度的激光束对工件表面扫描照射,使工件表层迅速升温而后自冷淬火的热处理方法。目前生产中大都使用 CO₂ 气体激光器,它的功率可达 10~15 kW 以上,效率高,并能长时间连续工作。通过控制激光入射功率密度、照射时间及照射方式即可达到不同的淬硬层深度、硬度、组织及其他性能要求。

激光热处理的优点是:① 加热速度快,加热到相变温度以上仅需要百分之几秒;② 淬火不用冷却介质,而是靠工件自身的热传导自冷淬火;③ 光斑小,能量集中,可控性好,可对复杂的零件进行选择加热淬火,而不影响临近部位的组织和质量,如利用激光可对盲孔底部、深孔内壁进行表面淬火,而用其他热处理方法则是很困难的;④ 能细化晶粒,显著提高表面硬度和耐磨性;⑤ 淬火后几乎无变形,且表面质量好。

4.6.4　电子束热处理

电子束热处理是利用电子枪发射的成束电子轰击工件表面,将能量转换为热能进行热处理的方法。电子束在极短时间内以密集能量(可达 10⁶~10⁸ W/cm²)轰击工件表面,使表面温度迅速升高,而后自冷淬火处理。与激光热处理不同的是,电子束表面淬火是在真空室中进行的,没有氧化,淬火质量高,基本不变形,不需再进行表面加工就可以直接使用。

电子束表面淬火的最大特点是加热速度和冷却速度都很快,在相变过程中奥氏体化时间短,能获得超细晶粒组织。

电子束加热工件时,表面温度和淬透深度取决于电子束的能量大小和轰击时间。实验表明,功率密度越大,淬硬深度越深。

4.6.5 超细化热处理

在加热过程中使奥氏体的晶粒度细化到十级以上,然后再进行淬火,可以有效地提高钢的强度、韧性和降低脆性转化温度。这种使工件得到超细化晶粒的工艺方法称为超细化热处理。

奥氏体细化过程是首先将工件奥氏体化后淬火,形成马氏体组织后又以较快的速度重新加热到奥氏体化温度,经短时间保温后迅速冷却,这样反复加热、冷却循环。每加热一次,奥氏体晶粒就被细化一次,使下一次奥氏体化的形核率增加,而且,快速加热时未溶的细小碳化物不但阻碍奥氏体晶粒长大,还成为奥氏体的非自发核心。用这种方法可以获得晶粒度为 13~14 级的超细晶粒,并且在奥氏体晶粒内还均匀地分布着高密度的位错,从而提高材料的力学性能。

实践证明,加热速度越快,淬火加热温度越低(在合理的限度内),细化效果越好。但加热时间不宜过长,循环次数不应过多,一般进行 3~4 次即可。

4.6.6 可控气氛热处理

为了防止工件在氧化性气体炉内加热时产生氧化、脱碳,往炉内通入高纯度的中性气体(如 Ne、Ar)或控制气氛对工件进行加热和冷却的方法,称为可控气氛热处理。

例如:把含碳的液体(甲醇、乙醇、丙酮等)分解或裂化成具有 0.4% 碳势的控制气氛引入炉内,则 $\omega_C = 0.4\%$ 的钢在此气氛中加热时就不会脱碳和氧化。但 $\omega_C < 0.4\%$ 的钢会增碳到 0.4%;而 $\omega_C > 0.4\%$ 的钢会减碳到 0.4%。所以,根据钢的 ω_C,控制气氛中的碳势,能起到保护作用,获得光亮的表面。

4.6.7 磁场淬火

磁场淬火是指将加热好的工件放入磁场中进行淬火的热处理方法。磁场淬火可显著提高钢的强度,其强化效果随钢中含碳量的提高而增加。采用直流磁场淬火,其磁化方向对强化效果有影响,在轴向磁场中淬火甚至略有降低。交流磁场淬火的强化效果比直流磁场淬火高,且磁场强度越大,强化效果越好。

磁场淬火在提高钢的强度的同时,仍使钢保持良好的塑性及韧性,还可以降低钢材的缺口敏感性,减小淬火变形,并使零件各部分变得均匀。

思 考 题

1. 判断下列说法是否正确:

(1) 钢的热处理是钢的一种重要加工工艺。

(2) 钢在奥氏体化后冷却,形成的组织主要取决于钢的加热温度。

(3) 低碳钢与高碳钢零件为了方便切削,可预先进行球化退火。

(4) 钢的实际晶粒度主要取决于钢在加热后的冷却速度。

(5) 过冷奥氏体冷却速度越快,钢冷却后的硬度越高。

(6) 钢中合金元素越多,淬火后的硬度越高。

(7) 同一钢种在相同的淬火条件下,水淬比油淬的淬透性好,小件比大件的淬透性好。

(8) 钢经淬火后处于硬脆状态。

(9) 冷却速度越快,马氏体的转变点 M_s、M_f 越低。

(10) 淬火钢回火后的性能主要取决于回火后的冷却速度。

(11) 钢中的碳含量就等于马氏体的碳含量。

(12) 临界冷却速度是指得到完全马氏体组织的最小冷却速度。

2. 奥氏体的形成一般由哪几个步骤组成? 影响奥氏体形成速度的因素有哪些?

3. 说明退火、正火的定义、目的和分类。

4. 退火和正火后钢的组织和性能有什么区别?

5. 马氏体的硬度与奥氏体中碳含量有何关系? 马氏体转变有何特点? 马氏体转变点 M_s、M_f 与碳含量有何关系? 残余奥氏体与碳含量有何关系?

6. 试比较淬透性与淬硬性,淬透性与实际工件的淬硬层深度。

7. 试说明钢在淬火时产生硬度不足与软点、淬火变形和开裂的原因。

8. 什么是钢的回火? 钢回火时有哪些过程? 钢的性能与钢的组织和回火温度有何关系? 简述回火的种类、组织、性能及应用。

9. 两个碳含量均为 1.2% 的碳钢试件,分别加热到 760 ℃ 和 900 ℃,保温相同时间,达到平衡状态后以大于 v_k 的速度快速冷却至室温,问:

(1) 哪个温度的试件淬火后晶粒粗大?

(2) 哪个温度的试件淬火后未熔碳化物较少?

(3) 哪个温度的试件淬火后马氏体的碳含量较多?

(4) 哪个温度的试件淬火后残余奥氏体量较多?

(5) 哪个试件的淬火温度较为合理,为什么?

10. 45 钢调质后的硬度为 240 HBS,若再进行 200 ℃ 回火,硬度能否提高? 为什么? 该钢经淬火和低温回火后硬度为 57 HRC,若再进行高温回火,其硬度可否降低? 为什么?

11. T12 钢经 760 ℃ 加热后,采用图 4-16 所示的冷却方法进行冷却,它们各获得什么组织? 比较它们的硬度。

12. 车床主轴(45 钢)轴颈部位硬度为 56~58 HRC,其余部位为 20~24 HRC,其工艺过程为正火—机械加工—轴颈表面淬火—低温回火—磨削加工,请指出:

(1) 正火、表面淬火、低温回火的目的和工艺;

(2) 上述热处理后的组织和大致硬度。

13. 一根直径为 6 mm 的 45 钢棒经 860 ℃ 淬火、160 ℃ 低温回火后的硬度为 55 HRC,然后从一端加热,使钢棒各点达到如图 4-17 所示的温度,问:

(1) 各点的组织是什么?

(2) 各点从图示温度缓慢冷却到室温后的组织是什么?

(3) 各点从图示温度水冷冷却到室温后的组织是什么?

14. 说明钢的感应加热表面淬火的原理。

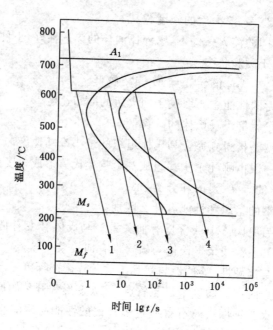

图 4-16

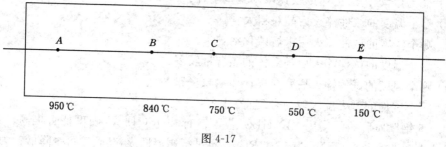

图 4-17

第5章 合金钢

随着人类科学技术和工业生产的发展,碳钢已无法满足工程对其提出的愈来愈高的性能要求。碳钢在性能上的主要不足之处为:① 强度低,使某些承受重载的工程构件、机械零件的截面尺寸厚大而使设备笨重;② 淬透性差,对大截面尺寸和复杂形状零件热处理后,不能保证性能的均匀性和几何形状不变;③ 碳素工具钢的热硬性差,当工作温度高于 200 ℃～300 ℃时,刀具的硬度明显下降,不能满足高速切削的要求;④ 不具备高温强度以及耐腐蚀、耐磨损、耐低温等特殊性能。

为了提高钢的性能,在冶炼钢时有意识地向钢熔液中添加适量的一种或多种合金元素,这样获得的钢称为合金钢。常加入的有锰(Mn)、硅(Si)、铬(Cr)、镍(Ni)、钼(Mo)、钨(W)、钒(V)、钛(Ti)、铝(Al)、钴(Co)、硼(B)等合金元素。常用的合金钢有合金结构钢、合金工具钢及特殊性能钢(不锈钢、耐磨钢等)。

虽然合金钢的生产工艺复杂、成本较高,但由于合金钢具备良好的热处理工艺性能和综合力学性能(即强度、硬度、塑性等),并具有特殊的物理和化学性能,所以,在各个方面得到广泛应用。

本章主要学习各种合金钢的性能,掌握其应用范围;学会认识各种钢号代表的含义。

5.1　合金元素在钢中的作用

[知识要点]

合金元素对 Fe-Fe₃C 相图、对钢热处理的影响

[教学目标]

1. 理解合金元素对 $Fe-Fe_3C$ 相图的影响

2. 理解合金元素对钢热处理的影响,初步掌握回火稳定性、二次硬化及回火脆性的概念

[相关知识]

5.1.1　合金元素与铁和碳的作用

合金元素加入钢中,与铁形成固溶体,或者与碳形成碳化物,并且少量存在于氧化物、氮化物、硫化物、硅酸盐等夹杂物中,而在高合金钢中还可能形成金属间化合物。

1. 溶于铁

大多数合金元素都能溶于铁中,形成合金铁素体。由于固溶强化作用,随着合金元素含量的增加,使合金铁素体的强度、硬度上升,而塑性、韧性下降,同时也提高合金钢的抗氧化和耐蚀能力。常用合金元素有锰(Mn)、铬(Cr)、镍(Ni)、硅(Si)、钼(Mo)等。合金元素对铁素体性能的影响情况如图 5-1 所示。

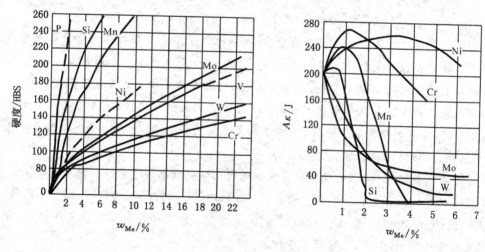

图 5-1　合金元素对铁素体相性能的影响

2. 溶于碳

合金元素按其与钢中碳的亲和力的大小,可分为碳化物形成元素和非碳化物形成元素两大类。常用的非碳化物形成元素有镍(Ni)、钴(Co)、铜(Cu)、硅(Si)、铝(Al)、氮(N)、硼(B)等。常用碳化物形成元素(按形成的碳化物的稳定性程度由弱到强的次序排列)有锰(Mn)、铬(Cr)、钼(Mo)、钨(W)、钒(V)、钛(Ti)等。形成的碳化物一般都具有较高的稳定性、熔点和硬度,使合金的强度、硬度和耐磨性提高,而塑性和冲击韧性下降。

5.1.2 合金元素对铁碳合金状态图(Fe-Fe₃C 相图)的影响

合金元素加入到钢中之后,使钢的平衡状态发生变化,从而使 Fe-Fe₃C 相图(亦称平衡图或状态图)中的相区、相变温度及临界点的位置都发生变化。

1. 合金元素对奥氏体区和铁素体区的影响

如图 5-2 所示,扩大 γ 相区的元素(例如锰 Mn、镍 Ni、钴 Co、铜 Cu 等)均扩大 Fe-Fe₃C 相图中奥氏体存在的区域,当其中完全扩大 γ 相区的元素镍(Ni)或锰(Mn)的含量较多时,合金钢在室温下就可以得到单相奥氏体组织,也就是说,相同碳质量分数的普通碳素钢在室温下得不到单相奥氏体组织。例如 1Cr18Ni9 高镍奥氏体不锈钢和 ZGMn13 高锰耐磨等。缩小 γ 相区的元素(例如铬 Cr、钼 Mo、钨 W、钒 V、钛 Ti、硅 Si 等)均缩小 Fe-Fe₃C 相图中奥氏体存在的区域,当其中完全封闭 γ 相区的元素超过一定含量时,钢在广大温度范围内(包括室温在内)就可以获得单相铁素体组织(甚至使奥氏体组织消失)。例如 1Cr17Ti 高铬铁素体不锈钢等。

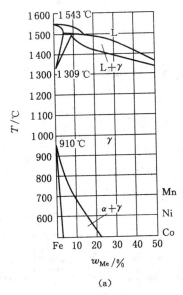

(a)

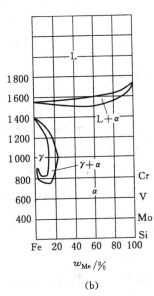

(b)

图 5-2 合金元素对 γ 相区的影响

(a) 扩大 γ 相区;(b) 缩小 γ 相区

2. 合金组织对临界点(S 和 E 点)的影响

如图 5-3 所示,扩大 γ 相区的合金元素(例如锰 Mn)使 Fe-Fe₃C 相图中的共析转变温度和共晶转变温度随着合金元素含量的增加而下降,共析点 S 和共晶点 E 向左下方移动;缩小 γ 相区的元素(例如铬 Cr)则使 Fe-Fe₃C 相图中的共析转变温度和共晶转变温度随着合金元素含量的增加而上升,共析点 S 和共晶点 E 向左上方移动。几乎所有的合金元素都能使共析点和共晶点的碳质量分数降低,强碳化合物形成元素尤为强烈。共析点和共晶点的碳质量分数下降,使合金钢的平衡不能完全用 Fe-Fe₃C 相图来分析。例如,含碳量为 0.3% 的热模具钢 3Cr2W8V 已是过共析钢(Fe-Fe₃C 相图中的过共析钢含碳量应为 0.77%~2.11%),而含碳量不超过 1.0% 的高速钢 W18Cr4V 在铸态下已出现莱氏体组织(奥氏体与渗碳体的共晶混合物),Fe-Fe₃C 相图中的莱氏体组织含碳量应为 2.11%~6.69%。合金元

素使 $Fe\text{-}Fe_3C$ 相图的 S 点和 E 点向左移动,改变了钢的室温组织,也就改善了钢的力学性能。

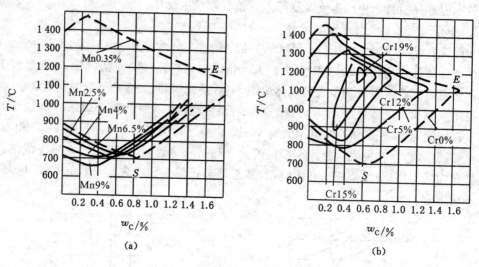

图 5-3 合金元素对共析点 S 和共晶点 E 的影响

(a) 锰的影响;(b) 铬的影响

5.1.3 三、合金元素对钢热处理的影响

5.1.3.1 加热时合金元素对组织转变的影响

1. 对奥氏体形成速度的影响

除钴(Co)、镍(Ni)外,大多数合金元素(例如铬(Cr)、钼(Mo)、钨(W)、钒(V)等)与碳的亲合力较强,能形成难溶于奥氏体的合金碳化合物,大大阻碍了碳在奥氏体中的扩散,减缓了奥氏体晶粒形成的速度;钴(Co)、镍(Ni)等较少的合金元素,由于与碳的亲合力不强,所以加快了奥氏体的形成速度;铝(Al)、硅(Si)、锰(Mn)等合金元素对奥氏体形成速度的影响不大。为了加速碳化合物(或氮化物、氧化物)的溶解和奥氏体成分的均匀化,必须使加热温度和加热速度高于碳钢并使保温时间延长。

2. 对奥氏体晶粒大小的影响

除锰(Mn)、磷(P)和硼(B)外,几乎所有合金元素都有阻碍奥氏体晶粒长大的作用,但影响程度不同。形成碳化合物的元素其阻碍作用最为明显,例如钒(V)、钛(Ti)、铌(Nb)、锆(Zr)和在钢中易形成高熔点、细质点(AlN、Al_2O_3)的铝(Al)最强烈;钨(W)、钼(Mo)、铬(Cr)次之;硅(Si)、镍(Ni)、铜(Cu)影响不大。由于形成的碳化合物在高温下较稳定,不易溶于奥氏体中,所以能阻止其晶界外移,阻碍奥氏体晶粒长大,显著细化晶粒。

5.1.3.2 合金元素对过冷奥氏体转变的影响

除钴(Co)外,几乎所有合金元素溶入奥氏体后都能增加过冷奥氏体的稳定性,延缓过冷奥氏体的分解,减小钢的临界冷却速度,提高合金钢的淬透性。特别是大截面钢制工件热处理后,可以保证工件心部和表层的机械性能基本一致,并减少淬火时的变形和开裂倾向。

常用提高淬透性的元素有:钼(Mo)、锰(Mn)、铬(Cr)、镍(Ni)、硅(Si)、硼(B)等。另外,在钢中同时加入两种或多种合金元素,其对合金钢淬透性的影响远远比单个元素的影响总和要大得多。例如,铬锰钢、铬镍钢的淬透性就比普通铬钢好。

5.1.3.3 合金元素对回火转变的影响

1. 提高回火稳定性

碳化物形成元素(例如钼 Mo、钨 W、钒 V、钛 Ti 等)和非碳化物形成元素(例如钴 Co、镍 Ni、硅 Si 等)均能在回火过程中阻碍碳原子的扩散,推迟马氏体的分解和残余奥氏体的转变,即在更高的温度下碳原子才开始分解和转变,因而提高了合金钢的回火稳定性,使得合金钢和同样碳质量分数的碳钢在相同温度下回火时,其硬度和强度更高。或者说,合金钢要达到相同的硬度和强度,就需要更高的回火温度,更长的保温时间,这有利于消除合金钢的内应力,提高合金钢的塑性和韧性。

2. 产生二次硬化

如图 5-4 所示,有一些含合金元素(例如钼 Mo、钨 W、钒 V、钛 Ti 等)的质量分数较高的高合金钢,在 500 ℃～600 ℃回火时,其硬度不是随回火温度升高而单调降低,而是到某一温度(400 ℃左右)后硬度反而开始增大,并在另一更高温度(一般为 550 ℃左右)硬度达到峰值,这种现象称为二次硬化。二次硬化主要是在回火时合金钢中析出难溶、细小颗粒状的碳化物(例如 MoC、WC、VC 等),使合金钢的硬度重新升高。二次硬化也可以在回火冷却过程中从残余奥氏体转变为马氏体的二次淬火所产生。

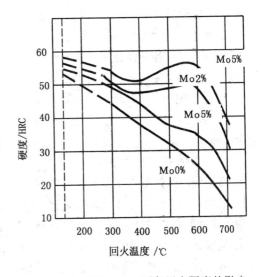

图 5-4 钼对钢(w_C 0.35%)回火硬度的影响

回火稳定性和二次硬化效应对工具钢和高温耐热钢具有很重要的实际意义。

3. 增大回火脆性

回火时合金元素也会给合金钢带来不利的影响。当回火温度在 250 ℃～350 ℃范围时,钢的冲击韧性不但不升高反而下降的现象称为第一类回火脆性(亦称低温回火脆性)。这类回火脆性无法消除,生产中只能避开此温度范围回火。当回火温度在 500 ℃～650 ℃范围时,同样也出现钢的冲击韧性不但不升高反而下降的现象,称为第二次回火脆性(亦称高温回火脆性)。这类回火脆性主要与回火后的冷却速度有关,缓慢冷却出现脆性,快速冷却不出现脆性。

含锰(Mn)、铬(Cr)、镍(Ni)等元素的合金钢,当回火冷却速度慢时,某些杂质元素以及合金元素本身就会在原奥氏体晶界上严重偏聚,从而使合金钢产生脆性。生产实际中,合金钢工件的回火处理采用回火后快速冷却(常用油冷)的方法来抑制杂质元素以及合金元素本身在晶界的偏聚,防止工件脆性损坏。如炼钢时加入适当的钼(Mo)或钨(W)(w_{Mo} = 0.3%,w_W = 1%)合金元素,即使缓慢冷却也不会产生脆性。故对于较大截面的工件,冷却较快时,更应选择含钼(Mo)、钨(W)元素的合金材料。

值得注意的是,钢中加入合金元素提高了合金钢的强度、硬度、淬透性、热硬性、抗氧化和耐蚀能力,但合金钢的铸造性能、冷热加工性能、焊接性能、切削加工性能都有所下降。

5.2　合金钢的分类与编号

[知识要点]

合金钢的分类与编号

[教学目标]

了解合金钢的分类;熟悉合金钢的编号方法

[相关知识]

5.2.1　合金钢的分类

合金钢的种类繁多,其分类方法也很多,常用以下几种方法分类。

1. 按合金元素的总含量分为

① 低合金钢,钢中合金元素的总量 $w_{Me}\leqslant5\%$;

② 中合金钢,钢中合金元素的总量 $10\%\geqslant w_{Me}>5\%$;

③ 高合金钢,钢中合金元素的总量 $w_{Me}>10\%$。

w_{Me}表示含合金元素的总量或含某一种合金元素的量,下标 Me 指总的合金元素或某一种合金元素。

2. 按合金元素的种类分

① 铬钢,钢中主要的合金元素是铬(Cr);

② 锰钢,钢中主要的合金元素是锰(Mn);

③ 铬镍钢,钢中主要的合金元素是铬(Cr)、镍(Ni);

④ 硅锰钢,钢中主要的合金元素是硅(Si)、锰(Mn);

⑤ 铬镍锰钢,钢中主要的合金元素是铬(Cr)、镍(Ni)、锰(Mn)。

3. 按正火后的金相显微组织分

可分为珠光体钢、贝氏体钢、马氏体钢、铁素体钢、奥氏体钢、莱氏体钢和碳化物钢等。

4. 按钢的主要用途分

① 合金结构钢,主要用于强度、塑性和韧性要求较高的建筑、工程结构和各种机械零件;

② 合金工具钢,主要用于硬度、耐磨性和热硬性等要求高的各种刀具、工具和模具;

③ 特殊性能钢,主要指有特殊物理、化学或机械性能的各种不锈钢、耐热钢、耐磨钢、磁钢和超强钢等。

我国目前采用的是按钢的主要用途分类的方法。

5.2.2　合金钢的牌号

由于世界各国合金钢的编号方法不一样,所以各国之间合金钢的牌号及含义也不相同。我国国家标准(GB)规定合金钢的牌号按所含碳的质量分数、合金元素的种类、合金质量分数以及合金钢的质量等级来编号。从合金钢的牌号既可知道其主要化学成分又能了解其性能及主要用途。

1. 合金结构钢的牌号

合金结构钢的牌号采用"两位数字"+"化学元素符号"+"数字"的表示方法。在牌号首部的两位数字,表示钢中含碳质量分数,即碳平均含量的万分数;化学元素符号表示钢中所含的合金元素;其后的数字表示钢中所含该合金元素的质量分数,即合金元素平均含量的百分数。当合金元素的平均质量分数少于 1.5% 时不标出,平均质量分数为 1.5%~2.49%、2.5%~3.49%、……时,相应地标为 2、3、……例如 40Cr,表示含碳平均质量分数为 0.4% (即 $\frac{0.4}{100} = \frac{40}{10\,000}$),含主要合金元素铬(Cr)的平均质量分数少于 1.5% 的合金结构钢。20Mn2TiB,表示含碳平均质量分数为 0.2%,含主要合金元素锰(Mn)的平均质量分数为 2%,钛(Ti)和硼(B)平均质量分数都少于 1.5% 的合金结构钢。

2. 合金工具钢的牌号

合金工具钢的牌号采用"一位数字"+"化学元素符号"+"数字"的表示方法。在牌号首部的一位数字表示钢中含碳质量分数,即碳平均含量的千分数;当含碳平均质量分数大于或等于 1% 时,碳质量分数不标出;其他与合金结构钢的牌号表示方法相同,即化学元素符号表示钢中所含的合金元素,其后的数字表示钢中所含该合金元素的质量分数(即合金元素平均含量的百分数)。例如 9Mn2V,表示含碳平均质量分数为 0.9% (即 $\frac{0.9}{100} = \frac{9}{1\,000}$),含主要合金元素锰(Mn)的平均质量分数为 2%,钒(V)的平均质量分数少于 1.5% 的合金工具钢。W18Cr4V,表示含碳平均质量分数大于 1%,含主要合金元素钨(W)平均质量分数为 18%,铬(Cr)平均质量分数为 4%,钒(V)平均质量分数少于 1.5% 的合金工具钢。

3. 特殊性能钢的牌号

不同特殊性能钢的牌号的表示方法各不相同。不锈钢的牌号采用"一位数字"+"化学元素符号"+"数字"表示,与合金工具钢的表示方法相同。例如,不锈钢 1Cr18Ni9 表示钢中含碳质量分数即碳平均含量的千分数为 0.1%,含铬(Cr)的平均质量分数为 18%,含镍(Ni)的平均质量分数为 9%。耐热钢牌号的表示方法有采用"一位数字"+"化学元素符号"+"数字"的,与合金工具钢的表示方法相同;也有采用"二位数字"+"化学元素符号"+"数字"的表示方法,与合金结构钢的表示方法相同。例如,12Cr1MoV 表示钢中含碳质量分数即碳平均含量的万分数为 0.12%,含铬(Cr)的平均质量分数为 1%,含钼(Mo)和钒(V)的平均质量分数少于 1.5%。

4. 其他特殊编号方法

Q345(旧牌号为 16Mn),"Q"以"屈服"二字汉语拼音字首表示"屈服强度",其后的数字"345"表示其屈服强度为 345 MPa。

对于任何高级优质钢,则在钢的末尾加"A"字表明,例如,20Cr2Ni4A 表示高级优质钢的合金结构钢。

专用钢用其用途的汉语拼音字首来标明。例如 GCr 15,"G"以"滚"字汉语拼音字首表示"滚动轴承";Y40Mn,"Y"以"易"字汉语拼音字首表示"易切削钢"。易切削钢属于合金结构钢,它是在钢中加入硫(S)、磷(P)、铅(Pb)、钙(Ca)等合金元素,使钢更容易切削,适用于在自动机床上成批生产螺栓、螺母等常用件。

高锰钢(耐磨钢)ZGMn13-2,"ZG"以汉语拼音字首"Z"和"G"表示"铸钢",其后的数字"13"表示含锰(Mn)的平均质量分数为 13%,"2"表示编号(此处的 2 表示这一类钢用于普通场合钢件)。

5.3　合金结构钢

[知识要点]

各种合金结构钢的用途、特点及常用钢种

[教学目标]

了解各种合金结构钢的用途、特点；熟悉各种常用钢种牌号

[相关知识]

合金结构钢在所有钢中用途最广泛，根据使用不同分为低合金结构钢（亦称普通低合金钢）、合金渗碳钢、合金调质钢、合金弹簧钢和滚动轴承钢。

5.3.1　低合金结构钢

5.3.1.1　用途

这类钢属于建造用钢，主要用于制造桥梁、船舶、车辆、锅炉、高压容器、石油化工管道、大型钢结构件等。用它来代替碳素结构钢，可大大减轻结构重量，节省钢材，降低费用，保证使用的可靠性，延长构件使用寿命，增大钢材的使用范围。

5.3.1.2　特点

1. 良好的综合机械性能

一般低合金结构钢具有较高的强度，其屈服强度 σ_s 在 300 MPa 以上；较好的塑性，其延伸率 δ 约为 21%；高的冲击韧性，其室温冲击韧性大于 $600\sim800$ kJ/m²；特别是具有良好的低温韧性，保证了构件在较低的温度下使用。与同样含碳量的普通碳钢相比，低合金结构钢具有良好的综合机械性能。

2. 良好的焊接性能和冷成形性能

由于低合金结构钢的含碳量、含合金元素及合金量不高，因此焊接不易开裂，其良好的塑性使冷成形更加容易。故大型结构件大都采用焊接制造，既便于生产加工又便于安装、运输。

3. 良好的耐蚀性

一般在钢中加入少量的铜 Cu（≤0.4%）和磷 P（约 0.1%）等就可以获得较高的抗大气腐蚀性能，有利于零件和构件在潮湿大气或海洋性气候条件下工作。

4. 化学成分及热处理

低合金结构钢的含碳量小于 0.2%，含合金元素小于 3%，磷 P 和硫 S 的含量为0.025%～0.045%。主要加入 Mn、Si、Ti、Nb、Cu、N 等合金元素，其中锰（Mn）为最主要的合金元素，起到固溶强化作用，并大大降低奥氏体分解温度，细化铁素体和珠光体晶粒，提高了钢的强度和韧性。低合金结构钢一般被轧制成钢板、钢带、型钢和棒钢，并经正火或淬火加回火热处理后供应，故可以直接当成毛坯用来制作成品，既简化了生产工艺又降低了成本，还节约了资金。

5.3.1.3　常用钢种

工程实际中最常用的低合金结构钢有 Q295（旧钢号 09MnV）、Q345（16Mn）、Q390（16MnNb）、Q420（15MnVN）等，其中 Q345A 低温性能较好，可以在 −40 ℃～+450 ℃范围使用。我国南京长江大桥就采用 Q345A 钢建造。

常用低合金结构钢的牌号、主要成分、机械性能及用途见表 5-1。

表 5-1　　常用低合金结构钢的牌号、成分、性能及用途

牌号	主要化学成分 w/%							厚度或直径/mm	机械性能				旧钢号	用途
	C	Mn	Si	V	Nb	Ti	其他		σ_s/MPa	σ_b/MPa	δ_5/%	A_{KV}/20℃		
Q295	≤0.16	0.80~1.50	0.55	0.02~0.15	0.015~0.060	0.02~0.20		<16 16~35 35~50	≥295 ≥275 ≥255	390~570	23	34J	09MnV 09MnNb 09Mn2	低压的锅炉、油船、油罐、车辆及低温要求的焊接结构
Q345	0.18~0.20	1.00~1.60	0.55	0.02~0.15	0.015~0.060	0.02~0.20		<16 16~35 35~50	≥345 ≥325 ≥295	470~630	21~22	34J	12MnV 14MnNb 16Mn 16MnRE	桥梁、车辆横梁、船舶、压力容器、石油储罐、起重机械、矿山钢结构等焊接结构
Q390	≤0.20	1.00~1.60	0.55	0.02~0.20	0.015~0.060	0.02~0.20	Cr≤0.30 Ni≤0.70	<16 16~35 35~50	≥390 ≥370 ≥350	490~650	19~20	34J	15MnV 15MnTi 16MnNb	桥梁、大型船舶、运输及起重设备、高中压容器、大型厂房钢结构等焊接结构
Q420	≤0.20	1.00~1.70	0.55	0.02~0.20	0.015~0.060	0.02~0.20	Cr≤0.40 Ni≤0.70	<16 16~35 35~50	≥420 ≥400 ≥380	520~680	18~19	34J	15MnVN 14MnVTi-RE	大型船舶及桥梁、中、高压锅炉汽包及容器、电站设备的较高载荷的焊接结构
Q460	≤0.20	1.00~1.70	0.55	0.02~0.20	0.015~0.060	0.02~0.20	Cr≤0.70 Ni≤0.70	<16 16~35 35~50	≥460 ≥440 ≥420	580~720	17	34J	14MnMoV 18MnMoNb	中温高压容器（<120℃）、锅炉、化工、石油高压厚壁容器（<100℃）

5.3.2　合金渗碳钢

5.3.2.1　用途

合金渗碳钢主要用于制造汽车、拖拉机中的变速齿轮，运输机械的齿轮轴，内燃机上的凸轮轴、活塞销等重要的机器零件。这一类零件在工作中既要承受强烈的摩擦磨损，又要经常承受较大的交变载荷，特别是冲击载荷。

5.3.2.2　特点

1. 机械性能

经表面渗碳、淬火和低温回火处理的合金渗碳钢工件，其表面获得高硬度的渗碳层，而心部的强度得到提高，因此，合金渗碳钢具有表面高硬度、高耐磨性、高抗疲劳强度，心部具有良好的塑性和韧性，高的抗冲击性。

2. 化学成分及热处理

合金渗碳钢是含碳量为 0.1%～0.25% 的低碳钢，通过渗碳工件表面的含碳量可以达到 0.8%～1.05%，表面硬度可达 60～62 HRC，心部硬度也达 38 HRC 左右，心部韧性高于 700 kJ/m²。加入一定量的合金元素 Cr、Mn、Ni 等可以提高淬透性和心部强度；加入微量的合金元素 Ti、V、W、Mo 等可以形成稳定的合金碳化物，阻止奥氏体晶粒长大，从而细化晶粒，提高工件的耐磨性。

合金钢在 900 ℃～950 ℃ 的高温下渗碳，随后直接淬火，再低温回火，其表层获得高硬度高耐磨性的回火马氏体与合金渗碳体及少量残余奥氏体组成的复相组织，心部硬度也得到提高，从而使工件的综合机械性能得到改善。

5.3.2.3　常用钢种

合金渗碳钢中所含合金元素及合金量的不同，淬透性也不一样，因此合金渗碳钢可分为低淬透性合金渗碳钢、中淬透性合金渗碳钢、高淬透性合金渗碳钢三类。工程实际中最常用的合金渗碳钢有 20Cr、20Mn2、20CrMnTi、20MnVB、18Cr2Ni4WA 等。

常用合金渗碳钢的牌号、主要成分、机械性能及用途见表 5-2。

5.3.2.4　渗碳钢的热处理

渗碳钢的热处理规范一般是渗碳后进行直接淬火（一次淬火或二次淬火），而后低温回火。碳素渗碳钢和低合金渗碳钢，经常采用直接淬火或一次淬火，而后低温回火；高合金渗碳钢则采用二次淬火和低温回火处理。下面以应用广泛的 20CrMnTi 钢为例，分析其热处理工艺规范。20CrMnTi 钢齿轮的加工工艺路线为：下料→锻造→正火→加工齿形→渗碳，预冷淬火→低温回火→磨齿。正火作为预备热处理其目的是改善锻造组织，调整硬度（HB170～210）便于机加工，正火后的组织为索氏体＋铁素体。最终热处理为渗碳后预冷到 875 ℃ 直接淬火＋低温回火，预冷的目的在于减少淬火变形，同时在预冷过程中，渗层中可以析出二次渗碳体，在淬火后减少了残余奥氏体量。最终热处理后其组织由表面往心部依次为回火马氏体＋颗粒状碳化物＋残余奥氏体→回火马氏体＋残余奥氏体→……而心部的组织分为两种情况，在淬透时为低碳马氏体＋铁素体；未淬透时为索氏体＋铁素体。20CrMnTi 钢经上述处理后可获得高耐磨性渗层，心部有较高的强度和良好的韧性，适宜制造承受高速中载并且抗冲击和耐磨损的零件。如汽车、拖拉机的后桥和变速箱齿轮、离合器轴、伞齿轮和一些重要的轴类零件。

表 5-2　常用合金渗碳钢牌号、成分、热处理、性能及用途

类别	牌号	主要化学成分 w/%							热处理/℃			机械性能（不小于）				试件尺寸/mm	用途
		C	Mn	Si	Cr	Ni	V	其他	预备处理	淬火	回火	σ_b/MPa	σ_s/MPa	δ_5/%	A_{KV}/J		
低淬透性	20Mn2	0.17~0.24	1.40~1.80	0.20~0.40						770,800,油	200	820	600	10	47	15	可代替20Cr制作渗碳齿轮、小轴、活塞销等
	20Cr	0.17~0.24	0.50~0.80	0.20~0.40	0.70~1.00				880,水冷、油冷	800,水、油	200	850	550	10	47	15	φ30 mm以下、心部强度要求较高、形状复杂的齿轮、小轴、活塞销
	20MnV	0.17~0.24	1.30~1.60	0.20~0.40			0.07~0.12			880,水、油	200	800	600	10	55	15	同上，也作锅炉、高压容器管道等，温度不超过450℃~475℃
	20CrV	0.17~0.24	0.50~0.80	0.20~0.40	0.80~1.10		0.10~0.20		880,水冷、油冷	800,水、油	200	850	600	12	55	15	心部强度较高的耐磨齿轮、顶杆、活塞销、热垫圈
中淬透性	20MnVB	0.17~0.24	1.30~1.60	0.20~0.40			0.07~0.12	B0.001~0.004		860,油冷	200	1 100	900	10	55	15	模数较大、载荷较重的中小齿轮、轴、蜗杆、活塞销等
	20CrMnTi	0.17~0.24	0.80~1.10	0.20~0.40	1.00~1.30			Ti0.06~0.12	880,油冷	860,油	200	1 100	850	10	55	15	汽车、拖拉机上30 mm以下高速、重载、冲击变速箱齿轮等
	20Mn2TiB	0.17~0.24	1.50~1.80	0.20~0.40				Ti0.06~0.12 B0.001~0.004		860,油	200	1 150	950	10	55	15	可以代替20CrMnTi
	20SiMnVB	0.17~0.24	1.30~1.60	0.50~0.80			0.07~0.12	B0.001~0.004	850,880,油冷	780,800,油	200	≥ 1 200	≥100	≥10	≥55	15	可以代替20CrMnTi
高淬透性	18Cr2Ni4WA	0.13~0.19	0.30~0.60	0.20~0.40	1.35~1.65	4.00~4.50		W0.80~1.20	950,空冷	850,空	200	1 200	850	10	78	15	大截面、高强度、良好韧性的渗碳齿轮类件等
	20Cr2Ni4A	0.17~0.24	0.30~0.60	0.20~0.40	1.25~1.75	3.25~3.75			880,油冷	780,油	200	1 200	1 100	10	63	15	大截面、高强度、良好韧性的渗碳齿轮、蜗轮和轴类件等
	15CrMn2SiMo	0.13~0.19	2.00~2.40	0.40~0.70	0.40~0.70			Mo0.4~0.5	880~920,空冷	860,油	200	1 200	900	10	63	15	大型渗碳齿轮、飞机齿轮等

5.3.3　合金调质钢

5.3.3.1　用途

合金调质钢广泛用于制造汽车、拖拉机、机床和其他机器上的各种重要零件,例如齿轮、轴、连杆、曲轴、高强度螺柱等。

5.3.3.2　特点

1. 机械性能

合金调质钢具有优良的综合机械性能。合金调质钢经过调质处理(即淬火后高温回火处理)后具有高的强度(屈服强度可达 800 MPa 以上)和良好的塑性、韧性(冲击韧性可达 800 kJ/m² 左右),其工件能承受多种工作载荷和复杂的外力,保证机械设备工作运转时的可靠性。合金调质钢中加入的合金元素,提高了钢的强度、韧性和淬透性,保证了零件整个截面机械性能的均匀性和高的强韧性,使其能承受较大的交变载荷。

2. 化学成分及热处理

合金调质钢一般含碳量在 0.25%～0.50% 之间。含碳量过低,热处理不容易淬硬;含碳量过高,调质处理后钢的塑性和韧性不好。只有在中碳钢范围,调质后的钢才能实现强度与韧性的最好结合。

常在钢中加入 Mn、Si、Cr、B、Mo、Ni 等合金元素,提高淬透性和强度;加入 Mo、W、V、Ti 等合金元素,形成稳定的合金碳化物,阻止奥氏体晶粒长大,细化晶粒并提高回火稳定性。

合金调质钢件采用淬火加高温回火的热处理方法,以获得良好力学性能的回火索氏体组织;若采用表面淬火处理,可以提高工件的表面硬度和耐磨性。合金调质钢通过调质处理以后,硬度一般可达 25～35 HRC,其屈服强度、强度极限、塑性和韧性都比同样含碳量的普通碳钢高许多。例如,同样截面尺寸 φ50 mm 的 40Cr 合金调质钢与 45 碳素调质钢比较,两者经同样的调质处理(850 ℃水淬,560 ℃回火)后,40Cr 合金调质钢的屈服强度比 45 碳素调质钢的屈服强度高 170 MPa,抗拉强度高 150 MPa,冲击韧度高 300 kJ/m²。

5.3.3.3　常用钢种

合金调质钢中所含合金元素及合金量的不同,其淬透性也不一样,因此又把合金调质钢分为低淬透性合金调质钢、中淬透性合金调质钢、高淬透性合金调质钢三类。低淬透性合金调质钢的油淬临界直径为 30～40 mm;中淬透性合金调质钢的油淬临界直径为 40～60 mm;高淬透性合金调质钢的油淬临界直径为 60～100 mm。

工程实际中最常用的合金调质钢有 40Cr、40MnVB、35CrMo、40CrNiMo、38CrMoAlA 等。

常用合金调质钢的牌号、主要成分、机械性能及用途见表 5-3。

5.3.3.4　调质钢的热处理

对于调质钢来说,由于加入合金元素种类及数量多少的差异,使这类钢在热加工以后的组织相差很大。含合金元素少的钢,正火后组织多为珠光体＋少量铁素体,而合金元素含量高的钢则为马氏体组织,所以调质钢的热轧组织可分为珠光体型和马氏体型两种。

调质钢预备热处理的目的是为了改善热加工造成的晶粒粗大和带状组织,获得便于切削加工的组织和性能。对于珠光体型调质钢,在 800 ℃左右进行一次退火代替正火,可细化晶粒,改善切削加工性。对马氏体型调质钢,因为正火后,可能得到马氏体组织,所以必须再

表 5-3　常用合金调质钢的牌号、成分、热处理、性能及用途

类别	牌号	主要化学成分 w/%						热处理/℃		试件尺寸/mm	机械性能(不小于)				用途
		C	Mn	Si	Cr	Mo	其他	淬火	回火		σ_b/MPa	σ_s/MPa	δ_5/%	A_{KV}/J	
低淬透性	40MnB	0.37~0.44	1.10~1.40	0.20~0.40			B0.001~0.004	850,油	500,水、油	25	1 000	800	10	47	中、小截面调质件,如机床主轴、齿轮、汽车半轴等。可代替40Cr
	40MnVB	0.37~0.44	1.10~1.40	0.20~0.40			B0.001~0.004 V0.05~0.10	850,油	500,水、油	25	1 000	800	10	47	可代替40Cr做汽车、拖拉机、机床的重要调质零件等
	40Cr	0.37~0.44	0.50~0.80	0.20~0.40	0.80~1.10			850,油	500,水、油	25	1 000	800	9	47	做承受中等载荷、中等速度的重要调质件,如轴类、齿轮等
中淬透性	30CrMnSi	0.27~0.34	0.80~1.10	0.90~1.20	0.80~1.10			880,油	520,水、油	25	1 100	900	10	39	做载荷大、速度高的轴类件,如砂轮轴、齿轮等
	35CrMo	0.32~0.40	0.40~0.70	0.20~0.40	0.80~1.10	0.15~0.25		850,油	550,水、油	25	1 000	850	12	63	重要调质件,如轴类、连杆、曲轴等
高淬透性	38CrMoAlA	0.35~0.42	0.30~0.60	0.20~0.40	1.35~1.65	0.15~0.25	Al0.70~1.10	940,水、油	640,水、油	30	1 000	850	14	71	做氮化零件,如高压阀门、缸套等
	25Cr2Ni4WA	0.21~0.28	0.30~0.60	0.17~0.37	1.35~1.65		Ni4.00~4.50 W0.80~1.20	850,油	550,水、油	25	1 100	950	11	71	做缸性能要求很高的大截面零件
	40CrMnMo	0.37~0.45	0.90~1.20	0.20~0.40	0.90~1.20	0.20~0.30		850,油	600,水、油	25	1 000	800	10	63	相当于40CrNiMo的高级调质钢
	40CrNiMoA	0.37~0.44	0.50~0.80	0.20~0.40	0.60~0.90	0.15~0.25	Ni1.25~1.75	850,油	600,水、油	25	1 000	850	12	78	做韧性好、强度高及大尺寸的重要调质件,如航空发动机轴,在<500℃工作的喷气式发动机的承载零件等

在 A_1 以下进行高温回火,使其组织转变为粒状珠光体。回火后硬度可由 HB380～550 降至 HB207～240,此时可顺利进行切削加工。

调质钢的最终热处理可根据不同钢号的临界点确定加热温度(一般在 850 ℃左右),然后淬火、回火,回火温度依对钢的性能要求而定。当要求钢有良好的强韧性配合时,即具有良好综合机械性能,必须进行 500 ℃～650 ℃之间的高温回火(调质处理)。当要求零件具有特别高的强度(σ_b＝1 600～1 800 MPa)时,采用 200 ℃左右回火,得到中碳马氏体组织。这也是发展超高强度钢的重要方向之一。

以 40Cr 钢为例,分析其热处理工艺规范。40Cr 作为拖拉机上的连杆、螺栓,其工艺路线为:下料→锻造→退火→粗机加工→调质→精机加工→装配。在工艺路线中,预备热处理采用退火(或正火),其目的是改善锻造组织,消除缺陷,细化晶粒;调整硬度、便于切削加工;为淬火做好组织准备。调质工艺采用 830 ℃加热、油淬、得到马氏体组织,然后在 525 ℃回火,为防止第二类回火脆性,在回火的冷却过程中采用水冷,最终使用状态下的组织为回火索氏体。

5.3.4　合金弹簧钢

5.3.4.1　用途

合金弹簧钢是一种专用结构钢,主要用于制造各种各样的弹簧和弹性元件,承受冲击、振动和周期的交变应力。合金弹簧钢产品广泛应用于各行各业和我们的日常生活中。

5.3.4.2　特点

1. 机械性能

合金弹簧钢含碳量高,具有高的弹性极限、屈强比(σ_s/σ_b)和疲劳强度,有足够的塑性、冲击韧性和良好的表面质量,从而使弹簧有足够高的弹性变形能力和较大的承载能力,能防止在震动和交变应力作用下产生疲劳断裂,并能避免在冲击时脆断。合金弹簧钢还有较好的淬透性、不易脱碳和过热、容易绕卷成型等特点。合金弹簧优异的吸震、减震、储能作用,也给我们的日常生活带来便利。

2. 化学成分及热处理

合金弹簧钢的含碳量都高,一般含碳量在 0.50％～0.70％之间。含碳量过低,其弹性极限、屈服极限和疲劳强度不足;含碳量过高,其塑性和韧性降低,疲劳抗力下降。因此,常在钢中加入 Mn、Si、Cr、B、Mo、V、W 等合金元素,加入一定量的合金元素 Mn、Si、Cr 可以提高钢的淬透性和屈强比。

合金弹簧根据加工工艺分为冷成型弹簧和热成型弹簧。冷成型弹簧一般截面尺寸＜10 mm,采用冷拉钢丝冷卷成形,可进行淬火、中温回火以获得比例极限比较高的回火托氏体组织,或退火以消除变形内应力。热成型弹簧一般截面尺寸≥10 mm,采用在加热状态下成形,并进行淬火和中温回火,其硬度可达 43～48 HRC。另外,为了提高弹簧的疲劳寿命,常采用喷丸强化处理。例如汽车板簧经喷丸处理后,使用寿命可提高几倍。

5.3.4.3　常用钢种

工程实际中最常用的合金弹簧钢有 65Mn、60Si2Mn、50CrVA、55SiMnVB 等。

常用合金弹簧钢的牌号、主要成分、机械性能及用途见表 5-4。

5.3.4.4　弹簧钢的热处理

根据弹簧钢的生产方式,可分为热成型弹簧和冷成型弹簧两类,所以其热处理也分为两类。

表 5-4　常用弹簧钢的牌号、成分、热处理、性能及用途

牌号	主要化学成分 w/%					热处理/℃		机械性能(不小于)			用途
	C	Mn	Si	Cr	其他	淬火	回火	σ_s/MPa	σ_b/MPa	δ_5/%	
65Mn	0.62~0.70	0.90~1.20	0.17~0.37	≤0.25		830,油	480	800	1 000	8	截面直径<20 mm 的冷卷弹簧、阀簧等
55SiMnMoVNb	0.52~0.60	1.00~1.30	0.40~0.70	≤0.30	Mo0.30~0.40 V0.08~0.16 Nb0.01~0.03	880,油	500~550	1 300	1 400	7	载重车、越野车用板簧及中截面板簧、卷弹簧
60Si2Mn	0.56~0.64	0.60~0.90	1.50~2.00	≤0.30		870,油	460	1 200	1 300	5	汽车、拖拉机、机车的减震板簧、卷弹簧
70Si3MnA	0.66~0.74	0.60~0.90	2.40~2.80	≤0.30		860,油	420	1 600	1 800	5	大尺寸板簧、扭矩弹簧
50CrVA	0.46~0.54	0.50~0.80	0.17~0.37	0.80~1.10	V0.1~0.2	850,油	520	1 130	1 300	10	小轿车、载重车板簧及工作温度小于300℃的阀簧
55CrMnA	0.52~0.60	0.65~0.95	0.17~0.37	0.65~0.95		830~860,油	460~510	1 100	1 230	9	所有车辆上的重载、大应力的板簧、大直径卷弹簧
60Si2CrA	0.56~0.64	0.40~0.64	1.40~1.80	0.70~1.00		870,油	420	1 570	1 770	6	高应力,小于350℃以下的弹簧及阀簧
60Si2CrVA	0.56~0.64	0.40~0.64	1.40~1.80	0.90~1.20	V0.1~0.2	850,油	410	1 700	1 900	6	重型板簧、卷弹簧

对于热成型弹簧,一般可在淬火加热时成型,然后淬火＋中温回火,获得回火屈氏体组织,具有很高的屈服强度和弹性极限,并有一定的塑性和韧性。

对于冷成型弹簧,通过冷拔(或冷拉)、冷卷成型。冷卷后的弹簧不必进行淬火处理,只需要进行一次消除内应力和稳定尺寸的定型处理,即加热到 250 ℃～300 ℃,保温一段时间,从炉内取出空冷即可使用。钢丝的直径越小,则强化效果越好,强度越高,强度极限可达 1 600 MPa 以上,而且表面质量很好。

如果弹簧钢丝直径太大,如 $\phi>15$ mm,板材厚度 $h>8$ mm,会出现淬不透现象,导致弹性极限下降,疲劳强度降低,所以弹簧钢材的淬透性必须和弹簧选材直径尺寸相适应。

弹簧的弯曲应力、扭转应力在表面处最高,因而它的表面状态非常重要。热处理时的氧化脱碳是最忌讳的,加热时要严格控制炉气,尽量缩短加热时间。

弹簧经热处理后,一般进行喷丸处理,使表面强化并在表面产生残余压应力,以提高疲劳强度。

5.3.5　滚动轴承钢

5.3.5.1　用途

滚动轴承钢是用来制造滚动轴承的滚动体(滚珠、滚柱、滚针)、内外套圈的专用结构钢。滚动轴承元件的工况复杂,主要承受强烈的摩擦磨损、极大的交变载荷和接触应力。滚动轴承钢除用于制造轴承外,也用于制造精密量具、冷冲模、机床丝杠等耐磨件。

5.3.5.2　特点

1. 机械性能

滚动轴承钢具有高强度、高硬度、高耐磨性、高抗疲劳强度,并有一定的韧性和较好的抗腐蚀性,从而使滚动轴承能在工作情况极其复杂的条件下,仍然保持良好工作状态。滚珠与套圈接触处的压力高达 1 500～5 000 MPa,应力交变次数每分钟几万次,因此常在钢中加入合金元素,以提高滚动轴承钢的淬透性,使钢的组织细化而均匀,保证轴承元件各部位都有好的机械性能。

2. 化学成分及热处理

滚动轴承钢含碳量高,一般为 0.95％～1.10％,热处理后其硬度一般可达 62～64 HRC。钢中常加入 Cr、Mn、Si、V、Mo 等合金元素,其中 Cr 为基本合金元素,它既可以提高淬透性,又可以提高耐磨性,还可以提高钢的疲劳强度;而加入 Mn、Si 合金元素是为了提高钢的淬透性,便于制造大型轴承。

滚动轴承钢制作的工件其热处理主要有球化退火、淬火和低温回火。球化退火的目的是获得细小的球状珠光体和均匀分布的碳化物,降低硬度便于切削加工,为最终热处理做准备;淬火和低温回火的目的是获得极细的回火马氏体、均匀分布的粒状碳化物及少量残余奥氏体组成的复相组织,保证合金钢的强度、硬度和耐磨性。

5.3.5.3　常用钢种

常用滚动轴承钢为 GCr9、GCr15、GCr15SiMn 等。我国把滚动轴承钢分为含铬合金的滚动轴承钢和不含铬合金的滚动轴承钢两类。

常用滚动轴承钢的牌号、主要成分、热处理及用途见表5-5。

表 5-5 常用滚动轴承钢的牌号、主要成分、热处理和用途

牌号	主要化学成分 $w/\%$				热处理规范及性能			用 途
	C	Cr	Si	Mn	淬火/℃	回火/℃	回火后 /HRC	
GCr6	1.05~1.15	0.40~0.70	0.15~0.35	0.20~0.40	800~820	150~170	62~66	<10 mm 的滚珠、滚柱和滚针
GCr9	1.0~1.10	0.9~1.2	0.15~0.35	0.20~0.40	800~820	150~160	62~66	钢球直径 20 mm 以内的、一般工作条件的各种滚动轴承
GCr9SiMn	1.0~1.10	0.9~1.2	0.40~0.70	0.90~1.20	810~830	150~200	61~65	一般工作条件的汽车、拖拉机、机车的轴承及其他工业轴承,其壁厚 <14 mm,钢球直径< 50 mm
GCr15	0.95~1.05	1.30~1.65	0.15~0.35	0.20~0.40	820~840	150~160	62~66	与 GCr9SiMn 相同,也可作量具、模具
GCr15SiMn	0.95~1.05	1.30~1.65	0.40~0.70	0.90~1.20	820~840	170~200	≥62	大型或特大型轴承(外径>410 mm),壁厚≥14 mm,直径 50~200 mm 的钢球
GSiMnMoV	0.95~1.10	V0.2~0.3	0.45~0.65	0.75~1.05	780~820	175~200	≥62	代替 GCr15 用于军工和民用的轴承

5.3.5.4 滚动轴承钢的热处理

滚动轴承钢的预备热处理是球化退火、钢经下料,锻造后的组织是索氏体＋少量粒状二次渗碳体,硬度为 HB255~340,采用球化退火的目的在于获得粒状珠光体组织,调整硬度(HB207~229)便于切削加工及得到高质量的表面。一般加热到 790 ℃~810 ℃烧透后再降低至 710 ℃~720 ℃保温 3~4 h,使组织全部球化。

滚动轴承钢的最终热处理为淬火＋低温回火,淬火切忌过热,淬火后立即回火,经 150 ℃~160 ℃回火 2~4 h,以去除应力,提高韧性和稳定性。滚动轴承钢淬火、回火后得到极细的回火马氏体;分布均匀细小的粒状碳化物(5%~10%)以及少量残余奥氏体(5%~10%),硬度为 HRC62~66。

生产精密轴承或量具时,由于低温回火不能彻底消除内应力和残余奥氏体,在长期保存及使用过程中,因应力释放、奥氏体转变等原因造成尺寸变化。所以淬火后立即进行一次冷处理,并在回火及磨削后,于 120 ℃~130 ℃进行 10~20 h 的尺寸稳定化处理。

5.4 合金工具钢

[知识要点]
各种合金工具钢的用途、特点及常用钢种

[教学目标]

了解各种合金工具钢的用途、特点；熟悉各种常用钢种牌号

[相关知识]

合金工具钢主要用于制作各种各样的刃具、模具和量具。合金工具钢按含合金元素和合金量的多少可分为低合金工具钢和高合金工具钢；按用途不同可分为合金刃具钢、合金模具钢和合金量具钢。在实际生产应用中它们的使用界限并非绝对，例如某些低合金工具钢（如 9Mn2V）既可以制作刃具也可制作冷模具或量具。与同样含碳量的碳素工具钢相比，合金工具钢有些方面的性能得到较大提高。

5.4.1　合金刃具钢

5.4.1.1　用途

合金刃具钢主要用于制造各种形状复杂的机用金属切削刀具，如车刀、铣刀、钻头、铰刀、拉刀、丝锥、板牙等，也可以制作冷模具或量具。合金刃具钢分为低合金刃具钢和高速钢。低合金刃具钢主要用于制作低速切削刃具、冷模具和量具；高速钢主要用于制作高速切削刃具。

5.4.1.2　特点

1. 机械性能

切削加工过程中，刃具除要承受切削时强烈的摩擦、高温（刃部温度可达 500 ℃～600 ℃）、一定的拉压应力和弯扭应力外，还要承受一定的冲击和震动，同时，还要避免崩刃和断裂。因此，合金刃具钢通过热处理后具有高的硬度、高的耐磨性、高的热硬性、高的尺寸稳定性，足够的强度、塑性和冲击韧性。金属切削刀具的硬度一般都在 60 HRC 以上。

2. 化学成分及热处理

合金刃具钢含碳量在 0.75%～1.5% 之间，以保证钢的高的硬度、高的耐磨性；加入 Cr、Mn、Si、V 等合金元素，提高其淬透性和回火稳定性；加入 W、Mo 等合金元素，使钢在高温下保持高的硬度（称为热硬性亦称红硬性），从而提高刃具的硬度、耐磨性和使用寿命。

低合金刃具钢的热处理采用球化退火、淬火并低温回火处理（回火温度 160 ℃～200 ℃）；高速钢的热处理采用球化退火、淬火并三次回火处理（回火温度 550 ℃～570 ℃）。它们采用的球化退火目的都是为了改善其切削加工性，而它们采用的淬火并回火其目的则是获得极细的回火马氏体、均匀分布的粒状碳化物及少量残余奥氏体组成的复相组织，以保证合金钢的强度、硬度和耐磨性。常用的高速钢 W18Cr4V（18-4-1）在 600 ℃仍然能保持 60 HRC 的硬度。图 5-5 为 W18Cr4V 高速钢热处理工艺曲线示意图。

5.4.1.3　常用钢种

低合金刃具钢常用钢种有 9SiCr、9Mn2V 等；高速钢常用钢种有 W18Cr4V（18-4-1）、W6Mo5Cr4V2（6-5-4-2）等。

常用合金刃具钢的牌号、主要成分、热处理及用途见表 5-6。

5.4.2　合金量具用钢

量具用钢用于制造各种各样测量工具，如卡尺、千分尺、螺旋测微仪、块规、塞规等。在测量过程中要求量具的测量精度高、数据准确可靠，不能因磨损或尺寸不稳定影响测量精度。因此，量具用钢制作的测量工具经热处理后具有高硬度（>56 HRC）、高耐磨性、高尺寸稳定性，并且热处理变形小的特点。

表5-6　常用合金刀具钢的牌号、成分、热处理及用途

类别	牌号	主要化学成分 w/%						热处理及性能					用途
		C	Mn	Si	Cr	W	V	淬火			回火		
								淬火加热温度/℃	冷却介质	硬度/HRC	回火温度/℃	硬度/HRC	
低合金刀具钢	9Mn2V	0.85~0.95	1.70~2.00	≤0.35			0.10~0.25	780~810	油	≥62	150~200	60~62	剪刀、丝锥、板牙、冷冲模、铰刀、量规、样板等
	9SiCr	0.85~0.95	0.30~0.60	1.20~1.60	0.95~1.25			860~880	油	≥62	180~200	60~62	板牙、丝锥、钻头、铰刀、齿轮铣刀、冷冲模等
	CrW5	1.25~1.50	≤0.30	≤0.30	0.40~0.70	4.45~5.50		800~820	油	≥65	150~160	64~65	慢速切削硬金属的刀具，如铣刀、车刀、刨刀等；高压力工作用的刻刀等
	CrMn	1.30~1.50	0.45~0.75	≤0.35	1.30~1.60			840~860	油	≥62	130~140	62~65	拉刀、长丝锥、量规等
	CrWMn	0.90~1.05	0.80~1.10	0.15~0.35	0.90~1.20	1.20~1.60		820~840	油	≥62	140~160	62~65	量规、板牙、长丝锥、拉刀和形状复杂精度高的冲模等
高速钢	W18Cr4V (18-4-1)	0.70~0.80	≤0.40	≤0.40	3.80~4.40	17.50~19.00	1.00~1.40	1 260~1 280	油	≥63	550~570 (三次)	63~66	制造一般高速切削用车刀、刨刀、钻头、铣刀等
	W6Mo5Cr4V2 (6-5-4-2)	0.80~0.90	≤0.35	≤0.30	3.80~4.40	5.75~6.75	V1.80~2.20 Mo4.75~5.75	1 220~1 240	油	≥63	550~570 (三次)	63~66	制造要求耐磨性和韧性很好配合的高速切削刀具，如丝锥、钻头等
	W6Mo5Cr4V3 (6-5-4-3)	1.10~1.25	≤0.35	≤0.30	3.80~4.40	5.75~6.75	V2.80~3.30 Mo4.75~5.75	1 220~1 240	油	≥63	550~570 (三次)	>65	制造要求耐磨性和热硬性较好配合，形状稍为复杂的刀具，如拉刀、铣刀等

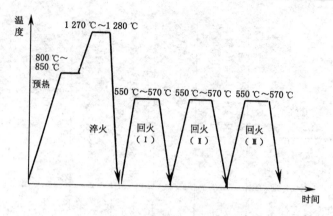

图 5-5　W18Cr4V 高速钢热处理工艺曲线示意图

　　量具用钢的化学成分与低合金刃具钢相同，含碳量高达 0.9%～1.5%，属高含碳钢。加入 Cr、W、Mn 等合金元素后，既提高了淬透性，又保证了量具钢的高硬度、高耐磨性和高尺寸稳定性，使量具在存放和使用过程中，其尺寸不发生变化，精度不降低。

　　量具用钢的热处理关键在于减少量具变形和提高量具尺寸的稳定性。常采用淬火后立即进行 −70 ℃～−80 ℃的深冷处理，使残余奥氏体尽可能转变为稳定的马氏体，然后进行低温回火。精度要求高的量具还要在 120 ℃～130 ℃之间进行几小时至几十小时的时效处理，以稳定组织、消除残余应力。

　　低合金刃具钢、滚动轴承钢、碳素工具钢、渗碳钢、不锈钢、模具钢等都可以用来制作量具。常用量具用钢的牌号见表 5-7。

表 5-7　　　　　　　　　　　　常用量具钢的牌号及用途

钢的牌号	用　　途
10、20 或 50、55、60、60Mn、65Mn	用于制作平样板或卡板
T10A、T12A、9SiCr	用于制作一般量规与块规
Cr 钢、CrMn 钢、GCr15	用于制作高精度量规与块规
CrWMn(低变形钢)	用于制作高精度且形状复杂的量规与块规
4Cr13、9Cr18(不锈钢)	用于制作抗蚀量具

5.4.3　合金模具钢

　　合金模具钢按其用途分为冷作模具钢和热作模具钢两大类。

5.4.3.1　冷作模具钢

　　冷作模具钢用于制造工作温度不超过 200 ℃～300 ℃的各种冷冲模、冷镦模、冷挤压模和拉丝模等冷变形模具。由于冷模具工作时承受很大的压力、弯曲力、冲击载荷和摩擦，常出现断裂和变形现象，因此，用冷作模具钢制作的模具经热处理后应具有高硬度（一般为 56～62 HRC），高耐磨性，高的尺寸稳定性，足够的强度、冲击韧性和抗疲劳强度，并且热处理变形小。

冷作模具钢含碳量在 1.0%～2.0% 之间,加入 Cr、Mo、W、V 等合金元素后,形成难熔碳化物,既提高了淬透性,又保证了冷作模具钢高的硬度和高的耐磨性。采用淬火并低温回火的方法进行热处理后,其硬度可达 61～64 HRC,适用于重载模具;采用淬火与三次回火的方法进行热处理后,硬度可达 60～62 HRC,红硬性和耐磨性较高,但韧性较差。

常用冷作模具钢有 Cr12MoV、Cr12、9Mn2V 等。冷作模具钢除制作冷变形模具外,还可以用于制作冷剪切刀片、量规、精密丝杆、圆锯等。

常用冷作模具钢的牌号、主要成分、热处理及用途见表 5-8。

5.4.3.2　热作模具钢

热作模具钢用于制造工作时型腔表面温度达 600 ℃ 以上的各种热锻模、热压模、精锻模、热挤压模和压铸模等热变形模具。热模具的工作条件十分恶劣,工作时既要承受很大的压力、弯曲力、冲击力和强烈的摩擦力,又要承受剧烈的冷热循环所引起的不均匀热应变和热压力,常出现崩裂、塌陷、磨损、龟裂、高温氧化等现象,因此,热作模具钢制作的模具经热处理后应具有高的热硬性、高温耐磨性、高的抗氧化性、高的热强性、高的抗热疲劳性、高的导热性和足够的冲击韧性,甚至在 400 ℃～600 ℃ 高温时其力学性能也不会降低。

热作模具钢含碳量在 0.30%～0.6% 之间,加入 Cr、Mo、W、V、Ni 等合金元素后既提高了淬透性,又保证了热作模具钢高硬度、高耐磨性、高韧性、高耐热疲劳性、高稳定性和高强度等综合性能。热锻模钢的热处理采用淬火后高温(550 ℃左右)回火的方法与合金调质钢相似;热压模钢的热处理采用淬火与多次回火的方法,与高速钢相似。

常用热作模具钢有 5CrNiMo、5CrMnMo、4Cr2W8V 等。

常用热作模具钢的牌号、主要成分、热处理及用途见表 5-9。

5.5　特殊性能钢

[知识要点]

各种特殊性能钢的用途、分类与常用牌号

[教学目标]

了解各种特殊性能钢的用途、分类与常用牌号

[相关知识]

通常把具有特殊物理性能和化学性能的合金钢称为特殊性能钢,它包括不锈钢、耐热钢、耐磨钢、磁钢等。

5.5.1　不锈钢

不锈钢是指在空气、水(含海水)、酸、碱等介质中具有高抗腐蚀能力的合金钢。

不锈钢广泛应用于石油、化工、精密机械、宇航、海洋开发、国防工业和一些尖端科学技术及日常生活中,主要用来制造在各种腐蚀介质中工作并具有较高抗腐蚀能力的零件和结构件。常用的不锈钢按组织分为马氏体型不锈钢、铁素体型不锈钢、奥氏体型不锈钢和奥氏体-铁素体型不锈钢。铬(Cr)是不锈钢最基本、最主要的合金元素,根据用途不一样还在钢中加入 Ni、Mo、Cu、Ti、Mn、N、Nb 等合金元素。

表 5-8　常用冷作模具钢的牌号、主要成分、热处理及用途

牌号	主要化学成分 w/%						热处理及性能					用途
	C	Mn	Si	Cr	W	其他	淬火			回火		
							淬火加热温度/℃	冷却介质	硬度/HRC	回火温度/℃	硬度/HRC	
9Mn2V	0.85~0.95	1.70~2.00	≤0.40			V0.10~0.25	780~810	油	≥62	150~200	60~62	滚丝模、冷冲模、冷压模、塑料模等冷作模具
Cr12	2.00~2.30	≤0.40	≤0.40	11.50~13.50			950~1 000	油	≥60	200~450	58~64	冷冲模、拉延模、压印模、滚丝模等
Cr12MoV	1.45~1.70	≤0.40	≤0.40	11.00~12.50		Mo0.40~0.6, V0.15~0.30	1 020~1 040	油	≥58	150~425	55~63	冷冲模、冷镦模、压印模、冷挤压(软铝)模等
6W6Mo5Cr4V	0.55~0.65	≤0.60	≤0.40	3.70~4.30	6.00~7.00	Mo4.50~5.5, V0.70~1.10	1 180~1 200	油	≥62	560~580	60~63	冷挤压(钢件、硬铝件)模等
4CrW2Si	0.35~0.45	≤0.40	0.80~1.10	1.00~1.30	2.00~2.50		860~900	油	≥53	200~250	53~56	剪刀、切片冲头等
6CrW2Si	0.55~0.65	≤0.40	0.50~0.80	1.00~1.30	2.20~2.70		860~900	油	≥57	200~250	53~56	剪刀、切片冲头等

1. 马氏体型不锈钢

马氏体型不锈钢含铬(Cr)量 12％～18％,含碳量 0.1％～0.4％,通过淬火及回火热处理后机械性能较高,常用于制作汽轮机叶片、热裂设备零件、防锈医疗手术器械、防锈刃具和量具等。常用马氏体型不锈钢有 1Cr13、3Cr13 等。

2. 铁素体型不锈钢

铁素体型不锈钢含铬(Cr)量 17％～30％,含碳量 0.15％以下,故强度较低,塑性很好,其耐蚀性比马氏体型不锈钢好。常用于制作化工设备、食品工厂的设备及容器和管道等。常用铁素体型不锈钢有 1Cr17、1Cr17Mo 等。

3. 奥氏体型不锈钢

奥氏体型不锈钢含铬(Cr)量 17％～19％,含碳量约 0.1％,含镍量 8％～9％,通过固溶处理使钢无磁性,其塑性、韧性和耐蚀性有较大的提高,但强度、硬度有所降低。常用于制作耐酸、碱、盐的设备及容器和管道,抗磁仪表零件及医疗器械等。常用奥氏体型不锈钢有 1Cr18Ni9、1Cr18Ni9Ti 等。

4. 奥氏体-铁素体型不锈钢

奥氏体-铁素体型不锈钢是在奥氏体型不锈钢成分的基础上,通过提高铬(Cr)的含量或者加入其他铁素体形成元素而得。这类钢的强度、韧性和焊接性较好,应用广泛,常用于制作生产化工产品、化肥的设备及管道。常用奥氏体-铁素体型不锈钢有 1Cr21Ni5Ti、1Cr18Mn10Ni5Mo3N。

常用不锈钢的牌号、主要成分、热处理、机械性能及用途见表 5-10。

5.5.2 耐热钢

耐热钢是指在高温下具有优良抗氧化性和高强度的特殊钢,常用于制造加热炉、锅炉、燃气轮机、涡轮机等高温装置中的许多零件和结构件,使它们在高温下不仅具有良好的抗蠕变和抗断裂的能力,而且有良好的高温强度和抗氧化能力,还有必要的韧性以及优良的加工性能。

耐热钢的突出特点就是耐热性好。工业生产上在钢中加入 Cr、Si、Al 等合金元素,形成高熔点的氧化膜来提高钢的高温抗氧化能力;加入 Mo、W、V、Ti 等合金元素,形成细小的碳化物来提高钢的高温强度。由于钢的含碳量偏高会使其塑性、抗氧化性和焊接性能降低,因此耐热钢的含碳量一般不高。

耐热钢按组织分为珠光体耐热钢、马氏体耐热钢和奥氏体耐热钢三类。

1. 珠光体耐热钢

这类钢主要用于制作工作温度低于 600 ℃的锅炉管道、气阀等结构件,它们一般在正火—回火状态下使用。常用钢号 15CrMo、12CrMoV 等。

2. 马氏体耐热钢

这类钢主要用于制作工作温度低于 600 ℃且受力较大的零件,例如汽轮机转子、叶片、气阀等,它们一般在调质状态下使用。常用钢号 1Cr13、4Cr9Si2 等。

3. 奥氏体耐热钢

这类钢主要用于制作工作温度在 750 ℃～800 ℃且受力较大的重要零件,例如汽轮机叶片和轮盘、内燃机排气阀等。常用钢号有 1Cr18Ni9Ti、4Cr14Ni14W2Mo 等。这一类钢一般进行固溶处理后使用。

表 5-9　常用热作模具钢的牌号、主要成分、热处理及用途

牌号	主要化学成分 w/%						热处理及性能					用途
	C	Mn	Si	Cr	W	其他	淬火			回火		
							淬火加热温度/℃	冷却介质	硬度/HRC	回火温度/℃	硬度/HRC	
5CrMnMo	0.50~0.60	1.20~1.60	0.25~0.60	0.60~0.90	0.15~0.30		830~850	油	≥62	490~640	30~47	中型锻模（模高 275~400 mm）
5CrNiMo	0.50~0.60	0.50~0.80	≤0.40	0.50~0.80	0.15~0.30	Ni1.40~1.80	840~860	油	≥60	490~660	30~47	形状复杂、冲击大的大、中型锻模（模高>400 mm）等
3Cr2W8V	0.30~0.40	≤0.40	≤0.40	2.20~2.70		W7.50~9.00 V0.20~0.50	1 050~1 150	油	≥58	600~620	50~54	压铸模、精锻或高速锻模、热挤压模等。用于高温、高应力下不受冲击的模具
3Cr3Mo3V	0.25~0.35	≤0.50	≤0.50	2.50~3.50	2.50~3.50	V0.30~0.60	1 010~1 040	空气	≥62	550~600	40~54	热锻模
5Cr4W5Mo2V	0.40~0.50	0.20~0.60	≤0.50	3.80~4.50	1.70~2.30	W4.50~5.30 V0.80~1.20	1 130~1 140	油	≥53	600~630	50~56	热锻模、热挤压模等，可代替3Cr2W8V

常用耐热钢的牌号、主要成分、热处理及用途见表 5-11。

5.5.3 耐磨钢

耐磨钢常指能承受强烈冲击载荷和激烈摩擦磨损的高锰合金钢。耐磨钢主要用于拖拉机和坦克的履带、挖掘机铲斗、破碎机颚板、铁轨分道叉和防弹装甲等。

耐磨钢的含碳量高达 0.9%～1.3%，含锰量高达 11.0%～14.0%，通过水韧处理使耐磨钢的心部具有良好的塑性、韧性，其表面具有一定的强度和硬度。

高锰钢都采用水韧处理，即将钢加热到 1 060 ℃～1 100 ℃，保温使碳化物全部奥氏体化，然后在水中快速冷却，在室温下获得均匀单一的奥氏体组织。此时钢的硬度较低（约为 210 HB），而韧性很高。当工件在工作中受到强大压力、强烈冲击和摩擦而变形时，表面层会产生很强的加工硬化现象，使高锰钢工件表面硬度大大提高（可达 52～56 HRC），心部则仍保持原来的高韧性和优良塑性的状态。

高锰钢是目前最主要的耐磨钢，难以切削加工，通常采用铸造的方法获得。常用的高锰钢有 ZGMn13-1，ZGMn13-2，ZGMn13-3，ZGMn13-4 等。值得一提的是，除高锰钢以外，还发明了 Mn-B 贝氏体耐磨钢等。

常用高锰钢的牌号、主要成分、机械性能及用途见表 5-12。

5.5.4 磁钢

磁性材料是电力、电信、电子仪器仪表工业的重要基础材料。通常把磁性材料分为硬磁材料和软磁材料两大类。

1. 硬磁材料

硬磁材料又叫永磁材料，这类材料经过饱和磁化后，即使去掉外磁场，仍能贮存较高的能量，并能在较长时间内保持其强而稳定的磁化状态，其主要特点是剩磁感高、矫顽力大。硬磁材料主要用于制作各种在一定空间内提供恒定磁场源的永磁体，常见的硬磁材料主要有制造无线电及通讯器材、仪表永磁体的永磁钢；用于制作永磁电机、微电机、扬声器永磁体的铝镍钴系硬磁材料；用于汽车仪表和计算机 CD-ROM 的永磁体、复印机、传真机磁辊的铁氧体硬磁材料，等等。

2. 软磁材料

软磁材料在较小的磁场强度下就能够产生较高的磁感应强度，并随着磁场强度的增大很快达到饱和，而当外磁场去掉后，磁性又随之很快消失。其主要特点是磁导率高、矫顽力小、铁损小，主要用于制作各类电工仪表设备的铁芯。常见的软磁材料主要有用于制作仪表和继电器铁芯的电工纯铁；用于制作电机、变压器铁芯的电工硅钢；用于制作中小功率设备铁芯及磁性元件的铁镍合金软磁材料；用于制作高频磁性元件的铁氧体软磁材料；等等。

3. 磁钢

通常把具有钢的基本特征的磁性材料称为磁钢。磁钢分为硬磁钢和软磁钢。硬磁钢又叫永磁钢，它一般具有高碳工具钢的成分；软磁钢一般是指电工硅钢，它是一种含碳很低，而含硅量较高（在 0.5%～4.8%之间）的硅铁合金，其产品硅钢片在机电设备中的使用量约占磁性材料使用总量的 90%。硅钢片具有磁导率高、矫顽力小、铁损小和电阻大的特点，用于制作电机、变压器、继电器、互感器、开关等强磁场条件下使用的铁芯。

表 5-10　　常用不锈钢的牌号、主要成分、热处理、机械性能及用途

类别	牌号	主要化学成分 w/%					热处理/℃	机械性能				用途
		C	Cr	Ni	Ti	其他		σ_b/MPa	σ_s/MPa	δ_5/%	硬度/HRC(HB)	
马氏体型	1Cr13	0.08~0.15	12~14				1 000~1 050，油或水淬 700~790，回火	≥600	≥420	≥20	(159)	制作能抗弱腐蚀性介质、能承受冲击载荷的零件，如汽轮机叶片、水压机阀、螺栓、螺帽等
	3Cr13	0.25~0.34	12~14				1 000~1 050，油淬 200~300，回火				48	制作具有较高硬度和耐磨性的医疗工具、量具、滚珠承轴等
	9Cr18	0.90~1.00	17~19				950~1 050，油淬 200~300，回火				55	不锈切片机械刀具、剪切刀具、手术刀片、高耐磨、耐蚀件等
铁素体型	1Cr17	≤0.12	16~18				750~800，空冷	≥400	≥250	≥20	(183)	制作硝酸工厂设备，如收塔热交换器、输送管道以及食品设备
奥氏体型	1Cr18Ni9	≤0.14	17~19	8~12			1 100~1 150，水淬（固溶处理）	≥560	≥200	≥45	(187)	制作耐硝酸、有机酸及盐、碱溶腐蚀的设备零件等
	1Cr18Ni9Ti	≤0.12	17~19	8~11	0.20~0.80		1100~1150，水淬（固溶处理）	≥560	≥200	≥40	(187)	制作耐酸容器、输送管道设备和零件以及抗磁仪表、医疗器械等
奥氏体-铁素体型	1Cr21Ni5Ti	0.09~0.14	20~22	4.8~5.8	0.20~0.80		950~1 100，水淬空淬	600	350	20		硝酸及硝铵工业设备及管道尿素液蒸发器械及管道等
	1Cr18Mn10Ni-5Mo3N	≤0.10	17~19	4~6		Mo2.8~3.5, N0.2~0.3	1 100~1 150，水淬	700	350	45		生产尿素及维尼龙的设备、其他化工、化肥等零件及设备阀门的部分零件等

表 5-11　常用耐热钢的牌号、主要成分、热处理及用途

类别		牌号	主要化学成分 w/%						热处理/℃	用途
			C	Si	Mn	Cr	Mo	其他		
珠光体钢		15CrMo	0.12~0.18	0.17~0.37	0.40~0.70	0.80~1.10	0.40~0.55		正火:910~940,空冷;高温回火:650~720,空冷	≤550℃的蒸汽管路、法兰、蒸汽管等高压锅炉锻件
		12CrMoV	0.08~0.15	0.17~0.37	0.40~0.70	0.40~0.60	0.25~0.35	V0.15~0.30	正火:960~980,空冷;高温回火:700~760,空冷	用作蒸汽参数≤540℃主汽管、转向导叶片、汽轮机隔板、隔板套等的锻件
马氏体钢	高铬钢	1Cr13	≤0.15	≤0.60	≤1.00	12.0~14.0			淬火:950~1050,油冷;回火:700~750,空冷	主要用于汽轮机,做变速轮及其他各级叶片等零件
	硅铬钢	4C-9Si2	0.35~0.50	2.00~3.00	≤0.70	8.0~10.0	0.25~0.35		淬火:950~1050,油冷;回火:700~850,空冷	适用于700℃以下受动载荷的部件,如轻型汽车发动机、柴油机的排气阀,也可用作900℃以下的加热炉构件等
奥氏体钢	18-8型	1Cr18Ni9Ti	<0.12	≤1.00	≤2.00	16~20		Ti0.8,Ni8~11	1100~1150,水冷	在锅炉和汽轮机方面,用来制作610℃以下长期工作的过热气管道以及构件、部件等
	14-14-2型	4Cr14Ni14W2Mo	0.40~0.50	≤0.80	≤0.70	13~15	0.25~0.40	W1.75~2.25,Ni13~15	1100,空冷;750,时效5h	适用于制造航空、船舶、载重汽车的发动机进气、排气阀门,以及蒸汽和气体管道等

表 5-12　常用高锰钢的牌号、主要成分、机械性能及用途

| 牌号 | 主要化学成分 w/% | | | | 机械性能 | | | 用途 |
	C	Mn	Si	其他	σ_b/MPa	δ_5/MPa	硬度/HBS	
ZGMn13-1	1.00~1.45	11.00~14.00	0.30~1.00		≥635	≥20	≤300	低冲击件　用于结构简单、耐磨为主的磨机衬板、破碎板、棍套、铲齿等低冲击件
ZGMn13-2	0.90~1.35				≥685	≥25		普通冲击件
ZGMn13-3	0.95~1.35		0.30~0.80		≥735	≥30		复习冲击件　用于结构复杂、韧性要求高的拖拉机、坦克的履带
ZGMn13-4	0.90~1.20			Cr1.50~2.50	≥735	≥20		高冲击件　板、挖掘机斗齿、斗前壁等高冲击件
ZGMn13-5	0.75~1.30		0.30~1.00	Mo0.90~1.20				

硅钢片的晶粒大小和方向性直接影响着硅钢片的磁性能,通过一定的结晶方法增大晶粒,可以降低其矫顽力和铁损,提高磁导率,增大电阻。另外,硅钢片在常温时,其组织全部由单相铁素体构成,硅溶于铁素体内增加了电阻,减少了硅钢片的涡流损失,并能在较弱的磁场强度下有较高的磁感应强度。

由于硅钢片硬度高,机械加工困难,通常由轧钢厂轧制成薄片(带),然后再由加工厂将薄片(带)冲裁成形后使用。硅钢片被轧制和冲裁得越平整,厚度越均匀,表面质量越高,叠装系数就越高,则铁芯的磁性能就越好。为使铁芯具有更好的磁性能,必须采取高温(800 ℃~850 ℃)退火处理来消除在硅钢片冲裁、叠装、弯绕成铁芯的过程中产生的应力,同时,还要妥善保管硅钢片,避免受到撞击、机械损伤和锈蚀。

根据用途不同,硅钢片可分为热轧硅钢片和冷轧硅钢片,后者又包括冷轧取向和冷轧无取向两类。热轧硅钢片的磁性能在板材平面上呈各向同性,可以用于作电机和变压器。冷轧取向硅钢片的磁性能在板材平面上呈各向异性,平行于轧制方向的易磁化,是轧制硅钢片的择优方向,主要用于变压器;冷轧无取向硅钢片的磁性能在板材平面上基本呈各向同性,主要用于电机。与热轧硅钢片相比较,冷轧硅钢片表面平整度高、厚度均匀、叠装系数高、磁感应强度高而铁损小,尤其是冷轧取向硅钢片的性能更好。电机用硅钢片含硅量较低,约1.0%~2.5%,塑性好;而变压器用硅钢片含硅量较高,约3%~4%,磁性较好,但塑性差。

电工用硅钢片的牌号 DR420-50,"D"是"电工用钢"的"电"字的汉语拼音字首;"R"是"热轧成型"的"热"字的汉语拼音字首;"420"表示最大铁损为 4.20 W/kg,由 4.20×100 而得;"50"表示热轧成型厚度为 0.50 mm,由 0.50×100 而得。而牌号 DRG1100G-10、DW360-35 和 DQ179-30 与前面的不同之处是,"G"表示"高频"的"高"字的汉语拼音字首;"W"表示"无取向"的"无"字的汉语拼音字首;"Q"表示"取向"的"取"字的汉语拼音字首。

国内目前使用热轧硅钢片较多。部分热轧电工用硅钢片的牌号、主要参数和用途见表 5-13;部分冷轧无取向电工用硅钢片的牌号及主要参数见表 5-14;部分冷轧取向电工用硅钢片的牌号及主要参数见表 5-15。

表 5-13　　　　部分热轧电工用硅钢片的牌号、主要参数和用途

类别	新牌号	旧牌号	厚度/mm	最小磁密度/T (场强为 50 A/cm)	最大铁损/W·kg⁻¹ (磁密度 15 T,频率 50 Hz)	用　途
热轧硅钢片	DR530-50	D22	0.50	1.61	5.30	大、中、小型直流电机,中、小、微型交流电机
	DR 490-50	D24	0.50	1.66	4.90	
	DR 420-50	D25	0.50	1.64	4.20	中型交流电机,扼流圈
	DR 400-50	D26	0.50	1.64	4.00	
	DR 440-50	D31	0.50	1.57	4.40	中、小型直流电机,中、小型交流电机,电焊变压器
	DR 405-50	D32	0.50	1.61	4.05	
	DR 360-50	D41	0.50	1.56	3.60	大型交流电机,电力变压器,互感器
	DR 255-35	D43	0.35	1.54	2.55	

续表 5-13

类别	新牌号	旧牌号	厚度/mm	最小磁密度/T（场强为 50 A/cm）	最大铁损/W·kg^{-1}（磁密度 15 T，频率 50 Hz）	用途
高频热轧硅钢片	DRG 1100G-10	DG41	0.10	1.40	11.00	音频变压器，音频变流机
	DRG 1750G-35	DG41	0.35	1.44	17.50	

表 5-14　　　　　　　　部分冷轧无取向电工用硅钢片的牌号及主要参数

牌号	厚度/mm	最小磁密度/T（场强为 10 A/cm）	最大铁损/W·kg^{-1}（磁密度 15 T，频率 50 Hz）
DW270-35	0.35	1.58	2.70
DW360-35	0.35	1.61	3.60
DW550-35	0.35	1.66	5.50
DW315-50	0.50	1.58	3.15
DW465-50	0.50	1.65	4.65
DW540-50	0.50	1.65	5.40
DW800-50	0.50	1.69	8.00
DW1300-50	0.50	1.69	13.00
DW1550-50	0.50	1.69	15.50
DW580-65	0.65	1.64	5.80
DW670-65	0.65	1.65	6.70

表 5-15　　　　　　　　部分冷轧取向电工用硅钢片的牌号及主要参数

牌号	厚度/mm	最小磁密度/T（场强为 10 A/cm）	最大铁损/W·kg^{-1}（磁密度 15 T，频率 50 Hz）
DQ122G-30	0.30	1.88	1.22
DQ133-30	0.30	1.79	1.33
DQ162-30	0.30	1.74	1.62
DQ179-30	0.30	1.71	1.79
DQ196-30	0.30	1.68	1.96
DQ137G-35	0.35	1.88	1.37
DQ151-35	0.35	1.77	1.51
DQ183-35	0.35	1.71	1.83
DQ200-35	0.35	1.68	2.00
DQ230-35	0.35	1.63	2.30

思 考 题

1. 合金钢与碳钢相比较各有哪些优点？

2. 试比较低合金高强度结构钢、合金渗碳钢、合金调质钢、合金弹簧钢、合金量刃具钢的使用性能特点及主要使用场合。

3. 试说明下列牌号代表什么钢，其字母和数字的含义是什么：20CrMnTi，60Si2Mn，9SiCr，40Cr，1Cr18Ni9Ti，CrWMn，GCr15，ZGMn13-2，W18Cr4V。

4. 试对下列零件（或构件）选材，并说明理由：普通铆钉，汽车车身，减速器重要轴，汽车齿轮，轿车减震弹簧，重载滚动轴承，机用丝锥，麻花钻头，拖拉机履带，医用耐蚀构件，一般用途中型功率变压器铁芯。

5. 是否钢材中所含合金元素越多其综合机械性能就越好？为什么？

6. 为什么比较主要的大截面机械零件通常是用合金钢制造？

第6章 铸 铁

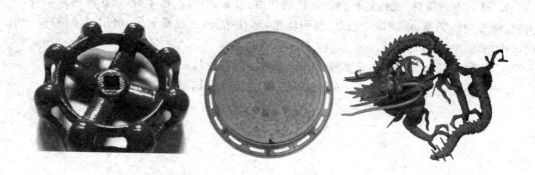

铸铁就是含碳量在2.11％以上的铁碳合金。工业用铸铁一般含碳量为2.5％～4.0％。除碳外，铸铁中还含有其他元素，如镍、铬、钼、铝、铜、硼、钒等元素。

铸铁具有许多优良的性能，如良好的铸造性、减磨性、减振性、切削性及低的缺口敏感性等，而且生产简便，价格低廉。许多重要的零部件如曲轴、连杆、主轴、凸轮轴等现在都可以采用铸铁来制造(如球墨铸铁)。但是铸铁的强度一般都比钢低，特别是韧性和塑性较差，有待进一步提高。

铸铁可分为：① 灰口铸铁：含碳量较高(2.7％～4.0％)，碳主要以片状石墨形态存在，断口呈灰色，简称灰铁。抗压强度和硬度接近碳素钢，减震性好。② 白口铸铁：碳、硅含量较低，碳主要以渗碳体形态存在，断口呈银白色。多用作可锻铸铁的坯件和制作耐磨损的零部件。③ 可锻铸铁：由白口铸铁退火处理后获得，石墨呈团絮状分布，简称韧铁。其组织性能均匀，耐磨损，有良好的塑性和韧性。用于制造形状复杂、能承受强动载荷的零件。④ 球墨铸铁：将灰口铸铁铁水经球化处理后获得，析出的石墨呈球状，简称球铁。用于制造内燃机、汽车零部件及农机具等。⑤ 蠕墨铸铁：将灰口铸铁铁水经蠕化处理后获得，析出的石墨呈蠕虫状。力学性能与球墨铸铁相近，铸造性能介于灰口铸铁与球墨铸铁之间。用于制造汽车的零部件。⑥ 合金铸铁件：普通铸铁加入适量合金元素获得。合金元素使铸铁的基体组织发生变化，从而具有相应的耐热、耐磨、耐蚀、耐低温或无磁等特性。用于制造矿山、化工机械和仪器、仪表等的零部件。

本章主要了解各种铸铁的生产方法、牌号的表示方法、组织特点及用途。

6.1 铸铁的基本概述

[知识要点]

1. 铸铁的定义与分类

2. 铸铁的石墨化

[教学目标]

1. 掌握铸铁的定义

2. 了解铸铁的分类与影响铸铁石墨化的因素

[相关知识]

6.1.1 铸铁的定义

铸铁就是含碳量大于 2.11% 的铁碳合金,俗称生铁。工业用铸铁一般含碳量为 2%~4%除碳以外,铸铁还含有较多的 Si、Mn 和其他一些杂质元素。同钢相比,铸铁熔炼简单、成本低廉,虽然强度、塑性和韧性较低,但是具有优良的铸造性能,很高的耐磨性,良好的消振性和切削加工性以及缺口敏感性低等一系列优点。因此,铸铁广泛应用于机械制造、冶金、石油化工等各领域。

6.1.2 铸铁的分类

根据碳在铸铁中存在的形式、铸铁可分为以下几种:

(1) 白口铸铁

碳全部或大部分以渗碳体形式存在,因断裂时断口呈白亮颜色,故呈白口铸铁。

(2) 灰铸铁

碳大部分或全部以游离的石墨形式存在。因断裂时断口呈暗灰色,故称灰铸铁。根据石墨的形态,灰铸铁可分为:① 普通灰铸铁;② 球墨铸铁;③ 可锻铸铁;④ 蠕墨铸铁。

(3) 麻口铸铁

碳既以渗碳体形式存在,又以游离态石墨形式存在。

铸铁与钢具有相同的基体组织,主要有铁素体、珠光体和铁素体加珠光体三类。由于基体组织不同,灰铸铁可分为铁素体灰铸铁、珠光体灰铸铁和铁素体加珠光体灰铸铁。

不同类型铸铁组织中的石墨形态是不同的:灰铸铁中的石墨呈片状;可锻铸铁中石墨呈团絮状;球墨铸铁中石墨呈球状;蠕墨铸铁中石墨呈蠕虫状。

6.1.3 铸铁的石墨化

铸铁中碳以石墨形态析出的过程叫作铸铁的石墨化。

石墨化程度不同,所得到的铸铁类型和组织也不同。常用各类铸铁的组织是由两部分组成,一部分是石墨,另一部分是基体。所以,铸铁的组织可以看成是铁或钢的基体上分布着石墨夹杂。

6.1.3.1 铸铁的石墨化过程

铸铁组织形成的基本过程就是铸铁中石墨的形成过程。因此,了解石墨化过程的条件与影响因素对掌握铸铁材料的组织与性能是十分重要的。

在铁碳合金中,碳有两种存在形式:一种是化合态渗碳体(Fe_3C);另一种是游离态石墨(C)。石墨是碳的一种结晶形式,如图 6-1 所示,石墨具有特殊的简单六方晶格,其强度、硬度和韧性都很低。

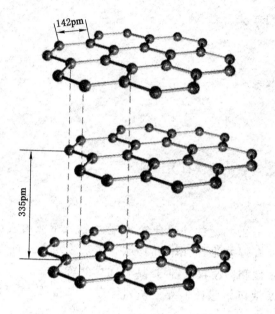

图 6-1　石墨的原子结构

　　铸铁中的石墨并非纯碳而溶有极少量铁和其他元素。铸铁中的石墨是分散度很大的片状结晶体。

　　根据图 6-2 所示 Fe-C 合金双重相图所示,铸铁的石墨化过程可分为三个阶段:

　　第一阶段,即液相亚共晶结晶阶段。包括,从过共晶成分的液相中直接结晶出一次石墨,从共晶成分的液相中结晶出奥氏体加石墨,由一次渗碳体和共晶渗碳体在高温退火时分解形成的石墨。

　　中间阶段,即共晶转变亚共析转变之间阶段。包括从奥氏体中直接析出二次石墨和二次渗碳体在此温度区间分解形成的石墨。

　　第二阶段,即共析转变阶段。包括共析转变时,形成的共析石墨和共析渗碳体退火时分解形成的石墨。

6.1.3.2　影响铸铁石墨化的因素

　　铸铁的组织取决于石墨化进行的程度,为了获得所需要的组织,关键在于控制石墨化进行的程度。实践证明,铸铁化学成分、铸铁结晶的冷却速度及铁水的过热和静置等诸多因素都影响石墨化和铸铁的显微组织。

　　1. 化学成分的影响

　　铸铁中常见的 C、Si、Mn、P、S 中,C、Si 是强烈促进石墨化的元素,S 是强烈阻碍石墨化的元素。实际上各元素对铸铁的石墨化能力的影响极为复杂。其影响与各元素本身的含量以及是否与其他元素发生作用有关 ,如 Ti、Zr、B、Ce、Mg 等都阻碍石墨化,但若其含量极低(如 B、Ce<0.01%,T<0.08%)时,它们又表现出有促进石墨化的作用。

　　2. 温度及冷却速度的影响

　　铸铁中碳石墨化过程除受化学成分影响外,还受铸造过程中铸件冷却速度影响。在成分上保证了碳与硅含量充要条件之后,若冷却速度过快,石墨化仍不可能充分进行甚至不能

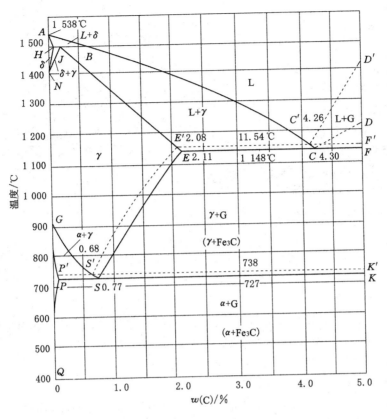

图 6-2 Fe-C 合金双重相图

进行。这是因为无论第一还是第二阶段石墨化,碳元素的扩散条件变成了制约因素。在高温缓慢冷却的条件下,由于原子具有较高的扩散能力,通常按 Fe-C 相图进行,铸铁中的碳以游离态(石墨相)析出。当冷却速度较快时,由液态析出的是渗碳体而不是石墨。这是因为渗碳体的碳质量分数(6.69%)比石墨(100%)更接近合金的碳质量分数(2.5%~4.0%),因此,一般铸件冷却速度越慢,石墨化进行越充分;冷却速度快,碳原子很难扩散,石墨化进行困难。

3. 铸铁的过热和高温静置的影响

在一定温度范围内,提高铁水的过热温度,延长高温静置的时间,都会导致铸铁中的石墨基体组织的细化,使铸铁强度提高。进一步提高过热度,铸铁的成核能力下降,因而使石墨形态变差,甚至出现自由渗联体,使强度反而下降,因而存在一个"临界温度"。临界温度的高低,主要取决于铁水的化学成分及铸件的冷却速度。一般认为普通灰铸铁的临界温度约在 1 500~1 550 ℃左右,所以总希望出铁温度高些。

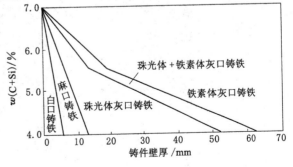

图 6-3 铸铁件壁厚对石墨化的影响

6.2 灰铸铁

1. 灰铸铁的组织和性能
2. 灰铸铁的孕育处理
3. 灰铸铁的牌号及热处理

［教学目标］
1. 初步掌握灰铸铁的组织和性能特点
2. 理解灰铸铁的孕育处理
3. 了解灰铸铁的牌号和灰铸铁的热处理方法

［相关知识］

灰铸铁是指具有片状石墨的铸铁,因断裂时断口呈暗灰色,故称为灰铸铁。主要成分是铁、碳、硅、锰、硫、磷,灰铸铁是价格最便宜、应用最广泛的一种铸铁,在各类铸铁的总产值中,灰铸铁占 80% 以上。

根据石墨的形态,灰铸铁可分为:普通灰铸铁,石墨呈片状;球墨铸铁,石墨呈球状;可锻铸铁,石墨成团絮状;蠕墨铸铁,石墨呈蠕虫状。

6.2.1 灰铸铁的组织和性能

6.2.1.1 灰铸铁的成分和组织

灰铸铁含碳量 2.5%~4.0%、含硅量 1.0%~2.0%、含锰量 0.5%~1.4%、含磷量 0.3%、含硫量 0.15% 以下。

灰铸铁可看成是碳钢的基体加片状石墨。按基体组织的不同灰铸铁分为三类:铁素体基体灰铸铁(F+G);珠光体+铁素体基体灰铸铁(F+P+G);珠光体基体灰铸铁(P+G)。

灰铸铁显微组织的不同,实质上是碳在铸铁中存在形式的不同。灰铸铁中的碳有化合碳(Fe_3C)和石墨碳所组成。化合碳为 0.8% 时,属珠光体灰铸铁;化合碳小于 0.8% 时,属珠光体+铁素体灰铸铁;全部碳都以石墨状态存在时,则为铁素体灰铸铁。其显微组织如图 6-4 所示。

图 6-4 灰铸铁的显微组织

(a) 铁素体灰铸铁;(b) 铁素体+珠光体灰铸铁;(c) 珠光体灰铸铁

6.2.1.2 灰铸铁的性能

灰铸铁的力学性能主要取决于基体的组织和石墨的形态、数量、大小和分布状态。灰铸铁中的片状石墨对基体的割裂严重,破坏了基体的连续性,在石墨尖角处易造成应力集中,使灰铸铁的抗拉强度、塑性和韧性远低于钢,是常用铸铁件中力学性能最差的铸铁。但灰铸铁抗压强度与钢相当,故灰铸铁广泛用作承受压力载荷的零件,如机床床身、机座、轴承座等。

同时,基体组织对灰铸铁的力学性能也有一定的影响,铁素体灰铸铁是在铁素体的基体上分布着多而粗大的石墨片,其强度、硬度差,很少应用;珠光体灰铸铁是在珠光体的基体上分布着均匀、细小的石墨片,其强度、硬度相对较高,是应用最为广泛的灰铸铁,主要用来制造较重要铸件;珠光体+铁素体灰铸铁是在珠光体和铁素体混合的基体上,分布着较为粗大的石墨片,此种铸铁的强度、硬度尽管比前者低,但仍可满足一般机体要求,其铸造性、减震性均佳,且便于熔炼,也是应用较广泛的灰铸铁。

由于石墨的存在,灰铸铁具有以下几个方面的性能:

① 良好的铸造性。灰铸铁的成分接近共晶成分,熔点较低,流动性较好,且铸铁在凝固过程中会析出比容大的石墨,减小了铸铁的凝固收缩,明显地降低了铸件的收缩程度。

② 良好的减震性。铸铁中石墨组织松软,能吸收震动能。石墨的割裂作用阻止了能量的传递,所以铸铁的减震性、吸震性好。

③ 良好的切削加工性。石墨的存在破坏了基体的连续性,起着断屑的作用,同时石墨具有润滑的作用,可减小刀具磨损。

④ 良好的减摩性。石墨剥落后留下的孔、槽储油也起润滑作用,因而铸铁件耐磨性高,减摩性好。

⑤ 较低的缺口敏感性。由于石墨的存在阻止了裂纹的延伸,所以灰铸铁有较低的缺口敏感性,不容易产生应力集中。

6.2.2 灰铸铁的孕育处理

为了提高灰铸铁的机械性能,铁液在浇注前向其中加入少量的孕育剂,在铸铁熔液内同时生成大量均匀分布的 SiO_2 的固体小质点,铸铁中的碳以这些小质点为核心形成细小的片状石墨,由于结晶时石墨晶核数目增多,石墨片尺寸变小,更为均匀地分布在基体中,从而获得更为细小均匀的石墨片,并细化基体组织,这种方法称为孕育处理(亦称变质处理),其显微组织如图 6-5 所示。经过孕育处理后的灰铸铁称为孕育铸铁(亦称变质铸铁)。常用的孕

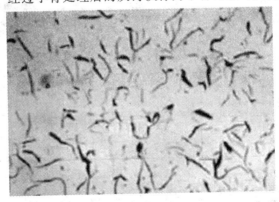

图 6-5 变质灰铸铁显微组织

育剂有两种,一种为硅类合金,最常用的是含硅量为 75％的硅铁合金、含硅 60％～65％和含钙 25％～35％的硅钙合金;另一类是碳素类,例如石墨粉、电极粒等。

孕育铸铁的强度和硬度比一般铸铁有显著提高,其抗拉强度为 250～400 MPa,硬度为 170～270HBW。同时,碳的质量分数愈低,石墨片愈细小,耐磨性也愈好,孕育铸铁的塑性和韧性也有所改善,这就使灰铸铁可用来制造对强度、硬度和耐磨性要求较高的铸件,如汽缸、曲轴、凸轮、机床床身等,尤其是截面尺寸变化较大的铸件。

6.2.3 灰铸铁的牌号和应用

灰铸铁的牌号常用"字母"＋"数字"的方法表示。例如 HT200,其中字母"HT"为"灰"、"铁"二字的汉语拼音大写字首,数字"200"表示最低抗拉强度为 200 MPa,即 HT200 表示最低抗拉强度为 200 MPa 的灰铸铁。

常用灰铸铁的牌号、机械性能及应用见表 6-1。

表 6-1 灰铸铁的牌号、单铸试样力学性能及应用

分类	牌号	显微组织		力学性能			应用举例
		基体	石墨	R_m/MPa,不小于	$R_{p0.2}$/MPa,不小于	硬度/HBW	
普通灰铸铁	HT100	铁素体＋少量珠光体	粗片	100		≤170	适用于小载荷及对摩擦和磨损无特殊要求的不重要零件,如防护罩、油盘、手轮、手把、支架等
	HT150	铁素体＋珠光体	较粗片	150	98	125～205	端盖、汽轮泵体、轴承座、阀壳、管子及管路附件、手轮、一般机床底座、床身及其他复杂零件、滑座、工作台等
	HT200	珠光体	中等片	200	130	150～230	气缸、齿轮、底架、机体、飞轮、齿条、衬筒、一般机床铸有导轨的床身及中等压力(8 MPa 以下 O 油缸、液压泵和阀的壳体等
	HT225	珠光体	中等片	225	150	170～240	
孕育铸铁	HT250	细小珠光体	较细片	250	165	180～250	阀壳、油缸、气缸、联轴器、机体、齿轮、齿轮箱外壳、飞轮、衬筒、凸轮轴承座
	HT275			275	180	190～260	
	HT300	索氏体或托氏体	细小片	300	195	200～275	轮、凸轮、车床卡盘、剪床、压力机的机身、导板、六角自动车床及其他重负荷机床铸有导轨的床身、高压油缸、液压泵和滑阀的壳体等
	HT350			350	228	220～290	

6.2.4 灰铸铁的热处理

灰铸铁的热处理只能改变基体组织,不能改变石墨的大小、形态和分布,故对提高灰铸铁的机械性能作用不大。实际生产中灰铸铁件的热处理主要是消除铸件的内应力,改善切

削加工性能和提高表面性能。灰铸铁的热处理主要方法有以下几种：

（1）去应力退火

铸件在铸造冷却过程中，由于各部位冷却速度不同，容易产生内应力，可能导致铸件裂纹和翘曲。为了保证尺寸稳定性，防止变形开裂，对于一些形状复杂的铸件常常要进行去应力退火。退火工艺一般为：将铸件加热至 500 ℃～600 ℃，保温一定时间后，随炉缓冷至 150 ℃～200 ℃以下出炉空冷。

（2）降低硬度、改善切削性能退火

灰铸铁铸件表层或一些薄截面处，在冷凝过程中冷却速度较快，容易产生白口组织，使铸件的硬度和脆性增加，造成切削加工困难，需进行退火处理。一般工艺为：将铸件加热到共析温度以上进行（850 ℃～950 ℃保温 2～5 h），目的是使渗碳体分解成石墨，然后随炉缓冷至 400 ℃～500 ℃，再出炉空冷。

（3）表面淬火

目的是提高铸件表面硬度和耐磨性，如机床导轨、缸体内壁等部件的表面硬度进行淬火处理。常用的方法有高（中）频感应加热表面淬火、火焰加热表面淬火、激光加热、等离子加热和电阻加热等表面淬火方法。如对机床导轨进行高（中）频感应加热淬火能显著提高机床导轨的硬度和耐磨性，使用寿命可提高 1.5 倍。

6.3　球墨铸铁

［知识要点］
1. 铸铁的球化处理
2. 球墨铸铁的组织性能
3. 球墨铸铁的牌号和用途
4. 球墨铸铁的热处理

［教学目标］
1. 初步掌握铸铁的球化处理
2. 学习球墨铸铁组织性能
3. 了解球墨铸铁的牌号、用途和热处理工艺

［相关知识］

6.3.1　铸铁的球化处理

灰铸铁经过孕育处理后虽然细化了石墨，但未能改变石墨的片状形态，石墨对基体的割裂作用没有从根本上清除，因此对灰铸铁经过孕育处理并不是大幅度提高铸铁力学性能的有效途径。目前提高铸铁性能的根本途径仍然是改变石墨的形态，即对石墨进行球状化处理。针对石墨进行球状化处理既可获得石墨呈球状化分布的铸铁，称为球墨铸铁，简称"球铁"，其综合性能较之灰铸铁有大幅度的提高。

在铁水浇注前，向其加入球化剂和孕育剂进行球化处理和孕育处理，使石墨在集体中呈细小的球状析出以得到球墨铸铁，这一过程称为铸铁的球化处理。我国普遍使用稀土镁球化剂，镁是强烈阻碍石墨化的元素，为了避免白口，并使石墨球细小均匀分布，一定要加入孕育剂，常用的孕育剂有硅铁和硅钙合金等。

6.3.2 球墨铸铁的组织性能

球墨铸铁成分含量大致为：碳含量 3.6%～3.9%、硅含量 2.2%～2.8%、锰含量 0.6%～0.8%、硫含量小于 0.07%、磷含量小于 0.1%。

球墨铸铁在室温下的显微组织是由石墨和钢的基体两部分组成。在光学显微镜下观察，石墨的外观接近球形。在电子显微镜下观察到球形石墨实际是由许多倒锥形的石墨晶体组成的一个多面体。球形石墨微观形态如图 6-6 所示。

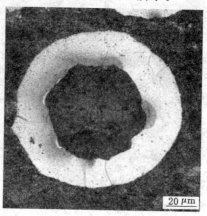

图 6-6　球形石墨微观形态

随着成分和冷速的不同，球墨铸铁的金相组织是由球状石墨和基体组织组成的。基体组织可以是珠光体、铁素体、珠光体+铁素体，以珠光体为基体的球墨铸铁强度高，如珠光体球墨铸铁的抗拉强度比铁素体基体高 50% 以上，同时以铁素体为基体的球墨铸铁塑性韧性好，如铁素体球墨铸铁的延伸率为珠光体的 3～5 倍。以珠光体+铁素体为基体的球墨铸铁力学性能介于二者之间。球墨铸铁显微组织如图 6-7 所示。

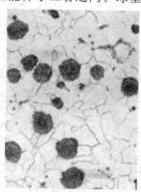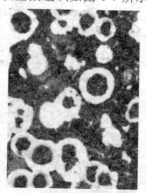

图 6-7　球墨铸铁显微组织
(a) 铁素体球墨铸铁；(b) 铁素体+珠光体球墨铸铁；(c) 珠光体球墨铸铁

球墨铸铁的石墨呈球状，对金属基体割裂作用较小，使得基体比较连续，且在拉伸时引起集中应力的效应明显减弱，从而使基体的作用得到大大提高，故球墨铸铁不仅具有很高的强度，又有良好的塑性和韧性，综合力学性能接近于钢，同时很好地保留了普通铸铁具有耐磨、消震、易切削、好的铸造性能和对缺口不敏感等特性，且成本低廉，生产方便。

6.3.3 球墨铸铁的牌号和用途

球墨铸铁牌号中,"QT"代表球铁二字的汉语拼音字头,后面的第一组数字代表该铸铁的最低抗拉强度值,第二组数字代表其最低延伸率值。例如 QT450-10,表示最低抗拉强度为 450 MPa,最低延伸率为 10%的球墨铸铁。表 6-2 所示为部分球墨铸铁的牌号、力学性能及用途。

表 6-2　　　　　部分球墨铸铁的牌号、力学性能及用途

牌号	基体组织	机械性能				用　途
		σ_b/MPa	$\sigma_{0.2}$/MPa	δ/%	硬度/HBW	
		不小于				
QT400-18	铁素体	400	250	18	120~175	承受冲击、振动的零件,如汽车、拖拉机的轮毂、差速器壳、拨叉。农机具零件,中低压阀门,上、下水及输气管道,压缩机上高、低压汽缸,电机机壳,支架,飞轮壳等
QT400-15	铁素体	400	250	15	120~180	
QT450-10	铁素体	450	310	10	160~210	
QT500-7	铁素体+珠光体	500	320	7	170~230	机器座架、飞轮,水轮机阀门,内燃机的机油泵齿轮,铁路机车车辆轴瓦,矿车轮等
QT600-3	珠光体+铁素体	600	370	3	190~270	载荷大、受力复杂的零件,如汽车、拖拉机的曲轴、凸轮轴、气缸套、磨床、铣床、车床的主轴,机床蜗杆、蜗轮,轧钢机轧辊,大齿轮,气缸体,桥式起重机大、小滚轮等
QT700-2	珠光体	700	420	2	225~305	
QT800-2	珠光体或索氏体	800	480	2	245~335	
QT900-2	回火马氏体或屈氏体+索氏体	900	600	2	280~360	高强度齿轮,如汽车、拖拉机后桥螺旋锥齿轮,大减速器齿轮,内燃机曲轴、凸轴等

球墨铸铁是力学性能最好的铸铁,在工业中得到了广泛的应用,可用于制造承载较大,受力复杂的机器零件,如受压阀门、机器底座、减速机壳、曲轴、连杆、凸轮轴及机床主轴、蜗轮蜗杆等零件。

6.3.4 球墨铸铁的热处理

球状石墨对基体的割裂作用小,所以球墨铸铁的力学性能主要取决于球铁中基体组织,因此,通过热处理可显著改善球墨铸铁的力学性能。球铁的热处理方法主要有退火、正火、调质、等温淬火和表面热处理。

1. 退火

① 去应力退火

球墨铸铁的铸造内应力比灰铸铁约大两倍。对于不再进行其他热处理的球墨铸铁铸件,都要进行去应力退火。

② 石墨化退火

石墨化退火的目的是为了使铸态组织中的自由渗碳体和珠光体中的共析渗碳体分解,获得高塑性的铁素体基体的球墨铸铁,消除铸造应力,改善其加工性。

2. 正火

正火的目的是为了得到以珠光体为主的基体组织,细化晶粒,提高球墨铸铁的强度、硬度和耐磨性。正火可分为高温和低温正火两种。高温正火是将铸件加热至 900～950 ℃,保温 1～3 h 出炉空炉,以保证获得珠光体球墨铸铁。低温正火是将铸件加热至 840～860 ℃,保温 1～4 h,出炉空炉,获得珠光体＋铁素体基体的球墨铸铁。

球墨铸铁的导热性较差,正火后铸件内应力较大,因此,正火后应进行一次 550～600 ℃ 的去应力退火。

3. 调质处理

调质处理是将铸件加热到 860～920 ℃,保温后油冷,然后在 550～620 ℃ 高温回火 2～6 h,获得回火索氏体和球状石墨组织的热处理方法,如图 6-8 所示。调质处理可获得高的强度和韧性,适用于受力复杂、截面尺寸较大、综合力学性能要求高的铸件,如柴油机曲轴、连杆等重要零件。

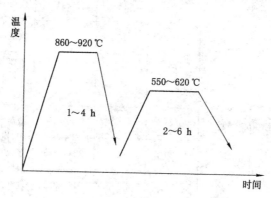

图 6-8　球墨铸铁的调质热处理工艺曲线

4. 等温淬火

当铸件形状复杂,又需要高的强度和较好的塑性、韧性时,需采用等温淬火。等温淬火是将铸件加热至 860～920 ℃(奥氏体区),适当保温(热透),迅速放入 250～350 ℃ 的盐浴炉中进行 0.5～1.5 h 的等温处理,然后取出空冷,使过冷奥氏体转变为下贝氏体。等温淬火可防止铸件变形和开裂,提高铸件的综合力学性能,适用于形状复杂、易变形、截面尺寸不大、受力复杂、要求综合力学性能好的球墨铸铁铸件,如齿轮、曲轴、滚动轴承套圈、凸轮轴等。

5. 表面热处理

对于要求表面耐磨或抗氧化或耐腐蚀的球铁铸件,可采用类似于钢的表面热处理,如氮化、渗硼、渗硫、渗铝等化学热处理以及表面淬火硬化处理,以满足性能要求,其处理工艺与钢类似。

6.4　可锻铸铁

[知识要点]

1. 可锻铸铁的成分和组织性能

2．球墨铸铁的牌号和用途

[教学目标]

1．学习可锻铸铁的生产过程

2．熟悉可锻铸铁的成分、组织性能

3．了解可锻铸铁的牌号和用途

[相关知识]

可锻铸铁是由一定化学成分的铁液浇铸成白口坯件，经过石墨化退火，石墨主要呈团絮状、絮状，有时呈少量团球状的铸铁，俗称玛钢、马铁，又叫展性铸铁或韧性铸铁。实际上可锻铸件并不可以锻造。可锻铸铁与灰铸铁相比，具有较高的强度、韧性和冲击韧性。可锻铸铁根据化学成分、热处理工艺、性能以及组织不同分为黑心可锻铸铁（铁素体可锻铸铁）、珠光体可锻铸铁以及白心可锻铸铁和球墨可锻铸铁四类。目前中国生产的可锻铸铁 90% 以上为黑心可锻铸铁。其他三类可锻铸铁应用较少。黑心可锻铸铁强度不高，但具有良好的塑性和韧性。可锻铸铁主要应用于汽车后桥桥壳、转向机构、低压阀、管接头等受冲击和震动的零件。

6.4.1　可锻铸铁的生产

可锻铸铁生产分为两个步骤：第一步，铸造纯白口铸铁，不允许有石墨出现，否则在随后的退火中，碳在已有的石墨上沉淀，得不到团絮状石墨；第二步，将白口铸铁加热到 $900 \sim 960\,^\circ\mathrm{C}$，长时间保温，进行石墨化退火处理，铸铁中的石墨是在退火过程中通过渗碳体的分解（$Fe_3C \rightarrow 3Fe + C$）而形成的。

6.4.2　可锻铸铁的成分和组织性能

可锻铸铁的化学成分大致为：碳含量 2.2%～2.8%、硅含量 1.0%～1.8%、锰含量 0.3%～0.8%、硫含量小于 0.2%、磷含量小于 0.1%。

由于可锻铸铁中的石墨呈团絮状，对基体的割裂作用较小，因此其力学性能与灰口铸铁相比，可锻铸铁有较好的强度和塑性，特别是低温冲击性能较好，耐磨性和减振性优于普通碳素钢。根据生产工艺不同，可锻铸铁的基体组织有铁素体和珠光体两种。

在铸铁的冷却过程当中石墨从奥氏体中直接析出，退火速度稍慢（炉冷），便可得到铁素体基可锻铸铁。铁素体基可锻铸铁石墨含量少，强度虽不太高，但韧性和塑性比较好，可用于载荷不大、承受较高冲击、振动的零件。其显微组织如图 6-9 所示。显微组织中可以看到团絮状石墨周围围绕的是铁素体，即白色基体部分为铁素体。

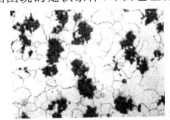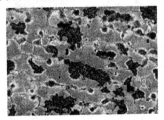

图 6-9　铁素体可锻铸铁显微组织

在铸铁的冷却过程当中石墨从奥氏体中直接析出，退火速度稍快，便可得到珠光体基可锻铸铁。珠光体基可锻铸铁虽然在韧性和塑性方面赶不上铁素体基可锻铸铁，但珠光体可锻铸铁强度高,有一定的韧性和硬度,经淬火热处理后其硬度可达 HRC50,耐磨性可达某些低合金钢的水平。用于载荷较高、耐磨损并有一定韧性要求的重要零件。图 6-10 所示为珠光体可锻铸铁显微组织,显微组织中围绕在团絮状石墨周围的是珠光体基体。

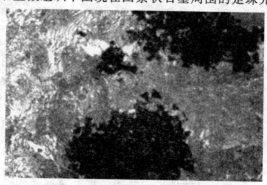

图 6-10　珠光体可锻铸铁显微组织

6.4.3　球墨铸铁的牌号和用途

可锻铸铁的牌号是由"KTH"("可铁黑"三字汉语拼音字首)或"KTZ"("可铁珠"三字汉语拼音字首)分别表示铁素体基体可锻铸铁和珠光体基体可锻铸铁,代号后第一组数值表示最低抗拉强度,第二组数值表示最低断后伸长率。例如牌号 KTH 350-10 表示最低抗拉强度为 350 MPa、最低断后伸长率为 10% 的黑心可锻铸铁,即铁素体可锻铸铁;KTZ 650-02 表示最低抗拉强度为 650 MPa、最低断后伸长率为 2% 的珠光体可锻铸铁。常用可锻铸铁的牌号、力学性能和用途见表 6-3。

表 6-3　　　　　　　　　　　常用可锻铸铁牌号、力学性能和用途

分类	牌号	试棒直径 /mm	抗拉强度 σ_b/MPa	屈服强度 $\sigma_{0.2}$/MPa	延伸率 δ/%	硬度 /HBW	用途举例
			不小于				
黑心可锻铸铁	KTH300-06	12 或 15	300		6	≤150	适用于动载荷和静载且气密性好的零件,如管道弯头、中低压阀门
	KTH330-08		330		8		承受中等载荷和静载荷,如螺丝扳手、犁刀、犁柱、车轮壳等
	KTH350-10		350	200	10		汽车前后轮壳、减速器壳、转向节壳、制动器等
	KTH370-12		370		12		
珠光体可锻铸铁	KTZ450-06	12 或 15	450	270	6	150~200	承受较高载荷、耐磨性好、有一定韧性和高强度的曲轴、凸轮轴、连杆、齿轮、活塞环、轴套、耙片、万向接头、棘轮、传动链条、矿车轮等
	KTZ550-04		550	340	4	180~250	
	KTZ650-02		650	430	2	210~260	
	KTZ700-02		700	530	2	240~290	

6.5　其他铸铁

[知识要点]
1. 蠕墨铸铁
2. 特殊性能铸铁

[教学目标]
1. 学习蠕墨铸铁和特殊性能铸铁的组织、性能
2. 了解蠕墨铸铁的牌号及用途

[相关知识]

6.5.1　蠕墨铸铁

蠕墨铸铁作为一种新型铸铁材料出现在 20 世纪 60 年代，它是在铁水铸造以前加入蠕化剂（镁或稀土）随后凝固而制得的。迄今为止，国内外研究结果一致认为，稀土是制取蠕墨铸铁的主导元素，蠕化剂目前主要有稀土镁钛合金、稀土镁钙合金或镁钛合金等。

（一）成分和组织性能

蠕墨铸铁的化学成分一般为：碳含量 3.4%～3.6%、硅含量 2.4%～3.0%、锰含量 0.4%～0.6%、硫含量小于 0.06%、磷含量小于 0.07%。

蠕墨铸铁的显微组织由基体与蠕虫状石墨组成，其基体组织与球墨铸铁类似，如图6-11 所示，在光学显微镜下观察，蠕墨铸铁的组织为钢的基体上分布着蠕虫状石墨，石墨形状介于片状和球状之间，石墨短而厚，头部较圆，形似蠕虫。与片状石墨相比，蠕虫状石墨的长厚比值明显减小，尖端变钝，因而对基体的割裂程度和引起应力集中减小，所以蠕墨铸铁的强度、塑性和抗疲劳性能优于灰铸铁，其力学性能介于灰铸铁与球墨铸铁之间，具有灰铸铁和球墨铸铁的一系列优点。

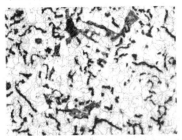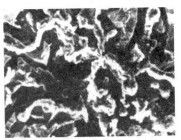

图 6-11　蠕墨铸铁显微组织

(a) 铁素体＋珠光体蠕墨铸铁；(b) 蠕虫状石墨的立体形状

① 抗拉强度、伸长率、弯曲疲劳强度优于灰铸铁，而接近于铁素体球墨铸铁。蠕墨铸铁的断面敏感性较普通灰铸铁小得多，故其厚大截面上的力学性能仍比较均匀。此外它的耐磨性优于孕育铸铁和高磷耐磨铸铁。突出的优点是屈强比在铸造合金中最高（0.72～0.82）。

② 导热性和耐热疲劳性比球墨铸铁高得多，这是蠕墨铸铁的突出优点。抗生长性和抗氧化性均较其他铸铁都高。

③ 减振性能比球墨铸铁高，而不如灰铸铁。

④ 良好的工艺性能。切削加工性优于球墨铸铁,铸造性能接近灰铸铁,其缩孔、缩松倾向小于球墨铸铁,故铸造工艺比较简单。

（二）牌号和应用

蠕墨铸铁牌号常用"字母"＋"数字"的方法表示。例如 RuT380,其中字母"RuT"表示"蠕"、"铁"二字的汉语拼音字首,数字"380"表示最低抗拉强度为 380 MPa。RuT380 表示最低抗拉强度为 380 MPa 的蠕墨铸铁。

蠕墨铸铁常用于制造承受热循环载荷的零件,如钢锭模、玻璃模具、柴油机汽缸、汽缸盖、排气阀以及结构复杂、强度要求高的铸件,如液压阀的阀体、耐压泵的泵体等。蠕墨铸铁的牌号、组织、力学性能及用途列于表 6-4。

表 6-4　　　　　常用蠕黑铸铁的牌号、机械性能和用途

牌号	抗拉强度 σ_b/MPa	屈服强度 $\sigma_{0.2}$/MPa	延伸率 δ/%	硬度值 /HBS	主要基体组织	用途举例
	不小于					
RuT420	420	335	0.75	200～280	珠光体	常用于汽缸套、活塞环、制动盘、刹车鼓、钢珠研磨盘、玻璃模具、吸淤泵体等
RuT380	380	300	0.75	193～274	珠光体	
RuT340	340	270	1.00	170～249	珠光体＋铁素体	常用于大型龙门铣横梁,大型齿轮箱体、盖,机座,刹车鼓,飞轮,起重机卷筒等
RuT300	300	240	1.50	140～217	铁素体＋珠光体	强度和硬度适中,有一定的塑性和韧性,导热性较高,致密性较好。常用于汽缸盖、排气管、变速箱体、液压件、钢锭模等
RuT260	260	195	3.00	121～197	铁素体	强度一般,硬度较低,有较高的塑性和韧性,导热性较高。常用于增压器废气进气壳体、汽车底盘零件等

6.5.2　特殊性能铸铁

1. 耐热铸铁

普通灰铸铁耐热性较差,主要是由于高温下易发生氧化,另外,在反复加热过程中,由于渗碳体发生分解及内氧化会引起铸铁"长大"(即体积膨胀)。因此,制造高温铸铁件,如加热炉的底板、链条、坩埚、换热器及钢锭模等,必须使用耐热铸铁制造。提高铸铁耐热性的措施有:① 在铸铁中加入硅、铝、铬等元素,以形成致密稳定的氧化膜;② 通过球化或变质处理使石墨成为或接近于球状,以提高基体的连续性;③ 通过合金化获得单相铁素体或奥氏体基体组织,以免出现渗碳体分解。常用耐热铸铁如 RTCr2、RTQAl6、RTQSi4、RTQAl4Si4、RTQAl22 等,牌号中"RT"为耐热铸铁代号,"RTQ"为耐热球墨铸铁代号,其余字母为合金元素符号,数字表示合金元素的平均含量(质量分数),取整数值。

2. 耐蚀铸铁

由于普通铸铁中的石墨和渗碳体促进基体的腐蚀,因而其耐蚀性差。通过加入铬、硅、钼、铜、镍等元素可形成钝化膜,提高基体电极电位,从而提高耐蚀性。耐蚀铸铁主要用于石油化工行业制造阀门、管道、泵和容器等。常用耐蚀铸铁如 STSi15、STSi15Cr4R、

STQAl5Si5 等,牌号中"ST"为耐蚀铸铁代号,"STQ"为耐蚀球墨铸铁代号,其他同耐热铸铁牌号规定。

3.耐磨铸铁

在磨粒磨损条件下工作的铸铁件应具有高而均匀的硬度。白口铸铁便属于这类铸铁,但其脆性大,不能承受冲击载荷,只能用于制造犁铧、泵体、研磨机械的衬板、磨球等零件。生产中常用激冷方法来获得冷硬铸铁,即用金属型铸造铸件表面,其他部位采用砂型,同时调整铁水成分,使表面获得白口组织,具有高的耐磨性,心部为灰口组织,具有一定的强度和韧性,可用来制造轧辊、车轮等。

在黏着磨损条件下工作的铸铁件应具有软基体加硬强化相的组织,珠光体基体灰铸铁符合这一要求,其软基体是铁素体,硬强化相是渗碳体,石墨片可起贮油润滑作用。在灰铸铁中加入磷、钒、铬、钼、稀土等元素可增加珠光体量,细化珠光体和石墨,进一步提高硬度和耐磨性。主要用于制造机床导轨、汽缸套、活塞环、凸轮轴等零件。常见牌号如 MTCu1PTi—150、KmBMn5Mo2Cu、KmTQMn6 等,牌号中"MT"为耐磨铸铁代号,"KmB"为抗磨白口铸铁代号,"KmTQ"为抗磨球墨铸铁代号,"—"后数字表示最低抗拉强度,其他同耐热铸铁牌号规定。

思 考 题

1. 试比较白口铸铁、灰铸铁、球墨铸铁、可锻铸铁、蠕墨铸铁和特殊性能铸铁在石墨形态、性能、应用上的不同特点。

2. 为什么一般机床的床身和箱体类零件用灰铸铁制造?

3. 解释下列代号的含义:

HT200   QT500-5   KTH350-10   RuT300   RTCr-1.5   RuT350

4. 灰铸铁为什么应用较为广泛?

5. 力学性能要求较高的大型铸造轴为什么常选用球墨铸铁?

6. 灰铸铁、球墨铸铁进行孕育处理的目的是什么? 可锻铸铁是否要进行孕育处理?

7. 形状复杂的铸铁件进行退火处理的原因是什么?

8. 请为下列铸件选择合适的材料,并说明理由:汽车后桥、电镐镐牙、空压机曲轴、减速器外壳、化工阀体、机床底座、农用犁铧、矿车轮、炉底板。

第7章 有色金属与粉末冶金材料

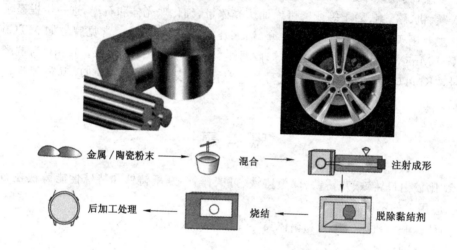

金属/陶瓷粉末 → 混合 → 注射成形

后加工处理 ← 烧结 ← 脱除黏结剂

　　除黑色金属(铁、铬、锰)以外的其他金属统称为有色金属。虽然有色金属种类繁多,但在各类机械中通常使用的只有少数几种。有色金属的使用量远低于黑色金属,但由于它们具有许多特殊的性能,因而已成为工业上不可缺少的材料。

　　有色合金的强度和硬度一般比纯金属高,电阻比纯金属大、电阻温度系数小,具有良好的综合机械性能。常用的有色合金有铝合金、铜合金、镁合金、镍合金、锡合金、钽合金、钛合金、锌合金、钼合金、锆合金等。现代有色金属及其合金已成为机械制造业、建筑业、电子工业、航空航天、核能利用等领域不可缺少的结构材料和功能材料。

　　本章仅对铝、铜及其合金以及滑动轴承合金作介绍,并对机械工业中常用的粉末冶金材料及硬质合金作简略介绍。

7.1　铝及铝合金

[知识要点]

　　1. 纯铝及铝合金的分类

　　2. 铝合金的强化处理

　　3. 变形铝合金

　　4. 铸造铝合金

[教学目标]

　　1. 认识纯铝及铝合金,了解铝合金的分类

　　2. 理解铝合金的强化处理方法

　　3. 了解变形铝合金的种类及用途

　　4. 了解铸造铝合金的种类及用途

[相关知识]

7.1.1　纯铝

　　纯铝是银白色金属,具有面心立方晶格,纯铝的熔点为 660 ℃,密度为 2.7 g/cm³,是一种轻金属材料。纯铝的电导性、热导性高,仅次于银和铜,其电导率约为铜的 64%。纯铝在空气中具有良好的抗蚀性,这是因为铝和氧的亲和能力很大,在空气中能使表面生成一层致密的 Al_2O_3 薄膜,保护了内部金属不被腐蚀。纯铝的气密性好,磁化率低,接近于非磁性材料。

　　纯铝的强度、硬度很低($\sigma_b = 80 \sim 100$ MPa、20 HBS),但塑性很高($\delta = 50\%$、$\psi = 80\%$)。通过加工硬化可提高纯铝的强度($\sigma_b = 150 \sim 250$ MPa),但塑性有所降低。

　　纯铝可分为高纯度铝及工业纯铝两大类。前者供科研及特殊需求用,纯度可达 99.996%～99.999%;工业纯铝纯度为 99.7%～99.8%,常见的杂质有铁和硅。铝中所含杂质愈多,其电导性、抗腐蚀性和塑性就愈差。

　　我国工业纯铝的牌号是依其杂质的含量以国际四位数字体系来编制的,如 1070A、1006、1050A、1035、1200 等,第一位数字 1 表示纯铝,后两位数字越小,其杂质含量越高。

　　工业纯铝所含杂质的数量越多,其电导性、热导性、耐大气腐蚀性及塑性就越低。工业纯铝主要用于制作导电体,如电线、电缆以及要求具有导热和抗大气腐蚀性能而对强度要求不高的一些用品和器具,如通风系统零件、电线保护导管、垫片和装饰件等。

7.1.2　铝合金

　　纯铝的强度低,不能用来制造承受载荷的结构零件。向铝中加入适量的硅、铜、镁、锰等合金元素,可得到具有高强度的铝合金;若再进行冷变形加工或热处理,可进一步提高其强度。由于铝合金的比强度(即强度与其密度之比)高,并具有良好的耐蚀性和切削加工性,因此,在国民经济和航空工业中得到了广泛的应用。

7.1.2.1　铝合金的分类

　　铝合金可分为变形铝合金和铸造铝合金两大类。变形铝合金是将合金熔融铸成锭子后,再通过压力加工(轧制、挤压、模锻等)制成半成品或模锻件,故要求其应有良好的塑性变形能力。铸造铝合金则是将熔融的合金直接铸成形态复杂的甚至是薄壁的成型件,故要求其应具有良好的铸造流动性。

各类铝合金的相图一般都具有如图 7-1 的形式。相图上最大饱和溶解度 D 是两种合金的理论分界线。合金成分大于 D 点的合金,由于有共晶组织存在,其流动性较好,且高温强度也比较高,可以防止热裂现象,故适于铸造;合金成分小于 D 点的合金,其平衡组织以固溶体为主,在加热至固溶线以上温度时,可得到均匀的单相固溶体,其塑性变形能力很好,适于锻造、轧制和挤压。

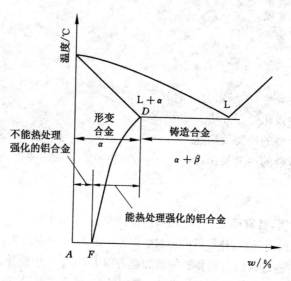

图 7-1 铝合金分类示意图

铸造铝合金还可根据其主要合金元素的不同,分为 Al-Si 系、Al-Cu 系、Al-Mg 系、Al-Zn系等合金。变形铝合金还可按照其主要性能特点分为防锈铝、硬铝、超硬铝及锻铝等。铝合金的分类、名称、特性及编号举例见表 7-1。变形铝及铝合金产品的基础状态及表示符号见表 7-2。

表 7-1　　　　　　　　　　铝合金的分类、名称、特性及编号举例

类别	名称	合金系	特性	编号举例	符号表示方法
变形铝合金	防锈铝	Al-Mn Al-Mg	抗蚀性好,强度低,压力加工性好,焊接性好	5A05	
	硬铝	Al-Cu-Mg	力学性能好,抗蚀性差	2A01 2A11 2A12	
	超硬铝	Al-Cu-Mg-Zn Al-Li	室温强度高,抗蚀性差	7A04	
	锻铝	Al-Mg-Si-Cu Al-Cu-Mg-Fe-Ni	力学性能好,铸造性能差	2A50 2A70 2A14	

续表 7-1

类别	名称	合金系	特性	编号举例	符号表示方法
铸造铝合金	简单铝硅合金	Al-Si	铸造性能好,力学性能低,变质处理后使用,比重小,耐蚀性能好	ZL102	"铸铝"以汉语拼音"ZL"表示;后面三位数字中第一位数字表示类别,1 为铝硅系,2 为铝铜系,3 为铝镁系,4 为铝锌系;第二、三位数字为顺序号
	特殊铝硅合金	Al-Si-Mg Al-Si-Cu Al-Si-Mg-Mn Al-Si-Mg-Cu Al-Si-Cu-Mg-Mn Al-Si-Mg-Cu-Ni	有良好的铸造性能,热处理后兼有良好的力学性能	ZL101 ZL107 ZL104 ZL110 ZL103 ZL109	
	铝铜铸造合金	Al-Cu	耐热性好,铸造性能差,抗蚀性差,比重大	ZL201 ZL202 ZL203	
	铝镁铸造合金	Al-Mg	力学性能高,抗蚀性好,比重小,常以淬火状态使用	ZL301 ZL302	
	铝锌铸造合金	Al-Zn	能自动淬火,易于压铸,抗蚀性差	ZL401	

表 7-2 　　　　　　　　　　　**变形铝及铝合金产品基础状态及代号**

状　态	代　号	状　态	代　号
自由加工状态	F	固溶处理状态	W
退火状态	O	热处理状态 (不同于 F、O、H 状态)	T
加工硬化状态	H		

注:摘自 GB/T 6475—1996 变形铝及铝合金产品基础状态、T 细分状态号。

7.1.2.2　铝合金的强化

工业纯铝的力学性能不高,不易直接制造承受较大载荷的结构零件,为了满足交通运输和航空工业的需要,目前已研究成功抗拉强度具有 400～700 MPa 的铝合金。用来提高铝合金强度的方式主要有以下几种。

1. 固溶强化

由 Al-Cu、Al-Mg、Al-Mn、Al-Si、Al-Zn 等二元合金相图可知,靠近铝端均形成有限固溶体,并且有较大极限溶解度,其溶解度随温度下降而降低(见表 7-3)。由于铜、镁、锰、硅、锌等元素在铝中极限溶解度均大于 1%,具有较大的固溶强化效果,因而是铝合金的主加元素。

表 7-3 　　　　　　　　　　　**常用合金元素在铝中的溶解度**

元素名称	Zn	Mg	Cu	Mn	Si
极限溶解度/%	32.8	14.9	5.65	1.82	1.65
室温时溶解度/%	0.05	0.34	0.2	0.05	0.05

2. 时效强化

铝合金的强化热处理方法主要是用固溶处理加时效进行的,其强化效果依靠时效过程中所产生的时效硬化现象实现。

图 7-2 是 Al-Cu 合金二元相图靠近铝端的部分。由图可见,铜溶解于铝中形成有限固溶体,铜在铝中的溶解度随温度的降低而减小。

固溶处理后的过饱和 α 固溶体是不稳定的,有自发向稳定状态($α+θ$)转变的趋势。这种由过饱和固溶体沉淀析出第二相使合金的强度和硬度明显提高的现象,称为时效强化。时效过程若是在室温下进行,叫作自然时效;时效过程若是在某一温度下进行,叫作人工时效。

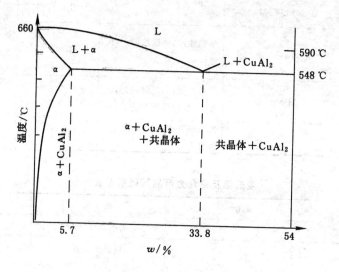

图 7-2　Al-Cu 合金相图

人工时效比自然时效强化效果要低,而且时效温度越高,其强化效果越低。但时效温度增高,时效速度加快。

3. 细化组织强化

许多铝合金的组织都是由 α 固溶体和过剩相组成的。若能细化铝合金的组织,包括细化 α 溶体晶体或细化过剩相,就可使合金得到强化。

常利用变质处理的方法细化合金组织。所谓变质处理,就是在熔融的合金中加入一种或几种经过选择的元素或化合物,通过细化合金组织,从而达到提高合金质量和性能的操作方法。

7.1.2.3　变形铝合金

各种变形铝合金的牌号、化学成分与力学性能见表 7-4。

1. 防锈铝合金

由表 7-4 可以看出,防锈铝合金中的主要合金元素是锰和镁。这类合金锻造后耐蚀性好,塑性也好。锰在铝中能通过固溶强化提高铝合金的强度,但其主要作用是提高铝合金的耐蚀能力。镁对铝合金的耐蚀性损害较小,而且具有较好的固溶强化效果,尤其是能使合金的比重降低,使制成的零件比纯铝还轻,如 5A05。

在航空工业中防锈铝合金应用甚广,宜于制造承受焊接的零件、管道、容器以及铆钉等。

各种防锈铝合金均属不能热处理强化的合金,若要求提高合金强度,可施以冷压力加工,使它产生加工强化。

表 7-4 变形铝合金主要牌号的化学成分、力学性能与用途

类别		代号	化学成分(质量分数)/%					力学性能			用 途
			Cu	Mg	Mn	Zn	其他	σ_b /MPa	δ/%	HBS	
不能热处理强化的合金	防锈铝	5A05	0.1	4.8~5.5	0.3~0.6	0.2	—	280	20	70	焊接油箱、油管、焊条、铆钉以及中载零件和制品
		3A21	0.2	0.05	1.0~1.6	0.1	Ti:0.15	130	20	30	焊接油箱、油管、焊条、铆钉以及轻载零件和制品
能热处理强化的合金	硬铝	2A01	2.2~3.0	0.2~0.5	0.2	0.1	Ti:0.15	300	24	70	工作温度不超过100℃结构用中等强度铆钉
		2A11	3.8~4.8	0.4	0.4~0.8	0.3	Ni:0.10 Ti:0.15	420	15	100	中等强度的结构零件,如骨架、模锻的固定接头、支柱、螺旋桨叶片、铆钉
	超硬铝	7A04	1.4~2.0	1.8~2.8	0.2~0.6	5.0~7.0	Cr:0.10~0.25	600	12	150	结构中的主要受力件,如飞机大梁、桁架、加强框、接头等
	锻铝	2B50	1.8~2.6	0.4~0.8	0.4~0.8	0.3	Ni:0.1 Cr:0.01~0.2 Ti:0.02~0.1	390	10	100	形状复杂的锻件,如压气机轮和风扇叶轮
		2A70	1.9~2.5	1.4~1.8	0.2~0.3	0.3	Ti:0.02~0.10 Ni:0.9~1.50	440	12	120	可作高温下工作的结构零件

2. 硬铝合金

由表 7-4 可知,硬铝基本上是 Al-Cu-Mg 合金,还含有少量的锰。锰的加入主要是为了改善合金的耐蚀性,也有一定的固溶强化作用,但锰的析出倾向小,故不参与时效强化过程。按照所含合金元素数量的不同和热处理强化效果的不同,可将硬铝合金再分为以下三类:

① 合金硬铝,如 2A01。这类硬铝合金中镁、铜含量较低,因而具有很好的塑性。但强度低,可进行淬火自然时效。这类合金的时效速度较慢,为合金淬火后进行铆接创造了良好条件,铆钉不会在铆接中因迅速时效强化而引起开裂,故这类合金主要用来做铆钉,有"铆钉硬铝"之称。

② 标准硬铝,如 2A11。这是一种应用最早的硬铝,其含有中等数量的合金元素,可进行淬火自然时效。在硬铝中,2A11 的强度、塑性和耐蚀性均属中等水平,经退火后工艺性能良好,可以进行冷弯、轧压,时效后切削加工性也比较好,故这类合金主要用于制作各种半成品,如轧材、锻材、冲压件等,也可以制作螺旋桨的叶片及大型铆钉等重要部件。

③ 高合金硬铝,如 2A12。这类硬铝中含有较多的 Cu 和 Mg 等合金元素,具有更高的

强度和硬度,但塑性和承受冷、热压力加工的能力较差。高合金硬铝可以制做航空模锻件和重要的销轴等。

硬铝合金有两个重要特性在使用或加工时必须注意:

① 耐蚀性差,特别在海水中尤甚,因此,需要防护的硬铝部件其外部都包一层高纯度铝,制成包铝硬铝材。但包铝的硬铝热处理后强度较未包铝的低。

② 淬火温度范围很窄。2A11 的淬火温度是 505 ℃~510 ℃,2A12 是 495 ℃~503 ℃。低于此温度范围淬火,固溶体的过饱和度不足,不能发挥最大的时效效果;超过此温度范围,则容易产生晶界熔化。

3. 超硬铝合金

(1) Al-Zn-Mg-Cu 系合金

这是强度最高的一种铝合金。7A04 等属于这种合金,这种合金经过适当的淬火和在 120 ℃左右的人工时效之后可以获得很高的力学性能(见表 7-4)。这类合金的牌号为 7×××系列,可分为两类:一类是中强合金,Zn、Mg 含量低,不含 Cu 或只含少量 Cu,优点是容易焊接;另一类是高强合金,Zn、Mg 含量高并含 Cu,可焊。

Al-Zn-Mg 合金在室温能够显著时效强化,而且从高温冷却时对冷却速度不太敏感,这些特征非常适合焊接过程,因此在焊接后强度会大幅度恢复而无须进一步热处理。

(2) Al-Li 合金

含锂的铝合金被认为是很有潜力的结构材料,特别是在航空航天方面,在铝合金中每加入 $wLi\ 1\%$ 可使密度减少约 3%,弹性模量约增加 6%。

4. 锻铝合金

锻铝是用于制作形状复杂的大型锻件的铝合金。它具有良好的铸造性能,良好的锻造性能和较高的力学性能。目前锻铝多为 Al-Mg-Si-Cu 系和 Al-Cu-Mg-Ni-Fe 系合金。前者是在 Al-Mg-Si 系基础上加入 Cu 和少量 Mn 发展起来的。

7.1.2.4　铸造铝合金

用来制造铸件的铝合金称为铸造铝合金(简称铸铝)。铸造铝合金熔点较低,流动性好,可以浇注成各种形状复杂的铸件。

根据主要合金元素的不同,铸造铝合金可分为四类,即 Al-Si 系、Al-Cu 系、Al-Mg 系和 Al-Zn 系。铸造铝合金的代号用"ZL"加三位数字表示,"ZL"是"铸"、"铝"二字的汉语拼音字首;第一位数字表示主要合金类别,如"1"表示铝硅系,"2"表示铝铜系,"3"表示铝镁系,"4"表示铝锌系;第二、三位数字表示合金的顺序号。

部分铸造铝合金的牌号(代号)、化学成分、力学性能及用途见表 7-5。

1. 铝硅合金

这类合金具有优良的铸造性能,如流动性好、收缩及热裂倾向小、密度小、有足够的强度、耐蚀性能好。

硅含量为 10%~13% 的铝硅合金是一种最典型的铝硅合金,通常称为硅铝明。由于硅本身脆性大,又呈大针状分布在组织中[如图 7-3(a)所示],故使铝硅合金的力学性能大为降低。为了提高它的力学性能,常采用变质处理。经变质处理可以获得塑性好的 α 初晶和细小的共晶组织[如图 7-3(b)所示]。如 ZL102 合金经变质处理后,抗拉强度可达 $\sigma_b = 180$ MPa、伸长率 $\delta = 8\%$,显著地改善了力学性能。

　　铝硅合金广泛用于制造内燃机的活塞、汽缸体、汽缸套、风扇叶片、电机、仪表外壳及形状复杂的薄壁零件。

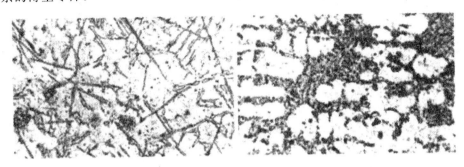

(a)　未变质处理　　　　　　　　　　　　　(b)　变质处理后

图 7-3　共晶成分铝硅合金的铸态组织

表 7-5　　　　部分常用铸造铝合金的牌号(代号)、化学成分、力学性能及用途

牌号(代号)	化学成分(质量分数)/%						铸造方法与热处理状态	力学性能			用途举例
	Si	Cu	Mg	Mn	其他	Al		σ_b/MPa	δ/%	HBS	
ZAlSi7Mg (ZL101)	6.0～7.5	—	0.25～0.45			余量	J,T5 S,T5	205 195	2 2	60 60	形状复杂的零件,如飞机、仪器的零件;抽水机壳体;工作温度不超过 185 ℃的汽化器等
ZAlSi12 (ZL102)	10.0～13.0	—				余量	J,F SB,JB,F SB,JB,T2	155 145 135	2 4 4	50 50 50	形状复杂的零件,如仪表、抽水机壳体,工作在 200 ℃以下、要求气密性好、承受低载荷的零件
ZAlSi5Cu1Mg (ZL105)	4.5～5.5	1.0～1.5	0.4～0.6			余量	J,T5 S,T5 S,T6	235 195 225	0.5 1.0 0.5	70 70 70	形状复杂,在 225 ℃以下工作的零件,如风冷发动机的汽缸头、油泵壳体等
AlSi12Cu2Mg1 (ZL108)	11.0～13.0	1.0～2.0	0.4～1.0	0.3～0.9		余量	J,T1 J,T6	195 255	— 	85 90	要求高温强度及低膨胀系数的高速内燃机活塞及其他耐热零件
ZAlSi9Cu2Mg (ZL111)	8.0～10.0	1.3～1.8	0.4～0.6	0.10～0.35	Ti:0.10～0.35	余量	SB,T6 J,T6	255 315	1.5 2.0	90 100	250 ℃以下工作的承受重载的气密零件,如大马力柴油机活塞、缸体等
ZAlCu5Mn (ZL201)	—	4.5～5.3		0.6～1.0	Ti:0.15～0.35	余量	S,T4 S,T5	295 335	8 4	70 90	在 175 ℃～300 ℃以下工作的零件,如支臂、挂架梁、内燃机汽缸头、活塞等
ZAlCu4 (ZL203)	—	4.0～5.0				余量	J,T4 J,T5	205 225	6 3	60 70	中等载荷、形状较简单的零件,如托架;工作温度小于 200 ℃并要求切削加工性好的小零件
ZAlMg10 (ZL301)	—	—	9.5～11.0			余量	S,T4	280	10	60	在大气或海水中的零件,承受大震动载荷、工作温度不超过 150 ℃的零件

续表 7-5

牌号（代号）	化学成分（质量分数）/%						铸造方法与热处理状态	力学性能			用途举例
	Si	Cu	Mg	Mn	其他	Al		σ_b/MPa	δ/%	HBS	
ZAlMg5Si1（ZL303）	0.8~1.3	—	4.5~5.5	0.1~0.4	—	余量	S,J,F	145	1	55	腐蚀介质、中等载荷的零件；在严寒大气中及工作温度小于200℃的零件，如海轮配件和各种壳体
ZAlZn11Si7（ZL401）	6.0~8.0	—	0.1~0.3	—	Zn：9.0~13.0	余量	J,T1 S,T1	245 195	1.5 2	90 80	工作温度不超过200℃、结构形状复杂的汽车、飞机零件，也可制作日用品

2. 铝铜合金

这类合金具有较高的耐热强度，可用做高温（300℃以下）条件下工作的零件。但由于组织中共晶体少，故铸造性能差，抗蚀性也不好，目前大部分被其他合金所代替。主要牌号有 ZL201、ZL203 等。

3. 铝镁合金

这类合金的特点是密度小（小于 2.55 g/cm³），耐蚀性能好，强度高，但铸造性能差，易产生热裂和缩松，多应用于承受冲击、振动载荷和腐蚀条件下工作的零件，如海轮配件、泵用零件等。典型牌号有 ZL301、ZL303 等。

4. 铝锌合金

这类合金强度较高，但耐蚀性能差，若加入适量的锰、镁，可适当提高其耐蚀性。另外，其工艺性好，可用于制造在铸态下直接使用的零件，如汽车、飞机、仪表及医疗器械等零件，牌号有 ZL401、ZL402 等。

7.2　铜及其合金

[知识要点]
常用铜合金
[教学目标]
1. 认识纯铜及铜合金
2. 了解常用铜合金的种类与用途
[相关知识]

铜及其合金品种很多，目前工业上使用的铜及铜合金主要有工业纯铜、黄铜、青铜等。铜的价格较贵。

7.2.1　纯铜

纯铜是一种玫瑰红色的金属，表面形成氧化铜膜后外观呈紫红色，故常称紫铜。它是通过电解方法制取的，故也称电解铜。纯铜的熔点为 1 083℃，密度为 8.9 g/cm³。工业中使用的纯铜其铜的含量为 99.5%～99.95%。

纯铜具有高的电导性、热导性及良好的塑性和耐蚀性，但强度较低（σ_b=200～250 MPa），不能通过热处理强化，只能通过冷加工变形强化。

纯铜中的杂质对纯铜的性能有很大影响。主要杂质有铅、铋、氧、硫、磷等。杂质使铜的电导性降低。

工业纯铜的代号用 T("铜"的汉语拼音字首)加顺序号表示,如 T1、T2、T3 和 T4 等,序号愈大,纯度愈低。

纯铜广泛用于制造电线、电缆、电刷、铜管以及作为配置合金的材料。

7.2.2　铜合金

纯铜因其强度低而不能作为结构材料,工业中广泛使用的是铜合金。常用的铜合金有黄铜和青铜两大类,另外还有白铜。

7.2.2.1　黄铜

黄铜是以锌为主要合金元素的铜合金。按其化学成分可分为普通黄铜和特殊黄铜两大类;根据生产方法的不同,又分为压力加工黄铜和铸造黄铜两大类。

1. 普通黄铜

普通黄铜是铜和锌组成的二元合金,锌加入铜中提高了合金的强度、硬度和塑性,并且改善了铸造性能。黄铜的组织和力学性能与含锌量的关系如图 7-4 所示。由图可看出:在平衡状态下,含锌量小于 39% 时,合金具有良好的塑性,适宜于冷、热压力加工;若含锌量增加,其结构为体心立方晶格,高温下具有良好的塑性,可进行热变形;当含锌量超过 45%～47% 时,塑性降低;当含锌量越过 50% 时,强度和塑性都很低,无实用价值。所以工业黄铜中的含锌量一般不超过 47%。

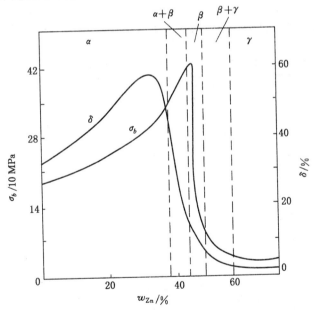

图 7-4　黄铜的组织和力学性能与含锌量的关系

黄铜的抗蚀性能较好,与纯铜接近。单相黄铜又比双相黄铜好。经冷加工的黄铜制品因有残余应力,在潮湿的大气或海水中,特别是在氨的介质中易发生自动开裂(即所谓季裂)现象。黄铜的季裂随含锌量的增加而加剧,一般可用低温退火(250 ℃～350 ℃、保温 1～3 h),来消除残余应力而防止季裂现象。

采用压力加工的普通黄铜的代号用"黄"字的汉语拼音字首"H"加数字表示,数字表示铜的含量,如 H68,表示含铜量 68%、含锌量 32% 的普通黄铜。

普通黄铜中,最常用的有 H68、H62。H68 为单相黄铜,具有较高的强度和优良的冷变形性能,适宜于在常温下用冲压和深冲法制造形状复杂的工件,多用于国防工业上制造弹壳、冷凝器管等。H62 为双相黄铜,适宜于热压力加工,具有较高的强度和耐蚀性,广泛用于制造散热器、油管、螺钉、弹簧及各种金属网等。

2. 特殊黄铜

为了改善黄铜的力学性能、耐蚀性能或某些工艺性能(如切削加工性、铸造性等),在铜锌合金中加入其他元素(如铅、锡、铝、锰、硅等),即可形成特殊黄铜,如铅黄铜、锡黄铜、铝黄铜等。

加铅可改善黄铜的切削加工性和提高耐磨性,加锡主要是为了提高耐蚀性。铝、镍、锰、硅等元素均能提高合金的强度和硬度,还能改善合金的耐蚀性。

特殊黄铜可分为压力加工用和铸造用两种。前者加入的合金元素较少,使之能溶入固溶体中,以保证有足够的变形能力;后者因不要求有很高的塑性,为了提高强度和铸造性能,可加入较多的合金元素。

特殊黄铜的代号依次由"H"、主加元素符号、铜的含量、合金元素含量组成。例如 HSn62-1 表示含锡量 1%、含铜量 62%、其余为锌含量的锡黄铜。若为铸造黄铜,则在代号前冠以"Z"("铸"字的汉语拼音字首),后加上基体金属铜和合金元素符号以及合金元素的含量表示,例如 ZCuZn31Al2。

常用黄铜的牌号(代号)、化学成分、力学性能及用途见表 7-6。

表 7-6　　　　部分常用黄铜的牌号(代号)、化学成分、力学性能及用途

类别		牌号(代号)	化学成分(质量分数)/%			加工状态铸造方法	力学性能		用途举例
			Cu	其他	Zn		σ_b/MPa	δ/%	
压力加工黄铜	普通黄铜	H90	88.0~91.0	—	余量	退火变形加工	260 600	44 4	双金属片、供水和排水管、证章、艺术品(又称金色黄铜)
		H68	67.0~70.0	—	余量	退火变形加工	300 520	50 12	复杂的冷冲压件、散热器外壳、弹壳、导管、轴套、波纹管
		H62	60.5~63.5	—	余量	退火变形加工	360 680	49 3	销钉、铆钉、螺钉、螺母、垫圈、弹簧、夹线板、散热器
	特殊黄铜	HSn62-1	61.0~63.0	Sn:0.7~1.1	余量	退火变形加工	380 450	37 20	与海水和汽油接触的船舶零件(又称海军黄铜)
		HMn58-2	57.0~60.0	Mn:1.0~2.0	余量	退火变形加工	440 600	36 10	海轮制造业和弱电用零件
		HPb59-1	57.0~60.0	Pb:0.8~1.9	余量	退火变形加工	420 620	42 6	热冲压及切削加工零件,如销、螺钉、螺母、轴套(又称易削黄铜)
		HAl60-1-1	58.0~61.0	Al:0.7~1.5 Fe:0.7~1.5 Mn:0.1~0.6	余量	退火变形加工	420 760	50 9	齿轮、蜗轮、轴、衬套及其他耐蚀零件

续表 7-6

类别	牌号(代号)	化学成分(质量分数)/%			加工状态铸造方法	力学性能		用途举例
		Cu	其他	Zn		σ_b /MPa	δ /%	
铸造黄铜	ZCuZn38	60.0~63.0	—	余量	砂型 金属型	295 295	30 30	一般结构零件和耐蚀零件、散热器、螺钉、螺母、法兰、支架等
	ZCuZn40Pb2	58.0~63.0	Pb:0.5~2.5 Al:0.2~0.8	余量	砂型 金属型	220 280	15 20	一般用途的耐磨、耐蚀零件,如轴套、齿轮等
	ZCuZn40Mn3Fe1	53.0~58.0	Mn:3.0~4.0 Fe:0.5~1.5	余量	砂型 金属型	440 490	18 15	轮廓不复杂的重要零件,海轮上在 300 ℃以下工作的管配件、螺旋桨
	ZCuZn25Al6Fe3Mn3	60.0~66.0	Al:4.5~7.0 Mn:1.5~4.0 Fe:1.2~4.0	余量	砂型 金属型	725 740	10 7	高强、耐磨零件,如桥梁支承板、螺母、螺杆、耐磨板、滑块、蜗轮等

7.2.2.2　青铜

除黄铜和白铜以外的其他铜合金习惯上都称青铜,其中含有锡的称锡青铜,不含锡的则称无锡青铜(也称特殊青铜)。常用青铜有锡青铜、铝青铜、铍青铜、铅青铜等。

青铜一般都具有高的耐蚀性、较高的电导性、热导性及良好的切削加工性。

青铜也分压力加工用和铸造用两大类,青铜的代号依次由"Q"("青"的汉语拼音字首)、主加元素符号、主加元素的含量以及其他元素的含量组成。

1. 锡青铜

锡青铜是以锡为主加元素的铜合金。锡青铜的组织及性能与锡含量的关系如图 7-5 所示。由图可知,当锡含量达 20%以上时,合金的塑性和强度均已显著下降,所以工业用锡青铜的含量一般为 3%~14%。锡含量低于 8%的锡青铜塑性好,适于压力加工;锡含量大于 10%的锡青铜,由于塑性差,只适合于铸造。

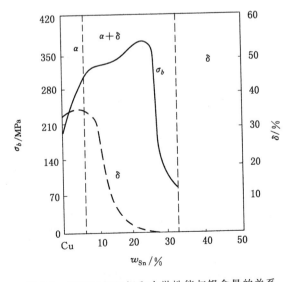

图 7-5　锡青铜的组织和力学性能与锡含量的关系

锡青铜最主要的特点是耐蚀、耐磨和弹性好,锡青铜在大气、海水和蒸汽等环境中的耐蚀性优于铜和黄铜。铸造锡青铜流动性差,缩松倾向大,组织不致密,因此凝固时体积收缩率很小,适合于浇注外形尺寸要求严格的铸件。锡青铜多用于制造轴承、轴套、弹性元件以及耐蚀、抗磁零件等。

2. 铝青铜

铝青铜是以铝为主加元素的铜合金。铝青铜的力学性能受铝含量的影响很大,实际应用的铝青铜的铝含量为 5%~12%。铝含量为 5%~7%的铝青铜适于冷加工,而铝含量在10%左右的铝青铜是铸造性能很好的铜合金。铝青铜的耐蚀性和耐磨性优良,力学性能高于黄铜和锡青铜。

3. 铍青铜

铍青铜是以铍为主加元素(铍含量为 1.7%~2.5%)的铜合金。由于铍在铜中的溶解度随温度变化很大,因而铍青铜有很好的固溶时效强化效果,时效后 σ_b 可达 1 250~1 400 MPa。铍青铜不仅强度大、疲劳抗力高、弹性好,而且耐蚀、耐磨,导电和导热性优良,还具有无磁性、受冲击时无火花等优点,但其价格较贵,主要用于制造精密仪器或仪表的弹性元件、耐磨零件以及塑料模具等。

4. 铅青铜

铅青铜多作耐磨材料使用,在高压(25~30 MPa)及高速工作条件下,有高的疲劳强度;与其他耐磨合金比较,在冲击载荷的作用下开裂倾向小,并且有较高的热导性。铅青铜被广泛用来制造高载荷的轴瓦,是一种重要的轴承合金。部分常用青铜的牌号、化学成分、力学性能及用途见表 7-7。

表 7-7　　　　　部分常用青铜的牌号、化学成分、力学性能及用途

类别		代号(牌号)	主要成分(质量分数)/%			制品种类或铸造方法	力学性能		用　途
			Sn	其他	Cu		σ_b/MPa	δ/%	
压力加工锡青铜	锡青铜	QSn6.5-0.4	6.0~7.0	P:0.26~0.4	余量	板、带、棒、线	400 750	65 10	耐磨及弹性零件
		QSn4-4-2.5	3.0~5.0	Zn:3.0~5.0 Pb:1.5~3.5	余量	板、带	300	35	轴承和轴承套的衬垫等
	铍青铜	QBe2	Be:1.8~2.2	Ni:0.2~0.5	余量	板、带、棒、线	450 850	40 3	重要仪表的弹簧、齿轮等
铸造青铜	铸造锡青铜	ZCuSn10Pb1	9.0~11.5	P:0.5~1.0	余量	金属型铸造	310 220	2 3	重要的轴瓦、齿轮、连杆和轴套等
	铸造铝青铜	ZCuAl10Fe3	Al:8.5~11.0	Fe:2.0~4.0	余量	金属型铸造	540 490	15 13	重要的耐磨、耐蚀重型铸件,如轴套、蜗轮、螺母
	铸造铅青铜	ZCuPb30	Pb:27.0~33.0	—	余量	金属型铸造	—	—	高速双金属轴瓦、减磨零件等

7.3　滑动轴承合金

[知识要点]

常用滑动轴承合金

[教学目标]

认识常用的滑动轴承合金

[相关知识]

滑动轴承是机器制造中一类重要的零件,它具有承受压力面积大,工作平稳,无噪声以及维修、更换方便等优点,所以应用广泛。

用于制造滑动轴承中轴瓦及其内衬的合金称为轴承合金。

7.3.1　对滑动轴承合金性能及组织的要求

轴承是支撑轴颈的。轴在高速运转时,轴承受交变载荷,且伴有冲击力,轴颈和轴瓦之间有强烈的摩擦。由于摩擦作用,温度升高,常会把轴承烧坏;另外,因温度升高,体积膨胀,轴承和轴颈可能会发生咬合。因此,滑动轴承工作条件较恶劣。

由于轴是机器中的重要零件,制造困难、成本高、更换不容易,所以,在磨损不可避免的情况下,应首先考虑使轴的磨损最小,然后再尽量提高轴承的耐磨性,以保证机器能长期正常运转。因此,轴承合金应具有以下性能:

① 足够的强度和硬度,以承受轴颈较大的单位压力。

② 足够的塑性和韧性,高的疲劳强度,以承受轴颈的周期性载荷,并抵抗冲击和振动。

③ 良好的磨合能力,使其与轴能较快地紧密配合。

④ 高的耐磨性,与轴的摩擦系数小,并能保留润滑油,减轻磨损。

⑤ 良好的耐蚀性、导热性、较小的膨胀系数,防止摩擦升温而发生咬合。

轴瓦材料不能选用高硬度的金属,以免轴颈受到磨损;也不能选用软的金属,防止承载能力过低。因此,轴承合金应既软又硬。其组织的特点是,在软基体上分布硬质点,或者在硬基体上分布软质点。若轴承合金的组织是软基体上分布硬质点,则运转时软基体受磨损而凹陷,硬质点将凸出于基体上,使轴和轴瓦的接触面积减小;但凹坑能储存润滑油,降低轴和轴瓦之间的摩擦系数,减小轴和轴承的磨损。另外,软基体能承受冲击和震动,使轴和轴瓦能很好地结合,并能起嵌藏外来小硬物的作用,保证轴颈不被擦伤。若轴承合金的组织是硬基体上分布软质点时,也可达到上述目的。

常用的轴承合金按主要成分可分为锡基、铅基、铝基、铜基等数种。前两种称为巴氏合金,其编号方法为"Z"+"基本元素符号"+"合金元素符号"+"合金元素含量",其中"Z"表示"铸造"。当合金元素种类为两种及两种以上时,按其含量从高到低的顺序排列。例如,ZSnSb11Cu6 表示含 11% 的 Sb 和 6% 的 Cu 的锡基铸造轴承合金。

7.3.2　常用的滑动轴承合金

7.3.2.1　锡基轴承合金(锡基巴氏合金)

锡基轴承合金是以锡为基础,加入少量的锑和铜组成的合金。图 7-6 为 ZSnSb11Cu6 轴承合金的显微组织图。

锡基轴承合金与其他轴承材料相比,膨胀系数较小、嵌藏性和减磨性较好,还具有优良

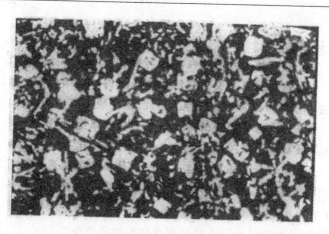

图 7-6　ZSnSb11Cu6 轴承合金的显微组织

的韧性、导热性和耐蚀性,所以在汽车、拖拉机、汽轮机等机械的高速轴上应用较广。锡基轴承合金的疲劳强度较低,同时由于锡的熔点较低,因而锡基轴承合金的工作温度也较低,一般不宜大于 150 ℃。常用锡基轴承合金的代号、成分、性能及用途见表 7-8。

表 7-8　　　　　　　　　　　常用锡基轴承合金的代号、成分、性能及用途

代号	化学成分(质量分数)/%						硬度/HBS	用　途
	Sb	Cu	Pb	Ni	Sn	杂质总量		
ZSnSb4Cu4	4～5	4～5	0.35	—	余量	0.5	20	耐蚀、耐磨、耐热,用于内燃机高速轴承及轴衬
ZSnSb8Cu4	7～8	3～4	0.35	—	余量	0.55	24	韧性与 ZSnSb4Cu4 相同,适用于一般大型机械轴承及轴衬
ZSnSb12Pb10Cu4	11～13	2.5～5.0	9～11	—	余量	0.85	29	性软而韧,耐压,适用于一般发动机的主轴承,但不适用于高温部分
ZSnSb11Cu6	10～12	5.5～6.5	0.35	—	余量	0.55	27	性硬,适用于 1 500 kW 以上的高速汽轮机和 380 kW 的涡轮机,透平压缩机等
ZSnSb12Cu6Cd1	10～13	4.5～6.8	0.15	0.3～0.6	余量	—	34	韧性高,适用于内燃机和汽车等的轴承及轴衬

注:本表主要内容摘自 GB/T 1174—1992。

7.3.2.2　铅基轴承合金(铅基巴氏合金)

铅基轴承合金的基本成分是铅和锑,其显微组织如图 7-7 所示。

含锑、锡和铜的铅基轴承合金的性能比锡基轴承合金低,但由于它价格便宜,故在工业中应用仍然较广,通常用于制作低速、低负荷机械设备的轴承,而不适于制作在剧烈振动或冲击条件下工作的轴承。

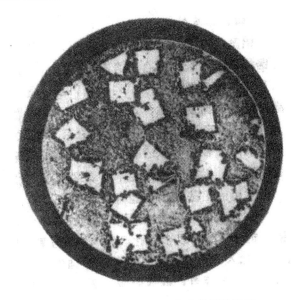

图 7-7　ZPbSb16Sn16Cu2 的显微组织

常用铅基轴承合金的代号、成分、性能及用途见表 7-9。

表 7-9　　　　　　　常用铅基轴承合金的代号、成分、性能及用途

代号	化学成分(质量分数)/%					硬度/HBS	主要用途举例
	Sn	Sb	Cu	Pb	其他		
ZPbSb15Sn5	4.0～5.5	14.0～15.5	0.5～1.0	余量	—	20	低速轻压力的机械轴承
ZPbSb15Sn10	9.0～11.0	14.0～16.0	0.7	余量	—	24	中等压力的机械,也适用于高温轴承
ZPbSb15Sn5Cu3Cd2	5.0～6.0	14.0～16.0	2.5～3.0	余量	Cd 1.75～2.25	32	轻负荷低转速机械轴衬
ZPbSb10Sn6	5.0～7.0	9.0～11.0	0.7	余量	—	18	轻负荷、耐蚀、耐磨轴承
ZPb16Sn16Cu2	15.0～17.0	15.0～17.0	1.5～2.0	余量	—	30	重负荷高速机械轴衬,如轮船、电动机等

注:本表主要内容摘自 GB/T 1174—1992。

7.3.2.3　铝基轴承合金

　　铝基轴承合金的基本元素为铝,主加元素有锑或锡两类。与锡基和铅基轴承合金以及铅青铜相比,铝基轴承合金具有原料丰富、价格低廉、密度小、导热好、疲劳强度和耐蚀性能以及化学稳定性高等一系列优点,故适宜于制造在高速、高负荷下工作的轴承,目前应用于向高速重载方向发展的汽车、拖拉机以及内燃机车上。铝基轴承合金的主要缺点是线膨胀系数大,运转时容易与轴咬合,尤其在启动时危险性更大,常采用较大的轴承间隙来防止咬合,或采取降低轴与轴承的表面粗糙度值和镀锡等办法来改善跑合性,以便减小启动时发生咬合的危险性。铝基轴承合金本身硬度较高,容易伤轴,因此应相应提高轴的硬度。

　　常用的铝基轴承合金有以下两类:

1. 铝锑镁轴承合金

铝锑镁轴承合金的化学成分为锑 4%、镁 0.3%~0.7%，其余为铝。这种合金的生产工艺简单，成本低廉，适合我国资源条件，而且性能良好。但它的承载能力不够大，允许滑动速度比较小，冷启动性也不好。

2. 高锡铝基轴承合金

高锡铝基轴承合金的化学成分为锡 20%、铜 1%，其余为铝。这种合金不是直接浇注成型的，而是与钢板一起轧成双金属材料。由于锡含量大于 12% 的铝锡合金与钢直接轧制比较困难（因为锡与钢的直接黏结性很差），所以工艺上是将高锡铝基合金表面附以纯铝，先轧成铝-锡双金属板，然后再与钢板一起轧制，故其成品是由钢-铝-高锡铝基合金三层所组成。轧成成品规格后在 350 ℃退火 3 h，使锡球化，以获得在较硬的铝基体上弥散分布着较软的球状锡的显微组织。

这种合金的承载能力高，超过铝锑镁合金 50%，滑动线速度也较高，还具有生产工艺简便、寿命长等优点，可代替巴氏合金、铜基轴承合金和铝锑镁轴承合金。

7.3.2.4　铜基轴承合金（铅青铜）

铅青铜是以铅为基本合金元素的铜基合金。由于它适宜于制造轴承，所以又称为铜基轴承合金。铅青铜（如 ZCuPb30）中的硬基体是铜，由于铅几乎不溶于铜而成为软质点均匀分布在铜基体中，形成了硬基体加软质点组织。铅降低了摩擦系数，铅被磨掉后能储存润滑油，因此铅青铜可以在很高的压力和速度下工作，并有较高的疲劳强度，也能在较高的温度（300 ℃~320 ℃）下工作，故广泛用于制造高速、高压下工作的轴承，如航空发动机、高速柴油机轴承和其他高速重载轴承。

铅青铜本身强度较低，因此常浇注在钢管或薄钢板上制成所谓双金属轴承。由于铜和铅的密度相差悬殊，铅青铜容易产生密度偏析，因此，在浇注前应充分搅拌，浇注后要快速冷却，这样才可获得铅颗粒细小而均匀的组织。

常用铅青铜的牌号、化学成分及力学性能见表 7-10。

表 7-10　　　　　　　　常用铅青铜的牌号、化学成分及力学性能

牌号	化学成分(质量分数)/%				力学性能		
	Pb	Sn	Ni	Cu	σ_b/MPa	δ/%	HBS
ZCuPb30	27.0~33.0	1.0	—	余量	—	—	25
ZCuPb20Sn5	18.0~23.0	4.0~6.0	2.5	余量	150	5~6	45~55
ZCuPb15Sn8	13.0~17.0	7.0~9.0	2.0	余量	170~220	5~8	60~65
ZCuPb10Sn10	8.0~11.0	9.0~11.0	2.0	余量	180~220	5~7	65~70

7.4　粉末冶金材料

[知识要点]

1. 粉末冶金工艺过程
2. 常用粉末冶金材料额特点及应用

[教学目标]

1. 了解粉末冶金的工艺过程

2. 常用粉末冶金材料额特点及应用

[相关知识]

不经熔炼和铸造而直接用金属粉末或金属与非金属粉末做原料,通过配料、压制成形、烧结和后处理等工艺过程而制成的材料,称为粉末冶金材料。这种工艺过程称为粉末冶金法。它既是一种不熔炼的特殊冶金工艺,又是一种精密的少切削或无切削的零件成形加工技术。

7.4.1　粉末冶金工艺简介

粉末冶金工艺过程可分为制取粉末、混料、压制成型、烧结及后处理五个阶段。

1. 制取粉末

制取粉末是将原料制成粉末的过程。常用的制取粉末的方法有机械法和氧化物还原法。

① 机械法:是利用球磨或动力(如气流或液流)使金属物料碎块间产生碰撞、摩擦获得金属粉末的方法。

② 氧化物还原法:是用固体或液体还原剂还原金属氧化物制成粉末的方法。

2. 混料

混料是将各种所需的粉料按一定的比例混合,并使其均匀化制成粉末的过程。混料方法分为干式、半干式和湿式三种,分别用于不同要求。

① 干式:用于各组元密度相近且混合均匀程度要求不高的情况。

② 半干式:用于各组元密度相差较大和要求均匀程度较高的情况。混料时要加入少量的液体(如机油)。

(3) 湿式:混料时加入大量的易挥发液体(酒精)并同时伴以球磨,以提高混料均匀程度,增加组元间的接触面积和改善烧结性能。为改善混料的成形性,在混料中要添加增塑剂。

3. 压制成形

压制成形是将混合均匀的混料装入压模中压制成具有一定形状、尺寸和密度的形坯的过程。成形常用的方法有以下两种:

① 常温加压成形:在机械压力下使粉末颗粒间产生机械啮合力和原子间吸附力,从而形成冷焊结合,制成型坯。这种成形方法的优点是对设备模具材料无特殊要求,操作简便。缺点是粉末颗粒间结合力较弱,型坯容易损坏。由于型坯是在常温下成形,因此需施加较大的压力克服由于粉末颗粒产生塑性变形而造成的加工硬化现象。另外,常温加压成形的型坯的密度较低,因此其空隙度较大。

② 加热加压成形:高温下粉末颗粒变软,变形抗力减小,用较小的压力就可以获得致密的型坯。

4. 烧结

烧结是通过焙烧使型坯颗粒间发生扩散、熔焊、再结晶等过程,粉末颗粒牢固地焊合在一起,孔隙减小、密度增大,最终得到"晶体结合体"。

5. 后处理

粉末冶金制品经烧结后可以直接使用。但当制品的性能要求较高时,还常常需要进行后处理。常用的后处理方法有以下几种:

① 整形:将烧结后的工件装入与压模结构相似的整形模内,在压力机上再进行一次压形,以提高零件的尺寸精度和减少零件的表面粗糙度,消除在烧结过程中造成的微量变形。

② 浸油:将工件放入 100 ℃～200 ℃热油中或在真空下使油渗入粉末零件空隙中。经浸油后的零件可提高耐磨性,并能防止零件生锈。

③ 蒸汽处理:铁基零件在 500 ℃～600 ℃水蒸气中处理,使零件内、外表面形成一层硬而致密的氧化膜,以提高零件的耐磨性并可防止零件生锈。

④ 硫化处理:将工件放置在 120 ℃的熔融硫槽内,经十几分钟后取出,并在氢气保护下再加热到 720 ℃,使零件表面的空隙形成硫化物。硫化处理能大大提高零件的减摩性,改善其加工性能。

7.4.2 常用粉末冶金材料的特点及应用

7.4.2.1 烧结减摩材料

一般用于制造滑动轴承。粉末材料制成轴承后再浸润滑油,由于多孔,在毛细现象作用下可吸附大量润滑油。经浸油处理的轴承称为含油轴承。工作时,由于轴承发热使金属粉末膨胀,孔隙容积减小,再加上轴旋转时带动轴承间隙中的空气层,降低了摩擦表面的静压强,在粉末孔隙内、外形成压力差,迫使润滑油被抽到工作表面。停止工作时,润滑油又渗入孔隙中。因此,含油轴承有自动润滑的作用,一般用于中速、轻载荷的轴承,特别适用于不能经常加油的轴承,如纺织机械、食品机械、家用电器等。常用的含油轴承材料有铁基和铜基两种。

1. 铁基含油轴承

常用的是铁-石墨($w_C=0.5\%～3.0\%$)粉末合金和铁-硫-石墨粉末合金。前者硬度为 30～110 HBS,组织是"珠光体(体积分数大于 40%)+铁素体+渗碳体(体积分数小于 5%)+石墨+孔隙";后者硬度为 35～70 HBS,除有与前者相同的几种组织外,还有硫化物。组织中的石墨或硫化物起固体润滑作用,能改善减摩性能。石墨还能吸附很多的润滑油,形成胶体状高效能的润滑剂,进一步改善摩擦条件。

2. 铜基含油轴承

常用的是 ZCuSn5Pb5Zn5 青铜-石墨的粉末合金,硬度为 20～40 HBS,它的成分与 ZCuSn5Pb5Zn5 青铜相近,组织是"α 固溶体"+"石墨"+"铅"+"孔隙",有较好的导热性、耐蚀性、抗咬合性,但承压能力较铁基含油轴承小。

7.4.2.2 烧结铁基结构材料

一般是以碳钢粉末或合金钢粉末为主要原料,采用粉末冶金法制成的粉末合金钢。这类结构零件的优点是制品精度较高,不需或只需少量切削加工,并且还可以通过"淬火+低温回火+渗碳"提高强度和耐磨性;也可以浸渍润滑油改善摩擦条件,减少磨损,并有减振消音的作用。

粉末中含碳量低的,可用来制造受力小的零件或渗碳件、焊接件;含碳量较高的,可制造淬火后有一定强度或耐磨的零件。粉末合金钢有铜、钼、硼、锰、镍、铬、硅、磷等合金元素,这些元素可强化基体,提高淬透性,铜还可以提高耐蚀性。粉末合金钢制品淬火后 σ_b 可达 500

～800 MPa,硬度为 40～50 HRC,可制造受力较大的结构件,如油泵齿轮、电钻齿轮等。

对于长轴类、薄壳类及形状过于复杂的结构零件,则不宜采用粉末冶金材料。

7.4.2.3　烧结摩擦材料

摩擦材料广泛用于机轮刹车盘、离合器摩擦片。作为制动用的机轮刹车盘,是机轮刹车装置的核心。刹车盘的摩擦性能决定着刹车装置的特性,同时它也是消耗大量的关键零件。制动器在制动时要吸收大量的动能,使摩擦表面温度急剧上升,可达 1 000 ℃,故材料极易磨损。因此,对摩擦材料性能的要求是:① 较大的摩擦系数;② 较高的耐磨性;③ 足够的强度;④ 良好的磨合性和抗咬合性。

烧结摩擦材料通常是以强度高、导热性好、熔点高的金属(如铁、铜)为基体,加入能提高摩擦系数的摩擦组元(如 Al_2O_3、SiO_2 及石棉等)及能抗咬合的润滑组元(如铅、锡、石墨等)经烧结制成的,因此,它能较好地满足摩擦零件的要求。其中,铜基粉末冶金摩擦材料常用于汽车、拖拉机、锻压机床的离合器;铁基粉末冶金摩擦材料多用于各种高速重型机器的制动器。与粉末冶金摩擦材料相互摩擦的对偶件,一般用淬火钢或铸铁。

7.5　硬质合金

[知识要点]

1. 硬质合金的性能特点

2. 常用硬质合金

[教学目标]

1. 了解硬质合金的性能特点

2. 认识常用的硬质合金

[相关知识]

硬质合金是以一种或几种难熔碳化物,如碳化钨(WC)、碳化钛(TiC)等的粉末为主要成分,加入起黏结作用的金属钴粉末,经粉末冶金法而制得的。主要用来制造高速切削刃具和切削硬而韧材料的刃具,以及制造某些冷作模具、量具及不受冲击、振动的高耐磨零件。

7.5.1　硬质合金的性能特点

① 具有很高的硬度,在常温下硬度可达 81～93 HRA(相当于 69～81 HRC);有高的热硬性(可达 900 ℃～1 000 ℃)和优良的耐磨性。硬质合金刀具的切削速度比高速工具钢高 4～7 倍,其寿命也高 5～80 倍,可切削硬度高达 50 HRC 左右的硬质材料。

② 具有高的抗压强度,但抗弯强度较低。

③ 良好的耐蚀性(抗大气、酸、碱等)和抗氧化性。

④ 线膨胀系数小。

由于硬质合金硬度很高,故不能用一般的切削方法加工,只能采用电加工(如电火花、线切割、电解磨削等)或专门的砂轮磨削,因此一般都是将一定规格的硬质合金制品钎焊、黏结,或机械装卡在钢制的刀具或模具体上使用。

7.5.2　常用硬质合金

常用硬质合金按成分和性能特点分为三类,即钨钴类、钨钴钛类和通用硬质合金。

1. 钨钴类硬质合金

它的主要化学成分是碳化钨（WC）和钴。其牌号用"YG"+"数字"表示,其中"YG"为"硬"和"钴"两字汉语拼音首字母,表示钨钴类硬质合金;数字表示钴的含量。如 YG8 表示钨钴类硬质合金,钴含量为 8%,其余为碳化钨。

2. 钨钴钛类硬质合金

这类硬质合金的主要成分为碳化钨、碳化钛和钴。其牌号用"YT"+"数字"表示,其中"YT"为"硬"和"钛"两字汉语拼音首字母,表示钨钴钛类硬质合金;数字表示钛的含量。如 YT15 表示钨钴钛类硬质合金,钛含量为 15%,其余为碳化钨和钴。

碳化物含量越高,钴含量越低。硬质合金的硬度、热硬性及耐磨性就越高,但强度及韧性越低。当钴含量相同时,YT 类合金由于碳化钛的加入,具有较高的热硬性。同时,由于这类合金表面会形成一层氧化钛薄膜,切削时不宜粘刀,故具有较高的热硬性。但其强度和韧性比 YG 类合金低。因此,YT 类合金刀具适用于加工脆性材料。同一类硬质合金中,含钴量较高的适宜制造粗加工刃具,含钴量较低的适宜制造精加工刃具。

3. 通用硬质合金（万能硬质合金）

这类硬质合金以碳化钽（TaC）或碳化铌（NbC）取代 YT 类硬质合金中的部分碳化钛。取代的数量越多,在硬度不变的条件下合金的抗弯强度越高。用这类合金制作的刀具适用于切削各种钢材,特别对于切削不锈钢、耐热钢、高锰钢等难加工的钢材,效果较好;也可以代替 YG 类硬质合金加工铸铁等脆性材料。通用硬质合金牌号用"YW"+"数字"表示,其中"YW"为"硬"和"万"两字汉语拼音首字母,表示通用硬质合金（即万能硬质合金）,数字表示顺序号。

常用硬质合金的牌号、成分和性能见表 7-11。

表 7-11　　　　　　　　　　常用硬质合金的牌号、成分和性能

类别	符号	代号（牌号）	化学成分（质量分数）/%				物理、力学性能				
			WC	TiC	TaC	Co	密度 ρ /g·cm^{-3}	硬度 HRA	抗弯强度 /GPa	冲击韧度 /kJ·m^{-2}	用途
钨钴类合金 YG	—	K01 (YG3X)	97	—	—	3	14.9～15.3	91	1.03	87.9	铸铁、有色金属及其合金的精加工、半精加工
	—	K05 (YG6)	94	—	—	6	14.6～15.0	89.5	1.37	79.6	铸铁、有色金属及其合金的半精加工,粗加工
	—	K10 (YG6X)	93.5	<0.5	—	6	14.6～15.0	91	1.32	79.6	铸铁、冷硬铸铁高温合金的精加工、半精加工
	—	K20 (YG8)	92	—	—	8	14.5～14.9	89	1.47	75.4	铸铁、有色金属及其合金的粗加工,也可用于断续切削

续表 7-11

类别	符号	代号（牌号）	化学成分（质量分数）/%				物理、力学性能				用　途
			WC	TiC	TaC	Co	密度 ρ /g·cm^{-3}	硬度 HRA	抗弯强度 /GPa	冲击韧度 /kJ·m^{-2}	
钨钴钛类合金 YT	CA	P30 (YT5)	85	5	—	10	12.5～13.2	89.5	1.28	62.8	碳钢、合金钢的粗加工，可用于断续切削
	HC	P20 (YT14)	78	14	—	8	11.2～12.0	90.5	1.18	33.5	碳钢、合金钢连续切削时粗加工、半精加工、精加工，也可用于断续切削时的精加工
	HT	P10 (YT15)	79	15	—	6	11.0～11.7	91	1.13	33.5	
	HW (可省略)	P01 YT30	66	30	—	4	9.3～9.7	92.5	0.883	20.9	碳钢、合金钢的精加工
通用合金 YW	CC	M10 YW1	84～85	6	3～4	6	12.6～13.5	92	1.2	—	不锈钢、高强度钢与铸铁的粗加工与半精加工
	DP	M20 YW2	82～83	6	3～4	8	12.4～13.5	91	1.35	—	不锈钢、高强度钢与铸铁的粗加工与半精加工

7.5.3　钢结硬质合金

　　用粉末冶金方法除了可以生产上述种类的硬质合金外，还可以生产一种新型硬质合金，即钢结硬质合金。钢结硬质合金的主要成分是碳化物和碳化钛，并以合金钢粉末（如铬钼钢或高速钢，其质量分数为 50%～65%）作为黏结剂。这种硬质合金与钢一样，可以进行锻造、热处理、焊接等加工。"淬火＋低温回火"后硬度可达 70 HRC，具有高耐磨性、抗氧化性及耐蚀性。用于制作刃具时，钢结硬质合金的使用寿命与 YG 类硬质合金差不多，大大超过合金工具钢。由于它的可切削加工性好，因而更适于制造各种复杂形状的刃具、模具及耐磨零件。钢结硬质合金的代号、成分及性能见表 7-12。

表 7-12　　　　　　　　　　钢结硬质合金的代号、成分及性能

代号	化学成分（质量分数）/%						性　能				
	TiC	WC	Cr	Mo	C	Fe	相对密度 /g·cm^{-3}	硬度/HRC		σ_b/MPa	α_k /J·cm^{-2}
								退火	淬火		
YE65	35	—	2	2	0.6	余量	6.4～6.6	39～46	69～73	1 300～2 300	—
YE50	N10.3	50	1.1	0.3	0.1	余量	10.3～10.6	35～42	68～72	2 700～2 900	12

思 考 题

1. 根据二元铝合金一般相图,说明铝合金是如何分类的。

2. 变形铝合金可分为哪几类？主要性能特点是什么？

3. 下列零件采用何种铝合金来制造？

   (1) 火车车厢内食物桌上镶的金属框；

   (2) 飞机用铆钉；

   (3) 飞机大梁及起落架；

   (4) 发动机缸体及活塞；

   (5) 小电机壳体。

4. 铜合金主要分为哪两类？试述锡青铜的主要性能特点和应用。

5. 对滑动轴承合金有什么性能要求？常用滑动轴承合金有哪些？

6. 粉末冶金的工艺过程可分为哪几个阶段？

7. 说明烧结减磨材料的特点和应用。

8. 硬质合金有哪些性能特点？常用的硬质合金按成分和性能特点分为哪几类？

第8章 材料表面处理技术

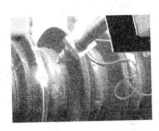

　　磨损、腐蚀和断裂是机械零部件、工程构件的三大主要破坏形式。为了改善机件的磨损、腐蚀状况,各种表面处理技术应运而生。表面处理技术,即是在基体材料表面上形成一层与基体的机械、物理和化学性能不同的表层的工艺方法。表面处理的目的是满足产品的耐蚀性、耐磨性、装饰或其他特种功能要求。广义的表面处理,即包括前处理、电镀、涂装、化学氧化、热喷涂等众多物理化学方法在内的工艺方法。我们所说的主要是广义的表面处理,即表面工程技术。

　　表面工程有多种技术方法,包括电镀、电刷镀、化学镀、涂装、粘结、热喷涂、热浸镀、化学气相沉积、表面热处理、表面激光改性、离子注入等。

　　表面工程技术的应用使基体材料表面具有原来没有的性能,这就大幅度地拓宽了材料的应用领域,充分发挥了材料的潜力。例如:① 可用一般材料代替稀有的、珍贵的材料制造机器零件,而不降低甚至超过原机件的质量。② 可以把两种或两种以上的材料复合,各取所长,解决单一材料解决不了的问题。③ 延长在苛刻条件下机件的寿命。④ 大幅度提高现有机件的寿命。⑤ 赋予材料特殊的物理、化学性能,有助于某些尖端技术的开发。⑥ 可成功修复磨损、腐蚀的零件。

　　本章主要讲解各种表面处理技术的原理及用途。

表面工程学是近年来引入的新术语,涉及多学科多领域,主要研究改变工程材料的表面性能,以满足生产技术的发展要求。

8.1　概述

［知识要点］

1. 表面技术的发展概述
2. 表面工程的概念及其功能

［教学目标］

1. 了解表面技术的发展
2. 了解表面工程的概念及其功能

［相关知识］

8.1.1　表面技术的发展

机械产品的故障往往是因个别零件失效造成的,而零件失效往往是由于局部表面损伤造成的。腐蚀从零件表面开始,摩擦磨损在零件表面发生,疲劳裂纹由零件表面向里延伸。在国民经济中,由于表面失效造成能源与材料的消耗是十分惊人的。如美国每年由于磨损和腐蚀造成的损失在 1 000 亿美元;我国每年摩擦与腐蚀失效损失达 600 亿元,其中火力发电厂磨煤粉设备每年消耗的易磨配件在 20 万 t。如果应用表面工程技术将机械产品那些易损表面的失效期延长,则产品的整体性就可以得到提高。

材料表面技术的发展具有悠久的历史。如将硬石头嵌于木犁尖部抵抗土壤的磨粒磨损;秦兵马俑佩带的长箭向人们展示了当时钢材已经采用了渗碳、淬火工艺及精湛的表面防护技术,才能保持千年不锈。更令人惊奇的是秦俑二号坑出土的青铜剑,表面附着一层约 $12~\mu m$ 的氧化膜,其中含铬 2%;而国际上采用铬盐氧化处理是近年的事。

现代化工业的发展对机械产品零件表面的性能要求越来越高,如能在高速、高压、重载以及腐蚀介质工况下可靠而持续地工作。这不仅对制造技术提出了挑战,也推动了表面工程学科的发展,特别是表面工程技术在制造业中的广泛应用。

8.1.2　表面工程及其功能

表面工程是零件经表面预处理后,通过表面涂覆、表面改性或多种表面技术复合处理,改变固体金属表面或非金属表面的形态、化学成分、组织结构和应力状况,以获得所需的表面性能的系统工程。

各种表面技术是表面工程的技术基础。常用的表面技术有:堆焊技术,熔结技术(低真空熔结、激光熔结等),电镀、电刷镀及化学镀技术,热喷涂技术(火焰喷涂、电弧喷涂、等离子喷涂、爆炸喷涂、高能超声速喷涂等),粘接技术,涂装技术,物理与化学气相沉积技术(真空蒸镀、离子溅射、离子镀等)化学热处理,激光相变硬化,激光非晶化,激光合金化以及离子注入,等等。

随着多种表面技术的发展,现在进入了综合研究阶段,以尽快把表面技术转化为生产力。表面工程是表面技术的工程化,表面工程的实施过程是将表面技术在产品上系统运用的过程。

表面工程可使局部或整个表面具备如下功能:

① 提高耐磨性或耐腐蚀、抗疲劳、抗氧化、防辐射性能；

② 改善传热性或隔热性能；

③ 改善导电性或绝缘性；

④ 改善导磁性或电磁屏蔽性；

⑤ 改善增光性、反光性或吸波性；

⑥ 改善黏着性或不黏性；

⑦ 改善吸油性或干磨性；

⑧ 改善摩擦系数(提高或降低)；

⑨ 改善装饰性或仿古做旧性等。

表面工程的功能还可以列举很多，如减震、密封、催化等。表面工程的广泛功能和低廉成本，给制造业和维修领域注入了活力，推动着制造业的技术创新。

随着基础工业及高新技术产品的发展，对优质、高效表面改性及涂层技术的需求向纵深延伸，国内外在该领域与相关学科相互促进的局势下，在诸如"热化学表面改性"、"高能等离子体表面涂层"、"金刚石薄膜涂层技术"以及"表面改性与涂层工艺模拟和性能预测"等方面都有着突破性的进展。

8.2　金属表面强化处理

[知识要点]

常用的金属表面强化处理技术

[教学目标]

了解常用的金属表面强化处理技术的原理及应用

[相关知识]

8.2.1　金属表面强化处理的目的

① 充分发挥材料潜力，提高材料的使用性能，扩大使用范围，提高使用寿命。例如，经过反应离子镀沉积 TiC 的高速钢丝锥，其使用寿命提高了 5 倍。

② 代替昂贵的稀缺材料，节省材料资源。例如，用 65 Mn 钢渗硼代替 W18Cr4V 制作座面冲头，其寿命提高 10 倍。

③ 制备特殊性能表面层。随着对材料表面性能要求的不断提高，某些特殊要求只有靠表面强化技术才能达到。

目前比较成熟且已经广泛应用的表面处理新技术有：气相沉积、离子注入、热喷涂和激光表面处理等。

8.2.2　金属表面强化技术分类

金属表面强化技术分类及主要提高的性能见表 8-1。

8.2.3　金属表面强化处理及应用

由表 8-1 可以看出，金属表面强化技术种类繁多，应用非常广泛。下面简要介绍不同表面强化处理中常用的工艺方法。

表 8-1 　　　　　　　　　　金属表面强化技术分类及主要提高的性能

分　类	原　理	工艺方法	硬化层组织结构	主要提高的性能
表面形变强化	形变强化	喷丸	亚晶粒碎化、高密度位错	硬度、疲劳强度
		滚　压		
		冷挤压		
表面热处理	固态相变强化	感应加热淬火	马氏体、化合物	硬度、耐磨性、疲劳强度
		激光加热淬火		
		电子束加热淬火		
	固态扩渗合金化	渗 C、C-N 共渗	马氏体、化合物	耐磨性、疲劳强度
		渗 N、N-C 共渗	氮化物及其弥散分布	耐磨性、疲劳强度
		渗 B	高硬度化合物	耐磨性、疲劳强度
		渗 V	超高硬度化合物	耐磨性
		渗 Al	固溶体	抗高温氧化、抗蚀性
		渗 S	低硬度化合物	减摩
表面冶金强化	合金化	表面冶金涂层	固溶体＋化合物	耐热性、耐磨性、抗蚀性
	熔化-结晶	激光处理	细化组织	耐磨性
	熔化-非晶态	激光上釉	非晶态	耐磨性、抗蚀性
薄膜强化	电镀	镀铬等	纯金属	抗蚀性、耐磨性
	化学镀	NiP、Ni-B 等	合金、非晶态	耐磨性、抗蚀性
	刷镀	铬、镍等	纯金属、合金	耐磨性、抗蚀性
	气相反应沉积	化学气相沉积	TiC	耐磨性
	物理气相沉积	离子镀铝等	Al 膜	抗蚀性
	离子注入	注入 N^+ 等	过饱和固溶体	耐磨性

8.2.3.1　金属表面形变强化处理

金属表面形变强化处理是在外力作用下,使材料表面层产生塑性变形,从而形成高硬度、高强度硬化层。常用方法有喷丸、滚压、冷挤压、摩擦强化及爆炸冲击强化等。例如,弹簧喷丸强化可显著提高使用寿命;球墨铸铁曲轴碳氮共渗处理后,再对轴颈与轴肩过渡圆角进行滚压强化,其疲劳寿命提高近一倍。

1. 喷丸

喷丸处理是利用高速喷射的砂丸或铁丸,对工件表面进行撞击,以提高零件的部分力学性能和改变表面状态的工艺方法。

喷丸方法有手工操作和机械操作。手工操作使用喷丸机和喷枪。工作时,工件放在喷丸机的工作箱内,操作者手持喷枪从操作孔伸进工作箱,喷枪嘴对准工件表面喷射。通过透明的观察窗,操作者可随时观察工件的处理状况。

机械喷丸时,工件放在一个密闭的工作箱里,箱内装有一个或数个喷射头。根据需要,喷射头可沿任何方向布置。工作时只需控制喷射时间和速度(如图 8-1 所示)。

喷丸通常是直径为 0.5～2 mm 的砂粒或铁丸,砂粒的材料多为 Al_2O_3 或 SiO_2,其表面处理的效果与丸粒的大小、喷射速度和持续时间有关。喷丸处理是工厂广泛采用的一种表面强化工艺,其设备简单,成本低廉,不受工件形状和位置限制,操作方便,但工作环境有待改善。喷丸广泛应用于提高零件的机械强度以及耐磨损、抗疲劳和耐腐蚀等性能,还可用于表面消光、去氧化皮和消除铸、锻、焊件的残余应力等。

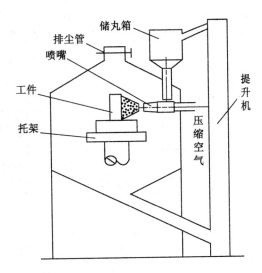

图 8-1　机械喷丸

2. 滚压、挤压加工

滚压、挤压加工是在常温下利用专门的滚压、挤压工具对工件表面施加一定压力,使其产生塑性变形,从而在工件表面形成冷硬层和残余压应力,以提高工件硬度和强度的工艺方法。若与被加工表面接触所使用的工具(如钢球、滚轮和滚针等)能绕其轴线旋转,称滚压;不能绕其轴线旋转,则称挤压。

(1) 滚压加工

在车床上滚压外圆的操作如图 8-2(a)所示,图 8-2(b)是滚压外圆所使用的滚轮式弹性滚压工具。使用时,先将杆体安装在车床方刀架上,使滚轮与工件接触,再通过横向进刀对工件施加一定压力。弹力大小是通过拧动螺塞、调节弹簧的压缩量来实现的,而弹簧力又通过加压杆使滚轮对工件表面产生一定压力。为了有利于金属塑性变形,减小滚轮与工件的接触面积,提高单位面积的滚压力,常将滚轮轴线与工件轴线偏斜一定角度或用钢球做滚压工具的工作头。

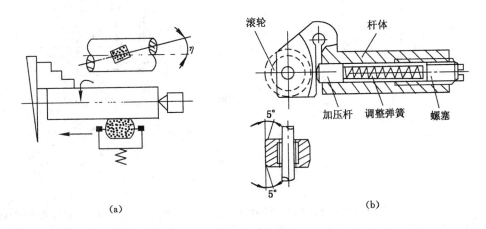

(a)　　　　　　　　　　　　　　(b)

图 8-2　滚压外圆所用工具

(a) 滚压外圆;(b) 滚压工具

在车床上滚压内圆的操作如图 8-3(a)所示,图 8-3(b)是滚压内圆所使用的多滚柱刚性可调式滚压头。锥滚柱被支承在滚道上,承受径向滚压力。锥滚柱要转动灵活。轴向滚压力通过支承钉作用于止推轴承上。滚压头右端有支承柱,承受全部轴向力。由于滚道与滚柱接触面带有锥角,可利用调节套在一定范围内调节滚压头工作直径。

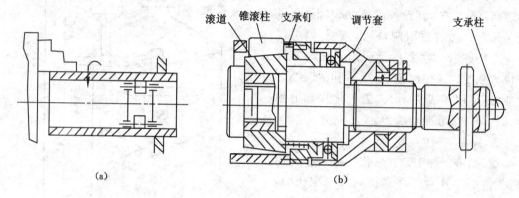

图 8-3 滚压内圆所用工具

(a) 滚压内圆;(b) 滚压头

滚压可滚压内、外圆柱面,内、外锥面;既可滚压通孔,也可滚压台阶孔和盲孔;既可在车床上进行,也可在镗床、钻床、铣镗床上进行。当用于工件表面精加工时,在一定范围内优于磨、珩磨、研磨、精铰、精镗等传统工艺。

(2) 挤压加工

图 8-4 所示是挤压加工的两种形式。挤压加工中挤压头通过被挤压件内孔时,其表面被挤胀使直径变大,故又称胀孔。图 8-4(a) 所示为推挤加工,在压力机上进行;图 8-4(b) 所示是拉挤加工,在拉床上进行。用钢球挤压内孔时,因钢球本身不能导向,为获得较高的轴向直线度,挤压前孔的轴线应具有较高的直线度(此方法适用于加工较浅的孔)。

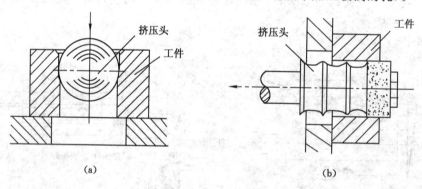

图 8-4 挤压加工

(a) 推挤加工;(b) 拉挤加工

当被滚压、挤压的工件材料硬度小于 38 HRC 时,常用 GCr15、W18Cr4V 或 T10A 等材料制作滚压或挤压工具(主要指滚柱、钢球等);对于热处理后硬度在 55 HRC 以上的零件,可使用硬质合金或红宝石等材料做的工具进行滚压或挤压加工。

滚压、挤压工艺广泛用于零件的表面强化和表面精整加工。其工艺特点主要是:

① 降低表面粗糙度 Ra 值。工件被加工表面在滚压、挤压工具施加的压力作用下,表面微观凸峰被挤压平,从而降低了表面粗糙度 R_a 值,一般可从 6.3～3.2 μm 减小至 1.6～

0.05 μm(甚至 0.025 μm)如图 8-5 所示。

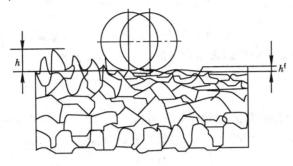

图 8-5　滚压前后的表面状态

② 强化被加工表面。表面经滚压、挤压加工后产生残余压应力,从而减小了切削加工时留下的刀纹痕迹等表面缺陷,降低了应力集中程度,疲劳强度一般可提高 5%～30%。对于承受较大交变应力的轴类零件,其轴肩圆角经滚压后疲劳强度可提高 60% 以上。

滚压与挤压后,金属表面层晶粒沿受力方向变得细长而致密,表面形成冷硬层,其硬度可提高 5%～50%。滚压、挤压后的表面易形成稳定的油膜,从而改善润滑条件,提高零件的耐磨性。由于基本消除了表面细微裂纹,致使腐蚀性介质不易进入零件表层,可提高工件耐腐蚀性。

③ 生产率高。与其他光整加工相比,生产率可提高 3～10 倍。

滚压加工一般提高尺寸精度不明显;挤压加工若过盈量合适,可提高尺寸精度,一般可达 IT7～IT6。对弹性变形较大的材料,采用滚压、挤压加工修正其形状误差的能力较差;若材料的弹性变形较小,修正形状误差的能力较强。不论何种材料,滚压、挤压加工都不能修正位置误差。

8.2.3.2　金属表面热处理强化处理

1. 表面淬火

表面淬火是通过快速加热,使钢表层奥氏体化后迅速冷却,表层获得具有高硬度、高强度细小马氏体组织的强化工艺。

2. 化学热处理表面强化处理

化学热处理表面强化处理是应用固态扩散理论,将其他元素渗入到金属表面层,改变其成分与结构,从而获得特殊性能的表面。例如 45 钢经渗硼处理制成的无缝钢管拉拔模比原渗碳模寿命提高 6 倍;汽车、内燃机凸轮摇臂经低温渗硫后寿命提高 4 倍等。

8.2.3.3　金属表面冶金强化处理

金属表面冶金强化处理是利用表面层金属重新熔化和凝固,获得预期成分和组织的一种处理方法。例如,铬钼合金活塞环采用激光加热表面重熔—结晶处理,获得细小碳化物和隐晶马氏体组成的极细莱氏体硬化层,使用寿命明显提高;用激光熔凝处理珠光体基体灰铸铁,处理后的组织为含有马氏体的细小白口铸铁型凝固组织,硬度由原来的 250 HV 提高到 800～950 HV,耐磨性能大为提高。

8.2.3.4　金属表面薄膜强化

在金属表面覆盖一层或几层与金属基体不同而具有耐磨、耐蚀、耐热等特殊性能的薄膜称为薄膜强化。目前常用的有：

1. 电镀

电镀是用电解的方法在金属、非金属基体上沉积所需的金属或合金的过程。其实质是进行装饰性保护或获得某些新的表面性能的电化学加工技术。电镀有槽镀、刷镀、流镀、摩擦电喷镀和脉冲镀等形式，此处仅介绍槽镀和刷镀。

（1）槽镀

槽镀时，镀层金属作阳极，工件作阴极，电解槽中装有电解液（如图8-6所示）。电镀时，在两极之间流过适当大小的直流电，电镀工作即开始进行。此时在电解槽中的阴极和阳极发生如下反应：

阴极（工件）：$Ni^{2+}+2e \rightarrow Ni$

$2H^{+}+2e \rightarrow H_2 \uparrow$

阳极（镍板）：$Ni-2e \rightarrow Ni^{2+}$

$4OH^{-} 4e \rightarrow 2H_2O+O_2 \uparrow$

$2Ni+3[O] \rightarrow Ni_2O_3$

$2Cl^{-} -2e \rightarrow Cl_2 \uparrow$

当上述过程反复进行时，被镀工件的表面上就形成一层厚度均匀、结晶致密、平滑而光亮的镀层。

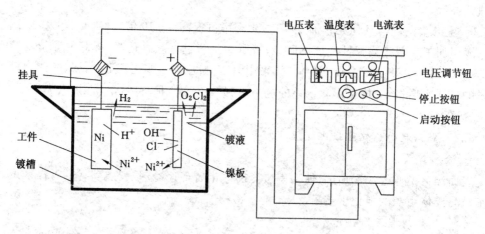

图 8-6　电镀原理图

在工业上常用的镀层有铜、锌、锡、铅、镍、铁、镉、金、银等单一金属，也有铜-锌、铜-锡、铅-锡、镍-钴、锌-镍-铁、铜-锡-镍等合金镀层。根据对镀层的用途不同，镀层可分为抗蚀层、反光层、耐磨层、润滑层、焊接层、导电层、磁性层、抗高温氧化层等。

实现槽镀工艺最基本的条件是有电镀溶液、镀槽和电源。

电镀溶液的基本成分为主盐、导电盐和缓冲盐。主盐指含有所镀金属元素的盐类或氧化物，是镀层金属的来源。导电盐用来提高溶液的导电性。缓冲盐用来稳定镀液的酸碱值，提高镀层质量和分散能力。除此之外，还可以根据需要，有目的地选择阳极活化剂、结合剂和添加剂等成分，以保证电镀质量和电镀过程的顺利进行。镀槽是提供实施电镀的场所，容纳电镀溶液和镀件等，要求耐酸碱，不与镀液发生作用，能耐一定的温度。电源提供电镀所需的动力,其输出电压应具有一定的调节范围。电源还应有安全保护装置和镀层厚度测定装置。

为了改善工作环境及防止污染,作为电镀的车间还应装有排风装置和废水、废气的净化处理设备。此类工厂最好建在远离城区的地方。

槽镀的工艺过程较长,以钢铁零件镀镍为例,一般工艺流程如图 8-7 所示。

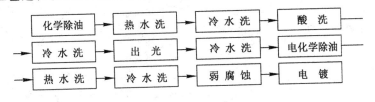

图 8-7　槽镀工艺流程图

在槽镀的 12 道基本工序中,除热水和冷水冲洗工序外,其余 6 道工序都要按照相应的规范要求严格控制。

槽镀一般适用于大批量生产,通常能在工件全部表面形成镀层。这种工艺在工业生产中得到广泛应用。

(2)刷镀

刷镀也称涂镀或无槽电镀,是在金属工件表面局部快速电化学沉积金属的新技术,如图8-8 所示。工件接直流电源的负极,镀笔接正极。镀笔端部为不溶性石墨电极,并用脱脂棉套包住。镀液饱蘸在脱脂棉中或另行浇注,多余的镀液流回容器。镀液中的金属正离子在电场作用下在阴极(工件)表面获得电子,沉积涂镀在阴极表面,通常可得到 $0.001\sim0.5$ mm 以上的镀层。对于表面是回转体的工件,为了在长度方向获得均匀镀层,工作时工件除转动外,镀笔和工件表面在工件轴线方向还须有相对运动。

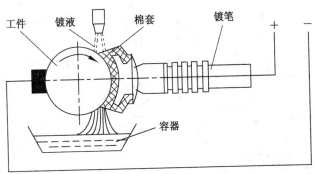

图 8-8　刷镀加工示意图

刷镀工艺在工业生产中应用越来越广泛,因为它有着独特的工艺特点:

① 不需要镀槽,可以对局部表面进行刷镀,设备简单,操作容易,可在现场就地施工,不受工件大小、形状限制,甚至不必拆下零件即可对其局部进行刷镀。

② 刷镀液种类很多,可刷镀的金属比槽镀多,选用和更改都很方便;易实现复合镀层,且一套设备可镀金、银、铜、铁、锡、镍、钨等多种金属。

③ 镀层与基体金属的结合力比槽镀牢固,刷镀速度比槽镀快(镀液中离子浓度高),镀

层厚度可控性强。

④ 因工件与镀笔之间须保持相对运动,故一般需人工操作,很难实现高效率、大批量、自动化生产。

刷镀扩大了电镀技术的应用领域,其主要应用范围有:

① 修复零件磨损表面,恢复零件尺寸和几何形状,实施超差品补救。例如各种轴、轴瓦和套类零件磨损后,以及加工中尺寸超差报废时,可用表面刷镀恢复工件尺寸。

② 填补零件表面划伤、凹坑、斑蚀、孔洞等缺陷。例如对机床导轨、活塞油缸、印刷电路板的局部修补等。

③ 大型、复杂、单件小批生产的工件表面局部镀镍、铜、锌、镉、钨、金、银等防腐层、耐磨层等,可改善表面性能。如各类塑料磨具表面刷镀镍层后,很容易达到 $R_0 \leqslant 0.1~\mu m$ 的表面粗糙度。

例如,美国海军造船厂用电刷镀技术修复铝制柴油机缸体、轴承座、蒸汽涡轮机罩壳、发动机缸体平面、紧配合件、蒸汽阀、密封件等;英国已用于地下铁路零件修复;我国已成功完成 30 万 t 乙烯工程上紫铜板刷镀银工程。

2. 化学镀

在没有外电流的情况下,当具有催化作用的制件表面与电解质溶液相接触时,通过氧化-还原反应产生金属的连续沉积过程称为化学镀。化学镀能有效提高材料表面的硬度、耐磨性、耐腐蚀性和抗高温氧化性,还容易制取非晶态合金和某些特殊功能薄膜,如磁学、光学等功能镀层。化学镀适应的基体除金属外,也可以是塑料、陶瓷、玻璃等非金属材料。目前在工业上常用的沉积金属只有 Ni、Co、Cu、Au、Ag 等。化学镀已广泛应用于机械、化工、电子、航空航天工业。

3. 化学气相沉积

含有构成薄膜元素的化合物与其他气相物质,通过化学反应生成固相物质并以原子态沉积形成涂层或材料的工艺过程称为化学气相沉积。化学气相沉积覆膜具有附着力强、膜层均匀致密、效率高、公害小等优点。它选材广泛,可以制备各种耐磨膜、抗蚀膜、耐热膜、润滑膜、磁化膜、光学膜,广泛应用于机械、航空航天、原子能及电器等行业。例如刀具镀 TiN、TiC 后,在同样切削条件下,其寿命是没有镀膜的几倍至几十倍;在宇宙飞船中有一种直径为 25.4～50.8 mm 的轴承,承载 2 110 MPa,使用二硫化钼镀膜后,在飞行中可工作几千小时,而未镀件寿命不足 5 min。

8.3　金属表面防腐处理

[知识要点]
常用的金属表面防腐处理技术
[教学目标]
了解各种常用的金属表面防腐处理技术的原理及特点
[相关知识]
金属与周围介质发生化学或电化学反应而导致破坏的现象称作金属的腐蚀。据统计,全世界每年由于腐蚀而报废的金属设备与材料相当于全年金属产量的 1/3,因腐蚀需进行

检修的费用及因腐蚀而停工减产的损失就更大。金属的腐蚀大都发生在表层,所以采取合理有效的金属表面防腐措施,具有重要意义。

依据金属腐蚀过程的特点,可划分为化学腐蚀和电化学腐蚀两大类。本节讨论的是如何改善材料的表面状态来提高其耐蚀能力。

腐蚀破坏的形式很多,影响因素也非常复杂。防止腐蚀的措施有合理选材和优化结构设计、处理介质和改善环境条件、阴极保护等多种。利用表面处理技术来提高金属的耐腐蚀性能,就是通过喷、渗、镀、涂等办法,在金属表面形成一层金属或非金属覆层;或者对金属表面进行氧化、磷化处理,生成一层钝化膜,使被保护的金属表面与腐蚀介质机械隔离,以避免金属被腐蚀。常用的金属表面防腐处理有如下几种方法。

8.3.1　金属覆盖层

利用耐蚀性较强的金属在被保护的零件表面形成保护层,称为金属覆盖层。它既能提高耐腐蚀性能,又节约了大量的贵重金属。为了达到耐蚀保护的目的,金属覆盖层必须是在介质中耐蚀,与基体金属结合牢固,覆盖层要完整、均匀,孔隙率小,有一定的厚度,硬度高,耐磨性好等。覆盖层的形成方法很多,我们仅对生产中常用的电镀、热喷涂等方法作些介绍。

1. 电镀

电镀不仅是表面强化的重要方法之一,也是形成金属覆盖层,提高表面耐蚀的主要措施。工业上应用最广泛的电镀金属是锌和铬。

(1) 镀锌层

在工业上镀锌主要用于防止黑色金属的腐蚀。镀锌层呈浅灰至亮灰色,在大气中几乎不发生变化,在油类或含有二氧化碳的潮湿水气中防腐蚀性能也好,可用于建筑、轻工、煤炭、化工等行业的钢铁构件保护。

(2) 镀铬层

镀铬层与基体结合性好,附着力强,硬度高,耐蚀性很好。铬在干燥或潮湿的大气中具有很高的稳定性,即使大气中含有硫化氢、二氧化硫和二氧化碳时也很稳定,在碱、硝酸、硫化物、碳酸盐及有机酸中非常稳定,具有高的硬度、耐磨性和耐热性能,可用于汽车、仪表、量具、医疗器械的防护和装饰。加大镀铬层厚度,可用于轴类、缸套磨损的修复。

2. 热喷涂

热喷涂是将金属雾化成熔滴微粒,高速喷射在工件表面上形成金属覆盖层的工艺方法。它已经成为一门重要的表面防护和表面强化技术,近年来获得了迅速的发展。热喷涂是利用电弧、离子弧或火焰等,将粉末状或丝状金属加热至熔融状态,然后施加高速气流使之雾化成熔滴微粒,喷射在工件表面上形成结合防护层。该技术可以在几乎所有的工程材料表面形成涂层,如硬质合金、陶瓷、金属、尼龙等,所以能形成耐蚀、耐磨、耐热、抗氧化、绝缘、抗辐射以及某些特殊功能的涂层,广泛应用于机械、化工、冶金、地质、宇航等工业部门。

例如,长江三峡的挖泥船在施工中由于润滑系统缺油而导致第三连杆轴颈严重拉伤,被迫停机。该发动机属于大马力中速柴油机,要求有良好的耐磨性及较强的结合强度和硬度、能承受低冲击负荷、有较高的抗疲劳性能。采用电弧喷涂方法对曲轴进行修复后,现已工作数年,完好无损。不仅费用低,仅用 3.5 万元,不足曲轴价格的 1/3,而且修复时间短,创造了良好的经济效益。

8.3.2　非金属覆盖层

非金属覆盖层又分为有机和无机两种。金属防腐使用的是有机涂层，即油漆类涂料。涂料是有机高分子胶体混合物的溶液或粉末，涂在物体表面上，形成一层附着坚固的薄膜。

一般将涂料划分为油脂漆、酚醛树脂漆、环氧树脂漆、过氯乙烯漆、沥青漆和硝醛漆等。涂料中未加颜料的透明液体称为清漆，加有颜料的不透明液体称为色漆。常用的防锈涂料有红丹漆、醇酸树脂漆、环氧酚醛漆、聚氨酯漆、沥青漆等。

8.3.3　金属的氧化和磷化处理

进行氧化或磷化处理后，金属表面生成一层稳定的化合物薄膜，可以保护内部金属免于腐蚀，提高金属的抗蚀能力，有利于工件残余应力的消除，减少变形，并使工件表面的光泽美观。

常用的化学处理方法有氧化处理和磷化处理两种，处理的基体材料有钢铁、铝材、锌材和镁材等。

8.3.3.1　金属表面的氧化处理

氧化处理可分为化学法和电解法。化学法多用于钢铁零件的表面处理，它又分为碱性法及无碱性法，而碱性法应用最多。电解法多用于铝及铝合金零件的表面处理，其实质是阳极氧化法。

1. 钢铁的氧化处理

将钢铁零件放入一定温度的碱性溶液（如苛性钠、硝酸钠或亚硝酸钠溶液）中处理，使零件表面生成 $0.6\sim0.8~\mu m$ 致密而牢固的 Fe_3O_4 氧化膜的过程，称为钢铁的氧化处理。依处理条件的不同，该氧化膜呈现亮蓝色直至亮黑色，所以这种方法又称发蓝处理。

钢铁氧化处理（化学法）的一般工艺过程如图 8-9 所示。

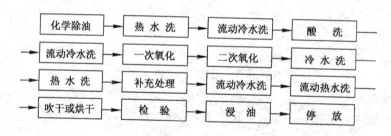

图 8-9　钢铁氧化处理的一般工艺流程图

钢铁零件的氧化处理不影响零件的精度，所以前道工序也不需要留加工余量。它常用于工具、武器、仪器和某些机器零件的装饰性保护。

2. 铝及其合金的氧化处理

如图 8-10 所示，将以铝（或铝合金）为阳极的工件置于电解液中，然后通电。由于在阳极上产生氧气，使得铝或铝合金发生化学和电化学溶解，在阳极表面形成一层氧化膜，这种氧化处理方法也称阳极氧化法。该工艺有些像槽镀的逆过程。

阳极氧化膜不仅具有良好的力学性能与抗蚀性能，而且还具有较强的吸附性。采用各种着色方法后，还可获得各种不同颜色的装饰外观。

不同种类的电解溶液可以在铝及铝合金表面获得不同性质的氧化膜。常用的电解液有 $15\%\sim20\%$ 的硫酸电解液、$3\%\sim10\%$ 的铬酸电解液和 $2\%\sim10\%$ 的草酸电解液等。其中以

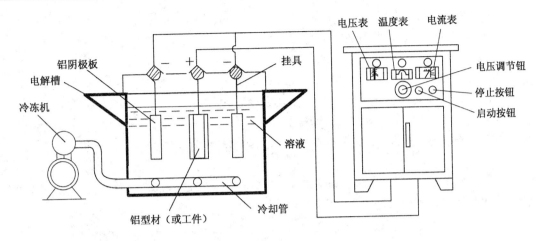

图 8-10　铝阳极氧化原理图

硫酸电解液最为常用。

　　阳极氧化膜形成后,在硫酸和其他强酸溶液中,由于电场等因素的作用,工件基体最外面的致密氢氧化合物(即阻挡层)开始溶解形成多孔的膜层,可用水煮阳极氧化膜,使其变成含水氧化铝,体积膨胀而封死氧化膜松孔;也可用重铬酸钾溶液处理而封孔。封闭处理的目的是为了改善氧化膜的防蚀能力,增强牢固性,提高使用寿命。

　　铝及其合金氧化处理的基本工艺流程如图 8-11 所示。

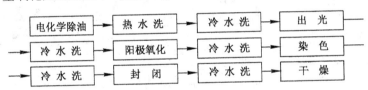

图 8-11　铝及其合金氧化处理流程图

8.3.3.2　钢铁的磷化处理

　　将钢铁制件放入一定的磷酸盐溶液中,使金属表面获得不溶于水的磷酸盐薄膜的过程,称为磷化处理。

　　钢铁磷化的工艺流程与过氧化处理相似。为了提高磷化膜的抗蚀能力,磷化后必须用油或重铬酸钾溶液浸润作填充处理。磷化处理后的制件表面呈灰色或暗灰色,膜的厚度约为 $5 \sim 25 \ \mu m$,其抗蚀能力优于发蓝处理。

　　磷化膜对油类和油漆的吸附能力强,与金属基体结合牢固,还具有良好的减摩性、润滑性能和绝缘性,因此,磷化处理还常用于油漆涂层的基底处理、挤压膜表面的减摩处理和硅钢绝缘层等。

8.4　金属表面装饰处理

　　[知识要点]
　　常用的金属表面装饰处理技术

[教学目标]

了解常用的金属表面装饰处理技术

[相关知识]

金属表面装饰处理是指用一定方法在表面形成有色薄膜,提高材料装饰功能的工艺过程。表面装饰处理同样也是采用镀、渗、涂及表面转化等技术,在制件表面获得美观艳丽的装饰性薄膜,同时还具有抗蚀、耐磨、绝缘等功能。随着现代工业的迅速发展和人们物质生活水平的不断提高,金属表面装饰处理有着越来越广泛的社会需求和广阔的发展前景。

8.4.1　装饰性电镀

装饰性电镀可以是镀单金属,如铬、镍、铜;或者是贵金属,如金、银;也可以是合金电镀,如铜锌合金、锡镍合金等。

镀铬制品表面抛光后光亮如镜,镀膜厚约 $0.1\sim0.3\ \mu m$。装饰性镀铬多用于汽车、仪器仪表、医疗器械、日用五金、量具等。

电镀铜锌合金,其镀层外观色泽随含锌量的不同可呈现红色、金黄色、浅黄色或银白色。应用最广泛的是含锌 30% 左右的仿金黄铜,常用于室内装饰品、家具、首饰以及建筑五金上的装饰等。

8.4.2　氧化与磷化

有色金属经过氧化或磷化处理,能够在其表面形成一层多色彩的装饰性薄膜。例如:铝及铝合金由磷酸-铬酸法得到的氧化膜为绿色;铜及铜合金在碱溶液中进行氧化处理,氧化膜颜色可从黑色或棕色向紫、红、橙、黄转变,含铜铝合金的磷化膜为橄榄绿色,不含铜的铝合金可以获得蓝绿色带浅彩虹色的磷化膜层。

8.4.3　表面转化着色处理

金属的着色处理就是通过表面转化形成有色膜的过程。形成的薄膜厚度约为 $0.025\sim0.055\ \mu m$。膜厚不同也会改变色彩深浅,通常可获得黄、红、蓝、绿及彩虹等多种色彩。不锈钢着色处理溶液多为铬酸盐、硫酸等,获得的色调主要取决于膜的厚度,可以通过控制处理时间来获得所需色彩,通常可得到蓝色、蓝灰色、黄色、紫色和绿色等。

铜及铜合金的着色处理是在硫化钾、亚硝酸钠等组成的处理液中完成的,通常可形成绿、黑、蓝、红等基本色调,并能派生出古铜、金黄、淡绿、巧克力色等。

思　考　题

1. 什么是电化学腐蚀?怎样提高金属本身的抗蚀能力?
2. 覆盖法提高抗蚀能力的原理是什么?有哪些常用的覆盖方法?
3. 化学处理法为什么能提高金属的抗蚀能力?氧化膜和磷化膜的主要成分是什么?

第9章 非金属材料

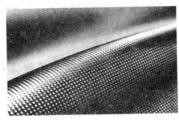

　　工程材料以金属材料为主,这大概在相当长的时间内不会改变。但近年来高分子材料、陶瓷等非金属材料的急剧发展,在材料的生产和使用方面均有重大的进展,正在越来越多地应用于各类工程中。非金属材料已经不是金属材料的代用品,而是一类独立使用的材料,有时甚至是一种不可取代的材料。非金属材料指具有非金属性质(导电性、导热性差)的材料。自19世纪以来,随着无机化学和有机化学工业的发展,人类以天然的矿物、植物、石油等为原料,制造和合成了许多新型非金属材料,如人造石墨、工业陶瓷、合成橡胶、合成树脂(塑料)、复合材料等。这些非金属材料因具有各种优异的性能,为天然的非金属材料和某些金属材料所不及,从而在近代工业中的用途不断扩大,并迅速发展。

　　本章主要讲解各种常用的非金属材料的性能特点及用途。

非金属材料是金属材料以外一切材料的总称。目前机械工程上应用的非金属材料有工程塑料、合成橡胶、工业陶瓷、复合材料等。

9.1　工程塑料的特性、分类与应用

[知识要点]

塑料的组成、性能、类别及应用

[教学目标]

了解塑料的组成、性能、类别及应用

[相关知识]

工程塑料是以合成树脂为主要成分的高分子有机化合物,加入增塑剂、填充剂、固化剂等,能够有效地改善其力学性能和工艺性能。在适当的温度、压力下,用挤压、浇铸、吹塑、焊接、切削等方法加工,可制成各种制品。工程塑料具有较高强度和某些特殊性能,并能够代替某些金属材料制造各种零部件和工程构件。工程塑料已成为一种良好的工程材料。

9.1.1　塑料的组成

1. 树脂

树脂是工程塑料的主要成分,占40%~100%。它黏结其他组成部分,具有良好的成型性,并且对塑料的使用性能起决定性作用。有些树脂可直接用作塑料,例如聚苯乙烯、聚碳酸酯等。

2. 填充剂

填充剂又称为填料,是重要而非必要的成分。正确地选择它可以改善塑料的性能和扩大其使用范围,也可以增加塑料的产量,降低塑料的成本。例如聚甲醛加入二硫化钼、石墨、聚四氟乙烯后,塑料的耐磨性、抗火性、耐热性、硬度及机械强度等可得到全面改善;在聚乙烯、聚氯乙烯中加入钙质填充剂可降低成本,且提高刚度和耐热性;在酚醛树脂中加入木屑等制成电木,可改善其力学性能,降低成本。

3. 增塑剂

为改善塑料的柔韧性、弹性,可适当加入与树脂相溶而又不易挥发的高沸点有机化合物,这类物质又称为增塑剂,如甲酸酯类、磷酸酯类等。

4. 固化剂(硬化剂)

固化剂的作用是在聚合物中生成横跨键,使分子交联,从而促使树脂由受热可塑的线型结构变为热稳定的体型结构。

组成塑料的添加剂还有防止塑料在成型过程中粘在模具上的润滑剂,防止塑料过早老化的稳定剂,使塑料制品具有美丽色彩的染料以及阻燃剂、发泡剂等。

9.1.2　塑料的性能

作为非金属材料主体的工程塑料,其应用很广泛,这与其具有下列性能是分不开的。

1. 密度小、质量轻、强度高

塑料的密度一般为$1\,000\sim1\,500\ \mathrm{kg/m^3}$,远比钢、铜、铝等小;按材料单位重量计算,其强度较高,适用于制造有单位功率自重指标要求的运输机械。

2. 良好的耐酸、碱和抗腐蚀性

这种性能使塑料适用于某些化工机械零件和在腐蚀介质中工作的零件,如聚氟乙烯能在煮沸的"王水"中不被腐蚀破坏。

3. 电绝缘性能好

由于其具有较好的电绝缘性,因而是理想的绝缘材料。

4. 成型工艺性好

大多数工程塑料均可用注塑的方法成型。与同类型的金属零件相比,其生产率高,成本低。

5. 耐磨性、减摩性、吸振性均佳

工程塑料可以在有液摩擦和干摩擦条件下工作,这种性能对难以采用人工润滑的摩擦副是很可贵的。另外,工程塑料良好的异物埋设性和就范性,对于工作时常有磨粒或杂质进入摩擦表面的摩擦副也大有裨益。它的吸振性好,可以降低机械振动,减少噪音。

工程塑料也有许多缺点,主要有强度和硬度不及金属材料高,耐热性和导热性差,胀缩变形大,易老化等。这些缺点使它的应用受到一定限制。

9.1.3 塑料的分类

塑料种类繁多,常用的就有 60 多种,一般采用下列两种分类方法:

9.1.3.1 按树脂的性质分类

根据树脂在加热和冷却时所表现出的性质,可将塑料分为热固性塑料和热塑性塑料。

1. 热固性塑料

固性塑料在加热加压条件下会发生化学反应,经过一定时间即固化为坚硬的制品,且固化后不溶于任何溶剂,也不会再熔化(温度过高时则发生分解)。热固性塑料大多以缩聚树脂为基础,酚醛塑料、氨基塑料、环氧树脂和有机硅塑料等均属此类。热固性塑料质地硬脆,具有一定耐冲击能力,电绝缘性好,常用于制作电器上的绝缘零件,如酚醛胶木电器开关等。

常用热固性塑料的名称、性能和用途见表 9-1。

表 9-1　　常用热固性塑料的名称、性能和用途

名称	代号	填充料	密度 /g·cm⁻³	抗拉强度 σ/MPa	伸长率 δ/%	主要特点	用途举例
酚醛树脂	PF	木粉	1.37～1.46	35～62	0.4～0.8	负载能力强,尺寸稳定性高,耐热性好,热导率低,电绝缘性能好,耐弱酸、弱碱及绝大部分有机溶剂	一般机械零件,电绝缘件,耐腐蚀件,一般高、低压电器制件,插头,插座,罩壳,齿轮,滑轮
		碎布	1.37～1.45	41～55	1～4		
脲醛树脂(电玉)	UF	纤维素	1.47～1.52	38～90	<1	半透明如玉,电绝缘性和耐电弧性优良;抗压强度高,变形小,硬度高,耐磨性好,耐多种有机溶剂和油脂;阻燃	一般机械零件,绝缘件,装饰件,仪表壳;耐热、耐水食具;电插头,开关,手柄

名称	代号	填充料	密度 /g·cm⁻³	抗拉强度 σ/MPa	伸长率 δ/%	主要特点	用途举例
环氧树脂	EP	矿物	1.6～2.1	28～69	—	良好的胶结能力,有"万能胶"之称;电性能、耐化学腐蚀性和力学性能均良;耐热性差	电子元件和线圈的灌封和固定,印制板,塑料模,纤维增强塑料,胶粘剂
		玻璃纤维	1.6～2.0	35～137	4		
硅树脂	SI	矿物	1.80 2.05	28～41	—	耐热性好,电阻和介质强度高,防潮性强,抗辐射,耐臭氧	电气、电子元件和线圈的灌封和固定,印制板涂层,耐热件,绝缘件,绝缘清漆,胶粘剂
聚氨酯	PUR	浇铸料	1.1～1.5	～69	100～1 000	耐磨,韧性好,承载能力高,耐低温、不脆裂、耐氧、臭氧和油,抗辐射,易燃	密封件,传动带,隔热、隔音及防振材料,耐磨材料,齿轮,电气绝缘件,电线电缆护套,实心轮胎

9.1.3.2　热塑性塑料

热塑性塑料能受热软化,冷却变硬;再受热又可软化,冷却又可以变硬。可多次重复,因而可再生和再加工。热塑性塑料主要由聚合树脂制成,聚乙烯、聚氯乙烯、聚丙烯、聚酰烯(即尼龙)、ABS、聚甲醛、聚碳酸酯、聚苯乙烯等均属此类。这类塑料强度较低,耐热性差,但成型工艺性良好,可反复成型,再生使用,常用于制作各种工程用品,例如化工管道、仪表壳和各种机械零件等。

常用热塑性塑料的名称、性能和用途见表 9-2。

表 9-2　　　　　　常用热塑性塑料的名称、性能及用途

塑料名称	性能	用途
ABS(聚乙烯-丁二烯-丙烯腈三元共聚体)	具有较高机械强度和冲击韧性,尺寸稳定,易成型且机械加工,表面可镀铬	轻负荷传动件,仪表外壳,汽车工业上的方向盘,加热器等
PE(聚乙烯)	具有耐酸碱、耐寒性,化学稳定性好,吸水性极小,机械强度不高	化工抗腐蚀管道,民用管道,吹塑薄膜,食品包装等
POM(聚甲醛)	具有较高机械强度,综合性能好,热稳定性差,易燃,易老化	轴承,齿轮,管接头,化工容器,仪表外壳等
PA(聚酰胺、尼龙)	具有良好电气性能及力学性能,有自润滑性,吸水性大	电子仪器中的零件,轴承,齿轮,泵叶轮,输油管等
CPT(氯化聚醚)	具有良好的耐酸碱抗蚀能力,易加工,尺寸稳定性好	耐蚀零件,泵阀门,化工管道,精密机械零件等
PS(聚苯乙烯)	具有一定机械强度,化学稳定性好,耐热性较低,较脆	仪表外壳,汽车灯罩,酸槽,光学仪表零件,透镜等
PMMA(聚甲基烯酸甲酯、有机玻璃)	具有较高机械强度,化学稳定性好,透光性好,耐热性较低,质地较脆	有一定透明度及强度的零件,光学镜片,透明管道,汽车车灯罩等
PP(聚丙烯)	具有一定机械强度,密度小,耐热性好,低温脆性大,不耐磨	电工、电讯材料,一般机械头或传动件等
PC(聚碳酸酯)	具有较好的抗冲击性能,弹性模量高,耐蚀耐磨,高温下易开裂	齿轮、齿条、凸轮、轴承、输油管、酸性蓄电池槽等

9.1.3.2 按塑料的应用范围分类

按应用范围可将塑料分为通用塑料和工程塑料。

1. 通用塑料

通用塑料包括聚乙烯、聚苯乙烯、聚丙烯、酚醛塑料和氨基塑料等。此类塑料产量大、用途广、价格低,它们的产量占塑料总产量的 75% 以上。通常制成管材、棒材、板料及薄膜等,或者塑压成日常生活用品。

2. 工程塑料

工程塑料包括 ABS、尼龙、聚碳酸酯、聚甲醛等。此类塑料的强度大、耐高温、耐腐蚀,具有类似金属的性能,广泛用于机械、仪表、电子工业、医疗行业等。

由于通用塑料可以改性,其应用范围不断扩大,且通用塑料与工程塑料的界限已很难划分。

9.2 复合材料的特性、分类与应用

[知识要点]

1. 复合材料的性能特点

2. 复合材料的分类及用途

[教学目标]

1. 了解复合材料的概念及性能特点

2. 了解复合材料的分类及用途

[相关知识]

由两种或两种以上性质不同的材料组成一种新的多相固体材料称为复合材料。复合材料不仅具有各组成材料的优点,而且还能获得单一材料无法具备的优越的综合性能。如钢筋混凝土就是用钢筋与石子、沙子、水泥等制成的复合材料,轮胎是由纤维与橡胶复合而成的材料。

9.2.1 复合材料的性能特点

1. 比强度和比模量高

在复合材料中,一般作为增强相的多是强度很高的纤维,而且构成材料密度较小,所以,复合材料的比强度、比模量比其他材料要高得多(见表 9-3),这对于宇航、交通运输工具等要求在保证性能前提下减轻自重具有重大的实际意义。

表 9-3　　　　　　　　　　各类材料的性能比较

材料名称	相对密度 ρ	抗拉强度 σ_b/MPa	弹性模量 E/MPa	比强度 σ_b/ρ	比弹性模量 E/ρ
钢	7.8	1 010	206×10^3	129	26×10^3
铝	2.8	461	74×10^3	165	26×10^3
钛	4.5	942	112×10^3	209	25×10^3
玻璃钢	2.0	1 040	39×10^3	520	25×10^3
碳纤维 II /环氧树脂	1.45	1 472	137×10^3	1 015	95×10^3

材料名称	相对密度 ρ	抗拉强度 σ_b/MPa	弹性模量 E/MPa	比强度 σ_b/ρ	比弹性模量 E/ρ
碳纤维 I /环氧树脂	1.6	1 050	235×10^3	656	147×10^3
有机纤维 PRD/环氧树脂	1.4	1 373	78×10^3	981	56×10^3
硼纤维/环氧树脂	2.1	1 344	206×10^3	640	98×10^3
硼纤维/铝	2.65	981	106×10^3	370	74×10^3

2. 疲劳强度较高

碳纤维增强复合材料的疲劳极限相当于其抗拉强度的 $70\%\sim80\%$，而多数金属材料的疲劳强度只有其抗拉强度的 $40\%\sim50\%$。这是因为，在纤维增强复合材料中，纤维与基体间的界面能够阻止疲劳裂纹的扩展。

3. 减振性好

纤维增强复合材料的自振频率高，可以避免共振。此外，纤维与基体的界面具有吸振能力，所以有着很高的阻尼作用。

除了上述几种特性外，复合材料还有较高的耐热性和断裂安全性、良好的自润滑性和耐磨性等。但它也有缺点，如断裂伸长率较小、抗冲击性较差、横向强度较低、成本较高等。

9.2.2 复合材料的分类及用途

复合材料按基体可分为非金属基、金属基两类；依照增强相的性质和形态，可分为纤维增强复合材料、叠层复合材料和颗粒复合材料三类。

9.2.2.1 纤维增强复合材料

1. 玻璃纤维增强复合材料

玻璃纤维增强复合材料是以玻璃纤维及其制品为增强剂，以树脂为黏结剂形成的，俗称玻璃钢。

以尼龙、聚烯烃类、聚苯乙烯类等热塑性树脂为黏结剂制成的热塑性玻璃钢，具有较高的力学、介电、耐热和抗老化性能，工艺性能也好；与基本材料相比，强度和疲劳性能提高 $2\sim3$ 倍以上，冲击韧性值提高 $1\sim4$ 倍，蠕变抗力提高 $2\sim5$ 倍，达到或超过了某些金属的强度，可用来制造轴承、齿轮、仪表盘、壳体、叶片等零件。

以环氧树脂、酚醛树脂、有机硅树脂、聚酯树脂等热固性树脂为黏结剂制成的热固性玻璃钢，具有密度小，强度高，介电性、耐蚀性及成型工艺性好的优点，可制造车身、船体、直升飞机旋翼等。常用树脂制品的力学性能见表 9-4。

表 9-4　　　　　　　　　　几种树脂制品的力学性能

项　　目	酚醛树脂	环氧树脂	聚酯树脂	有机硅树脂
相对密度	$1.30\sim1.32$	1.15	$1.10\sim1.46$	$1.7\sim1.9$
抗拉强度/MPa	$42\sim63$	$84\sim105$	$42\sim70$	$21\sim49$
抗弯强度/MPa	$77\sim119$	108.3	$59.5\sim119$	68.6
抗压强度/MPa	$87.5\sim150$	150	$91\sim169$	$63\sim126$

　2. 碳纤维增强复合材料

　碳纤维增强复合材料是以碳纤维或其织物为增强剂,以树脂、金属、陶瓷等为黏结剂而制成的。目前有碳纤维树脂、碳纤维金属、碳纤维陶瓷复合材料等,其中,以碳纤维树脂复合材料应用最为广泛。

　碳纤维树脂复合材料中采用的树脂有环氧酚醛树脂、聚氟乙烯树脂等。与玻璃钢相比,其强度和弹性模量高、密度小,因此,它的比强度、比模量在现有复合材料中名列前茅。它还具有较高的冲击韧性和疲劳强度,优良的减摩性、耐磨性、导热性、耐蚀性和耐热性。

　碳纤维树脂复合材料广泛用于制造要求比强度、比模量高的飞行器结构件,如导弹的前端锥体、火箭喷嘴、喷气发动机叶片等,还可制造重型机械的轴瓦、化工设备的耐蚀件等。

9.2.2.2　叠层复合材料

　叠层复合材料是由两层或两层以上的不同性质的材料结合而成,以达到增强性能的目的。

　三层复合材料是以钢板为基体、烧结铜为中间层、塑料为表面层制成的。它的物理、力学性能主要取决于基体,而摩擦、磨损性能取决于表面塑料层,中间多孔性青铜使三层之间获得可靠的结合力。其表面塑料层常为聚四氟乙烯(如 SF-1 型)和聚甲醛(如 SF-2 型)。这种复合材料比单一塑料的承载能力高 20 倍、导热系数高 50 倍、热膨胀系数低 75%,改善了尺寸稳定性,常用作无油润滑轴承,也可制作机床导轨、衬套、垫片等。

　夹层复合材料是由两层薄而强的面板(或称蒙皮)与中间夹一层轻而柔的材料构成。面板一般由强度高、弹性模量大的材料组成,如金属板、玻璃等。而心料有泡沫塑料和蜂窝格子两大类。这类材料的特点是密度小、刚性和抗压稳定性高、抗弯强度好,常用于航空、船舶、化工等工业,如飞机、船舶的隔板及冷却塔等。

(三)颗粒复合材料

　颗粒复合材料是由一种或多种材料颗粒均匀分布在基体材料内而制成的。颗粒起增强作用,一般粒子直径在 $0.01\sim0.1\ \mu m$ 范围内。粒子直径偏离这一数值范围,均无法获得最佳增强效果。

　常见的颗粒复合材料有两类:一类是颗粒与树脂复合,如塑料中加颗粒状填料、橡胶用炭黑增强等;另一类是陶瓷颗粒与金属复合,典型的有 Al_2O_3、MgO 等氧化物或 TiC、WC 等碳化物,陶瓷颗粒分布在金属基体中形成金属基陶瓷颗粒复合材料等。

9.3　其他非金属材料简介

[知识要点]
橡胶材料、工业陶瓷与纳米材料
[教学目标]
了解橡胶材料、工业陶瓷与纳米材料的概念、分类及用途
[相关知识]

9.3.1　橡胶材料

　橡胶也是以高分子化合物为基础的材料,它具有高弹性和储蓄能量的作用,常用作弹性材料、密封材料、减震材料和传动材料。

橡胶由以下几种材料组成：

（1）生胶

未经硫化的橡胶称为生胶。它是橡胶的主要成分，对橡胶性能起决定性作用。单纯的生胶在高温时发黏，低温时性脆，因而需加入各种材料配制成工业用橡胶。

（2）硫化剂

硫化剂的作用类似于热固性树脂中的固化剂，它能使线型结构的橡胶分子相互交联成网状结构，从而提高橡胶的弹性和强度。常用的硫化剂为硫黄。

（3）软化剂

软化剂旨在增加橡胶的塑性，降低其硬度。常用的软化剂有凡士林、硬脂酸等油类和脂类。

（4）填充剂

填充剂旨在增加橡胶制品的强度，降低成本。主要采用粉状和织物填充剂。

另外还有补强剂、防老剂、发泡剂和着色剂等。

常用橡胶有以下两大类：

1. 天然橡胶

天然橡胶是以橡胶树上流出的胶乳经过凝固、干燥、加工等工序制成的。

天然橡胶属于线性分子结构，主要用于制造轮胎以及不要求耐油、耐热的胶带、胶管等。

2. 合成橡胶

合成橡胶种类很多，用量最大的是丁苯橡胶。它有较好的耐磨性、耐热性和耐老化性，且较天然橡胶质地均匀、价格低。缺点是强度差，粘接性不好，成型困难，硫化速度慢，制成的轮胎使用时发热量大、弹性差。但是它可以与天然橡胶以任意比例混用，从而可以取长补短。目前已普遍用于制造汽车轮胎、胶带、胶管等。

另一种常用的合成橡胶是氯丁橡胶。氯丁橡胶具有耐油、耐溶剂、耐氧化、耐酸、耐碱、不易燃烧等性能。主要缺点是耐寒性差、密度较大。常用于制造输油胶管、采矿用运输带、胶管等。

此外还有气密性高、可用于制造轮胎内胎的丁基橡胶，耐油性优良的丁腈橡胶和耐腐蚀的氟橡胶等。

9.3.2　工业陶瓷

陶瓷是一种无机非金属材料，它同金属材料、高分子材料一起被称为三大固体材料。陶瓷材料具有硬度高、耐高温、耐腐蚀和电绝缘等优良性能，但它的强度低、脆性大。

陶瓷是多晶固体材料，其结构比金属复杂得多。生产工艺一般包括坯料制造、成型、烧结三个阶段。

常用工业陶瓷有以下几类：

（1）普通陶瓷

普通陶瓷为黏土类陶瓷，是用量最大的一类陶瓷。除生产日用品外，工业上主要用于绝缘的电瓷、耐酸碱的化学瓷。

（2）氧化铝陶瓷

它以 Al_2O_3 为主要成分，较普通陶瓷的机械强度高，但脆性大，用于制造热电偶绝缘套、内燃机火花塞、拉丝模等。

（3）氮化硅陶瓷

氮化硅陶瓷的抗震性特别好，可作为耐蚀水泵密封环、热电偶套、高温轴承材料等。

思 考 题

1. 塑料有哪些性能？
2. 什么是热固性塑料和热塑性塑料？试说明其应用。
3. 简述橡胶的分类、特点及应用。
4. 简述陶瓷的分类、特点及应用。
5. 什么是复合材料？有何特点？简述其分类及用途。

第10章 铸 造

在材料成型工艺发展过程中,铸造是历史上最悠久的一种工艺,在我国从殷商时期开始就有了青铜器铸造技术。直到今天,铸造成型工艺仍然是毛坯生产的基本方式之一。之所以获得如此广泛的应用与铸造生产的诸多优点有关:

① 可以生产形状复杂,特别是内腔复杂的铸件,如箱体、气缸体、机座等。

② 适用范围广。铸造方法可以生产小到几克大到数百吨的铸件,铸件壁厚可从 0.5 mm 到 1 m 左右。各种金属材料及合金都可以用铸造方法制成铸件,而且,对于某些脆性材料,只能用铸造才能成型。

③ 生产成本低。铸造用原材料来源广,废品、废材料可以重新利用,且设备投资少。

④ 铸件的形状和尺寸与零件形状很相近,因此,加工余量小,节省了金属材料和加工费用。

铸造技术的应用十分广泛。当然,铸造生产也存在一些缺点,如:尺寸精度不高、表面质量低;易产生气孔、砂眼、缩孔、缩松等缺陷;对相同材料,铸件性能不如锻件好。另外,铸造生产的工序多、劳动条件相对较差。由于铸件的力学性能较差,所以承受动载荷的重要零件一般不采用铸件做毛坯。

本章重点学习砂型铸造的相关知识,包括铸造工艺设计中的注意事项以及铸件的结构工艺性;初步掌握铸件铸造工艺的制定。

10.1　铸造的概念及工艺流程

[知识要点]

铸造的概念及其工艺流程

[教学目标]

1. 掌握铸造的定义

2. 熟悉铸造的工艺流程

[相关知识]

10.1.1　铸造定义及分类

将融化的金属液体浇注到制备好的铸型型腔中,经过凝固冷却后获得与机械零件形状、尺寸相适应的铸件的成型方法,称为铸造。

铸造生产的方法很多,按铸型材料、造型方法和浇注工艺的不同,一般将铸造分为砂型铸造和特种铸造两大类。砂型铸造是以型砂为主要造型材料制备铸型的铸造工艺方法,它具有适应性广、生产准备简单、成本低廉等优点,是应用最广也是最基本的的铸造方法;特种铸造是除砂型铸造以外的其他铸造方法的总称。常用的特种铸造方法有金属型铸造、压力铸造、熔模铸造、离心铸造等。特种铸造一般具有铸件质量好或生产率高等优点,具有很大的发展潜力。

10.1.2　铸造的工艺流程

下面以砂型铸造为例,介绍铸造成型方法的工艺流程。砂型铸造具有不受合金种类、铸件尺寸和形状的限制,操作灵活,设备简单,准备时间短等优点,适用于各种单件及批量生产。砂型铸造是铸造生产的最基本的方法。目前,我国用砂型铸造方法生产的铸件占全部铸件量的 90% 以上。砂型铸造的基本工艺流程如图 10-1 所示。

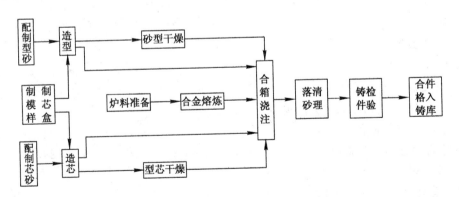

图 10-1　砂型铸造的工艺流程

图 10-2 所示为某个套筒铸件的砂型铸造过程示意图。以图中零件为例,采用铸造成型方法生产时:① 首先分析零件图纸,并依据图纸设计铸造木模与芯盒,其中木模是为了在后续造型时形成具有零件外形轮廓的铸造型腔,而芯盒用于制备型芯,填充在型腔中,在铸造过程中形成铸件的轴、孔等腔体结构;② 对型砂进行前期处理并混合均匀、加热烘干等;

③ 使用木模进行铸型造型,选择合适的分型面,设计浇注系统和冒口,并将型芯置于铸型中的相应位置,合箱;④ 熔炼金属,进行浇注;⑤ 取出铸件,落砂清理;⑥ 机械加工后获得零件成品;⑦ 检验,入库。

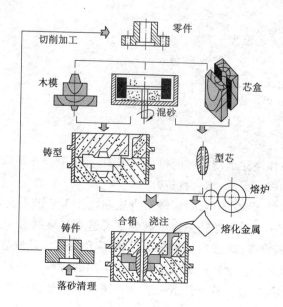

图 10-2　套筒铸件的砂型铸造过程

10.2　砂型铸造工艺

[知识要点]

1. 型砂和芯砂
2. 铸型的组成
3. 模样和芯盒的制造
4. 浇注系统与冒口

[教学目标]

1. 了解造型材料,熟悉铸型的组成
2. 学习模样和芯盒的制造
3. 掌握浇注系统与冒口

[相关知识]

10.2.1　造型材料——型砂和芯砂

造型材料是铸造生产中非常重要的组成部分。据一般统计,每生产 1 t 合格铸件约需 2.5~10 t 造型材料。它不仅消耗量大,而且其质量好坏直接影响铸件的质量和成本,因此,必须合理地选用和配制造型材料。砂型铸造用的造型材料主要是用于制造砂型的型砂和用于制造型芯的芯砂。

(1) 型砂的组成

型砂通常由原砂、黏结剂和水按比例混合而成。有时还加入少量如煤粉、植物油、木屑等附加物,原砂的主要成分是石英(SiO_2)。石英颗粒坚硬,耐火温度可高达 1 710 ℃。砂中 SiO_2 含量愈高,耐火性愈好。

　　黏结剂的作用是把砂粒黏结起来。型砂中常用的黏结剂有黏土、膨润土、水玻璃、糖浆、植物油及合成树胶等。生产上使用哪一种黏结剂,视铸件的要求而定。

　　为了改善砂的性能,有时还加入特殊的附加物。常用的有煤粉和木屑。煤粉的作用是在高温下燃烧形成气膜,防止铸件粘砂;而加入木屑能使型砂的退让性提高。紧实后的型砂结构如图 10-3 所示。

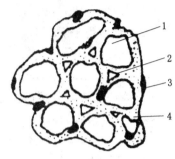

图 10-3　型砂的组成

1——砂粒;2——空隙;3——附加物;4——黏结膜

　　(2) 芯砂的组成

　　型芯是由芯砂制作的。把型芯置于砂型中,能使铸件形成与型芯形状相同的空腔。由于型芯周围受到金属液体的压力和高温,所以要求型芯必须具有比砂型更高的强度、耐火性、退让性等,因此,在配制芯砂时常常需要加入特殊黏结剂,如亚麻油、桐油、松香、糊精、水玻璃等。

　　(3) 砂型及芯砂的基本性能

　　型砂及芯砂应具有下列主要性能:

　　① 可塑性。型(芯)砂在外力作用下能作相应的变形,去除外力后仍能保持变形后的形状,这种性能称为可塑性。可塑性好,便于制造形状复杂的砂型(芯),且造出的砂型形状准确,轮廓清晰,铸件表面质量较高。可塑性与黏土和水分的比例有关,含黏土多,水分适当,则可塑性好。

　　② 强度。在外力作用下能保持砂型不变形和不损坏的能力叫强度。型砂强度不足时会造成塌箱、冲砂和砂眼等缺陷。一般情况下,黏土含量多和捣实程度紧,砂粒分散并细小,强度则高。

　　③ 透气性。砂型能透过气体的能力叫透气性。金属溶液浇入砂型后,在高温作用下会产生大量的气体。如果透气性不好,气体排不出,就会形成气孔等缺陷。型砂颗粒大、圆、均匀且黏土少,水分适当,捣砂松,则透气性好。

　　④ 耐火性。在高温液态金属作用下,型砂不软化、不熔化的性能叫耐火性。耐火性差,型砂将烧结在铸件表面形成硬皮,造成加工困难。耐火性主要与砂子的化学成分有关,砂子中 SiO_2 含量愈高,杂质愈少,耐火性愈好。

　　⑤ 退让性。铸件在凝固冷却时都会发生收缩。铸件收缩时型(芯)砂可以被压缩的性

能称为退让性。退让性差,铸件收缩受阻,就会使铸件产生内应力,甚至发生变形或裂纹。用黏土作为黏结剂的砂型或型芯,退让性较差。为了提高退让性,常在型砂中加入能烧结的附加物,如木屑和焦炭粒等。

为了弥补因型砂耐火性不足而造成的铸件表面粘砂并降低铸件表面粗糙度,常在砂型和型芯的表面涂刷一层涂料。铸铁件常用石墨粉、黏结剂和水调制而成的涂料;铸钢件砂型涂料则采用石英粉、白云石粉、耐火黏土和水调制而成。

10.2.2　铸型的组成

铸型是根据零件形状用造型材料制成的,铸型可以是砂型,也可以是金属型的。砂型是由型砂(型芯砂)作为造型材料制成的。它是用于浇注金属液,以获得形状、尺寸和质量符合要求的铸件。

铸型一般由上型、下型、型芯、型腔和浇注系统组成,如图 10-4 所示。铸型上、下型间的结合面称为分型面。采用砂型铸造时,选择合适的分型面位置十分重要。铸型中由造型材料所围成的空腔部分,即用于形成铸件本体的空腔称为型腔。液态金属通过浇注系统流入并充满型腔,其中产生的气体从排气孔或冒口处排出砂型。金属液经冷却凝固后最终形成所需铸件。铸型的质量好坏直接影响成型铸件质量。

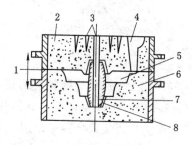

图 10-4　铸型装配图

1——分型面;2——上型;3——出气孔;4——浇注系统;5——型腔;6——下型;7——型芯;8——芯头芯座

10.2.3　模样和芯盒的制造

模样是铸造生产中必要的工艺装备,模样的存在形成了铸型中的型腔;而对具有内腔的铸件,铸造时铸件的内腔由埋在铸型中的砂芯形成,而砂芯的制备需要用到芯盒。因此,模样和芯盒是完成铸型造型必不可少的工艺装备。

制造模样和芯盒常用的材料有木材、金属和塑料。在单件、小批量生产时广泛采用木质模样和芯盒,在大批量生产时多采用金属或塑料模样、芯盒。金属模样与芯盒的使用寿命高达 10 万~30 万次,塑料的使用寿命最多几万次,而木质的仅 1 000 次左右。为了保证铸件质量,在设计和制造模样和芯盒时,必须先设计出铸件工艺图,然后根据工艺图的形状和大小,制造模样和芯盒。在设计工艺图时,要考虑以下问题:

① 分型面的选择。分型面是上、下砂型的分界面,选择分型面时必须使模样能从砂型中取出,并使造型方便和有利于保证铸件质量。

② 拔模斜度。为了易于从砂型中取出模样,凡垂直于分型面的表面,都应做出 $0.5°$~$4°$的拔模斜度。

③ 加工余量。铸件需要加工的表面,均需留出足够的加工余量。

④ 收缩量。铸件冷却时要收缩,模样的尺寸应考虑铸件收缩的影响。通常用于铸铁时尺寸加大 1%;用于铸钢时尺寸加大 1.5%~2%;用于铝合金铸件时尺寸加大 1%~1.5%。

⑤ 铸造圆角。铸件上各表面的转折处,都要做成过渡性圆角,以利于造型并提高铸件成品率。

⑥ 芯头。有砂芯的砂型,必须在模样上做出相应的芯头。

图 10-5 是压盖零件的铸造工艺图及相应的模样、芯盒图。从图中可以看到模样的外形特征与零件图并不完全相同。

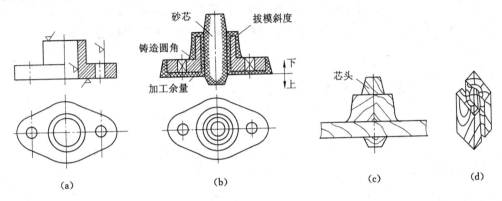

图 10-4　压盖零件的铸造工艺图及相应的模样、芯盒图

10.2.4　浇注系统和冒口

(1) 浇注系统

将金属液体引入型腔的一系列通道称为浇注系统。它的主要作用是使金属液体能连续、平稳地进入型腔,防止冲坏砂型、型芯,并阻挡熔渣和砂粒及其他杂质进入型腔内。浇注系统通常由外浇口、直浇口、横浇口和内浇口等组成,如图 10-5 所示。

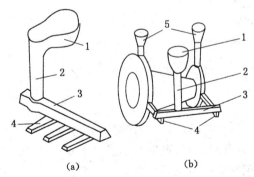

图 10-5　浇注系统的组成

1——外浇口;2——直浇口;3——横浇口;4——内浇口;5——冒口

① 外浇口。外浇口的作用是减缓金属液体对砂型的冲击力,承纳浇包倒出的金属液体并阻挡金属液体中的熔渣进入直浇口。一般大型铸件用盆形外浇口[图 10-5(a)],中、小型铸件用漏斗形外浇口。

② 直浇口。直浇口的作用是用于调节金属液体流入型腔的速度并产生一定的充填压

力,其形状一般是一个有锥度的圆柱形。

③ 横浇口。横浇口是连接直浇口和内浇口的水平通道,其作用是进一步阻挡熔渣进入型腔。

④ 内浇口。内浇口的作用是将金属液体平稳地导入型腔,控制充型的速度和方向。内浇口是直接将金属导入型腔的通道,所以,它的位置、形状、大小和数量对铸件质量都有较大影响。

(2) 冒口

大多数冒口的主要作用是补充铸件收缩时所需要的金属液体,避免铸件产生缩孔,同时还有排气、集渣和调节温度等作用。冒口一般设置在铸件最后凝固部分的上方,如图 10-5 (b)所示。

10.3　合金的熔炼与浇注

[知识要点]
1. 合金的熔炼
2. 铸型手工造型方法
3. 制芯
4. 合型
5. 合金的浇注
6. 铸件的落砂和清理
7. 铸件常见的缺陷及分析
[教学目标]
1. 了解合金的熔炼过程
2. 掌握铸型的手工造型方法
3. 熟悉制芯与合箱过程
4. 学习合金的浇注方法
5. 了解铸件的落砂和清理及铸件常见的缺陷和分析
[相关知识]

10.3.1　铸铁的熔炼

铸铁的熔炼是铸件生产的重要环节。铸铁熔炼的目的是为了获得有一定化学成分和温度的铁水。铸铁的熔化设备有很多种,最常用的是冲天炉。它设备简单,可连续操作,生产率高,成本低,操作方便,一般中小型制造厂都可以制造。

(1) 冲天炉的构造

冲天炉的结构如图 10-6 所示,由以下几部分组成:

① 支撑部分。包括炉基、炉腿、炉底板和炉底门。支撑部分的作用是支持炉身和炉料的重量,打炉时便于清理炉内残料,修炉时便于出入操作。

② 炉体部分。由炉底、炉缸和炉身组成。炉体外壳一般用钢板焊成。

③ 炉顶部分。由烟囱和火花罩组成。

④ 前炉。其作用是贮存铁水,并使铁水温度和成分均匀,减少铁水与焦炭接触的时间,

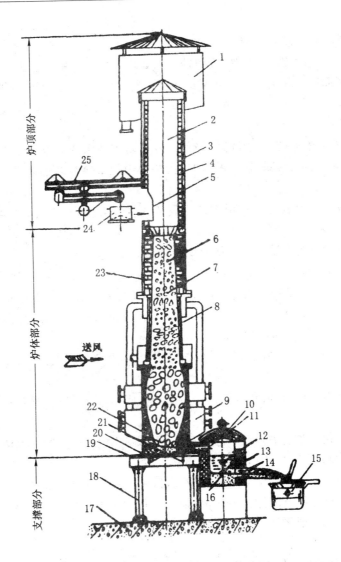

图 10-6　多排小风口曲线炉膛热风冲天炉结构示意图

1——火花罩；2——烟囱；3——铸铁砖；4——耐火砖；5——加料口；6——层焦；7——金属料；
8——密筋炉胆；9——风箱；10——前炉；11——过桥；12——出渣口；13——铁水；14——出铁口；
15——铁水包；16——观察孔；17——基础；18——炉腿；19——炉底板；20——炉底门；
21——炉底；22——风口；23——炉身；24——加料桶；25——加料机

避免铁水增碳和增硫，同时使铁水和炉渣能很好地分开。前炉与炉体连接的通道为过桥，用耐火材料砌成。在前炉正对过桥的位置上设有观察孔，便于观察铁水与炉渣流经过桥的情况，并通过此孔用钢钎清理过桥。前炉的下部开有出铁口、出铁槽、出渣口及出渣槽。

⑤ 送风系统。送风系统的作用是将鼓风机送来的风合理地送入炉内，促进底焦燃烧。它由风管、风箱和风口几部分组成。

⑥ 加料系统。由加料吊车、送料机和加料桶组成。其作用是使炉料按一定比例和重量依次分批地从加料口送入炉内。

⑦ 检测系统。包括风量计和风压计。

（2）炉料

冲天炉的炉料有金属料、燃料及溶剂等。

① 金属料。由新生铁、回炉铁（废铸铁，浇、冒口等）、废钢和少量铁合金（硅铁、锰铁等）按一定比例配制而成。新生铁是金属料的主要成分，约占 $40\%\sim60\%$；回炉铁是为了利用废料，降低成本；废钢的加入，可使铁水中含碳量降低并能提高其力学性能；铁合金用于调整铁水化学成分或配制合金铸铁。

② 燃料。主要是焦炭。焦炭的燃烧程度直接影响铁水的成分和温度。一般要求焦炭灰分少，发热量高，硫、磷含量低。冲天炉每批炉料中的金属料和焦炭重量的配制比例——铁焦比一般为 $10:1$。

③ 溶剂。溶剂的作用是使炉料中的金属氧化物及夹杂物、焦炭中的灰分形成熔点低、密度小、流动性好的炉渣，便于从铁水中分离排除。常用的溶剂有石灰石（$CaCO_3$）和萤石（CaF_2）。加入量为每批金属炉料重量的 $3\%\sim4\%$。

（3）冲天炉的熔炼过程

冲天炉的操作方法是否得当，关系到铸件质量的好坏。其操作步骤为：

① 修炉与烘炉。冲天炉在每次熔化结束后，由于部分炉衬已被破坏，所以必须进行修理，修理后要进行烘干（包括前炉）。

② 点火与加底焦。在炉缸内装入木柴，点燃后装入部分底焦，然后分批装入底焦至规定的高度。

③ 加料。加料顺序为：底焦—溶剂—金属料—底焦—溶剂—金属料……依次加至加料口为止。

④ 鼓风与熔化。装满炉料后，开始鼓风。由于底焦燃烧产生的高温使金属料溶化并经出铁口流出，这时应用泥塞堵住出渣口和出铁口。

⑤ 出渣与出铁。先打开出渣口出渣，然后打开出铁口放出铁水。

⑥ 打炉。在熔化结束前停止加料，待最后一批铁水出炉后停止鼓风，并打开炉底门放出炉内余料，炉冷后再准备下一次熔化。

10.3.2　造型

造型是利用型砂制造铸型的过程。制造方法有手工造型和机器造型两种。

手工造型一般用于单件或小批量生产，机器造型主要用于大批量生产。常用的手工造型方法介绍如下。

（1）整模造型

采用整体模样来造型的方法称为整模造型。它的型腔全部位于一个砂箱内，分型面为一个平面，如图 10-7 所示。由于模样是在一个砂箱内，可避免合箱错位而带来的铸件错箱等缺陷，同时，整模制造比较容易，铸件精度较高。它适用于形状比较简单的零件。

（2）分模造型

分模造型是将模样沿最大截面分为两半，分别置于上、下砂箱中进行造型。图 10-8 为分模造型示意图。这种方法造型容易，起模方便，适用于生产形状较复杂的铸件以及带孔铸件，是生产中应用最为广泛的造型方法。

（3）挖砂造型

有些铸件虽没有平整平面，但在要求用整模造型时，可将下半型中阻碍起模的型砂挖

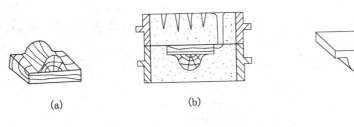

图 10-7　整模造型

（a）木模；(b) 造型；(c) 落砂后的铸件

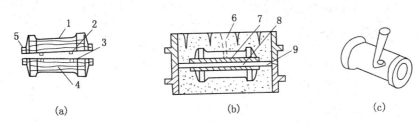

(a)　　　　　　　　(b)　　　　　　　　(c)

图 10-8　分模造型

（a）模型分成两半；(b) 造型；(c) 落砂后的铸件

1——上半模；2——销钉；3——销钉孔；4——下半模；

5——型芯头；6——浇口；7——型芯；8——型芯通气孔；9——排气道

掉，使起模顺利，这种方法称为挖砂造型。图 10-9 所示为手轮挖砂造型示意图。由于挖砂造型具有不平的分型面，造型时生产率低且要求的技能高，所以一般只适用于单件或小批量生产。

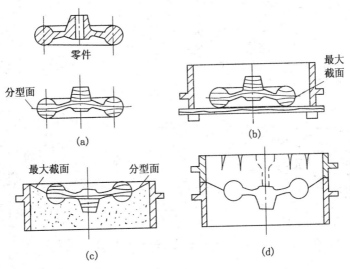

图 10-9　挖砂造型

(a)手轮坯模样的分型面不平，不能分成两半模；(b) 放置模样，先造出下型；

(c) 翻转，挖出分型面；(d) 造上型，起模合型

（4）活块造型

将模样上阻碍起模的部分制成活块,在取出模样主体时活块仍留在砂型中,然后再用工具自侧面取出活块,这种造型方法称为活块造型,如图 10-10 所示。这种方法操作水平要求高,活块易错位,影响铸件精度,生产率低,只适用于单件和小批量生产。

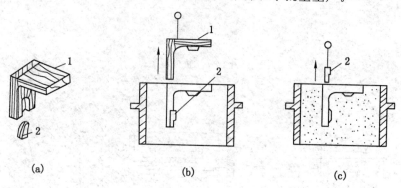

图 10-10　活块造型

（a）模样;（b）取出模样主体;（c）取出活块

1——模样主体;2——活块

（5）三箱造型

当铸件形状复杂,需要用两个分型面时,可用三个砂箱造型,称为三箱造型,如图 10-11 所示。三箱造型生产率低,要求工人技术水平较高,并且须具备高度适中的中箱,因此,在设计铸件及选择铸件分型面时,应尽量避免使用三箱造型。

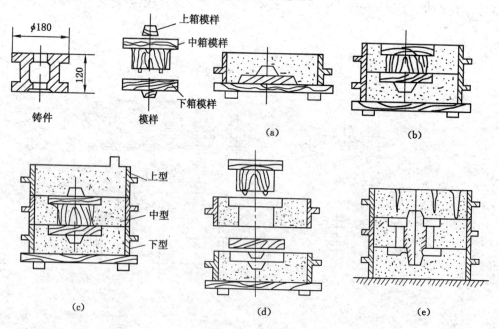

图 10-11　三箱造型

（a）造下型;（b）造中型;（c）造上型;（d）取模;（e）合箱

（6）刮板造型

用刮板来代替实体模样制造铸型的造型方法称为刮板造型，如图 10-12 所示。应用刮板造型可显著地降低成本，节省制模材料，缩短准备时间。铸件尺寸愈大，这些特点就愈突出。刮板造型广泛用于制造批量小、尺寸较大的回转体铸件，如皮带轮、飞轮、齿轮等。

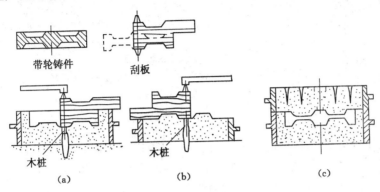

图 10-12 带轮铸件刮板造型
(a) 刮制下箱砂型；(b) 刮制上箱砂型；(c) 合箱

10.3.3 制芯

为获得铸件的内腔或局部外形，用芯砂或其他材料制成的、安放在型腔内部的铸型组元称为型芯。绝大部分型芯是用芯砂制成的。砂芯的质量主要依靠配置合格的芯砂及采用正确的造芯工艺来保证。

浇注时砂芯受高温液体金属的冲击和包围，因此除了要求砂芯具有铸件内腔相适应的形状外，还应具有良好的透气性、耐火性、退让性、强度等性能，故要选用杂质少的石英砂和用植物油、水玻璃等黏结剂来配置芯砂，并在砂芯内放入金属芯骨和扎出通气孔以提高强度和透气性。

形状简单的大、中型型芯，可用黏土砂来制造。但对于形状复杂和性能要求较高的型芯来说，必须采用特殊黏结剂来配制，如采用油砂、合脂砂和树脂砂等。

另外，型芯砂还应具有一些特殊的性能，如吸湿性要低，以防止合箱后型芯返潮；发气要少，这样在浇注过程中，型芯材料受热而产生的气体就可以尽量少；出砂性要好，以便于清理时取出型芯。

型芯一般是用芯盒制成的，其对开式芯盒制芯是常用的手工制芯方法，适用于圆形截面的较复杂型芯。其制芯过程见图 10-13。

10.3.4 合型（箱）

将上型、下型、型芯、浇口杯等组合成一个完整铸型的操作过程称为合型，又称合箱。合型是制造铸型的最后一道工序，直接关系到铸件质量。即使铸型和型芯的质量很好，若合型操作不当，也会引起气孔、砂眼、错箱、偏芯、飞边和跑火等缺陷。合型工作包括：

（1）铸型的检验和装配

下芯前，应先清除型腔、浇注系统和型芯表面的浮砂，并检查其形状、尺寸和排气道是否畅通。下芯应平稳、准确。然后导通砂芯和砂型的排气道；检查型腔主要尺寸；固定型芯；在芯头和砂型芯座的间隙处填满泥条或干砂，防止浇注时金属液钻入芯头而堵死排气道。最后，合箱。

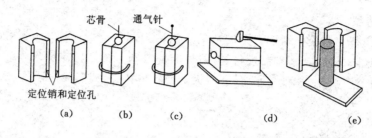

图 10-13　对开式芯盒制芯

(a) 准备芯盒;(b) 夹紧芯盒,依次放入芯砂、芯骨,春砂;(c) 刮平、扎通气孔;(d) 松开夹子,轻敲芯盒;
(e) 打开芯盒,取出砂芯,上涂料

（2）铸型的紧固

为避免由于金属液作用于上砂箱引发的抬箱力而造成的缺陷,装配好的铸型需要紧固。单件小批生产时,多使用压铁压箱,压铁重量一般为铸件重量的 3～5 倍。成批大量生产时,可以使用压铁、卡子或螺栓紧固铸型。紧固铸型时应注意用力均匀、对称;先紧固铸型,再拔去定位销;压铁应压在砂箱箱壁上。铸型紧固后即可浇注,待铸件冷凝后,清除浇冒口便可获得铸件。

10.3.5　合金的浇注

将液体金属浇入铸型的过程称为浇注。掌握正确的浇注方法,不仅能减少废品,而且是保证安全生产的必要条件。

浇注过程中最重要的是控制好浇注温度和浇注速度。

（1）浇注温度

浇注温度的高低,对铸件质量影响很大。温度低,金属液体流动性不好,容易产生浇不足和冷隔。温度高,流动性好,有利于熔渣上浮和排除,减少铸件夹渣,增强金属液体充满型腔的能力,这对薄壁铸件尤为重要。但温度过高,会造成缩孔和气孔,晶粒粗大,使其力学性能降低。浇注温度的高低应根据铸件的形状、壁厚以及金属的种类来决定。

（2）浇注速度

浇注速度越快,越容易充满铸型,但速度太快易发生冲砂和抬箱现象。浇注速度太慢,铸件容易出现浇不足和冷隔,一般薄件采用快速浇注。而对于厚壁件,为防止缩孔产生,采用先慢后快、最后再慢的方法。

10.3.6　铸件的落砂和清理

（1）落砂

将铸件自砂型中取出的过程称为落砂。浇注完成后,铸件必须冷却至一定的温度以下才能落砂。落砂过早,会使铸件产生内应力、变形甚至开裂,铸铁件还易形成白口,造成切削困难。铸铁件一般要冷至 450 ℃以下方可落砂。

（2）清理

铸件落砂后需进行清理。清理工序包括:去除铸件上的浇口、冒口,去除砂芯,清除内外表面的粘砂、飞边及毛刺等。

铸件清理后,应根据产品的技术要求进行检验,合格品即可转入下道工序或入库。

10.3.7　铸件常见的缺陷及分析

对铸件质量的检验,除了检查铸件是否有缺陷及其影响程度外,更主要的是找出造成缺陷的原因,以便采取相应措施。表 10-1 为常见铸件缺陷及产生的原因分析。

表 10-1　　　　　　　　　　　　**常见铸件缺陷及其产生的主要原因**

序号	缺陷名称	缺　陷　特　征	产生的主要原因
1	气孔	在铸件内部、表面或近于表面处,有大小不等的光滑孔眼,形状有圆的、长的及不规则的,有单个的,也有聚集成片的	砂型舂得太紧或透气性差。型砂太湿或起模、修型时刷水太多。型砂通气孔堵塞或型芯未烘干。浇注系统不正确,气体排不出去
2	缩孔	在铸件厚断面处出现形状不规则、孔内粗糙不平、晶粒粗大、呈倒锥形的孔	冒口设置得不正确。合金成分不合格,收缩过大。浇注温度过高。铸件的结构设计不合理,无法进行补缩
3	缩松	在铸件内部微小而不连贯的缩孔,聚集在一处或多处,晶粒粗大,各晶粒间存在很小的孔眼,水压试验时渗水	壁间连接处热节点太大,冒口设置不正确。合金成分不合格,收缩达大。浇注温度过高,浇注速度太快
4	砂眼	在铸件内部或表面有充满砂粒的孔眼(孔形不规则)	由于铸型被破坏,型砂卷入液态金属中而形成
5	渣眼	在铸件内部或表面有充满熔渣的孔眼,孔形不规则,孔眼不光滑	由于液态金属的熔渣进入型腔而形成
6	粘砂	在铸件表面上,全部或部分粘着一层难以除掉的砂粒,使表面粗糙不易加工	砂型舂得太松。浇注温度过高。型砂耐火性不好,砂粒太大。未刷涂料或刷的涂料太薄
7	夹砂	在铸件表面上,有一层金属瘤状物或片状物,表面粗糙,在金属瘤片和铸件之间夹有一层型砂	型砂受热膨胀,表层鼓起或开裂,液态金属渗入开裂的砂层中所造成的。浇注温度过高,浇注速度太慢。砂型局部过紧,水分过多。内浇口过于集中,铸件结构不合理,使砂型局部烧烤严重等
8	冷隔	铸件上有未完全融合的缝隙,接头处边缘圆滑	浇注温度太低,浇注时断流或浇注速度太慢,浇口太小或浇口位置不当
9	热裂	在高温下形成裂缝,裂缝短,缝隙宽,形状曲折不规则,开裂处金属表皮氧化,呈蓝色	铸件结构设计不合理,厚薄差别大。化学成分不当,收缩大,如铸铁中含硫、磷过高。砂型(芯)退让性差,阻碍铸件收缩。浇注系统开设
10	冷裂	是在较低温度下形成的,裂纹细小较平直,分叉少,缝内干净,裂纹表现不氧化,并发亮	不当,使铸件各部分冷却及收缩不均匀,造成过大的内应力。落砂(打箱)过早。落砂时激冷铸件
11	浇不足	铸件未浇满,形状不完整	浇注温度太低。浇注速度太慢或浇注时发生中断。浇入的液体金属量不够或压力太小。浇口太小或未开出气口。铸件结构不合理,如局部太薄或表面太大
12	偏芯	由于型芯变形或发生位移,造成铸件内腔的形状和尺寸不合格	型芯变形。下芯时放偏。型芯没固定好,浇注时被冲偏等
13	错箱	铸件在分型面处错移	合箱时上、下型未对准。定位销或泥记号不准。造型时上、下模型未对准

10.4　铸造工艺设计

[知识要点]

1. 铸件工艺图

2. 选择浇注位置

3. 选择分型面

4. 铸件工艺参数

[教学目标]

1. 明确铸件工艺图的作用

2. 掌握铸件工艺图所涉及的主要内容:浇注位置选择、分型面确定及铸件工艺参数

[相关知识]

　　为了保证铸件的质量,提高生产率,降低成本,在铸造生产前必须进行铸造工艺设计。其设计程序为:零件图→铸件图→铸造工艺图→铸型装配图→工艺卡片→工艺装备设计。本任务主要讨论与绘制工艺图有关的基本设计内容和方法。

10.4.1　铸造工艺图

　　铸造工艺图是在零件图上用各种工艺符号及参数表示出铸造工艺方案的图形,是指导模样设计、生产准备、铸型制造和铸件检验的基本工艺文件。工艺图包括:浇注位置,铸型分型面,型芯的数量、形状、尺寸及其固定方法,冒口和冷铁的尺寸和布置,加工余量,收缩率,浇注系统,起模斜度等。图 10-14 所示是衬套零件图、铸造工艺图及最终成型铸件图。图10-15 所示为支架零件铸造工艺图、模样图和合箱图。

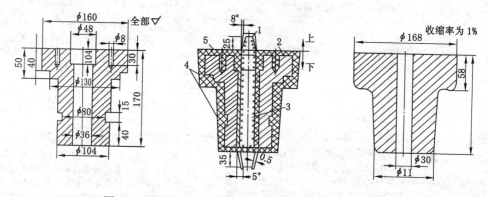

图 10-14　(a)衬套零件图;(b)铸造工艺图;(c)铸件图
1——型芯头;2——分型面;3——型芯;4——起模斜度;5——加工余量

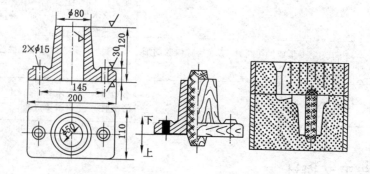

图 10-15　(a)支架零件图;(b)铸造工艺图(左)和模样图(右);(c)合箱图

　　铸造工艺符号及表达方法,见表 10-2。

表 10-2　　　　　　　　　　　常用的铸造工艺符号及其表示方法

名　称	符　号	说　明
分型面	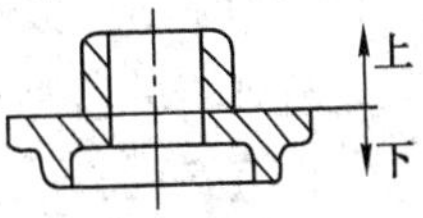	用蓝线或红线和箭头表示
机械加工余量	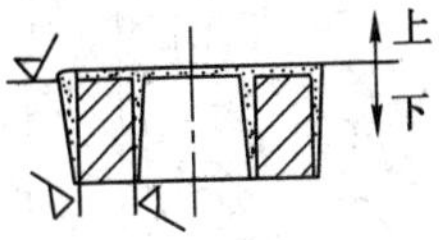	用红线划出轮廓,剖面处全涂以红色(或细网纹格)。加工余量用数字表示。有起模斜度时,一并画出
不铸出的孔和槽	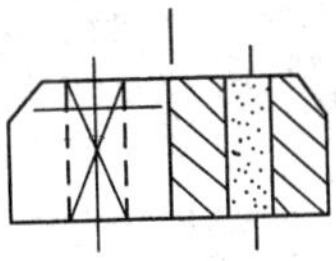	用红"×"表示。剖面处涂以红色(或以细网纹格表示)
型　芯	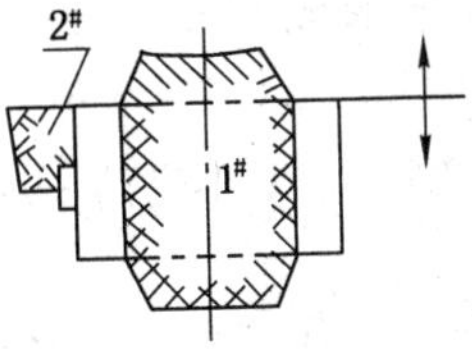	用蓝线划出芯头,注明尺寸。不同型芯用不同剖面线。型芯应按下芯顺序编号
活　块	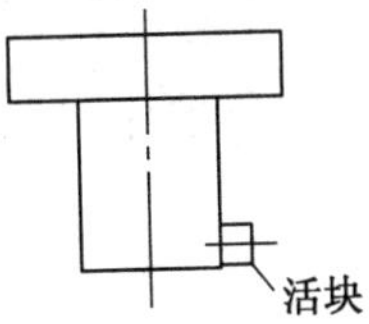	用红线表示,并注明"活块"
型芯撑	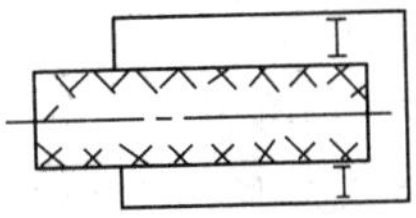	用红色或蓝色表示
浇注系统	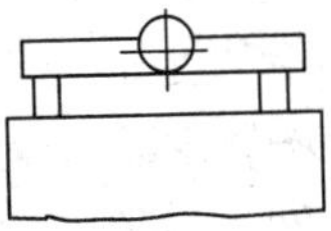	用红线绘出,并注明主要尺寸
冷　铁	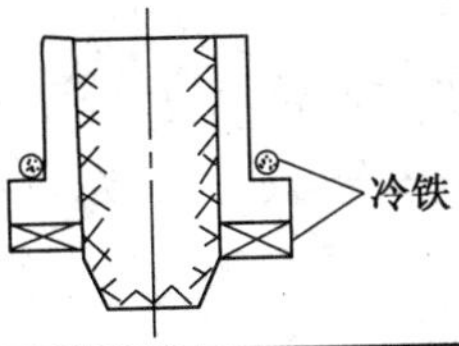	在剖面上用蓝色或绿色线条表示,并要涂满,注明"冷铁"

注:有关型芯头间隙、型芯通气道等,本表从略。

10.4.2　选择铸件的浇注位置

铸件在铸型中所处的位置,称为铸件浇注位置。选择原则为:

① 铸件重要加工面和主要工作面应朝下或置于侧面。铸件在凝固过程中,气体(孔)、

密度小的夹杂物和砂粒等易上浮,因而铸件上表面的质量比较差。例如,机床的导轨面是重要的工作面和加工面,要求组织致密均匀,不允许有表面缺陷,因此应将导轨面置于下面进行浇注,如图 10-16 所示。铸件有两个以上重要加工面时,应将较大面朝上,对朝上的表面采取增大加工余量的方法保证质量。对于表面质量要求均匀一致的轮状类和圆筒类零件,应采用立浇位置来保证质量。图 10-17 为起重机卷筒的立浇方式示意图。

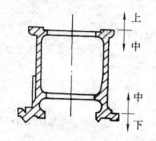

图 10-16　机床床身的浇注位置

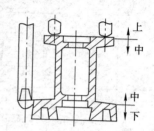

图 10-17　起重机卷筒的浇注位置

②铸件的大平面尽可能向下,以防止平面上形成气孔、砂眼等缺陷。图 10-18 为大平板的浇注位置选择。

③铸件的薄壁部分应放在铸型的下部和侧面,以避免造成浇不足、冷隔等缺陷。图 10-19 为电机端盖浇注位置。

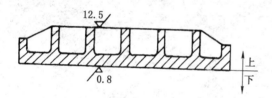

图 10-18　大平板浇注位置

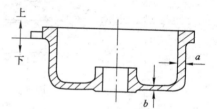

图 10-19　电动机端盖的浇注位置

10.4.3　选择分型面

分型面是指分开铸型便于取出模样所确定的工艺面。它的选择是否合理,对造型的难易程度和铸件精度以及提高生产率都有较大的影响。通常按下列原则选择分型面。

①应使铸件具有最少的分型面。分型面的多少决定造型和砂箱的数目,多一个分型面就要增加一个砂箱,也就多增加一些误差,使造型复杂并影响铸件精度。如铸件只有一个分型面,就可采用工艺简便的两箱造型方法。图 10-20 为套筒件由三箱造型改为两箱造型示意图。

②分型面应尽量采用平直面。在手工造型时,选择平直分型面可以简化模具制造及造型工艺;选择曲折分型面,需采用较复杂的挖砂或假箱造型。图 10-21 为起重臂铸件的两种分型面方案。

③应该尽量使铸件的全部或大部分放在同一砂箱内,或把加工面和加工基准面放在同一砂箱中以保证铸件的精度,也便于造型和合箱。图 10-22 是轮毂的两种分型面选择方案。由于 $\phi161$ 外圆的加工是以 $\phi278$ 为基准的,分型面 A 可将 $\phi161$ 与 $\phi278$ 放在同一砂箱,保证了同心度,有利于切削加工;分型面 B 则容易错箱而使 $\phi161$ 外圆加工余量不够,所以选择分型面 A 合理。

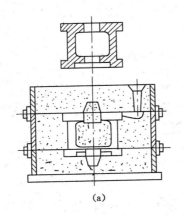 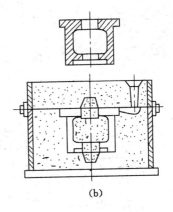

图 10-20 套筒件分型面的选定

(a) 两个分型面;(b) 一个分型面

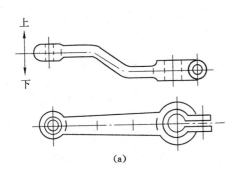 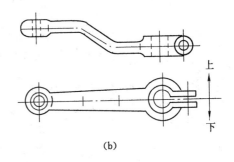

图 10-21 起重臂分型面的选定

(a) 不合理选择;(b) 合理选择

10.4.4 工艺参数的确定

在铸造工艺方案确定以后,为了使绘制的铸造工艺图能够保证铸件的形状和尺寸,还应根据零件图的形状、尺寸和技术要求,确定铸件的工艺参数。

1. 机械加工余量

铸件进行机械加工时被切去的金属层厚度,称为机械加工余量。制造模样时,必须在需要加工表面适当增大尺寸。加工余量的大小,取决于合金的种类、铸件尺寸、生产批量、加工面与基准面的距离和浇注位置等因素。余量过大,浪费材料,增加加工工时和生产成本;余量过小,有可能达不到应有的尺寸和精

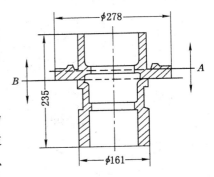

图 10-22 轮毂分型面的选定

度,使铸件报废。对于铸件上的孔、槽,为了节省材料,减少加工量,应尽可能铸出。若孔径太小,不易保证质量时,则可以不铸出,留给机械加工完成。

2. 收缩率

铸件冷却后,由于固态收缩而使尺寸减小。为了保证铸件应有的尺寸,必须使模样的尺寸大于铸件的尺寸。一般灰铸铁的线收缩率为 0.7% ~ 1.0%,铸钢为 1.5% ~ 2.0%,有色

金属为 $1.0\% \sim 1.6\%$。

3. 起模斜度

为了便于从铸型中取出模样,在垂直与分型面的模样表面做成一定斜度,称为起模斜度,如图 1-23 所示。

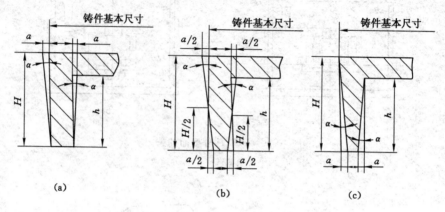

图 10-23　铸件起模斜度

(a) 增加铸件尺寸;(b) 增加和减少铸件尺寸;(c) 减少铸件尺寸

起模斜度的大小应视铸件壁的高度而定,一般取 $15' \sim 3°$。高度愈小,斜度愈大。

为了使型砂便于从模样内腔脱出,以形成自带型芯,铸件内壁的起模斜度应比外壁大,一般取 $3° \sim 10°$。

4. 型芯头

铸件上的孔和内腔是用型芯铸造出来的。型芯在铸型内靠型芯头定位、固定和排气,故型芯头的形状与尺寸直接影响型芯在铸型中装配的工艺性和稳定性。根据型芯在铸件中固定的方式不同,型芯头分为垂直型芯头和水平型芯头两种结构,如图 10-24 所示。

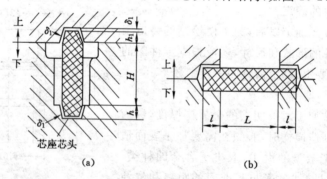

图 10-24　型芯头的形式

(a) 垂直型芯头;(b) 水平型芯头

为了增加型芯的稳定性和可靠性,通常垂直型芯头的下芯头斜度小而长,上芯头的斜度大而短。型芯头与铸型的型芯头座之间应留有 $1 \sim 4$ mm 的间隙,便于合箱和装配。

水平型芯头的长度主要取决于型芯头的截面尺寸和型芯长度。为了便于下芯及合箱,铸型上的型芯座应留有一定的斜度。

10.5　铸件的结构工艺性

[知识要点]

1. 铸造工艺对结构的要求
2. 铸造性能对结构的要求

[教学目标]

掌握铸造工艺及铸造性能对铸件结构的工艺性

[相关知识]

铸件结构工艺性是指铸件的结构满足铸件工艺要求的程度。铸件结构的设计是否合理,对于铸件的质量、生产效率和生产成本有着很大的影响。

在设计铸件结构时,除了应满足零件力学性能要求和机械加工工艺要求外,还必须满足铸造的制模、制芯、合箱装配、清理以及合金铸造性能对铸造结构的要求,力求使工艺过程简单并减少和防止铸造缺陷,保证铸件的质量。因此,铸造的结构应满足以下要求。

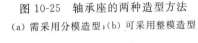

10.5.1　铸造工艺对结构的要求

10.5.1.1　铸件外形应力求简单,结构紧凑

图 10-25 为轴承座铸件,图 10-25(a)所示结构形式需采用分模造型;图 10-25(b)所示为改进后的结构形式,可采用整模造型,简化了制模和造型方法。

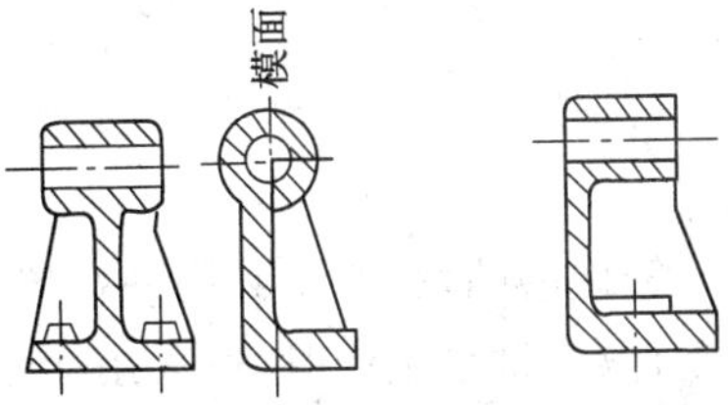

图 10-25　轴承座的两种造型方法
(a)需采用分模造型;(b)可采用整模造型

10.5.1.2　分型面要少且平直

分型面应尽量少,最好采用平直分型面,少用曲面,使制模和造型更简便,同时可保证铸件有较好的精度,见图 10-16 和图 10-17。

10.5.1.3　起模应方便

起模的方向应设计出结构斜度,见表 10-3。如图 10-26 所示,图 10-26(b)在垂直于分型面的非加工面设计出斜坡,这样便于起模且易保持砂型,结构合理;图 10-26(a)无此斜坡,不合理。

表 10-3　　　　　　　　　　　　　铸件的结构斜度

斜　度 $a:h$	角　度 β	适用范围
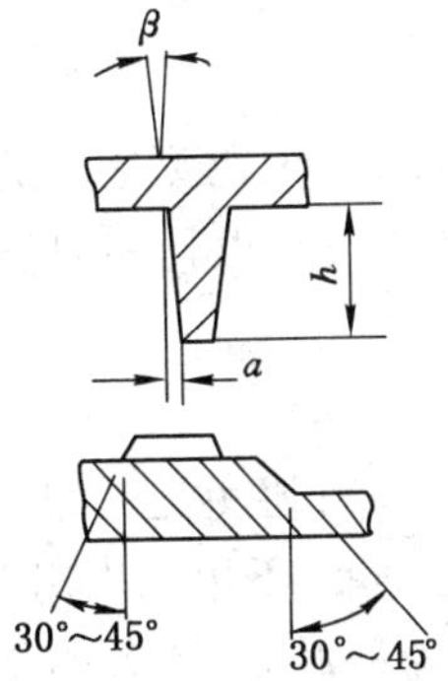 15	11°30′	$h<25$ mm 铸钢和铸铁件
1:10	5°30′	$h=25\sim500$ mm 铸钢和铸铁件
1:20	3°	
1:50	1°	$h>500$ mm 铸钢和铸铁件
1:100	30′	有色合金铸件

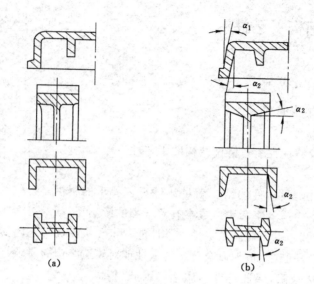

图 10-26　铸件的结构斜度

(a) 无起模斜度；(b) 有起模斜度

　　铸件的凸块、凹缘和凹槽布置应不阻碍起模。图 10-27(a)所示铸件上的凸块阻碍起模，当单件、小批量生产时，可采用活块造型；在大批量生产时，应将结构改为图 10-27(b)所示的形式。改进后的结构便于起模，也不需要采用活块造型。

　　图 10-28(a)所示为铸件上的凹缘或凹槽与分型面不垂直也不平行，难于起模。图10-28(b)所示为改进后的结构。

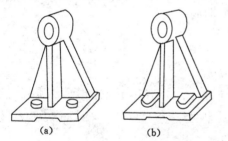

图 10-27　铸件上凸块的改进

(a) 改变前；(b) 改变后

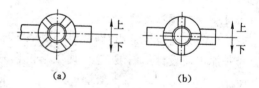

图 10-28　凹缘、凹槽布置

(a) 改变前；(b) 改变后

10.5.4.1　铸件的内腔设计应合理

　　铸件的孔，特别是箱体、床身和立柱等铸件有复杂的内腔，都要采用型芯来形成。制作型芯会使生产周期延长，增加成本，并给装配合箱带来困难，因此，设计铸件内腔时应注意：

　　1. 尽量不用或少用型芯

　　不用或少用型芯能节省制造芯盒、造芯、烘芯的工艺和材料，并可避免造芯过程中的变形以及装配合箱的误差，提高铸件精度，所以，铸件的内腔应尽量简单，不用或少用型芯。图10-29所示为支柱的结构，改为工字截面后[图 10-29(b)]，可省去型芯，并不影响零件本身的功用。

2. 应使铸型中型芯定位准确,安放稳固,排气通畅

型芯的定位、安放、排气主要是依靠型芯头。具有复杂内腔的大型铸件,应该有足够数量和大小的型芯头来定位和固定型芯,必要时可采用工艺孔来加强型芯的固定和排气。如图 10-30(a)所示,2#和 3# 型芯中只有一个芯头,不稳定。

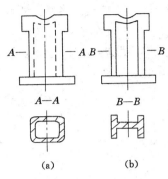

图 10-29　支柱铸件的两种结构

(a) 框形截面;(b) 工字形截面

应尽量避免采用吊芯和悬臂芯,如图 10-30(b)所示。采用吊芯和芯撑固定型芯时,芯撑最后留在铸件中,易形成气孔、焊接不良等缺陷。图 10-30(b)′为改进后的结构,合箱时砂型在下箱,且型芯支撑稳固,便于合箱。图 10-30(c)所示 2# 型芯为悬臂状,必须用芯撑作辅助支撑。改为图 10-30(c)′后采用工艺孔加强芯固定,不但去掉芯撑,还可通过工艺孔排气。

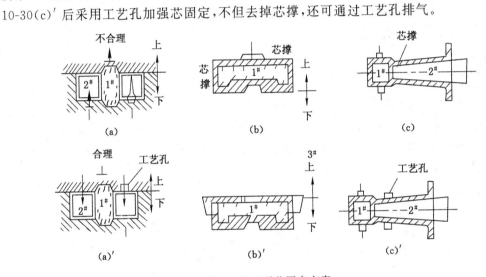

图 10-30　型芯固定方案

3. 铸件结构应便于清砂

图 10-31 所示为机床床身结构,图 10-31(a)为封闭式结构,难以清砂。图 10-31(b)为改进后结构,清砂容易。

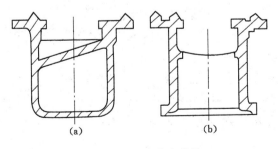

图 10-31　机床床身结构

10.5.2　铸造性能对结构的要求

1. 铸件的壁厚应适当

只要能满足强度的要求,铸件的壁厚应尽量设计得薄些。但每种铸造合金都有其适宜的铸件壁厚范围,过薄会造成冷隔或浇不足等缺陷。铸件的最小壁厚主要取决于合金的种类、铸造方法、铸件尺寸及铸件结构特点,其值可参考表 10-4。

表 10-4　　　　　　　　　　　　　**铸件最小壁厚**

铸型种类	铸件尺寸/μm	最小允许壁厚/mm					
		铸钢	灰铸铁	球墨铸铁	可锻铸铁	铝合金	铜合金
砂型	200×200 以下	6~8	5~6	6	4~5	3~3.5	3~5
	200×200~500×500	10~12	6~10	12	5~8	4~6	6~10
	500×500 以上	18~25	15~20	—	—	5~7	15~20
金属型	70×70 以下	5	4		2.5~3.5	2~3	3
	70×70~150×150	—	5		3.5~4.5	4	4~5
	150×150 以上	10	6			5	6~8

注:① 结构复杂的铸件或灰铸铁牌号高时,选取上限。

② 如有特殊需要,在改善铸造条件下,灰铸铁最小壁厚可≤3 mm;可锻铸铁<3 mm。

2. 铸件的壁厚应尽量均匀

铸件壁厚不均匀会导致局部的金属积聚,使得铸件各部分冷却速度不一致,易产生缩孔及裂纹等缺陷。图 10-32(a)所示的壁厚差过大,图 10-32(b)为改进后的结构,防止了铸造缺陷的产生。

3. 铸件壁的连接应合理

铸件壁与壁连接或转角处,由于厚薄不均容易产生内应力、缩孔、缩松等缺陷,因此设计时应注意防止壁厚的突然变化,避免尖角和大的金属积聚。

4. 铸件应有结构圆角

为了防止铸件因应力集中而产生裂纹,减少粘砂等缺陷,铸件相交表面都应做成圆角过渡,这个圆角称为铸造圆角。铸造圆角可以在模样上做出,也可在修型时修整出来。圆角是铸件结构的基本特征,其圆弧半径的大小与相邻间的壁厚有关。表 10-5 为铸造内圆角半径。

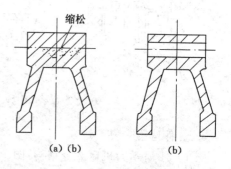

图 10-32　铸件壁厚设计方案
(a) 改进前;(b) 改进后

5. 铸件凝固时能自由收缩,防止内应力过大而产生裂纹

如图 10-33 所示,轮状铸件,如飞轮和皮带轮,应尽可能做成弯曲轮辐或带孔的板状轮辐,借轮辐的微量变形来减少内应力,从而避免拉裂。

6. 在浇注位置上部应避免较大的水平面

铸件上部出现较大水平面易产生气孔和积聚非金属夹杂物等,如图 10-34 所示,因而在浇注位置上部应避免较大的水平面。

表 10-5 铸造内圆角半径 *R* 值/mm

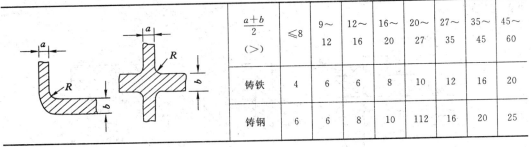

$\dfrac{a+b}{2}$ (>)	≤8	9~12	12~16	16~20	20~27	27~35	35~45	45~60
铸铁	4	6	6	8	10	12	16	20
铸钢	6	6	8	10	112	16	20	25

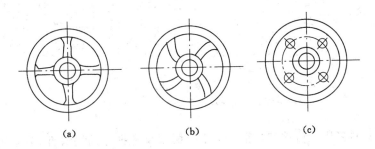

(a) (b) (c)

图 10-33 轮辐的结构

(a) 直轮辐(不合理);(b) 弯轮辐(合理);(c) 带孔的板状轮辐(合理)

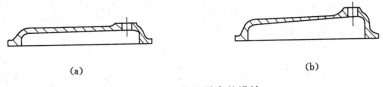

(a) (b)

图 10-34 薄壁罩壳的设计

(a) 工艺性不好;(b) 工艺性好

10.6 特 种 铸 造

[知识要点]

各种特种铸造工艺

[教学目标]

了解各种特种铸造工艺

[相关知识]

除砂型铸造以外的其他铸造方法称为特种铸造。特种铸造的方法很多,但应用较多的有金属型铸造、熔模铸造、压力铸造、离心铸造等。

10.6.1 金属型铸造

将液态金属浇入金属制成的铸型获得铸件的方法称为金属型铸造。

10.6.1.1 金属型的结构

金属型的结构根据分型面的位置不同,可分为垂直分型式、水平分型式、复合分型式等多种结构,如图 10-35 所示。其中垂直分型式的金属型便于开设浇口和取出铸件,易于实现机械化生产,应用广泛。

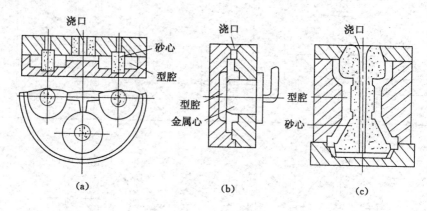

图 10-35　金属型铸造种类

(a) 水平分型式;(b) 垂直分型式;(c) 复合分型式

　　金属型的材料多用灰铸铁和铸钢。由于金属型没有良好的透气性,为了排出型腔内部的气体,应在金属型的分型面上开设许多的通气槽。为了使铸件能在高温下从铸型中取出,一般要设置顶出铸件的机构。

　　铸件的内腔可用金属型芯或砂芯来获得。金属型芯通常只用于有色金属铸件。

10.6.1.2　金属型铸造的特点

　　金属型铸造与砂型铸造相比,有以下特点:

　　1. 优点

　　① 金属模型可以连续重复使用多次,从而实现了一型多铸,节省了大量的造型材料和时间,提高了生产效率,改善了劳动条件。

　　② 铸件有较高的精度和较低的表面粗糙度,一般精度可达 IT14～IT12,表面粗糙度 Ra 值为 12.5～6.5 μm,故加工余量小。

　　③ 金属模型导热性好,铸件冷却速度快,晶粒细小,提高了铸件的力学性能。

　　2. 缺点

　　① 制造成本高,生产准备周期长,只适宜大批量生产。

　　② 无退让性和透气性,铸件易产生裂纹、气孔等缺陷。

　　③ 导热快,使金属的流动性降低,故易产生浇不足、冷隔和夹渣等缺陷。对于铸铁件,还易产生白口组织。

　　在铸造生产中,为了保护铸型,延长其使用寿命,获得高质量的铸件,金属型在浇注前一般需进行预热,并且在铸腔表面喷刷涂料,以调节铸型的导热速度和保护铸型表面不受损伤。常用石英粉、耐火泥或石墨粉等掺入水玻璃、亚硫酸盐溶液等粘接材料配制成涂料。为防止铸件产生裂纹,提高劳动生产率,应使铸件提前出型。

10.6.1.3　金属型铸造的应用

　　金属型一般适用于大批量生产的有色金属铸件,如煤电钻及油泵壳体、发电机活塞等铝合金铸件。

由于黑色金属浇注温度比较高,易损坏铸型,因此,黑色金属使用金属型铸造不如有色金属使用金属型铸造广泛。

10.6.2 熔模铸造

熔模铸造是用易熔材料制造模样,然后用造型材料将其包覆并经过硬化处理后,将易熔模样熔化或烧掉获得无分型面的铸型,最后浇注铸造合金获得铸件的铸造方法。由于制作模样的材料主要用石蜡,形成铸型后可将石蜡模样熔化去除,故又称为失蜡铸造。熔模铸造是一种精密铸造方法。

10.6.2.1 熔模铸造的工艺过程

熔模铸造的工艺过程是:制造母模和压型→制造蜡模→结壳、硬化→熔化蜡模→焙烧→填砂浇铸→脱壳清理,如图 10-36 所示。

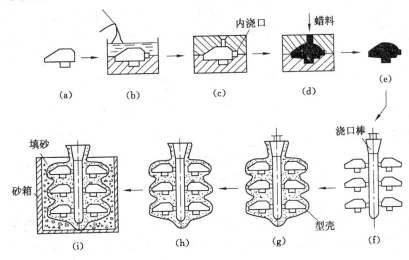

图 10-36 熔模铸造工艺过程

(a) 母模;(b) 制造压型;(c) 制造蜡模;(d) 注蜡;(e) 单个蜡模;
(f) 粘成蜡模组;(g) 蜡模粘砂结壳;(h) 脱蜡焙烧;(i) 填砂浇注

1. 制造母模和压型

母模是用钢或黄铜制成的标准铸件[图 10-36(a)],母模应包含蜡模和铸件材料的双重收缩量。母模用来制造压型。压型常用钢、铝合金或易熔合金制成。压型是制蜡模的专用工具,因此,要求压型有很高的尺寸精度和低的表面粗糙度,以保证蜡模的质量。压模一般由两半型或多块组成[图 10-36(c)]。

2. 制蜡模

蜡模常用 50% 的石蜡、50% 的硬脂酸配制,熔化后压入压型,冷凝后取出则得到蜡模[图 10-36(e)]。为了提高生产率,可将数个蜡模焊在一根蜡制的浇注系统上,组成蜡模组[图 10-36(f)]。

3. 结壳

将制好的蜡模组浸入用水玻璃和石英粉配成的涂料中,取出后在其上撒下一层石英砂,再放入氯化铵溶液中硬化。如此重复至结成 5~10 cm 厚度的硬壳[图 10-36(g)]。

4. 脱蜡

把结壳后的蜡模放入 85 ℃～95 ℃的热水中将蜡料熔化,熔化后的蜡料从浇口中流出[图 10-36(h)]。

5. 焙烧

为了排除残余蜡料,并提高壳型的强度和稳定性,将其放入 800 ℃～950 ℃的加热炉中进行焙烧。

6. 浇注

为了防止在浇注金属液体时壳型破裂和变形,常将壳型放置于砂箱中用干砂填紧,然后进行浇注[图 10-36(i)]。

10.6.2.2　熔模铸造的特点和应用范围

1. 优点

① 熔模铸造由于是用尺寸精度高、表面粗糙度低的压型和熔模制成无分型面的铸型来浇注铸件,故能浇出尺寸精度达 IT14～IT11、表面粗糙度 Ra 值为 12.5～6.3 μm 的复杂形状的铸件,其加工余量小,甚至不需切削加工,节省了金属材料和加工工时。

② 适用于各种铸造合金,特别是形状复杂难以切削加工的高熔点合金。

2. 缺点

① 工艺复杂,生产成本高,不易实现机械化。

② 铸件重量受到限制。

熔模铸造主要是用于中、小型形状复杂,精度要求高或难以进行切削加工的零件,如汽轮机叶片、切削刀具、枪支零件、摩托车零件等。

10.6.3　压力铸造

将液体金属以高压充入金属模型并在压力下凝固制得铸件的生产方法称为压力铸造。压力铸造是一种发展较快、切削少或无须切削的精密加工工艺。

高压和高速是压力铸造区别于普通金属型铸造的重要特征。其常用压力为 5～15 MPa,金属液体流速大约为 5～50 m/s,因此,金属液体充填铸型的时间很短,约为 0.1～0.2 s。

压力铸造是在专用的压铸机上进行的。铸型一般采用耐热合金钢制成。压铸机种类较多,一般常用卧式冷压室式压铸机,其生产工艺过程如图 10-37 所示。

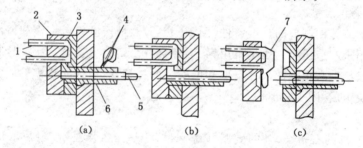

图 10-37　压力铸造工艺过程示意图

(a) 合型,浇入金属液体;(b) 离高压充型;(c) 开型,顶出铸件

1——顶杆;2——动型;3——静型;4——金属液体;5——活塞;6——压缩室;7——铸件

10.6.3.1　压力铸造的生产工艺

压力铸造是利用压铸机产生的高压将液体金属压入压型的型腔中,并在压力下完成凝

固。其主要工序为:闭合压型→压入金属→打开压型→顶出铸件,如图 10-37 所示。

10.6.3.2　压力铸造的特点及应用范围

压力铸造是一种先进的铸造技术,与其他铸造方法相比,有以下特点:

1. 铸件的力学性能高

由于铸件是在高压下结晶凝固,金属的冷却速度快,因此铸件的晶粒细密,力学性能比砂型铸造可提高 15%～40%。

2. 能压铸出极其复杂、薄型的铸件

能直接压铸出螺纹、齿形、花纹及镶嵌件。图 10-38 为青铜芯压铸锌铸件。

3. 铸件尺寸精度高,表面粗糙度小

压铸件的尺寸精度可达到 IT13～IT11,表面粗糙度 Ra 值可达 $3.2～0.8\ \mu m$,可以少切削加工或不切削加工。

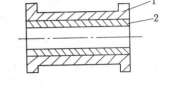

图 10-38　青铜芯压铸锌铸件
1——锌型;2——青铜芯

4. 生产效率高,易实现自动化

如国产卧式冷压室压铸机的工作循环次数可达每小时 30～240 次。

5. 铸件内部易产生气孔和缩松

由于金属液体在型腔中流速太快,易形成涡流,并将气体卷入金属内形成许多小气孔,因此,压铸件不能进行大余量切削加工,以免气孔暴露,降低铸件的使用性能。有气孔的压铸件也不能进行热处理或在高温下工作,因为在高温时气孔内气体会膨胀,会使工件表面鼓包或变形。此外,压铸件凝固快,不易进行补缩。

6. 宜大批量生产

压铸机投资大,结构复杂,制模生产准备时间长,故成本高,不宜小批量生产。

压力铸造主要适用于有色金属及合金的小型薄壁和中小型复杂铸件的大批量生产,在汽车、拖拉机、仪器仪表、电讯器材、航空和日用五金等行业都获得广泛应用。近年来也应用在铸铁、碳钢、不锈钢等黑色金属,并成功地压铸出一些壁薄、结构较复杂的零件,如液压装置的转子、定子及圆锥齿轮等。

10.6.4　离心铸造

离心铸造是将液体金属浇入高速旋转的铸型中,使金属液体在离心力的作用下充填铸型并凝固获得铸件的铸造方法。

离心铸造可用金属型,也可用砂型。离心铸造机按旋转轴在空间的位置分为立式和卧式两种,如图 10-39 所示。

立式离心铸造如图 10-39(a)所示。铸型绕垂直轴旋转,铸件的内表面呈抛物面。它主要用于制造高度较小的盘类铸件。

卧式离心铸造如图 10-39(b)所示。铸型绕水平轴旋转,铸件壁厚均匀,适用于制造较长的圆筒类铸件。

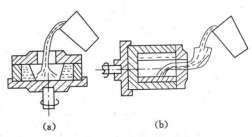

图 10-39　离心铸造示意图
(a)立式离心铸造;(b)卧式离心铸造

1. 离心铸造的优点

① 铸件组织细密,力学性能较好。由于铸件在离心力作用下完成浇注和凝固,金属液体中的气体、熔渣等密度小的夹杂物都集中到铸件的内表面,因此,铸件组织致密,无缩孔、气孔、夹渣等缺陷。

② 当铸件为圆形中空件时,可以省去型芯,同时不用浇注系统,节省了金属材料。

③ 可浇注流动性较差的合金铸件,并可铸造双层金属铸件和薄型铸件。

2. 离心铸造的缺点

① 内孔表面质量差。由于离心力的作用,使密度小的非金属夹杂物都集中到铸件的内表面,所以,内孔尺寸不精确,表面粗糙,增加了机械加工量。

② 容易产生密度偏析,因此,对成分易偏析的合金不宜使用。

3. 应用范围

离心铸造适用于铸造空心回转体的铸件,如输油管、煤气管、水管、气缸管、活塞环等要求组织致密的铸件及浇注双层金属铸件等。

10.7 铸造技术现状与发展趋势

［知识要点］

国内外铸造工艺现状与发展趋势

［教学目标］

了解铸造工艺现状与发展趋势

［相关知识］

10.7.1 国外铸造技术发展现状

国外发达国家总体上铸造技术先进、产品质量好、生产效率高、环境污染少、原辅材料已形成商品化系列化供应。生产普遍实现机械化、自动化、智能化(计算机控制、机器人操作)。铸铁熔炼使用大型、高效、除尘、微机测控、外热送风无炉衬水冷连续作业冲天炉,普遍使用铸造焦,冲天炉或电炉与冲天炉双联熔炼,采用氮气连续脱硫或摇包脱硫使铁液中硫含量达0.01%以下,熔炼合金钢精炼多用 AOD、VOD 等设备,控制钢液中 H、O、N 含量。

在重要铸件生产中,对材质要求高,采用先进的无损检测技术有效控制铸件质量。普遍采用液态金属过滤技术。

广泛应用合金包芯线处理技术,使球铁、蠕铁和孕育铸铁工艺稳定、合金元素收得率高、处理过程无污染,实现了微机自动化控制。

铝基复合材料被广泛重视并日益转向工业规模应用,如汽车驱动杆、缸体、缸套、活塞、连杆等各种重要部件都可用铝基复合材料制作,并已在高级赛车上应用;在汽车向轻量化发展的进程中,用镁合金材料制作各种重要汽车部件的量已仅次于铝合金。

采用热风冲天炉、两排大间距冲天炉和富氧送风,电炉采用炉料预热、降低熔化温度、提高炉子运转率、减少炉盖开启时间,加强保温和实行微机控制优化熔炼工艺。在球墨铸铁件生产中广泛采用小冒口和无冒口铸造。铸钢件采用保温冒口、保温补贴,工艺出品率由60%提高到80%。考虑人工成本高和生产条件差等因素而大量使用机器人。

在大批量中小铸件的生产中,大多采用微机控制的高密度静压、射压或气冲造型机械化、自动化高效流水线湿型砂造型工艺,砂处理采用高效连续混砂机、人工智能型砂在线控制专家系统,制芯工艺普遍采用树脂砂热、温芯盒法和冷芯盒法。熔模铸造普遍用硅溶胶和硅酸乙酯做黏结剂的制壳工艺。

　　成功地采用 EPC 技术(消失模铸造,Expendable Casting Process,简称 EPC)大批量生产汽车汽缸体、缸盖等复杂铸件,生产率达 180 型/h。在工艺设计、模具加工中,采用 CAD/CAM/RPM 技术;在铸造机械的专业化、成套化制备中,开始采用 CIMS 技术(计算机/现代集成制造系统,Computer/contemporary Integrated Manufacturing Systems,简称 CIMS)。铸造生产全过程主动、从严执行技术标准,铸件废品率仅 2%～5%;标准更新快(标龄 4～5 年);普遍进行 ISO 9000、ISO14000 等认证。

　　重视开发使用互联网技术,纷纷建立自己的主页、站点。铸造业的电子商务、远程设计与制造、虚拟铸造工厂等飞速发展。

10.7.2　我国铸造技术发展现状

　　总体上,我国铸造领域的学术研究并不落后,很多研究成果居国际先进水平,但转化为现实生产力的少。国内铸造生产技术水平高的仅限于少数骨干企业,行业整体技术水平落后,铸件质量低,材料、能源消耗高,经济效益差,劳动条件恶劣,污染严重。近年开发推广了一些先进熔炼设备,开始引进 AOD、VOD 等精炼设备和技术,提高了高级合金铸钢的内在质量。

　　金属基复合材料研究有进步,短纤维、外加颗粒增强、原位颗粒增强研究都有成果,但较少实现工业应用。环保执法力度日渐加强,迫使铸造业开始重视环保技术。

　　商品化 CAE 软件已上市。一些大中型铸造企业开始在熔炼方面用计算机技术,控制金属液成分、温度及生产率等。

　　铸造业互联网发展快速,部分铸造企业网上电子商务活动如一些铸造模具厂实现了异地设计和远程制造。铸造专家系统研究虽然起步晚,但进步快。先后推出了型砂质量管理专家系统、铸造缺陷分析专家系统、自硬砂质量分析专家系统、压铸工艺参数设计及缺陷诊断专家系统等。

　　机械手、机器人在落砂、铸件清理、压铸及熔模铸造生产中开始应用。

10.7.3　我国铸造技术发展趋势

　　1. 铸造合金材料

　　以强韧化、轻量化、精密化、高效化为目标,开发铸铁新材料;开发薄壁高强度灰铸铁件制造技术、铸铁复合材料制造技术(如原位增强颗粒铁基复合材料制备技术等)、铸铁件表面或局部强化技术(如表面激光强化技术等);研制耐磨、耐蚀、耐热特种合金新材料;开发铸造合金钢新品种(如含氮不锈钢等性能价格比高的铸钢材料),提高材质性能、利用率、降低成本、缩短生产周期。开发优质铝合金材料,特别是铝基复合材料。开发铸造复合新材料,如金属基复合材料、母材基体材料和增强强化组分材料;加强颗粒、短纤维、晶须非连续增强金属基复合材料、原位铸造金属基复合材料研究;开发金属基复合材料后续加工技术;开发降低生产成本、材料再利用和减少环境污染的技术;拓展铸造钛合金应用领域、降低铸件成本。开展铸造合金成分的计算机优化设计,重点模拟设计性能优异的铸造合金,实现成分、组织与性能的最佳匹配。

　　2. 铸造原辅材料

　　建立新的与高密度黏土型砂相适应的原辅材料体系,根据不同合金、铸件特点、生产环境、开发不同品种的原砂、少无污染的优质壳芯砂;将湿型砂黏结剂发展重点放在新型煤粉及取代煤粉的附加物开发上。

开发酚醛—酯自硬法、CO_2—酚醛树脂法所需的新型树脂,提高聚丙烯酸钠—粉状固化剂—CO_2法树脂的强度、改善吸湿性、扩大应用范围;开展酯硬化碱性树脂自硬砂的原材料及工艺、再生及其设备的研究,以尽快推广该树脂自硬砂工艺;开发高反应活性的树脂及与其配套的廉价新型温芯盒催化剂,使制芯工艺由热芯盒法向温芯盒、冷芯盒法转变,以节约能源、提高砂芯质量。

加强对水玻璃砂吸湿性、溃散性研究,尤其是应大力开发旧砂回用新技术,尽最大可能再生回用铸造旧砂,以降低生产成本、减少污染、节约资源消耗。

开发树脂自硬砂组芯造型,在可控气氛和压力下充型的工艺和相关材料,加强国产特种原砂与少无污染高溃散树脂的开发研究,以满足生产薄壁高强度铝合金缸体、缸盖的需要。提高覆膜砂的强韧性,改善覆膜砂的溃散性,改善覆膜砂的热变形性,加快覆膜砂的硬化速度。

建立与近无余量精确成形技术相适应的新涂料系列——大力开发有机和无机系列非占位涂料,用于精确成形铸造生产。

在铸造生铁质量改善和采用脱硫技术的前提下,改进球化剂配方,降低镁、稀土含量、提高球化效果;开发特种合金用球化剂及特种工艺用球化剂。

增加孕育剂品种,开发针对性强的孕育剂,提高孕育剂粒度的均匀性。

开发新型脱硫剂。

开发适应 RID、F1 技术的精炼剂和精炼—变质—体化铝合金熔剂。

推动计算机专家系统在型砂等造型材料质量管理中的应用。

3. 合金熔炼

发展 5 t/h 以上大型冲天炉并根据需要采用外热送风、水冷无炉衬连续作业冲天炉;推行冲天炉—感应炉双联熔炼工艺;广泛采用先进的铁液脱硫、过滤技术,配备直读光谱仪、碳当量快速测定仪、定量金相分析仪及球化率检测仪,应用微机技术于铸铁熔体热分析等。开发新的合金孕育技术(如迟后孕育等),推广合金包芯线技术,提高球化处理成功率,降低铸件废品率并提高铸件综合性能。

采用氩气搅拌、钙线射入净化、AOD、VOD 等精炼技术,提高钢液的纯净度、均匀度与晶粒细化程度,减少合金加入量,提高铸件强韧性,减轻铸件重量与降低废品率。

铝合金铸件生产中,着重解决无污染、高效、操作简便的精炼技术、变质技术、晶粒细化技术和炉前快速检测技术。引进和消化 RID、FI 等先进精炼技术,提高铝合金熔炼水平。

4. 砂型铸造

大力改善铸件内在、外部质量(如尺寸精度与表面粗糙度)、减少加工余量,进一步推广应用气冲、高压、射压和挤压造型等高度机械化、自动化、高密度湿砂型造型工艺是今后中小型铸件生产的主要发展方向。

开发三乙胺冷芯盒法抗湿性及抗铸件脉纹技术,以节约黏结剂、减少污染、减少铸件缺陷、降低生产成本。

改进和提高垂直分型无箱射压造型机和空气冲击造型机的性能、控制系统的功能,同时对造型线辅机应按通用化、系列化原则进行开发,提高配套水平。抓紧开发适合于形状复杂模样造型或多品种批量生产所需要的个性化、实用型气流－压实造型机。

提高砂处理设备的质量、技术含量、技术水平和配套能力,尽快填补包括旧砂冷却装置和适于运送旧砂的斗式提升机在内的技术空白,努力提高砂处理系统的设计水平。

研制多样化、使用效果好、寿命长的树脂自硬砂成套设备,增加品种提高性能。

优先推广树脂自硬砂、冷芯盒自硬工艺、温芯盒法及壳型(芯)法;开发无或少污染黏结剂、催化剂、硬化剂及配套的防污染技术,开发能消除树脂砂铸件缺陷的材料和树脂砂复合技术。

开发精确成形技术和近精确成形技术,大力发展可视化铸造技术,推动铸造过程数值模拟技术 CAE 向集成、虚拟、智能、实用化发展;基于特征化造型的铸造 CAD 系统将是铸造企业实现现代化生产工艺设计的基础和前提,新一代铸造 CAD 系统应是一个集模拟分析、专家系统、人工智能于一体的集成化系统。采用模块化体系和统一数据结构,且与 CAM/CAPP/ERP/RPM 等无缝集成;促使铸造工装的现代化水平进一步提高,全面展开 CAD/CAM/CAE/RPM、反求工程、并行工程、远程设计与制造、计算机检测与控制系统的集成化、智能化与在线运行,催发传统铸造业的革命性进步。

5. 信息化

开发既分散又集成、形式多样的适用于铸造生产各方面(如设计、制造、诊断、监督、规划、预测、解释及教学等)需要的计算机专家系统,并在生产使用中不断完善,向多功能、高效率、实用化目标发展,使之与铸造 CAD/CAPP/CAE/CAM 集成;开发适应中国国情的铸造行业 MRP-Ⅱ(制造资源计划)系统,并进一步向 ERP(企业资源计划)发展。推行计算机集成制造系统(CIMS),借助计算机网络、数据库集成各环节产生的数据,综合运用现代管理技术、制造技术、信息技术、系统工程技术,将铸造生产全过程中有关人、技术、设备与经营管理要素及信息流、物质流有机集成,实现铸造行业整体优化,解决参与竞争所面临的一系列问题,最终实现产品优质、低耗、上市快。

研究互联网对铸造产业的影响与对策,建立自己的主页,开发铸造企业网上技术交流、电子商务、铸造异地设计和远程制造技术、分散网络化铸造技术(DNC),尽早驶上"信息高速公路",利用网络化高新技术的巨大动力推动铸造业的现代化深刻变革。

思 考 题

1. 何谓铸造? 砂型铸造工艺有哪些基本工序?
2. 什么是造型材料? 型砂应具备哪些性能?
3. 手工造型有哪几种基本方法?
4. 什么是浇注系统? 冒口和排气口有什么作用?
5. 什么是合金的铸造性能? 它主要包括哪些方面?
6. 冲天炉的炉料由哪几部分组成? 为什么要加熔剂?
7. 什么是铸件结构工艺性? 应从哪几方面来保证铸件有较好的结构工艺性?
8. 什么是金属型铸造? 它有什么特点?
9. 什么是熔模铸造? 它与金属型铸造比较有什么特点?
10. 离心铸造和压力铸造有什么特点? 它们主要适用于什么范围?

第11章 锻 压

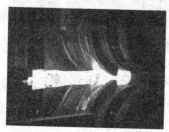

　　锻压是锻造和冲压的合称,是利用锻压机械的锤头、砧块、冲头或通过模具对坯料施加压力,使之产生塑性变形,从而获得所需形状和尺寸的制件的成形加工方法。

　　中国约在公元前2000多年已应用冷锻工艺制造工具,如甘肃武威皇娘娘台齐家文化遗址出土的红铜器物,就有明显的锤击痕迹。商代中期用陨铁制造武器,采用了加热锻造工艺。春秋后期出现的块炼熟铁,就是经过反复加热锻造以挤出氧化物夹杂并成形的。

　　锻压可以改变金属组织,提高金属性能。铸锭经过热锻压后,原来的铸态疏松、孔隙、微裂等被压实或焊合;原来的枝状结晶被打碎,使晶粒变细;同时改变原来的碳化物偏析和不均匀分布,使组织均匀,从而获得内部密实、均匀、细微、综合性能好、使用可靠的锻件。锻压工艺的未来发展趋势是:

　　① 提高锻压件的内在质量,主要是机械性能和可靠度。

　　② 进一步发展精密锻造和精密冲压技术。

　　③ 研制生产率和自动化程度更高的锻压设备和锻压生产线。

　　④ 发展柔性锻压成形系统,使多品种、小批量的锻压生产能利用高效率和高自动化的锻压设备或生产线,使其生产率和经济性接近于大批量生产的水平。

　　⑤ 发展新型材料,如粉末冶金材料(特别是双层金属粉)、液态金属、纤维增强塑料和其他复合材料的锻压加工方法,发展超塑性成形、高能率成形、内高压成形等技术。

　　本章主要了解金属的塑性变形原理;初步掌握自由锻、模锻以及胎模锻的原理、生产特点及用途;熟悉板料冲压的基本工序。

11.1　概　　述

[知识要点]

锻压的概念及分类

[教学目标]

1. 掌握锻压的概念

2. 熟悉各种锻压方法及应用

[相关知识]

锻压是在外力作用下使金属产生塑性变形,从而获得具有一定形状、尺寸和力学性能的零件或毛坯的加工方法。它包括锻造和压力加工。

锻压是机械制造中生产毛坯的主要方法之一。锻压件由于质量优良、性能可靠,所以很多受力复杂而力学性能要求高的重要零件均采用锻压加工制造。例如各种轴类零件、齿轮、涡轮机叶轮、工程机械上的履带板及轨链节等。

11.1.1　锻压生产的特点

1. 能提高金属材料的力学性能

金属铸锭经过锻压塑性变形后,可获得晶粒细小致密的组织,消除由于铸造形成的内部微裂纹、气孔及缩松等缺陷,提高金属的力学性能,并且沿外力方向形成纤维组织,也改善了性能。

2. 节省金属材料

由于力学性能的提高,单位截面上承载能力增加,可减小零件的截面尺寸。同时,它的变形是通过金属体积的重新分布,而不是用切削方法改变金属毛坯的形状和尺寸,所以,节约了金属材料。

3. 生产效率高

由于少切削和无切削锻压技术的发展,可以通过锻压直接获得零件,因而大大提高了生产效率。例如,热轧钻头、齿轮及冷轧丝杠等。

锻压加工与铸造等方法相比也有它的不足之处。例如,不能获得形状复杂的零件,塑性差的材料锻压困难。

11.1.2　锻压生产的分类及应用

根据金属坯料在锻压过程中受力和成型的方式不同,有以下几种生产方法。

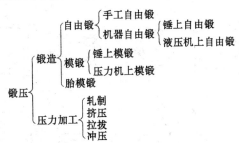

1. 轧制

使金属坯料通过回转轧辊的间隙而变形的加工方法称为轧制,如图 11-1 所示。轧制主要用于生产各种规格的型材,如钢板、角钢、槽钢、钢管等。如图 11-2 所示。用这种方法也能直接生产齿轮、钻头等热轧零件。

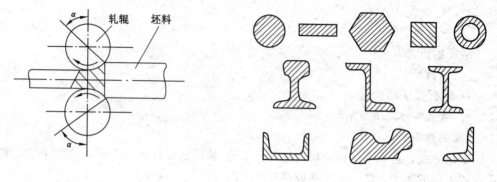

图 11-1　轧制示意图　　　　　　　　　　　　　图 11-2　轧制产品

2. 挤压

利用压力将模腔中的金属坯料从模孔中挤出成型的加工方法称为挤压,如图 11-3 所示。挤压主要用于生产精度要求高和表面粗糙度低的薄壁、深孔、异形截面的复杂零件,如图 11-4 所示。

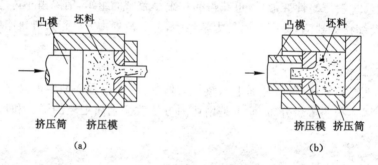

(a)　　　　　　　　　　　　　　　　(b)

图 11-3　挤压示意图
(a) 正挤压;(b) 反挤压

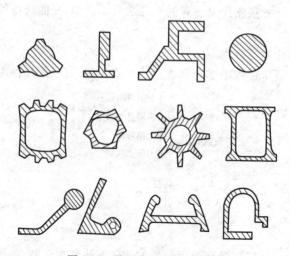

图 11-4　挤压产品截面形状图

3. 拉拔

利用拉力使金属坯料通过拉模产生变形的加工方法称为拉拔,如图 11-5 所示。拉拔主要用于生产异形钢材、管道及钢丝等,如图 11-6 所示。

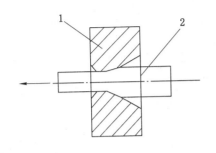

图 11-5　拉拔示意图

1——拉模；2——坯料

图 11-6　拉拔产品截面形状图

4. 冷冲压

利用冲模使金属坯料在冲压模间受压,产生切离或变形的加工方法称为冷冲压,如图 11-7 所示。

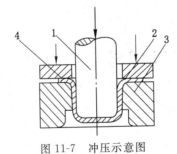

图 11-7　冲压示意图

1——拉深凸模；2——压力圈；3——拉深凹模；4——工件

5. 锻造

利用冲击力和压力,使金属坯料在铁砧间或模腔内产生变形的加工方法称为锻造,如图 11-8 所示。锻造是生产重要零件毛坯的主要加工方法,如主轴、连杆、齿轮、重要螺栓等。锻造又分为自由锻造、模型锻造、胎模锻造等。

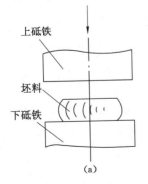 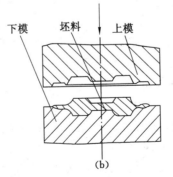 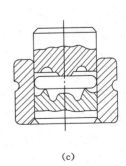

(a)　　　　　　　　　　(b)　　　　　　　　　(c)

图 11-8　锻造生产方式示意图

(a) 自由锻造；(b) 模型锻造；(c) 胎模锻造

11.2　金属塑性变形原理

[知识要点]

金属的塑性变形原理

[教学目标]

1. 理解金属的塑性变形过程

2. 了解塑性变形对(加热时)金属组织和性能的影响

3. 理解金属的可锻性

[相关知识]

11.2.1　金属的塑性变形

金属在外力作用下尺寸和形状发生的变化称为变形。在力学性能实验中已知,当金属材料的内应力超过屈服极限后,金属材料将产生塑性变形。

1. 单晶体的塑性变形

单晶体的塑性变形主要是在外力作用下晶格中的一部分沿着一晶面产生相对滑移而引起的变形,即滑移变形,如图 11-9 所示。产生滑移的晶面称为滑移面。晶格的滑移主要是发生在原子密度最大的晶面上,并沿着原子密度最大的方向进行。不同类型的晶格,由于滑移面和滑移方向的不同,金属的塑性变形能力也不同。

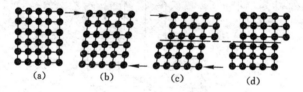

图 11-9　单晶体滑移变形示意图

(a) 未变形;(b) 弹性变形;(c) 弹塑性变形;(d) 塑性变形

2. 多晶体的塑性变形

多晶体是由许多外形不规则的小晶粒组成的。它的塑性变形除了各晶粒内部的滑移变形外,还有晶粒与晶粒之间的滑移变形,即晶间变形(如图 11-10 所示)。由于晶界处原子排列比较紊乱,并聚集着杂质,使晶间变形受到阻碍,因此,晶界处的塑性变形抗力比晶粒本身的变形抗力大。另外,多晶体中各个晶格的方位不同,在晶粒发生滑移时,会受到周围方位不同的晶粒的影响和约束,使得滑移抗力增加。金属的晶粒愈细

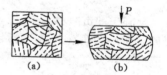

图 11-10　多晶体塑性

变形示意图

(a) 变形前;(b) 变形后

小,晶界的面积愈大,变形抗力就愈大,金属的强度也愈高;晶粒愈细小,金属的滑移可分散在更多的晶粒内进行,金属的塑性也愈好。因此,在生产中都尽量获得细晶粒组织。

11.2.2　塑性变形对金属组织和性能的影响

1. 在金属内部产生纤维组织

在金属材料发生塑性变形时,其内部晶粒会沿变形方向被压扁或拉长,其中的脆性杂质破碎并沿伸长方向呈碎粒状或链状分布,塑性杂质沿伸长方向呈带状分布。当变形程度很

大时,晶粒将会伸长为细条状。再结晶时,晶粒形状改变,但定向伸长的杂质分布状态保留了下来,呈现出一条条连续或断续的流线状,这就称为纤维组织,如图 11-11 所示。

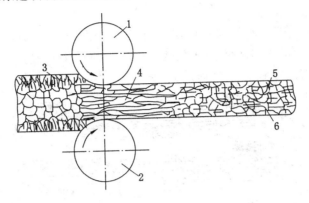

图 11-11 钢锭热轧时组织变化示意图

1——上轧辊;2——下轧辊;3——铸态晶粒;4——变形后晶粒;5——再结晶细晶粒;6——纤维组织

纤维组织的稳定性很高,用热处理或其他方法不能消除它的存在,只有通过变形才能改变它的分布方向和形状。这种纤维组织的存在,使得钢材的性能在不同方向上有明显的差异,因此,设计和制造零件应充分利用纤维组织的分布,使零件工作时最大应力与纤维方向一致,最大剪应力与纤维方向垂直,并使纤维沿零件轮廓分布而不剪断,充分发挥纤维组织的作用。

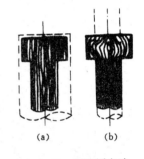

图 11-12 用不同方法制造螺钉时其纤维分布示意图
(a) 切削加工法制造;
(b) 局部镦粗法制造

例如,图 11-12(a)所示是采用棒料直接加工制造螺钉,由于纤维切断,未能沿轮廓分布,头部所受剪应力与纤维方向一致,故质量不好。而图 11-12(b)为局部镦粗法制造的螺钉,该处剪应力与纤维方向垂直,故质量好。

图 11-13(a)为用棒料直接切削加工制成的齿轮。受力时,齿根处的正应力与纤维垂直,则质量不好;图 11-13(b)为钢板模锻齿轮,齿 1 的齿根处正应力与纤维方向重合,质量好;但齿 2 的齿

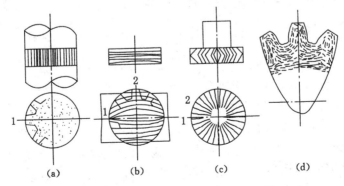

图 11-13 用不同方法制造的齿轮纤维分布示意图

(a) 圆钢切制;(b) 扁钢模锻;(c) 镦粗后切制;(d) 热轧成型

根处正应力垂直于纤维方向,故质量不好。图 11-13(c)是棒料镦粗后制成的齿轮,所有齿根处正应力与纤维方向一致,因而质量好。图 11-13(d)是采用热轧成型的全连续纤维齿轮,质量最好。

图 11-14(a)所示为切削法制成的曲轴,其纤维被切断,承载能力较差;图 11-14(b)为锻压成型的曲轴,其纤维沿轮廓分布,故承载能力较好;图 11-14(c)是热轧全连续纤维锻造成型的曲轴,纤维分布合理,承载能力最高。

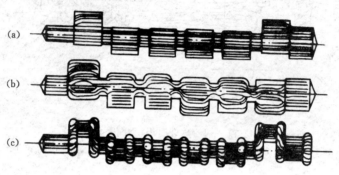

图 11-14　用不同方法制造的曲轴纤维分布示意图
(a) 切断纤维;(b) 半连续纤维;(c) 全连续纤维

2. 产生加工硬化

由于金属塑性变形带来的组织变化引起滑移面附近的晶格严重畸变,甚至产生碎晶块,增加了滑移的阻力,阻碍了晶粒的继续滑移,使强度、硬度增加,塑性和韧性下降,这种现象称为加工硬化。加工硬化随变形程度的增大而增加,如图 11-15 所示。

加工硬化在生产中具有很大的实际意义。对于有些不能用热处理方法强化的金属和合金,它是提高金属性能的重要手段。例如,纯金属、铜合金和铬不锈钢等,可以通过加工硬化来强化,提高它们的强度、硬度。但加工硬化也会给金属材料的进一步加工带来困难,因此,有时需要在加工过程中进行中间退火,消除加工硬化,以恢复金属材料继续变形的能力。

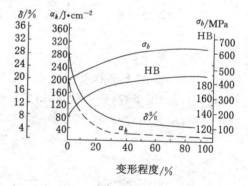

图 11-15　常温下塑性变形对低碳钢力学性能的影响

3. 产生内应力

金属在塑性变形时,由于各部分变形不均匀以及晶格的畸变,必然使金属内部产生内应力。内应力的产生会降低工件的承载能力,引起尺寸、形状发生变化,还会降低金属耐蚀性能。因此,金属在塑性变形后一般要进行去应力退火,以减少或消除内应力。

11.2.3　塑性变形后的金属在加热时组织和性能的变化

金属在塑性变形后带来的加工硬化和应力是一种不稳定的状态,具有自发恢复到稳定状态的趋势。但由于在室温下原子的扩散能力较弱,故不易实现。当对塑性变形的金属进行加热时,原子的活动能力增加,将促使原子得以恢复正常的排序,消除晶格的畸变。其变化过程分三个阶段进行：回复→再结晶→晶粒长大，如图 11-16 所示。

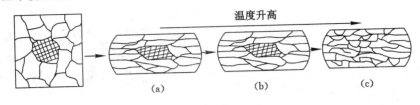

图 11-16　回复与再结晶示意图
(a) 冷变形；(b) 回复；(c) 再结晶

1. 回复

当加热温度不高时，原子的活动能力较低，还不能发生显微组织变化，只能使晶格畸变程度减轻，内应力降低，其力学性能变化不大，这个变化阶段称为回复，如图 11-16(b) 所示。在生产中利用这一阶段来消除内应力，保留加工硬化性能的热处理方法称为低温去应力退火。一般纯金属的回复温度有以下关系式

$$T_{回} = (0.25 \sim 0.3) T_{熔}$$

式中　$T_{回}$——金属回复的绝对温度；

　　　$T_{熔}$——金属熔化的绝对温度。

2. 再结晶

当温度继续升高到该金属熔化绝对温度的大约 0.4 倍时，金属原子获得更大的热能，即开始以某些碎晶或杂质为核心生成新的晶粒，金属的组织和性能恢复到塑性变形前的状态，从而消除全部加工硬化现象，这一变化过程称为再结晶，如图 11-16 所示，这一温度称为再结晶温度

$$T_{再} = 0.4 T_{熔}$$

式中　$T_{再}$——金属再结晶的绝对温度。

将塑性变形后的金属加热到再结晶温度以上，使其得到再结晶组织的热处理方法称为再结晶退火。在常温下对钢和其他一些金属进行压力加工，常需安排再结晶退火工序，以消除加工硬化，恢复塑性，便于进一步加工。

3. 晶粒长大

再结晶的过程也是新晶粒的生核和长大过程。经过塑性变形的金属，通过加热再结晶，一般都得到细晶粒状组织。如果加热温度过高或加热时间过长，则晶粒将继续长大，使力学性能降低。图 11-17 为变形后金属在不同加热温度下的组织和性能变化示意图。

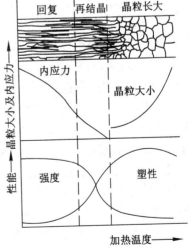

图 11-17　变形金属在不同加热温度下的晶粒及性能变化示意图

11.2.4　金属塑性变形的形式

金属在不同温度下变形后形成的组织和性能也不同。一般把金属的塑性变形分为冷变形和热变形两种。

1. 冷变形

在再结晶温度以下的塑性变形称为冷变形，冷变形后有明显的加工硬化现象。通过冷变形，工件可以获得较高的硬度和低的表面粗糙度。冷变形主要用于低碳

钢、有色金属及合金薄件和小型零件加工。如内燃机活塞销、自行车链条、冷卷弹簧等。

2. 热变形

在再结晶温度以上的塑性变形称为热变形。金属在热变形下能以较小的外力获得较大的变形。变形后，由于再结晶及时消除了加工硬化，因而只有再结晶组织而无加工硬化现象。如钢锭热轧时，由于变形速度极快，会出现短暂的加工硬化现象，晶粒被拉长，但立刻发生再结晶，得到细小的再结晶晶粒。

热变形可以使毛坯在铸造过程中形成的气孔、缩松等缺陷被压合，提高金属组织的致密性，消除部分偏析。变形后获得的细小的再结晶组织，改善了金属材料的力学性能。另外，纤维组织使金属的力学性能具有方向性，利用这种方向性，可以提高工件沿纤维方向的承载能力。因此，凡受力较大或承受冲击载荷的重要零件，如机床主轴、起重机吊钩、连杆螺栓、曲轴、连杆和齿轮等，都采用热变形来制造毛坯。

11.2.5　金属的可锻性

金属的可锻性是指金属接受锻压塑性成型加工的难易程度。可锻性好，金属容易锻压加工成型；可锻性差，表明金属锻压成型加工困难。

金属的可锻性是用金属的塑性和变形抗力两个因素来进行综合衡量的，它取决于金属的本质和加工条件。

1. 金属的本质

（1）化学成分的影响

不同的金属，其塑性和变形抗力是不同的，可锻性也不同。一般纯金属比合金的可锻性好。例如，工业纯铁比含碳量高的钢塑性好，变形抗力小，可锻性好。含碳量大于 2% 的铁碳合金无法进行锻压加工。若钢中含有易形成碳化物的元素钨、铬、钼、钛等，金属的可锻性就差。

（2）金属组织的影响

相同化学成分的金属材料，若组织不同，其可锻性也不同。当呈单相固溶体时，可锻性好，因此，一般都要将钢加热到单相奥氏体状态下锻造。而渗碳体的可锻性很差，铸态组织和粗晶粒结构不如晶粒小而均匀的组织可锻性好。

2. 变形条件

（1）变形温度的影响

提高金属的变形温度，原子活动能力增强，原子之间的吸引力削弱，可以减少滑移所需要的力，塑性增大，变形抗力减小，使得金属的可锻性提高。

（2）变形速度的影响

变形速度即单位时间的变形量，它对金属可锻性的影响是两方面的。一方面，变形速度增大，回复和再结晶不能及时消除加工硬化现象，金属的塑性下降，变形抗力增加，可锻性降低。另一方面，金属在变形过程中消耗于塑性变形的能量，有一部分要转化为热能，使得金属的温度升高，这种现象称为金属的热效应。变形速度愈大，热效应现象愈明显，因而金属塑性增高，变形抗力下降，金属的可锻性增加，如图11-18 所示。

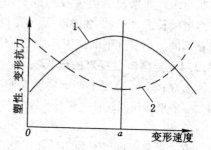

图 11-18　变形速度与变形
抗力及塑性的关系
1——变形抗力曲线；2——塑性变化曲线

11.3 金属坯料的加热与锻件冷却

[知识要点]

金属坯料的加热温度与锻件冷却方式

[教学目标]

初步掌握金属坯料的加热温度范围与锻件冷却方式的选择

[相关知识]

金属坯料加热的目的是为了提高塑性,降低变形抗力,并使内部组织均匀,便于塑性成型。锻造、轧制、挤压等工艺,都是在加热条件下完成的。合理地制定加热温度及选用合适的加热设备,是锻压生产过程中保证质量、缩短加热时间、减少金属与燃料消耗的重要环节之一。

11.3.1 锻造温度范围

锻造温度范围一般是指始锻温度和终锻温度间的一段温度区间。锻造温度的范围主要是依据坯料的内部组织状态来确定。

1. 始锻温度

指开始锻造时的温度,亦即允许加热的最高温度。为了获得更好的锻造性和锻造时间,始锻温度原则要高一些,但受过热和过烧的限制。在铁-碳合金平衡图上,碳钢的始锻温度应比固相线低 200 ℃ 左右。

2. 终锻温度

指停止锻造时的温度。终锻温度不宜过高或过低。终锻温度过低,会造成塑性下降,锻造性降低,加工困难甚至产生裂纹。终锻温度过高,会使得停锻后锻件的晶粒在较高温度下继续长大,得到粗晶粒组织,导致力学性能下降。碳钢的终锻温度范围如图 11-19 所示。常用金属材料的锻造温度范围见表 11-1。

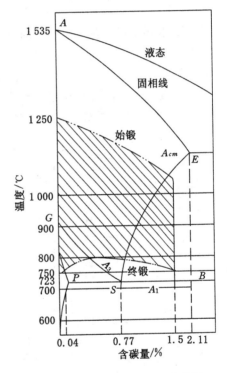

图 11-19 碳钢的锻造温度范围

11.3.2 加热设备

在锻造生产中,加热设备的种类很多,常用的有反射炉和电阻炉两类。

1. 反射炉

主要是以煤、焦炭、煤气为燃料的加热炉,其结构如图 11-20 所示。燃烧室 1 中生产的高温炉气,越过火墙 2 进入加热室 3 加热坯料 4,加热室温度可达 1 350 ℃ 左右。废气经烟道 7 排出。燃烧所需空气由鼓风机 6 通过预热器 8 预热送入加热室。加热后的坯料 4 由炉门 5 取出。

表 11-1　　　　　　　　　常用金属材料的锻造温度范围

材料种类	始锻温度/℃	终锻温度/℃
低碳钢	1 200～1 250	800
中碳钢	1 150～1 200	800
合金结构钢	1 100～1 200	850
碳素工具钢	1 050～1 100	800
合金工具钢	1 050～1 100	800～850
高速钢	1 100～1 150	900
铝合金	450～500	350～380
铜合金	800～900	650～700

反射炉的特点是:设备简单、燃料价格低廉、加热适应性强、炉膛温度均匀、费用低,但劳动条件差、加热速度慢、加热质量不易控制,因此,反射炉仅适用于中小批量的锻件。

2. 电阻炉

电阻炉是利用电阻加热器所产生的电阻热来加热坯料。常用的有两种:一种为中温电阻炉,加热器为电阻丝,最高温度可达 1 100 ℃;另一种为高温电阻炉,加热器为硅碳棒,最高温度可达 1 600 ℃。图 11-21 为箱式电阻丝加热炉结构示意图。

电阻炉的特点是:操作简便,温度易控制,且可通入保护气体来防止或减少工件加热时的氧化,主要适用于精密锻造及高合金钢、有色金属的加热。

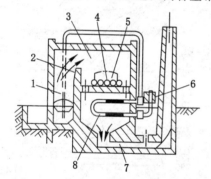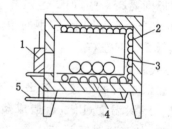

图 11-20　反射炉结构示意图

1——燃烧室;2——火墙;3——加热室;4——坯料;
5——炉门;6——鼓风机;7——烟道;8——预热器

图 11-21　箱式电阻丝加热炉结构示意图

1——炉门;2——电阻丝;3——炉膛;
4——工件;5——踏杆

11.3.3　锻件的冷却

锻件的冷却是保证质量的又一重要环节。锻件冷却过快会因内、外冷速不一致而产生内应力,内应力达到一定值时就会使锻件变形甚至出现裂纹。此外,冷却过快还会使锻件表层过硬,难以进行切削加工。因此,应该根据锻件的成分、尺寸和形状正确选择冷却速度和相应的冷却方法。常用冷却方法有三种。

1. 空冷

将锻件放在干燥的地方上冷却,适用于低、中碳钢及合金结构钢的小型锻件。

2. 坑冷

将锻件埋入填有砂、石棉灰或炉渣的坑中冷却,适用于低合金钢及截面较大的锻件。

3. 炉冷

将锻件放入 500 ℃～700 ℃的加热炉中,随炉缓慢冷却,适用于高合金钢及大型锻件。

11.4 自由锻造

[知识要点]

1. 自由锻基本工序

2. 自由锻件的结构工艺性

[教学目标]

1. 认识自由锻所用设备,

2. 掌握自由锻基本工序

3. 初步掌握自由锻件的结构工艺性

[相关知识]

自由锻造是将加热后的金属坯料放在上、下砧铁之间,利用冲击力或压力使之变形,以获得所需锻件的加工方法。在变形过程中,由于金属坯料在上、下砧铁平面间可自由流动不受限制,故称自由锻造。自由锻造的主要特点是所用的工具简单、通用,适应性强,但精度不高,生产效率低,劳动强度大,因此自由锻适用于单件、小批量生产。

自由锻造有手工锻造和机器锻造两种,后者是自由锻造的主要方法。

11.4.1 自由锻造设备

自由锻造设备有空气锤、蒸汽-空气锤和水压机。一般工厂常用空气锤和蒸汽-空气锤。

1. 空气锤

其结构如图 11-22 所示。

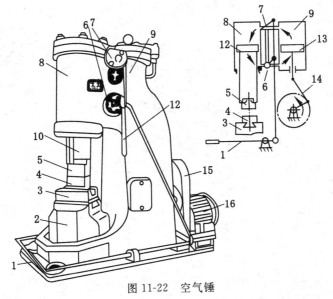

图 11-22 空气锤

1——踏杆;2——砧座;3——砧垫;4——下砧铁;5——上砧铁;6、7——旋阀;8——工作缸;
9——压缩缸;10——锤头;11——手柄;12、13——活塞;14——连杆;15——减速机构;16——电动机

电动机 16 通过减速机构 15 带动连杆 14，使活塞 13 在压缩缸 9 内作上、下往复运动。活塞 13 上升时，将压缩空气经上旋阀 7 压入工作缸 8 的上部，推动活塞 12 连同锤杆及上砧铁 5 向下运动打击锻件。通过踏杆 1 和手柄 11 操作上、下旋阀，可使锤头完成悬锤、压锤、连续打击、单次打击、空转等动作。

空气锤的吨位用落下部分重量表示，一般为 50～1 000 kg，适用于小型锻件的生产。

2. 蒸汽-空气锤

蒸汽-空气锤是利用 4～9 个大气压的蒸汽或压缩空气为动力进行工作的。蒸汽锤的落下部分重量可以增大到几吨以上，因此它的锻击动能比空气锤大得多，但需要锅炉（或空气压缩机）作为辅助设备。蒸汽-空气锤的吨位一般为 1 000～5 000 kg，适用于中型锻件的生产。

11.4.2　自由锻造的基本工序

自由锻件的成型过程是由一系列变形工序所组成的。自由锻造的基本工序有镦粗、拔长、冲孔、弯曲、扭转、错移和切割。自由锻造的工序简图见表 11-2。常用的工序为镦粗、拔长和冲孔。表 11-3 列出了这三种工序的操作方法、操作规则及应用等。

表 11-2　　　　　　　　　　　　　　　　自由锻造工序简图

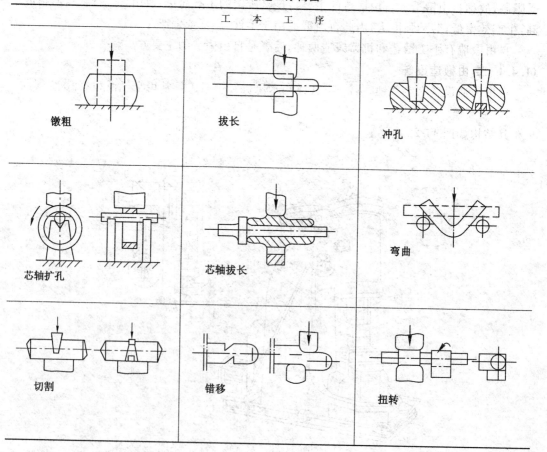

工　本　工　序		
镦粗	拔长	冲孔
芯轴扩孔	芯轴拔长	弯曲
切割	错移	扭转

表 11-3　　　　　　　　　　　　　自由锻造的主要工序的定义、图例及应用

序号	工序名称	定　义	图　例	应　用
1	1. 镦粗,见图(a) 2. 局部镦粗,见图(b) 3. 带尾梢镦粗,见图(c) 4. 展平镦粗,见图(d)	1. 坯料的高度减小、截面积增大的工序,称为镦粗 2. 坯料只有一部分加以镦粗的称为局部镦粗	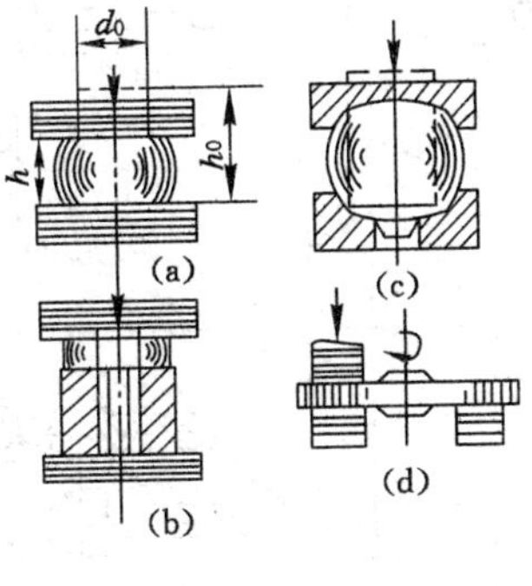	1. 用于制造高度小、截面大的工件,如齿轮、圆盘和螺栓 2. 作为冲孔前的准备工序 3. 增加以后拔长的锻造比
2	1. 拔长,见图(e) 2. 带心轴拔长,见图(f) 3. 心轴上扩孔,见图(g)	1. 缩小坯料截面积,增加其长度的工序,称为拔长 2. 减小空心坯料的壁厚和外径,增加其长度,称为带心轴拔长 3. 以心轴代替下砧铁来减小空心坯料的壁厚,增加其内、外径,称为心轴扩孔	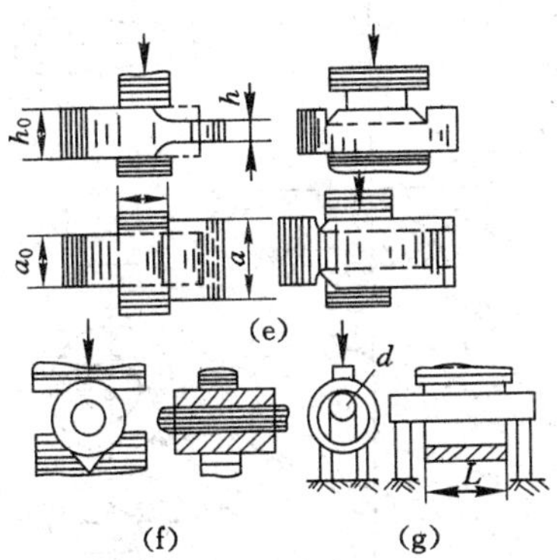	1. 用于制造长而截面小的工件,如轴类、拉杆及曲轴等 2. 制造空心件,如套筒、圆环、空心轴、轴承环等
3	1. 实心冲子冲孔,见图(h)、(j) 2. 空心冲子冲孔,见图(i)	在坯料中冲出通孔或不通孔(称盲孔)的工序	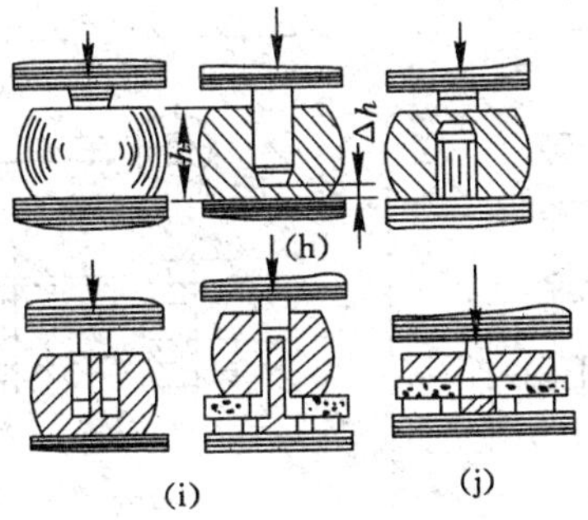	1. 制造空心工件,如齿轮坯、圆环、套筒等 2. 锻件质量要求高的大工件,可通过中心冲孔去除质量低的部分

11.4.3　自由锻件的结构工艺性

在设计自由锻件时,除满足使用性能要求外,还应考虑锻造设备、工具及工艺特点,应尽可能使锻件外形简单、对称,避免锥形、椭圆、凸台和加强筋等复杂表面,以达到加工方便、节省金属材料、提高生产效率的目的。表 11-4 为锻件结构工艺性的比较。

表 11-4　　　　　　　　　自由锻件结构工艺性比较举例

工艺性差的结构	工艺性好的结构	改　进　说　明
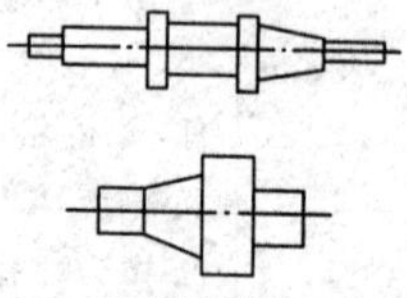 轴类锻件结构	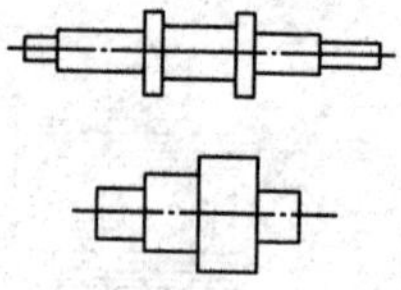	为减少专用工具，简化工艺过程，提高生产率，尽可能避免锥体或斜面结构，以圆柱面或平面代替
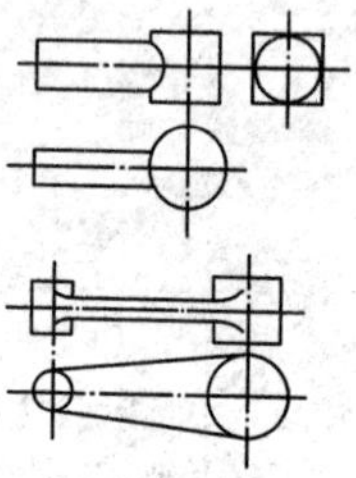 杆类锻件结构	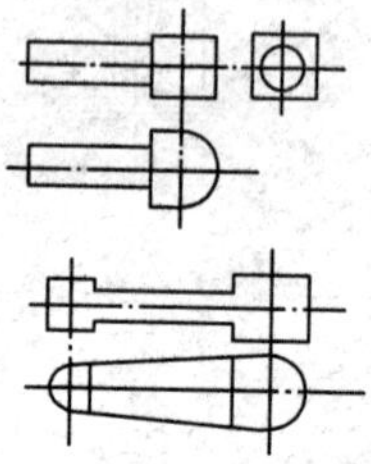	锻件相邻部分的接触面若为曲面相交，则很难锻造成型，应改为平面与圆柱面或平面与平面相接
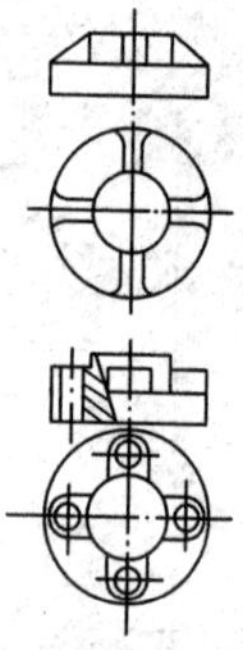 盘类锻件结构	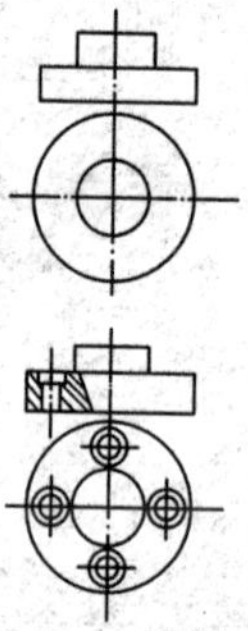	加强筋、凸台或空间曲线形表面都很难用自由锻造成型，故应避免这种结构，如凸台可改为鱼眼坑；或去掉加强筋，改用零件的直径或厚度来加固
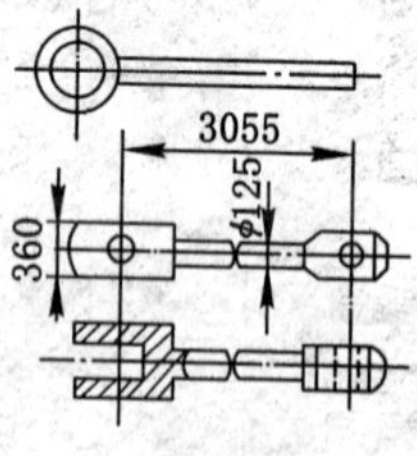 复杂件结构	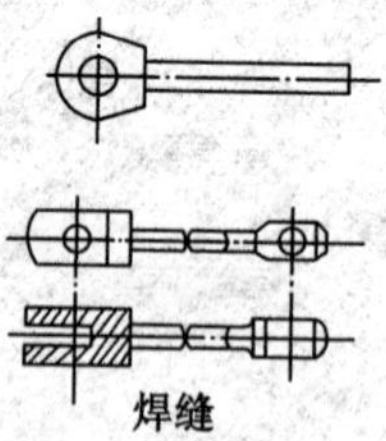 焊缝	对于横截面有急剧变化或形状复杂的零件，应分成几个易锻造的简单部分，再用焊接或机械连接法构成整体

11.4.4　自由锻件工艺设计

1. 绘制锻件图

锻件图是制定锻造工艺、设计工具、指导生产和验收锻件的主要依据。它是在零件图的基础上，根据自由锻造工艺的特点、机械加工余量、锻件公差和余块绘制而成。

（1）余块

自由锻造只能锻制形状简单的锻件,当零件上带有凹槽、台阶、凸肩、法兰和内孔时(图11-23),必须进行适当的简化,以便于锻造。余块就是为简化锻造工艺而多留的一部分金属,也称敷料。但锻件增加余块后,必然使金属的消耗量和切削加工量增加,因而是否增加余块,应根据零件形状、尺寸、锻造技术和成本综合考虑。

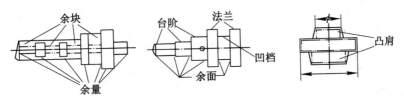

图 11-23　锻件图的有关名词图解

（2）加工余量

自由锻造的精度和表面质量较差,一般需进一步切削加工,所以零件上的加工表面应留有切削加工余量,以保证锻件经切削加工后能达到零件所需要的尺寸精度和表面粗糙度。

（3）锻件公差

锻件实际尺寸与公称尺寸所允许的锻造偏差称为锻件公差。锻件需要加工或不加工的地方均需要规定公差,其大小根据锻件形状、尺寸、生产条件、技术水平等确定,一般约为余量的 $1/3 \sim 1/4$,具体数值可查锻工手册。

当余块、加工余量和公差确定后便可绘制锻件图。锻件图中用粗实线表示锻件形状,用双点划线或细实线表示零件形状,锻件的尺寸和公差标注在尺寸线上面,零件的尺寸标注在尺寸线下面,并加括号。图 11-24 是一双联齿轮的锻件图。

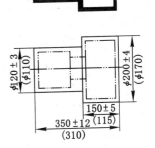

图 11-24　双联齿轮锻件图

2. 坯料质量计算

根据锻件图就可以确定坯料的质量和尺寸。

（1）坯料质量计算

$$G_{毛坯} = G_{锻件} + G_{切除} + G_{烧损}$$

式中　$G_{毛坯}$——坯料质量;

$G_{锻件}$——锻件质量,由锻件图计算;

$G_{烧损}$——加热氧化烧损质量,第一次加热占锻件质量的 $2\% \sim 3\%$,以后每次加热约为 $1.5\% \sim 2\%$;

$G_{切除}$——锻件切除部分质量,按锻件复杂程度及工艺规格确定,形状复杂的锻件切除部分可达 30%。

（2）坯料尺寸计算

坯料的尺寸计算主要根据工序来确定,一般用拔长法制造的轴类零件,其坯料尺寸按下列式子确定

$$A_{坯} \geqslant B A_{锻}$$

式中　$A_{坯}$——坯料截面积;

$A_{锻}$——锻件最大面积;

B——锻造比,即长度与直径之比,钢材取 $1.3 \sim 1.5$,钢锭取 2。

用镦粗法制造的盘类零件,可按照下式计算

$$\frac{L}{d} < 2 \sim 2.5$$

$$V = \frac{\pi}{4} d^2 \cdot (2 \sim 2.5)d$$

式中　V——坯料体积;

　　　L——坯料长度;

　　　d——坯料直径。

由公式计算得坯料直径 d,选标准值后计算出坯料长度 L。

3. 拟订锻造工序

自由锻造采用的工序,是根据锻件的结构、形状和工序特点来决定的。表 11-5 为常用锻件的分类及锻造工序。

4. 选择锻造设备

锻造设备是根据锻件的质量、尺寸和形状来选择的,一般可依据表 11-6 所列项目选定锻锤的吨位。

锻造设备确定后,根据锻件的材料种类和形状尺寸,确定加热或冷却规范和加热设备,最后编制成锻件工艺卡片。表 11-7 为一齿轮坯的自由锻造工艺卡。

表 11-5　　　　　　　　　　　**锻件分类及所需锻造工序**

锻件类别	图　　例	锻造工序
盘类锻件	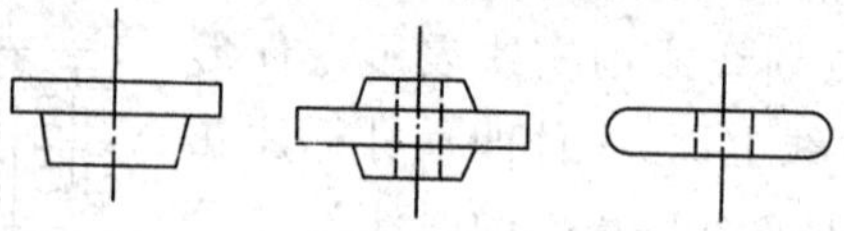	镦粗(或拔长及镦粗)冲孔
轴类零件	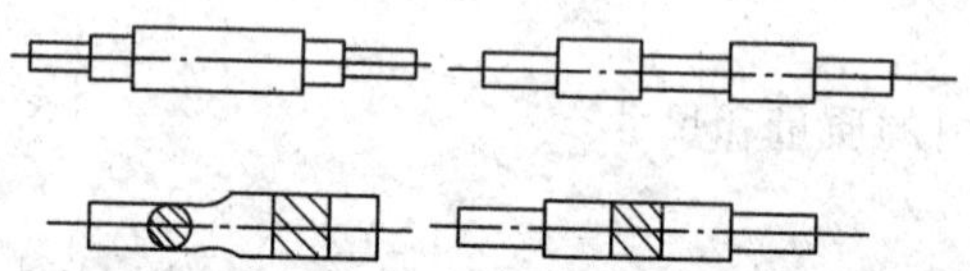	拔长(或镦粗及拔长),切肩和锻台阶
筒类零件	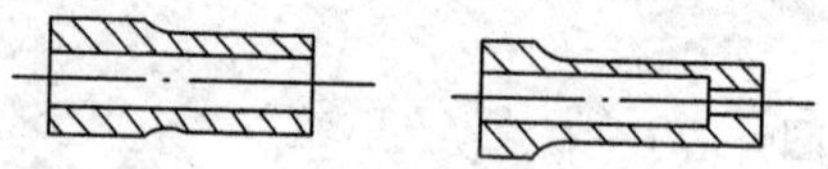	镦粗(或拔长及镦粗),冲孔,在心轴上拔长
环类零件	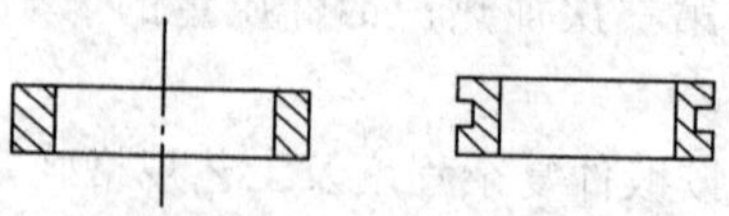	镦粗(或拔长及镦粗),冲孔,在心轴上扩孔
曲轴类零件	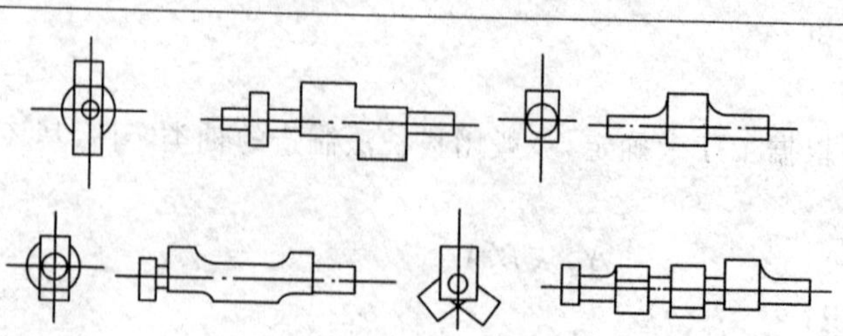	拔长(或镦粗及拔长),错移,锻台阶,扭转

锻件类别	图 例	锻造工序
弯曲类锻件		拔长，弯曲

表 11-6　　　　　　　　　　　　　　锻锤能力的确定

锻件类型	锻 锤 能 力						
	5 000 kg	3 000 kg	2 000 kg	1 000 kg	750 kg	500 kg	250 kg
钢锭直径/mm	600	450	400	300	250	200	125
钢坯边长/mm	550	400	350	275	225	175	100
圆轴/kg (D——直径、G——重量)	$D\leqslant350$ $G\leqslant1\,500$	$D\leqslant275$ $G\leqslant1000$	$D\leqslant225$ $G\leqslant750$	$D\leqslant175$ $G\leqslant500$	$D\leqslant150$ $G\leqslant300$	$D\leqslant125$ $G\leqslant200$	$D\leqslant80$ $G\leqslant100$
圆盘/mm (D——直径、H——重量)	$D\leqslant750$ $H\leqslant300$	$D\leqslant600$ $H\leqslant300$	$D\leqslant500$ $H\leqslant250$	$D\leqslant400$ $H\leqslant150$	$D\leqslant300$ $H\leqslant100$	$D\leqslant250$ $H\leqslant50$	$D\leqslant200$ $H\leqslant35$
长筒/mm (D——外径、d——内径、L——长度)	$D\leqslant700$ $d\geqslant500$ $L\leqslant550$	$D\leqslant350$ $d\geqslant150$ $L\leqslant400$	$D\leqslant300$ $d\geqslant125$ $L\leqslant350$	$D\leqslant275$ $d\geqslant125$ $L\leqslant300$	$D\leqslant250$ $d\geqslant125$ $L\leqslant275$	$D\leqslant175$ $d\geqslant125$ $L\leqslant200$	$D\leqslant150$ $d\geqslant100$ $L\leqslant150$
圆环/mm (D——外径、L——长度)	$D\leqslant1200$ $L\leqslant300$	$D\leqslant1000$ $L\leqslant250$	$D\leqslant600$ $L\leqslant200$	$D\leqslant500$ $L\leqslant150$	$D\leqslant400$ $L\leqslant100$	$D\leqslant350$ $L\leqslant75$	$D\leqslant150$ $L\leqslant60$
吊钩(起重量)/kg	75 000	50 000	30 000	20 000	10 000	5 000	3 000

表 11-7　　　　　　　　　　　　　　齿轮坯自由锻工艺过程

锻件名称	齿轮坯	工艺类别	自由锻
材　料	45 钢	设备	65 kg 空气锤
加热火次	1	锻造温度范围	1 200 ℃～800 ℃
锻 件 图		坯 料 图	

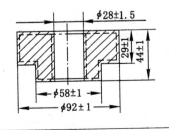

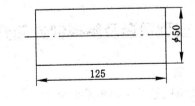

续表 11-7

序号	工序名称	工序简图	使用工具	操作要点
1	镦粗	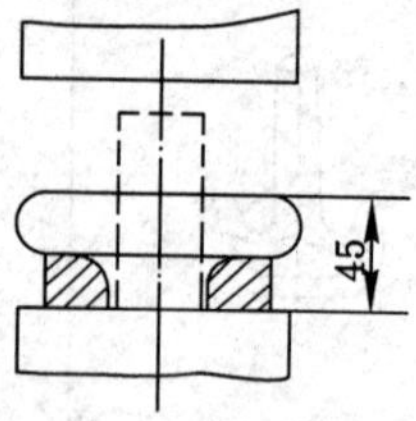	火钳 镦粗漏盘	控制镦粗后的高度为 45 mm
2	冲孔	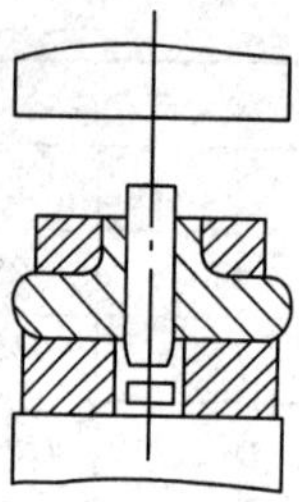	火钳 镦粗漏盘 冲子 冲孔漏盘	1. 注意冲子对中 2. 采用双面冲孔，左图为工件翻转后将孔冲透的情况
3	修正处理	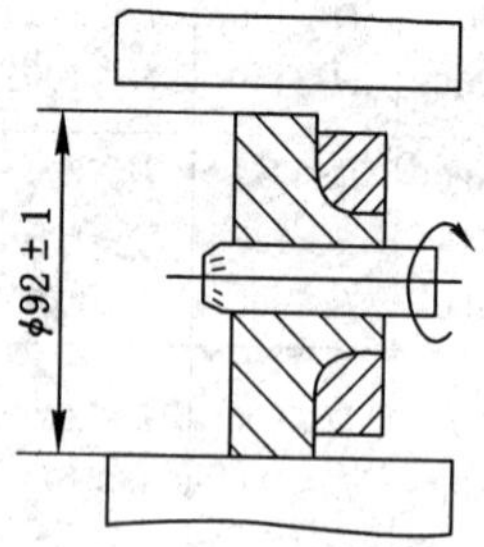	火钳 冲子	边轻打边旋转锻件，使外圆消除鼓形并达到 φ92±1
4	修整平面	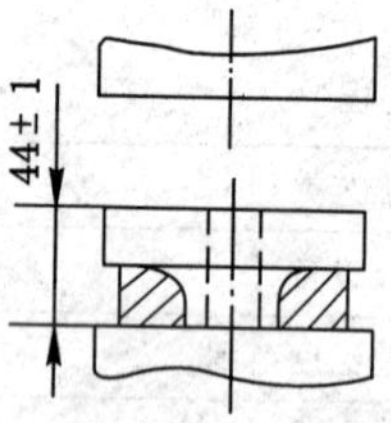	火钳 镦粗漏盘	轻打(如端面不平还要边打边转动锻件)，使锻件厚度达到 44±1

11.5　模型锻造及胎模锻造简介

[知识要点]

1. 模型锻造及胎模锻造的概念
2. 模锻与胎模锻的种类

[教学目标]

1. 掌握模型锻造及胎模锻造的概念

2. 了解模锻与胎模锻的种类

[相关知识]

11.5.1　模型锻造

模型锻造是将加热的坯料放入模膛内,在冲击或压力作用下使金属坯料变形充满模膛而获得锻件的加工方法,简称模锻。

模型锻造与自由锻造相比有如下特点:生产效率高,锻件的形状和尺寸精度高,加工余量小,能锻制出形状复杂的锻件,因此可以节省金属材料和减少切削加工工时。

但模锻的锻模制造成本较高,生产准备周期较长,并且模锻需要用较大吨位的专用设备,故一般只适用于150 kg 以下小型锻件的大批量生产。

模型锻造按所用设备不同分为:锤上模锻、压力机上模锻等。

1. 锤上模锻

(1) 模锻锤

锤上模锻的主要设备是蒸汽-空气模锻锤,如图11-25所示。模锻锤的吨位有 1 000~1 600 kg,能锻制质量为 0.5~150 kg 的金属锻件。

(2) 锻模

如图 11-26 所示,锻模主要由带有燕尾的上模 2 和下模 4 组成。上模和下模分别用楔铁固定在锤头 1 和模垫 5 上。锻造时上模与下模接触形成完整的模膛 9。

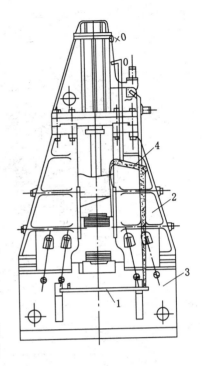

图 11-25　蒸汽-空气模锻锤
1——踏板;2——机架;
3——砧座;4——操作系统

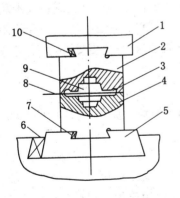

图 11-26　锤上锻模
1——锤头;2——上模;
3——飞边槽;4——下模;
5——模垫;6、7、10——紧固楔铁;
8——分模面;9——模膛

模膛按其功用不同,分为制坯模膛、预锻模膛和终锻模膛。当锻件形状比较复杂时,应将坯料先在制坯模膛中制坯,使其形状和尺寸逐步接近锻件。预锻模膛可使金属坯料进一步变形接近锻件几何形状和尺寸,减少终锻变形量。终锻模膛用来完成锻件的最终成型,其形状和尺寸都是按锻件设计。终锻模膛四周有飞边槽,用于承纳多余的金属,并增大金属流出模膛的阻力,有助于金属坯料更好地充满模膛。

2. 压力机上模锻

由于锤上模锻是利用冲击力进行锻打,噪声和震动大,劳动条件差,因此,大吨位的模锻锤逐步被压力机所取代。

压力机主要有曲柄压力机、平锻机、摩擦压力机、水压机等。一般工厂常见的为摩擦压力机。

(1) 摩擦压力机

图 11-27 所示为摩擦压力机结构及传动系统示意图。

电动机 8 通过三角皮带 9 带动方轴上的两个摩擦盘 1 转动,借助操作杆可使主轴左右移动,从而使两个摩擦盘 1 与飞轮 2 接触,并依靠摩擦力带动飞轮和螺杆 4 作正、反两个方向旋转,同时带动滑块 5 沿导轨 6 作上、下运动。下模块固定在工作台 7 上,上模块装在滑块 5 的下端,随着滑块上、下运动进行工作。

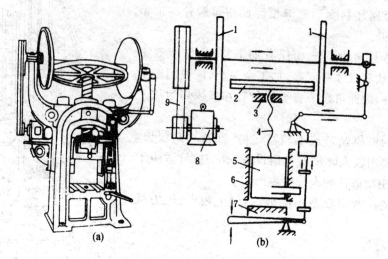

图 11-27　摩擦压力机

(a) 外形图;(b) 传动图

1——摩擦盘;2——飞轮;3——螺母;4——螺杆;5——滑块;
6——导轨;7——工作台;8——电动机;9——三角皮带

摩擦压力机的规格是用滑块到达工作行程终点时所产生的压力大小来表示的,目前应用较多的为 630~4 000 kN,最大可达 25 000 kN。

(2)摩擦压力机的特点

摩擦压力机是借助于摩擦盘与飞轮轮缘间的摩擦作用来传递动力,靠飞轮、螺杆及滑块向下运动时所积蓄的能量使锻件变形,因而它有以下特点:结构简单、容易制造、维护和使用方便、节省动力、振动和噪声小,但生产效率较低、滑块行程不固定、行程速度低、压力不易调节、偏心载荷不能过大,所以,一般用于中小批量的单模膛模锻。

11.5.2　胎模锻造

胎模锻造是自由锻和模锻组合运用的一种锻造方法。胎模锻造一般先用自由锻造方法制坯,然后再用胎模终锻成型。

胎模锻造与自由锻造相比,生产效率较高,锻件形状和尺寸精度高,减少了加工余量和余块,节约了金属;与模锻相比,胎模锻造简便、成本低、不需昂贵的模锻设备、通用性大,但生产效率低、精度比模锻差、工人劳动强度大。因此,胎模锻一般用于中、小批量生产,无模锻设备的小型工厂应用较多。

胎模的种类很多,常用的主要有三种。

1. 扣模

由上、下扣组成[图 11-28(a)],或只有下扣部分,上扣由上砧铁代替[图 11-28(b)]。在锻打时,坯料放在扣模中,锻件初步成型后,翻转 90 ℃在砧铁上平整侧面,然后放入扣模中修正。扣模常用于锻制圆形棒轴、台阶轴及长杆类非回转体锻件等。

2. 套模

分为开式和闭式套模两种形式,如图 11-29 所示。开式套模的上模为上砧铁,主要用于锻造齿轮、法兰盘等回转体盘类零件。闭式套模由冲头和垫模组成,主要用于锻造端面有凸台或凹坑的锻件。

3. 合模

由上、下模及导向装置组成,如图 11-30 所示。由于上模受下模限制,因此在锻打时不易错移。主要用于各类锻件的最终成型,特别是形状复杂的非回转体锻件,如连杆、叉形锻件等。

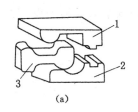 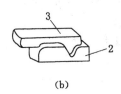

图 11-28 扣模

(a) 单扣模;(b) 双扣模

1——上扣;2——下扣;3——坯料

图 11-29 套模

1——上砧;2——小飞边;3——锻件;

4——模套;5——垫模;6——冲头

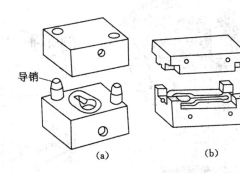

图 11-30 合模

(a) 导销合模;(b) 导锁合模

11.6 板料冲压

[知识要点]

1. 板料冲压的特点及基本工序

2. 板料冲压件结构工艺性

[教学目标]

1. 掌握板料冲压的特点及基本工序

2. 了解板料冲压件结构工艺性

[相关知识]

板料冲压是利用冲模使板料产生分离或变形来获得冲压件的加工方法。板料冲压通常是在冷态下进行,所以又称冷冲压。

板料冲压广泛地应用于金属制品工业,特别是在汽车、拖拉机、航空、电器、仪表及国防、日用品工业中占有极为重要的地位。

11.6.1　板料冲压的特点

① 可生产形状复杂的制件,能达到较高的精度和较低的表面粗糙度,互换性能好,强度高、刚性好;

② 材料利用率高,一般可达到 $70\% \sim 80\%$,降低了生产成本;

③ 适应性强,各种金属或非金属板材均可用冲压方法加工,大到汽车纵梁和表面覆盖件,小到仪表指针等;

④ 生产效率高,操作简单,易于实现机械化和自动化。

但冲模制造成本高,不适应小批量生产。

11.6.2　冲床

板料冲压最常用的设备为冲床,亦称压力机,其结构及工作原理如图 11-31 所示。电动机带动飞轮转动,踏下踏板时,离合器使飞轮与曲轴连接,再通过连杆带动滑块做上、下往复运动,推动冲模完成冲压动作。松开踏板,滑块便在制动器作用下自动停止在最高位置上。

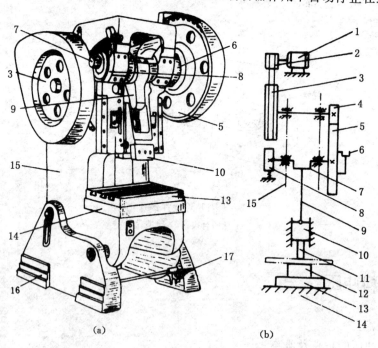

(a)　　　　　　　　　　　　(b)

图 11-31　开式双柱可倾斜式压力机外形及传动图

(a) 外形图;(b) 传动图

1——电动机;2——小带轮;3——大带轮;4——小齿轮;5——飞轮(大齿轮);6——离合器;
7——曲轴;8——制动器;9——连杆;10——滑块;11——上模;12——下模;13——垫板;
14——工作台;15——机身;16——底座;17——脚踏板

11.6.3　板料冲压的基本工序

冲压的基本工序分为分离工序和变形工序两大类。分离工序是将坯料的一部分和另一部分相互分离的工序,包括剪切、落料、冲孔、修边和切口,变形工序是使坯料发生塑性变形的工序,包括弯曲、拉深、翻边和成型等。

11.6.3.1　落料和冲孔

将坯料按封闭轮廓分离的工序,一般统称为冲裁。落料时,冲下部分为工件,周边为废料。冲孔时,冲下部分为废料,周边形成工件。

1. 冲裁变形过程

落料和冲孔时金属的分离过程如图 11-32 所示。冲头与坯料接触后,首先产生弹性弯曲,随后产生塑性剪切,冲头压入坯料,坯料被压入凹模。由于金属的硬化和应力集中,沿冲头和凹模刃口处开始产生裂纹,当上、下裂纹相遇时,就完成了坯料的分离过程。

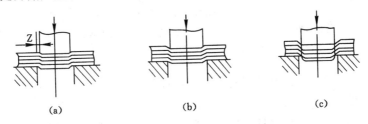

(a)　　　　　　　　　(b)　　　　　　　　　(c)

图 11-32　金属板料的冲裁变形过程
(a) 弹性变形;(b) 塑性变形;(c) 分离

2. 冲模的分类和结构

冲模是冲压生产中必不可少的模具。冲模可分为简单冲模、连续冲模和复合冲模三种。

(1) 简单冲模

在冲床的一次冲程中只完成一道工序的模具称为简单冲模。图 11-33 所示为落料用的简单冲模。凹模 2 用压板 7 固定在下模板 4 上,下模板用螺栓固定在冲床的工作台上。凸模 1 用压板 6 固定在上模板 3 上,上模板则通过模柄 5 与冲床的滑块连接,因此,凸模可随滑块作上、下运动。为了使凸模向下运动能对准凹模孔,并在凹、凸模之间保持均匀间隙,通常用导柱 12 和套筒 11 组成导向结构。条料在凹模上沿两个导板 9 之间送进,碰到定位销 10 为止。

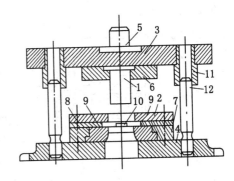

图 11-33　简单冲模
1——凸模;2——凹模;3——上模板;
4——下模板;5——模柄;6、7——压板;
8——卸料板;9——导板;10——定位销
11——套筒;12——导柱

凸模向下冲时,冲下的零件(或废料)进入凹模孔,而条料则夹住凸模并随凸模一起回程向上运动。条料碰到卸料板 8 时被退下,这样,条料可继续在导板间送进。

简单冲模的结构简单,容易制造,成本低,主要用于小批量生产。

(2) 连续冲模

在冲床的第一次冲程中,在模具的不同位置上同时完成数道工序的模具称为连续冲模。

图 11-34 为连续冲模示意图。

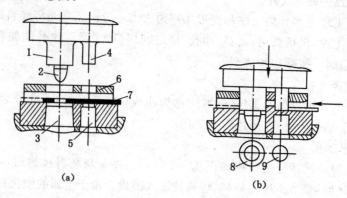

图 11-34　连续冲模
(a) 冲压前；(b) 冲压时
1——落料凸模；2——定位销；3——落料凹模；4——冲孔凸模；5——冲孔凹模；
6——卸料板；7——坯料；8——成品；9——废料

连续冲模生产效率较高，但结构复杂，成本较高。

（3）复合冲模

在冲床的一次冲程中，在模具的同一位置上同时完成数道冲压工序的模具称为复合冲模。图 11-35 为落料和拉深的复合冲模。

复合冲模能保证零件的较高精度，生产效率较高，但模具结构复杂，制造成本高，适用于零件的大批量生产。

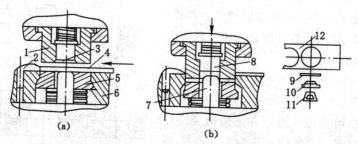

图 11-35　落料及拉深的复合冲模
(a) 冲压前；(b) 落料并拉深
1——落料凸模；2——挡料销；3——拉深凹模；4——条料；5——压板(卸料器)；6——落料凹模；
7——拉深凸模；8——顶出器；9——落料成品；10——开始拉深件；11——拉深件成品；12——废料

3. 冲模的设计要点

在冲裁过程中，冲裁件断面质量的好坏主要与冲模的凸、凹模间隙、刃口锋利程度有关。为了使冲裁制品边缘光洁，凸、凹模刃口必须锋利，凸、凹模间隙要均匀适当。

（1）凸、凹模的间隙

凸、凹模的间隙不仅严重影响冲裁的断面质量，而且影响模具寿命、卸料力、推料力、冲裁力和冲裁件的尺寸精度。

间隙过大或过小均使坯料不能顺利地完成分离过程，工件和孔之间将产生毛刺。另外，间隙过小使凸模与被冲的孔之间、凹模与落料件之间摩擦严重,使得模具寿命降低,卸料力、推料力增大。因此,正确选择凸、凹模间隙对冲裁生产至关重要。选择时主要考虑冲裁件的断面质量和模具寿命。当冲裁件断面质量要求较高时,应选取较小的间隙值;对冲裁件断面质量无严格要求时,应尽量选取较大间隙,以提高模具寿命。通常按表 11-8 选取间隙值较合适。冲裁件断面质量要求较高时,可将表中数据减小 1/3。

表 11-8　　　　　　　　　　　　冲裁模合理间隙值(双边)　　　　　　　　　　　　mm

材料种类	材料厚度 δ/mm				
	0.1~0.4	0.4~1.2	1.2~2.5	2.5~4	4~6
软钢、黄铜	0.01~0.2	7%~10%δ	9%~12%δ	12%~14%δ	15%~18%δ
硬钢	0.01~0.05	10%~17%δ	18%~25%δ	25%~27%δ	27%~29%δ
磷青铜	0.01~0.04	8%~12%δ	11%~14%δ	14%~17%δ	18%~20%δ
铝及铝合金(软)	0.01~0.03	8%~12%δ	11%~12%δ	11%~12%δ	11%~12%δ
铝及铝合金(硬)	0.01~0.03	10%~14%δ	13%~14%δ	13%~14%δ	13%~14%δ

合理间隙 Z 值也可按下列经验公式计算

$$Z = m \cdot \delta$$

式中　δ——材料厚度,mm;

　　　m——与材料性能及厚度有关的数据,按以下情况选取:

　　　　　　对低碳钢、铝合金等　　取 $m = 0.06 \sim 0.09$

　　　　　　对中碳钢、不锈钢　　　取 $m = 0.06 \sim 0.1$

　　　　　　对高碳钢　　　　　　　取 $m = 0.08 \sim 0.12$

当材料厚度大于 3 mm 时,由于冲裁力较大,应适当将系数放大。若冲裁件断面质量没有特殊要求,系数 m 可放大 1.5 倍。

(2) 凸、凹模的尺寸

冲裁件的尺寸和凸、凹模的间隙都决定了凸、凹模的尺寸。

落料时,应使凹模刃口尺寸等于工件尺寸,凸模尺寸等于工件尺寸减去间隙值。

冲孔时,应使凸模刃口尺寸等于冲孔尺寸,凹模尺寸等于孔的尺寸加上间隙值。

11.6.3.2　修整

修整是为了使冲裁制品获得较高的精度和低的表面粗糙度。修整使用的专用修整模具与落料模或冲孔模相似,但尺寸精度更高,模具间隙值为 0.006~0.01 mm,单边切除量只有 0.05~0.2 mm。修整后的表面粗糙度 Ra 值可达 1.6~0.8 μm,精度可达 0.01~0.03 mm。

11.6.3.3　弯曲

使坯料的一部分相对于另一部分弯曲成具有一定曲率和角度的变形工序称为弯曲。图 11-36 为弯曲工序制成的部分成品形状。弯曲过程中金属的变形如图 11-37 所示。由图可知,内弯曲半径越小,压缩及拉深应力越大。为防止产生裂纹,凸模的圆角半径 r 不能太小,一般是 $R_{min} = (0.25 \sim 1)\delta$,$\delta$ 为坯料厚度。

由于坯料弯曲后有弹性变形存在,当外力去除后,坯料略微回弹,使弯曲的角度增大,这

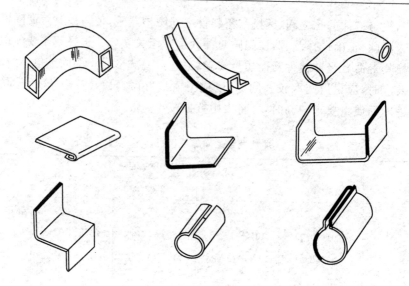

图 11-36　典型弯曲件成品形状

种现象称为回弹现象。因此,在设计弯曲模时应使模具的角度比弯曲成品件减小一个回弹角度。

11.6.3.4　拉深

使平面坯料变形成为中空杯形或盒形成品的工序称为拉深。图 11-38 为拉深过程简图。

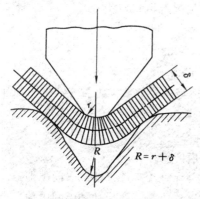

图 11-37　弯曲过程金属变形简图

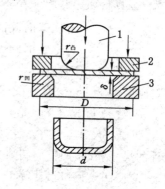

图 11-38　拉深过程简图
1——冲头;2——压板;3——凹模

为了使坯料在变形中不至破裂,凸模及凹模边缘应做成圆角,凸模圆角半径 $r_凸$ 可比凹模圆角半径 $r_凹$ 小些,一般取 $r_凸 \leqslant r_凹 = (5 \sim 15)\delta$,凸、凹模间隙为 $(1.1 \sim 1.2)\delta$。

为了避免拉穿,需限制一次拉深的变形程度。拉深的变形程度决定于拉深系数 $m = d/D$(D 和 d 分别为拉深前后的直径)。拉深系数愈小,变形程度愈大,一般取 $m = 0.5 \sim 0.8$,塑性好的可取小值。

当工件需拉至很深时,不允许一次拉得过深,应分几次进行,逐渐增加工件的深度,减小工件的直径,进行多次拉深,如图 11-39 所示。在拉深工序间,为了恢复塑性,要采用再结晶退火来消除加工硬化。

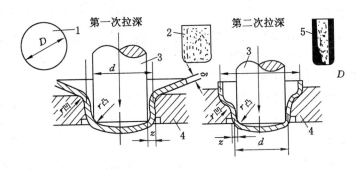

图 11-39　多次拉深工序简图

1——坯料;2——第一次拉深的产品,即第二次拉深的坯料;3——凸模;4——凹模;5——成品

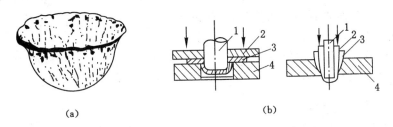

(a)　　　　　　　　　　　(b)

图 11-40　拉深时的折皱及防止

(a) 起皱拉深件;(b) 有压板拉深

1——凸模;2——压板;3——坯料;4——凹模

材料愈薄、拉深的深度越深,越容易产生皱折,如图 11-40 所示。为防止皱折,可用压边圈把坯料压住。

拉深时,为减少坯料与模具间的摩擦,增加模具寿命,可使用润滑剂来进行润滑。常用的有肥皂水、矿物油或掺入石墨粉的矿物油。

11.6.3.5　收口

减小拉深成品边缘部分直径的工序称为收口,如图 11-41 所示。图中 d_0 为拉深成品平均直径,d 为收口部分的平均直径。

11.6.3.6　翻边

使带孔坯料孔口周围获得凸缘的工序称为翻边,如图 11-42 所示。图中 d_0 为坯料上孔的直径,δ 为坯料厚度,d 为凸缘的平均直径,h 为凸缘的高度。

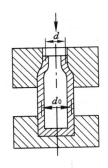

图 11-41　收口简图

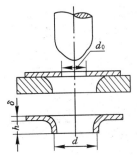

图 11-42　翻边简图

11.6.3.7 成型

  成型是利用局部变形使坯料或半成品改变形状的工序。图11-43为鼓肚容器成型简图，它是用橡皮芯子来增大半成品中间部分的尺寸。在凸模轴向压力的作用下，对半成品件产生均匀的压力而成型。凹模是可分开的。

  板料冲压生产中各种基本工序的选择、顺序安排以及应用次数多少，必须根据工件的形状尺寸和每道工序中材料所允许的变形程度来确定。

11.6.4 板料冲压件结构工艺性

  冲压件的结构设计不仅应保证它具有良好的使用性能，而且还应保证它具有良好的工艺性能。通过对板料冲压结构的合理设计，可减少材料的消耗，延长模具寿命，保证工件质量，降低成本，提高生产效率。

  ① 冲压件结构应力求简单、对称。在设计冲压件时尽可能采用圆形、矩形等规则形状，避免窄而长的外形，使冲板料受力均匀；也应避免有狭长凸起或凹槽、细深孔等使制造模具困难、模具使用寿命较短的制件。

  ② 冲孔件或落料件的结构形状应便于排样、减少废料，提高材料的利用率。如图11-44所示，图11-44(a)的材料利用率高。

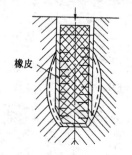

图 11-43 鼓肚容器成型简图

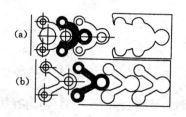

图 11-44 零件形状与材料利用率
(a) 合理；(b) 不合理

  ③ 冲孔件或落件上直线与直线、曲线与直线的交接处应用圆弧连接过渡，以避免尖角处引起应力集中而产生开裂。冲裁件设计要求过渡圆角半径最小值见表11-9。

表 11-9   冲裁件过渡圆角半径的最小值

材　料	落　料		冲　孔	
	连　接　角　度			
	$\alpha \geqslant 90°$	$\alpha < 90°$	$\alpha \geqslant 90°$	$\alpha < 90°$
	R_{min}			
低碳钢	0.25δ	0.5δ	0.3δ	0.6δ
黄铜、铝	0.18δ	0.35δ	0.2δ	0.4δ
高碳钢、合金钢	0.35δ	0.7δ	0.45δ	0.9δ

注：δ 为材料厚度。

  ④ 冲压件的孔径、孔间距及孔与坯料边缘的距离不能太小，一般允许最小尺寸为板厚

的 1～1.5 倍,否则易出现变形和裂纹。

⑤ 弯曲件的弯曲半径不得小于材料的最小弯曲半径,并尽可能使弯曲轴线垂直于板料的纤维方向。

⑥ 拉深件设计高度不宜过大,以减小拉深次数,使之容易成型。拉深件的圆角不得小于最小许可半径,如图 11-45 所示,否则将增加整形工作量或产生拉裂现象。

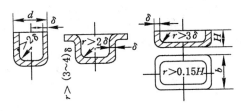

图 11-45　拉深件的最小许可半径

思 考 题

1. 什么是锻压生产?锻压加工设备有哪些特点?

2. 什么是加工硬化和再结晶?

3. 为什么重要的零件毛坯要采用锻造生产方法来获得?

4. 自由锻造有哪些基本工序?其应用范围如何?

5. 设计自由锻件的结构应注意哪些问题?

6. 怎样利用锻造纤维组织来提高毛坯的力学性能?

7. 什么是模锻?它与自由锻造有何异同点?

8. 板料冲压有哪些基本工序?冲孔和落料有何区别?如何确定两种工序的凸凹模刃口尺寸?

9. 弯曲时为什么要限制最小弯曲半径?

第12章 焊　　接

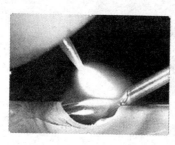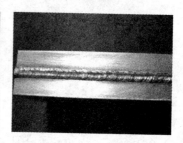

　　除了铸造、锻压外,焊接也是毛坯或零件成形的主要方法。焊接是利用或加热或加压或加热加压手段,借助金属原子间的结合与扩散作用,使分离的两部分金属牢固永久地结合起来的工艺。熔化焊的焊接过程是利用各种热源(如电弧热、气体火焰热、高能粒子束等)先将工件局部加热到熔化状态,形成熔池,然后,熔池液体金属再冷却结晶,形成焊缝。这一过程包含了加热、冶金和结晶过程。

　　焊接主要通过以下三种途径达到接合金属的目的:

　　1. 熔焊——加热需要接合的工件使之局部熔化形成熔池,熔池冷却凝固后便接合,必要时可加入熔填物辅助,它是适合各种金属和合金的焊接加工,不需压力。

　　2. 压焊——焊接过程必须对焊件施加压力,属于各种金属材料和部分金属材料的加工。

　　3. 钎焊——采用比母材熔点低的金属材料做钎料,利用液态钎料润湿母材,填充接头间隙,并与母材互相扩散实现链接焊件。适合于各种材料的焊接加工,也适合于不同金属或异类材料的焊接加工。

　　本章学习应初步熟悉常见的焊接方法以及焊接的结构工艺性;了解焊接接头的组织与性能、焊接应力与变形的形成过程以及常见的焊接缺陷及其产生原因;掌握防止和消除焊接变形的常用方法。

12.1 概 述

[知识要点]

焊接方法的分类及应用

[教学目标]

1. 学习焊接的特点及分类

2. 了解焊接在工业生产中的应用

[相关知识]

焊接是将分离的金属通过原子间的结合与扩散,形成永久性连接的工艺方法。

12.1.1 焊接的特点

与其他加工方法相比,焊接具有以下特点:

① 生产工艺简单,适应性强,焊接方法灵活多样,工艺简便,生产周期短。不论是同种金属还是异种金属,不管构件的结构形式、大小、场地如何,都有相应的焊接方法完成加工生产。尤其对大型建筑结构件、工程设备部件等,可采用以小拼大、以简组繁的办法,使毛坯生产和加工过程大为简化,提高生产效率。

② 能够减轻结构重量,节省金属材料。与铆接相比,焊接一般能节省金属材料15%～20%,减轻设备、构件的自重,降低成本。小批量生产时,焊接生产比铸造和锻造具有更好的经济性。

③ 焊接接头强度高,密封性好。焊接可用于压力锅炉、高压容器、储油罐、舰体、船体等要求接头强度高、密封性好的结构件。一般情况下,焊接接头的强度不低于母材的强度。

④ 便于实现生产的机械化、自动化。

12.1.2 焊接方法分类

焊接方法种类繁多,按照焊接过程的特点可分为三大类:熔化焊、压力焊、钎焊。随着焊接技术的发展,目前焊接方法已有数十种之多。工业上常用的焊接方法见表12-1。

表 12-1 焊接方法分类

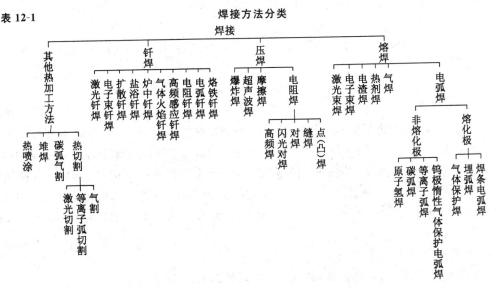

12.1.3 焊接的应用

焊接在工业生产中应用非常广泛,有如下几个方面:

(1)金属结构件

焊接可广泛用于各种金属结构,如船体、桥梁、桁架、容器、锅炉等。

(2)机械零部件或毛坯

机械设备上的轧辊、飞轮、大型齿轮等重要零部件,应用焊接生产能更加简便快捷。

(3)双金属或多金属结构和复层材料

如在刀体上焊接刀片,在普通材料表面堆焊耐磨金属层、抗蚀层以及制造不同金属的复合层容器等。

(4)电子、电气零部件的连接

焊接可用于对电子、电气零部件的连接。

此外,对大型结构件和零部件磨损、断裂后的修补,焊接也是重要手段之一。

12.2 手工电弧焊

[知识要点]

1. 电弧焊的焊接原理

2. 交流、直流电焊机原理及特点

3. 焊条的结构及型号

[教学目标]

1. 初步掌握手工电弧焊焊接工艺

2. 认识手工电弧焊设备,了解焊条的结构及型号

3. 初步掌握焊条的选用原则

[相关知识]

电弧焊是利用电弧作为热源来熔化焊条和焊件,从而获得永久性接头的工艺方法。在电弧焊中,最基本的焊接方法是手工电弧焊,简称手弧焊。

12.2.1 焊接电弧

焊接电弧是在电极与焊件间的气体介质中产生的强烈、持久的放电现象。手工电弧焊中的电极是焊条与被焊件。

1. 电弧的产生

焊接时,将焊条与焊件瞬时接触造成短路,产生很大的短路电流,并在很短时间内产生大量的热能,使接触点的温度迅速升高,然后将焊条稍微提起离开焊件,在焊条与焊件之间就形成了由高温空气、金属和药皮蒸气组成的气体空间,这些高温气体很容易被电离。在热激发和强电场作用下,负极(焊条)表面发射电子,并撞击高温气体中的分子和原子,使气体介质电离成为正离子、负离子和自由电子,正离子奔向阴极,负离子和自由电子奔向阳极。在它们运动和达到两极时,不断发生碰撞和复合,产生出大量的光和热,即形成电弧。其形成过程如图 12-1 所示。

2. 电弧的结构

焊接电弧由阴极区、阳极区和弧柱区三部分组成,如图 12-2 所示。

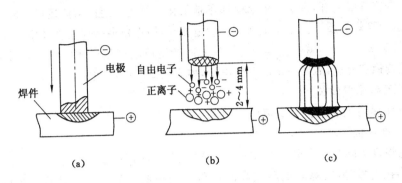

图 12-1 焊接电弧的形成过程

(a) 电极接触短路；(b) 拉开电极；(c) 引燃电弧

从阴极区发射电子需消耗一定能量，阴极区产生的热量约占电弧总热量的 36%，温度约为 2 400 K。

阳极区由于高速电子撞击阳极表面和吸收电子，产生热量较多，约占电弧总热量的 43%，温度可达 2 600 K。

弧柱区指阴极与阳极之间的气体空间区域。弧柱区产生的热量约占电弧总热量的 21%。弧柱区中心温度最高，可达 6 000～8 000 K。弧柱区热量大部分通过对流、辐射散失到周围空气中。

由于电弧产生的热量在阳极区比阴极区高，使用直流电弧焊接电源进行焊

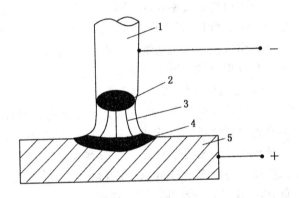

图 12-2 焊接电弧的组成

1——焊条；2——阴极区；
3——弧柱区；4——阳极区；5——工件

接时，就有两种不同的接法。厚件和熔点高的焊件应接阳极，焊条接阴极，这种方法称为正接法。若把焊件接阴极，焊条接阳极，称为反接法，适用于薄件、有色金属、不锈钢及铸铁的焊接。对交流电弧焊则无正反接法的区别。

12.2.2 手工电弧焊的焊接过程

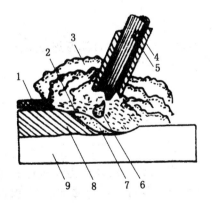

图 12-3 手工电弧焊的焊接过程

1—渣壳；2—液态熔渣；3—气体；
4—焊条药皮；5—焊芯；6—金属熔滴；
7—熔池；8—焊缝；9—焊件

图 12-3 是手工电弧焊的焊接过程。当焊条和焊件之间引燃电弧时，电弧热使工件和焊条芯同时熔化形成熔池，焊条金属熔滴借助重力和电弧气体吹力的作用过渡到熔池中，凝固后即形成焊点。若使焊条沿接缝移动，电弧燃烧不断形成新的熔池，而原来的熔池随之冷却凝固，就构成连续的焊缝。电弧热还使焊条药皮熔化或燃烧，并进入熔池与液体金属发生物理化学作用，形成由多种氧化物和硫、磷化合物组成的熔渣并浮在熔池表面上。同时，药皮燃烧产生的大量一氧化碳气体环绕在电弧周围，这些熔渣和气体把熔池

的液态合金与空气隔离开,保护了液态金属不被氧化和氮化,并且,熔渣还可去除焊缝中硫、磷等有害杂质,提高焊缝质量。手工电弧焊引燃电弧时,用焊钳夹持焊条轻轻敲击或擦划工件表面,并随后提起 2~4 mm,就会使焊条与工件之间产生放电现象形成电弧。电弧引燃后,为了维持电弧继续稳定燃烧,需要一定的工作电压,称为电弧电压,该电压一般为 16~35 V。

12.2.3　手工电弧焊设备

手工电弧焊的主要设备是交流电焊机和整流式直流弧焊机两种。

1. 交流电焊机

交流电焊机实际是一种特殊的降压变压器。为了保证引弧,交流电焊机的引弧电压为60~80 V。在引弧时,电源能供给较高的电压和较小的电流。当电弧稳定燃烧时,电流增大,电压急剧降低。若电弧弧长发生变化,焊接电流变化较小。电焊机还可以根据不同的焊件材质和厚度调节所需要的电流。交流电焊机的外形及组成如图12-4所示。

交流电焊机效率高,结构简单,使用可靠,成本低廉,噪声低,维护、保养较容易,是常用的手工电弧焊设备。但交流电焊机电弧稳定性差,不适宜薄板焊接和用低氢型焊条焊接有色金属、不锈钢等。

2. 直流弧焊机(弧焊整流器)

直流弧焊机是将交流电变为直流电的弧焊设备,简称弧焊整流器。目前常用的是硅二极管整流式直流弧焊机。它相当于在交流弧焊变压器上连接一组大功率硅整流器,因而也具备引弧电压高、电弧电压低、焊接电流波纹小并可调等特点。

硅二极管弧焊整流器输出直流电波纹较大,电弧的稳定性较差。晶闸管(可控硅)弧焊整流器大大简化了整流电源的结构,减轻了质量,降低了能耗,应用范围正在不断扩大。

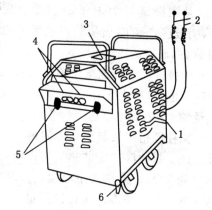

图 12-4　交流电焊机外形图

1——调节手柄(细调电流);2——电源;
3——电流指示盘;4——线圈抽头(粗调电流);
5——焊接电源两极(工件和焊条);
6——接地螺钉

逆变式弧焊整流器是最新一代的弧焊电源,其特点是反应速度快,直流输出电流波纹小,电弧稳定,能耗低(比晶闸管整流电源低 20%~50%),体积小,质量轻,是一种理想的直流弧焊设备。

直流弧焊机电弧稳定,电极有正、反接法,适用于各种焊条的焊接。

12.2.4　手工电弧焊用焊条

1. 焊条的组成

手弧焊焊条由焊心和药皮两部分组成。

(1) 焊心

焊条中被药皮包覆的金属芯称为焊心。在焊接过程中,其主要作用是作为电极传导焊接电流,产生电弧;熔化后作为填充金属,与熔化的母材共同形成焊缝。在焊缝金属中,焊心金属约占 60%~70%,因此,焊心的化学成分对焊缝质量影响很大。焊心是经过特殊冶炼、拉拔制成的。

(2) 药皮

包覆于焊心表面的涂料层称为药皮。它是由多种矿物质、有机物、铁合金和黏结剂组成,其主要作用是提高焊接电弧燃烧的稳定性,利于造气、造渣,防止空气侵入熔滴和熔池,促进焊缝金属顺利脱氧、脱硫、脱磷、去氢等;向焊缝渗合金元素,提高焊缝金属的力学性能。此外,药皮燃烧滞后于焊芯熔化,在焊接时会形成喇叭状套筒,有助于熔滴过渡到熔池和进行全位置焊接。

2. 焊条型号及编制方法

手弧焊用焊条按其用途分为十大类。其中碳钢焊条、低合金钢焊条、不锈钢焊条、堆焊焊条、铝及铝合金焊条、铜及铜合金焊条及铸铁焊条等已经有相应的国家标准。根据工业生产的实际应用需要,生产企业在焊条的包装上同时标注出标准型号和商用牌号。表12-2列出了国家标准中规定的型号与商用牌号。

表 12-2 焊条标准型号与商业牌号对照表

国家标准分类			按焊条用途分类		
国标	型号	焊条类别	类别号	牌号	焊条名称
GB5117—85	E××××	碳钢焊条	I	J×××	结构钢焊条
GB5118—85	E××××-×	低合金钢焊条	II	R×××	钼和铬钼耐热钢焊条
			III	W×××	低温钢焊条
GB983—85	E×-×-××	不锈钢焊条	IV	G×××	铬不锈钢焊条
				A×××	铬镍不锈钢焊条
GB984—85	ED××-××	堆焊焊条	V	D×××	堆焊焊条
GB10044—88	EZ×	铸铁焊条	VI	Z×××	铸铁焊条
GB3669—88	TAl×	铝及铝合金焊条	VII	L×××	铝及铝合金焊条
GB3670—83	TCu	铜及铜合金焊条	VIII	T×××	铜及铜合金焊条
			IX	Ni×××	镍及镍合金焊条
			X	TS×××	特殊用途焊条

各种焊条型号的编制方法有所不同。最常用的手工电弧焊用碳钢焊条的型号是由字母“E”加 4 位数字组成:E 表示焊条;前两位数字表示熔敷金属抗拉强度最小值,单位是 kgf/mm^2(焊条的强度并用工程单位制和国际单位制,1 kgf/mm^2 = 9.8 MPa),碳钢焊条有 E43 系列和 E50 系列两大类;第三位数字表示焊条的焊接位置:“0”和“1”表示焊条适用于全位置焊接,“2”表示适用于平焊及平角焊,“4”表示适用于向下立焊,第三位和第四位数字组合起来表示焊接电流种类及药皮类型。国家标准中完整的焊条型号及其含义举例如下:

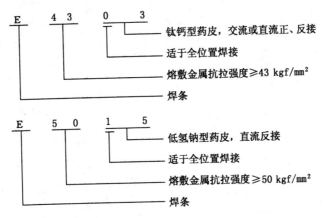

各种焊条的牌号是由相应的字母加上三位数字组成。字母表示焊条的大类,其后的前两位数字表示各大类中的若干小类,第三位数字表示药皮类型及焊接电流种类。焊条牌号及其含义举例如下:

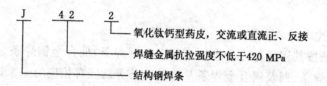

J 42 2
氧化钛钙型药皮,交流或直流正、反接
焊缝金属抗拉强度不低于420 MPa
结构钢焊条

同一种焊条型号可配制出不同工艺性能的几种焊条牌号,如 J427 和 J427Ni 属于同一种焊条型号 E4315。

焊条的药皮成分对焊缝金属的力学性能和焊接工艺性都起着决定性的作用。根据焊条药皮熔化后的酸碱度不同,又可以把焊条分为酸性焊条和碱性焊条。酸性焊条药皮中合金元素烧损较大,焊缝金属中氢的含量较高,所以抗热裂性差。但酸性焊条具有良好的工艺性及抗冷裂性能,焊缝美观,对铁锈、油脂、水分的敏感性差,可采用直流或交流焊接电源,广泛应用于一般结构件的焊接。碱性焊条电弧燃烧不稳定,熔渣覆盖性较差,焊前要求去除油脂、水和铁锈,一般要求使用直流焊接电源。但碱性焊条脱氧去氢能力强,抗热裂性能好,焊缝金属具有良好的力学性能,尤其是冲击韧性值较高,多用于焊接重要结构件。焊条药皮类型及其特性见表 12-3。

表 12-3　　　　　　　　　　焊条药皮类型及其特性

标准型号	商用牌号	药皮类型	焊接位置	电流种类
E××00	××0	特殊型	不规定	交流或直流正、反接
E××01	××3	钛铁矿型	平、立、仰、横	交流、直流正、反接
E××03	××2	氧化钛钙型	平、立、仰、横	交流、直流正、反接
E××10	—	高纤维钠型	平、立、仰、横	直流反接
E××11	××5	高纤维钾型	平、立、仰、横	交流或直流反接
E××12	—	高钛钠型	平、立、仰、横	交流或直流正接
E××13	××1	高钛钾型	平、立、仰、横	交流、直流正、反接
E××15	××7	低氢钠型	平、立、仰、横	直流反接
E××16	××6	低氢钠型	平、立、仰、横	交流或直流反接
E××20	××4	氧化铁型	平角焊	交流或直流正接
E××22			平	交流或直流正、反接
E××23	××2铁	铁粉钛钙型		交流或直流正、反接
E××24	××1铁	铁粉钛型	平、平角焊	交流或直流正、反接
E××27	××4铁	铁粉氧化铁型		交流或直流正接
E××18	××6铁	铁粉低氢型	平、立、仰、横	交流或直流反接
E××48			平、立、仰、立向下	交流或直流反接
E××28	××6铁	铁粉低氢型	平、平角	交流或直流反接
E××08	××8	石墨型	平	交流或直流反接
—	××9	盐基	平、平角	直流反接

3. 焊条的选用原则

手弧焊选用焊条时,应遵循以下原则:

(1) 等强度原则

焊接低碳钢和低合金结构钢时,一般应根据焊件的抗拉强度选用相同强度等级的焊条。但对一般钢结构中的连接焊缝,应以保证焊缝金属的工艺强度为前提,不必强求其等强性。

(2) 等成分原则

焊接耐热钢、不锈钢时,一般应按母材的化学成分选用成分类型相同或相近的焊条。

(3) 抗裂纹原则

焊接刚性大、形状复杂、承受交变载荷或冲击载荷的结构件时,应选用抗裂性好的碱性焊条;若焊件中含有较多的碳、硫、磷等杂质元素时,也应选用碱性焊条。

(4) 工艺性相适应原则

受工艺条件限制,焊件接头部位的油污、锈、潮气不便清理时,应选用抗气孔能力强的酸性焊条;现场缺少直流弧焊电源时,应选用交、直流两用焊条。

应当指出,按上述原则确定焊条类型后,焊条的直径应根据焊件厚度、焊缝位置等条件来选择。通常是焊件越厚,选用焊条的直径越大。碳钢焊条标准直径有 1.6 mm、2.0 mm、2.5 mm、3.2 mm、4.0 mm、5.0 mm、6.0 mm 和 8.0 mm 等几种。

12.2.5 手弧焊工艺

1. 焊接接头与坡口形式

根据焊件的结构形状、厚度及使用条件不同,接头形式可分为对接接头、T 形接头、角接接头及搭接接头等。对较厚焊件,为了保证焊透,还要开出坡口。坡口形式有 V 形、X 形、K 形等。开坡口时要留有钝边,防止烧穿。表 12-4 列出了常用焊接接头的种类与坡口形式。

2. 焊缝的空间位置

施焊时,焊缝在空间有平焊、立焊、横焊和仰焊四种位置,如图 12-5 所示。其中,平焊操作容易,劳动强度低,熔滴易于过渡,熔渣覆盖较好,焊缝质量高。其他焊接位置较难操作,而仰焊操作最困难。因此,在焊接中应尽可能选用平焊操作。

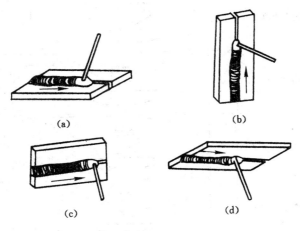

图 12-5 焊缝的空间位置

(a) 平焊;(b) 立焊;(c) 横焊;(d) 仰焊

表 12-4　　　　　　　　　　　　　手工电弧焊常用接头种类与坡口形式

接头种类	坡口形式	坡口简图	工件厚度 δ/mm
对接接头	I 形坡口	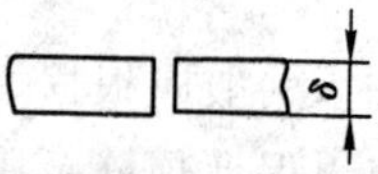	1～6
	单边 V 形坡口		3～40
	双单边 V 形坡口	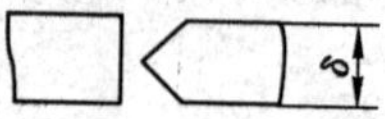	>10
	双 V 形坡口	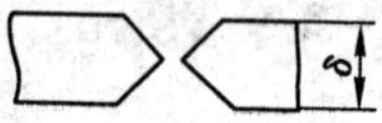	>10
	Y 形坡口	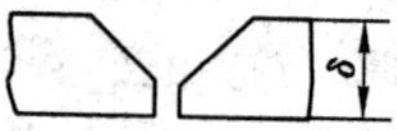	3～26
	双 Y 形坡口	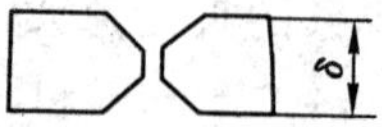	12～60
	带钝边 U 形	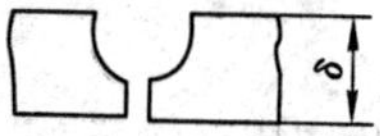	20～60
	双 U 形带钝边	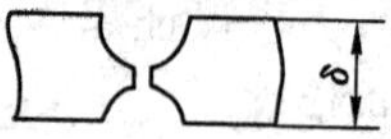	>30
T 形接头	I 形坡口	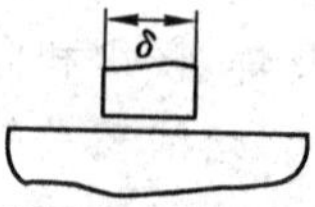	2～30
	单边 V 形坡口	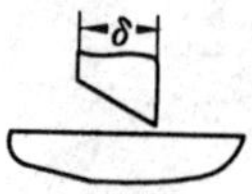	3～40
	双单边 V 形	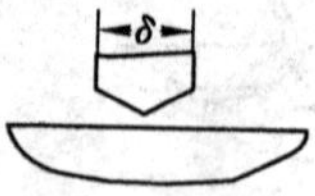	>10
	带钝边 J 形	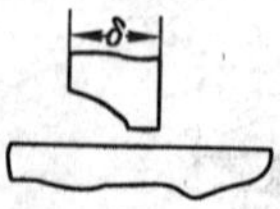	>16
	带钝边双 J 形	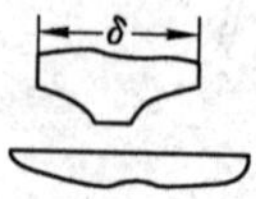	>30

接头种类	坡口形式	坡口简图	工件厚度 δ/mm
角接接头	卷边坡口	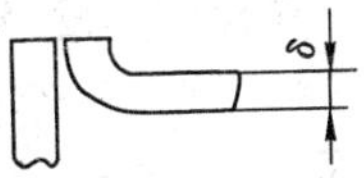	1~2
	I 形坡口	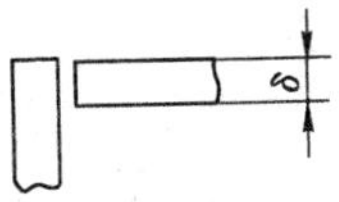	2~8
	错边 I 形	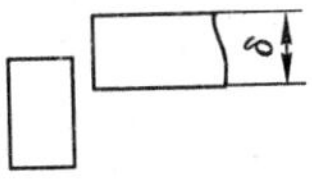	4~30
	V 形带垫板	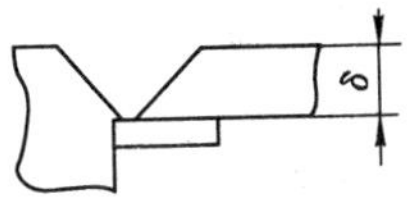	>6
搭接接头	I 形坡口	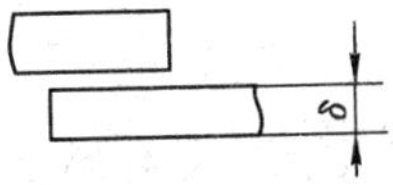	2~30
	锁边坡口	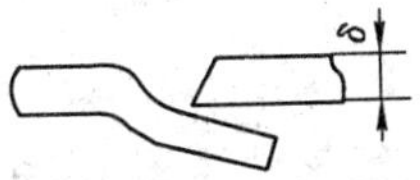	1~3
	塞焊坡口	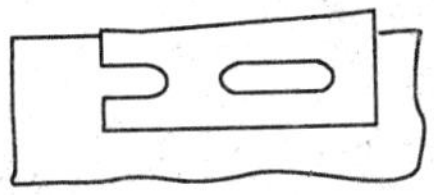	>2

3. 焊接工艺参数的选择

焊接时,为了确保焊接质量,体现施焊操作要求而选定的有关物理量的总称叫焊接工艺参数,一般包括焊条、焊接电流、焊接速度等。

(1) 焊条直径的选择

焊条直径的大小与焊件厚度、焊接位置及焊接层数有关。一般焊件厚度大时应采用大直径焊条;平焊时,焊条直径可大些;多层焊在焊第一层时应选较小直径的焊条。

(2) 焊接电流的选择

焊接电流的大小直接关系到焊接质量和生产效率。生产中选择焊接电流主要依据焊条类型、焊条直径、焊件厚度、接头形式、焊缝位置和层数等。焊件厚度与焊条直径、焊接电流的关系见表 12-5。

表 12-5　　　　　　　　　　　焊件厚度与焊条直径、焊接电流的关系

焊件厚度/mm	≤1.5	2	3	4~5	6~12	>12
焊条直径/mm	1.6	2.0	2.5	3.2	4.0~5.0	5.0~6.0
焊接电流/A	25~40	40~65	50~80	100~130	160~210	260~300

　　非水平位置焊接或焊接不锈钢时,焊接电流比平焊小 15%左右;角焊缝的焊接电流可稍大些;使用碱性焊条时,电流应小些。

　　总之,焊接工艺参数的选择,应在保证焊接质量的前提下,尽量采用大直径焊条和大电流,以提高生产效率;电弧长度也尽量短些,不然会使燃烧不稳定,熔深减小,飞溅增加,还会使空气中的氧和氮侵入焊缝区,降低焊缝质量;焊接速度要均匀,以保证焊缝的外观与内在质量均达到要求为宜。

12.3　气焊与气割

[知识要点]
1. 气焊及气割的原理
2. 气焊及气割设备组成

[教学目标]
了解气焊与气割的工艺

[相关知识]

12.3.1　气焊

　　气焊是利用氧气和可燃气体(乙炔)混合燃烧所产生的热量将焊件和焊丝局部熔化而进行焊接的一种方法。

12.3.1.1　气焊设备和工具

　　这些设备主要包括:氧气瓶、氧气减压器、乙炔气瓶、乙炔减压器、焊炬、橡皮管等。如图12-6 所示。

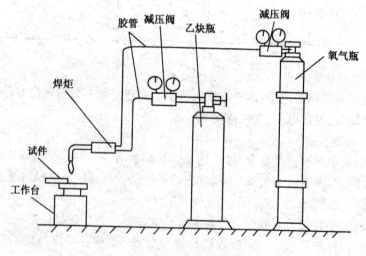

图 12-6　气焊设备与器具示意图

　　(1)氧气瓶

　　是一种储存和运输氧气用的高压容器,氧气容积一般为 40 L,内储氧气的最高压力为15 N/mm²,瓶口上装有开闭氧气的阀门,并套有保护瓶阀的瓶帽。按规定,氧气瓶外表涂成天蓝色并用黑色字标明"氧气"字样。氧气瓶不许曝晒、火烤、振荡及敲打,也不许被油脂沾污。使用的氧气瓶必须定期进行压力试验。

（2）乙炔气瓶

乙炔气瓶是一种储存和运输乙炔气的高压容器，内储乙炔气的最高压力为 1.5 N/mm²，瓶口装有阀门并套有瓶帽保护。按规定，乙炔气瓶外表涂成白色并用大红色字标明"乙炔火不可近"字样。

（3）减压器

氧气减压器是将氧气瓶内的高压氧气调节成工作所需要的低压氧气，并在工作过程中保持压力与流量稳定不变；乙炔气减压器是将乙炔气瓶内的高压乙炔气调节成工作所需要的低压乙炔气，并保持工作过程中的压力与流量稳定不变。常用的减压器为单级反作用式减压器。

（4）焊炬

焊炬（也称焊枪）是用来使可燃性气体和氧气均匀混合，并调节火焰进行正常燃烧的气焊工具（图 12-7）。

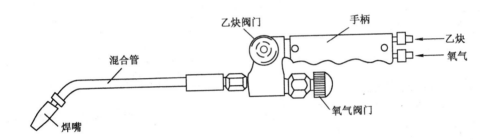

图 12-7 气焊工具

（5）橡皮管

橡皮管的作用是把氧气和乙炔气输送到焊炬中去。

12.3.1.2 气焊工艺

1. 气焊火焰

气焊质量的好坏与所用气焊火焰的性质有极大的关系。改变氧气和乙炔气体的体积比，可得到三种不同性质的气焊火焰，如图 12-8 所示。

（1）中性焰

氧气与乙炔的体积比为 1∶1.2 或 1∶1 时得到的火焰为中性焰，此时氧气与乙炔充分燃烧，内焰的最高温度可达 3 150 ℃，适合于焊接低、中碳钢，低合金钢，紫铜，铝及其合金等。

（2）氧化焰

氧气与乙炔的体积比大于 1∶1.2 时得到的火焰为氧化焰，此时氧气过剩，最高温度可达 3 300 ℃，适

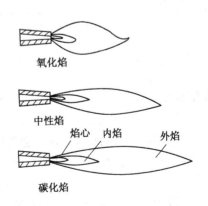

图 12-8 氧-乙炔火焰种类

合于焊接黄铜、镀锌铁皮等。

（3）碳化焰

氧气与乙炔的体积比小于1∶1时得到的火焰为碳化焰，此时乙炔过剩，最高温度可达3 000 ℃，适合于焊接高碳钢、高速钢、铸铁及硬质合金等。

2. 接头形式与坡口形式

气焊时主要采用对接接头，角接接头和卷边接头只是在焊薄板时使用，而搭接接头和T形接头很少采用。在对接接头中，当焊件厚度小于5 mm时，可以不开坡口，只留0.5～1.5 mm的间隙；厚度大于5 mm时必须开坡口。坡口的形式、角度、间隙及钝边等与手工电弧焊基本相同。

3. 气焊工艺参数

（1）焊丝直径的选择

焊丝的成分要求与焊件的成分基本相符，焊丝的直径一般根据焊件的厚度来决定，见表12-6。

表 12-6 焊件厚度与焊丝直径的关系

焊件厚度/mm	1～2	2～3	3～5	5～10	10～15	>15
焊丝直径/mm	1～2	2～3	3～4	3～5	4～6	4～6

（2）氧气压力与乙炔压力

氧气压力一般根据焊炬型号选择，通常取0.2～0.4 N/mm²，最高可取0.8 N/mm²；乙炔压力一般取0.001～0.1 N/mm²。

（3）焊嘴倾角的选择

焊嘴倾角的大小主要取决于焊件厚度和材料的熔点等。焊件厚度与焊嘴倾角的关系见表12-7。

表 12-7 焊嘴倾角的选择

焊件厚度/mm	1	1～3	3～5	5～7	7～10	10～15	>15
焊嘴倾角/(°)	20	30	40	50	60	70	80

注：焊嘴倾角指焊嘴长度方向与焊接运动方向的夹角。

（4）焊接速度

焊接速度与焊件的熔点和厚度有关，一般当焊件的熔点高、厚度大时，焊速应慢些，但在保证焊接质量的前提下应尽量提高焊速，以提高劳动生产率。

（5）基本操作方法

气焊前，先调节好氧气压力和乙炔压力，装好焊炬。点火时，先打开氧气阀门，再打开乙炔阀门，随后点燃火焰，再调节成所需要的火焰。灭火时，应先关乙炔阀门，再关氧气阀门，否则会引起回火。

气焊操作分左焊法和右焊法两种。左焊法是焊炬从右向左移动。此法操作简单，容易掌握，适于焊接薄板及低熔点材料的焊件，使用较普遍。右焊法是焊炬从左向右移动。此法熔池保护效果好，焊缝质量较高，适用于焊接较大厚度和高熔点的焊件，但不易掌握，应用较少。

气焊时还要用到助熔剂（气焊粉），其作用是去除焊接过程中产生的氧化物，保护焊接熔池，改善熔池金属的流动性，以获得优质的焊接接头。气焊低碳钢一般用 H08 焊丝，不用熔剂；而气焊其他的钢、铸铁及有色金属则要采用专用焊丝。气焊熔剂有：气剂 101 用于焊接不锈钢和耐热钢，气剂 201 用于焊接铸铁，气剂 301 用于焊接铜及铜合金，气剂 401 用于焊接铝及铝合金。被焊件的厚度愈厚，导热性愈好，熔点愈高，则所选择的气焊火焰功率（以单位时间内燃烧时所耗用的乙炔数量作标准）应愈大。焊接过程中还可用调节气焊焊炬与焊件的夹角等方法来达到调节热量的目的。

12.3.1.3　气焊的特点及应用

气焊的主要优点是设备简单，操作灵活方便，不需要电源并能焊接多种金属材料。但气焊的应用不如电弧焊广泛，这是由于气焊火焰温度低，加热缓慢，生产率低；热量不够集中，焊件受热范围大，热影响区较宽，焊后易变形；焊接时火焰对熔池保护性差，焊接质量不高，且难于实现机械化。

气焊主要用于焊接薄钢板、有色金属及其合金以及钎焊刀具和铸铁的补焊等。

12.3.2　气割

12.3.2.1　气割原理

气割是利用氧-乙炔火焰的热能，将金属预热到燃点，然后开放高压氧气流使金属氧化燃烧，产生大量反应热，并将氧化物熔渣从切口吹掉，形成割缝的过程，如图 12-9 所示。

12.3.2.2　气割特点及应用范围

气割具有灵活方便、适应性强、设备简单、操作方便、生产率高等优点，但对于金属材料的适用范围有一定的限制。

气割特别适用于切割厚件、外形复杂件以及各种位置和不同形状的零件，因此，它被广泛地应用于钢板下料和铸钢件浇、冒口的切割。

目前，气割主要用于切割各种碳钢和普通低合金钢材料。

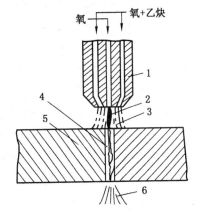

图 12-9　氧-乙炔火焰切割
1——割嘴；2——高压氧；
3——预热火焰；4——豁割缝；
5——工件；6——氧化熔渣

12.3.2.3　金属的气割性

1. 对采用氧气切割的要求

① 金属材料的燃点必须低于其熔点，否则切割前金属先熔化，使切口凹凸不平。

② 燃烧时生成的金属氧化物的熔点应低于金属材料本身的熔点，且流动性要好，易于被氧气流从切口中吹掉。

③ 金属燃烧时放出的热量要大，且金属本身的导热性要低。这是为了保证下层金属有足够的预热温度，使切割过程能连续进行。

满足上述条件的金属材料有低碳钢、中碳钢和普通低合金钢，而高碳钢、高合金钢、铸铁、铜、铝等有色金属及其合金均难以进行氧气切割。

2. 气割工艺参数

① 氧气压力与乙炔压力。

氧气压力一般根据割炬或板厚选择,通常取 $0.4\sim0.8$ N/mm²,最高取 1.4 N/mm²。乙炔压力通常取 $0.01\sim0.12$ N/mm²。

② 割嘴与割件间的倾斜角。

此倾斜角指割嘴与气割运动方向之间的夹角,它直接影响气割速度。割嘴倾斜角的大小由割件厚度来确定。

对于直线切割,当割件厚度为 $20\sim30$ mm 时,割嘴应与割件表面垂直;厚度小于 20 mm 时,割嘴应和切割运动方向相反,成 $60°\sim70°$ 角;当割件厚度大于 30 mm 时,割嘴应和切割运动方向相同,成 $60°\sim70°$ 角。

对于曲线切割,不论厚度大小,割嘴都必须与割件表面垂直,以保证割口平整。割嘴离割件表面的距离根据预热火焰及割件的厚度而定,一般为 $3\sim5$ mm,并要求在整个切割过程中保持一致。

③ 基本操作方法。

气割前,根据割件厚度选择割炬和割嘴,并清理割件表面切口处的铁锈、油污等杂质;割件要垫平,并在下方留出一定的间隙;预热火焰的点燃过程与气焊相同,预热火焰一般调整为中性焰或轻微氧化焰。

气割时,将预热火焰对准割件切口进行预热,待加热到金属表层即将氧化燃烧时,再以一定压力的氧气流吹入切割层,吹掉氧化燃烧产生的熔渣,不断移动割炬,切割便可以连续进行下去,直至切断被切割件为止。割炬移动的速度与割件厚度和使用割嘴的形状有关,割件越厚,气割速度越慢,反之则越快。

氧-乙炔火焰气割常用于纯铁、低碳钢、低合金结构钢的下料和切割铸钢件的浇、冒口等。

12.3.2.4　气割设备

气割设备与气焊设备基本相同,只是气割时用割炬(或称气割枪)代替焊炬。割炬的构造如图 12-10 所示。它的作用是将可燃气体与氧气以一定的方式和比例混合后,形成稳定燃烧并具有一定热能和形状的预热火焰,并在预热火焰的中心喷射切割氧气流进行切割。

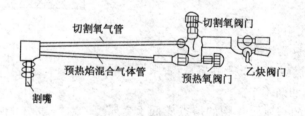

图 12-10　割炬

12.4　其他焊接方法简介

[知识要点]

气体保护焊、埋弧焊、电渣焊、等离子弧焊、电阻焊与钎焊的原理及特点

[教学目标]

了解多种焊接方法的原理及应用

[相关知识]

12.4.1　气体保护电弧焊

气体保护电弧焊简称气体保护焊。它是利用外加气体在电弧周围形成局部的气体保护层,将电弧和熔池与空气隔开,防止空气与熔化金属发生不利反应,以获得优质焊缝的工艺方法。常用的有氩弧焊和二氧化碳气体保护焊。

1. 氩弧焊

氩弧焊是以氩气作为保护气体的电弧焊。按照使用的电极不同,氩弧焊可分为非熔化极(钨极)氩弧焊和熔化极氩弧焊两种,如图 12-11 所示。其中应用最多的是手工钨极氩弧焊。

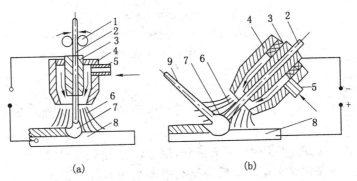

图 12-11　氩弧焊示意图

(a) 熔化极氩弧焊;(b) 不熔化极氩弧焊

1——送丝辊轮;2——焊丝或电极;3——导电嘴;4——喷嘴;5——进气管;

6——氩气流;7——电弧;8——焊件;9——填充焊丝

氩弧焊具有以下特点:

① 氩弧焊是一种明弧焊,便于观察,操作灵活,适宜于各种空间位置的焊接,电弧稳定,焊后无熔渣,易实现自动化。

② 氩气是惰性气体,与液态金属既不溶解也不发生物理、化学反应,且表面成型好,因此氩弧焊形成的焊缝致密,具有较好的力学性能。

③ 氩气价格贵,焊接设备较复杂,焊接成本高,使应用受到一定限制。

目前,氩弧焊主要应用于焊接各种有色金属,如铝、钛、镁、铜及其合金,以及不锈钢、耐热钢和高强度合金钢等。

2. 二氧化碳气体保护焊

二氧化碳气体保护焊是用二氧化碳作为保护气体的一种焊接方法,简称二氧化碳焊。它用连续送进的焊丝作电极,熔化后成为填充金属。二氧化碳气体保护焊可采用自动或半自动方式焊接,其焊接原理如图 12-12 所示。

二氧化碳焊具有以下特点:

① 二氧化碳焊的电流密度大,电弧集中,焊接速度快,生产效率比手弧焊高 1～4 倍。

② 由于二氧化碳的冷却作用,使焊接热影响区缩小,焊件变形小,特别适用于薄板焊

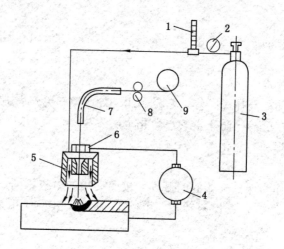

图 12-12　二氧化碳气体保护焊示意图

1——流量计；2——减压器；3——CO$_2$气瓶；4——直流电焊机；5——焊炬喷；
6——导电嘴；7——送丝软管；8——送丝机构；9——焊丝盘

接,焊缝质量较高。

③ 二氧化碳气体来源广,价格低,二氧化碳焊的成本约为埋弧焊或手弧焊的 40% ~ 50%。

④ 焊缝成型不美观,焊接时电弧光强烈,烟雾较大,金属飞溅多。

二氧化碳气体保护焊主要用于低碳钢和强度级别不高的低合金结构钢的焊接。在汽车、船舶、化工设备等部门应用广泛。

12.4.2　埋弧焊

埋弧焊是指电弧在焊剂层下燃烧而进行焊接的一种工艺方法。

埋弧焊焊缝形成原理如图 12-13 所示。埋弧焊引弧前,要在焊件接缝处覆盖一层颗粒状焊剂;焊丝末端和焊件之间产生电弧后,电弧在焊剂层下燃烧,使焊丝、焊件和焊剂熔化,形成熔池和熔渣;燃烧产生的气体形成了一个封闭的空腔,使电弧和熔池与外部空气隔绝。随着电弧向前移动,熔池冷却凝固形成焊缝,密度较小的熔渣浮在熔池表面形成渣壳。

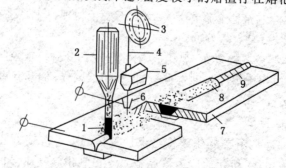

图 12-13　埋弧自动焊示意图

1——焊剂;2——焊剂漏斗;3——焊丝盘;4——焊丝;5——自动焊机头;
6——导电嘴;7——焊件;8——渣壳;9——焊缝

若电弧的引燃、焊丝送进和电弧沿焊缝的移动都由焊机自动进行,称为埋弧自动焊;若电弧移动靠手工操作,则称为半自动焊。

埋弧焊具有以下特点:

① 埋弧焊可以采用较大的焊接电流,生产效率高。

② 焊剂保护性好,焊接过程稳定,焊缝质量高。

③ 节省材料与电能,无弧光,少烟尘,劳动条件好。

④ 焊前准备工作时间长,接头的加工与装配要求高。

⑤ 设备比较复杂,适应性差,只适宜厚、大件直线焊缝或大直径环缝的水平位置焊接。

埋弧焊主要应用于中厚钢板焊件的大面积拼接、钢结构及容器的焊接,在船舶、锅炉、化工容器、桥梁等方面应用较为广泛。

12.4.3 电渣焊

电渣焊是利用电流通过液态熔渣产生的电阻热作为热源进行焊接的工艺方法,其焊接原理如图 12-14 所示。分段焊接时,使焊缝处于垂直位置,焊缝间留有 25~35 mm 的间隙,在焊缝两侧装有用水冷却的铜滑块装置,底部装有引弧板,形成一个上端开口的空腔。先在空腔中装入一定量的焊剂,焊丝伸入焊剂中,与引弧板短路引燃电弧,焊剂受热熔化形成电渣池,随即将焊丝迅速插入渣池中,电弧熄灭。渣池具有较大的电阻,电流通过渣池会产生大量的电阻热,把不断送进的焊丝熔化,沉积于渣池下部形成熔池。焊丝不断送进并熔化,熔池和熔渣不断上升,下部的液态金属在两侧冷却滑块的强制冷却下凝固形成完整焊缝。

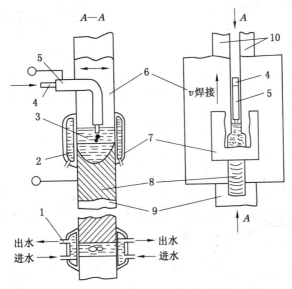

图 12-14　电渣焊示意图

1——冷却水管;2——金属熔池;3——渣池;4——焊丝;5——导丝管;
6——焊件;7——滑块;8——焊缝;9——引弧板;10——引出板

电渣焊生产效率高,焊件变形小,焊缝金属化学成分容易控制,很少产生夹渣和气孔,焊缝质量好,适用于焊接厚度大于 40 mm 的碳钢、低合金钢、不锈钢板,也可用于环缝的焊接。

12.4.4　等离子弧焊接

　　一般的焊接电弧未受到外界约束,称为自由电弧。如果自由电弧被强迫压缩,就会使弧柱气体完全电离,弧柱温度也急剧增高。这种全部电离成等离子状态的电弧即称为等离子弧。利用等离子弧作为热源进行的焊接称为等离子弧焊接。

　　图12-15是等离子弧的发生装置原理图。由图可以看出,等离子弧的形成受到三种效应的作用。自由电弧通过喷嘴的细孔道,使弧柱被迫收缩的作用称为机械压缩效应;水冷喷嘴使弧柱外层冷却,迫使带电粒子流往高温高电离程度的弧柱中心集中,弧柱被进一步压缩,称为热压缩效应;带电粒子流在弧柱中的运动可以看成是无数根平行的通电导体,其自身磁场产生的电磁吸引力使弧柱进一步压缩变细,称为电磁收缩效应。在这三种效应的作用下,电弧便成为弧柱直径很细、能量高度集中、弧柱内气体完全电离的等离子弧,其温度可达15 000 ℃以上。

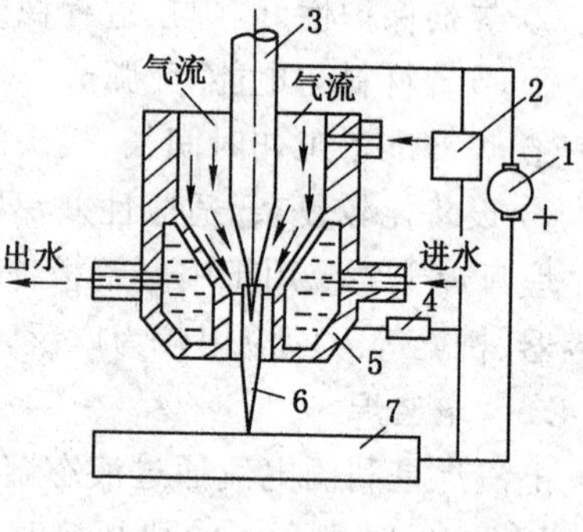

图 12-15　等离子弧发生装置原理图
1——直流电源;2——高频振荡器;
3——钨极;4——电阻;
5——喷嘴;6——等离子弧;7——焊件

　　等离子弧弧柱温度高,能量密度大,穿透力强,如12 mm厚板不开坡口可一次焊透;还可以焊接极薄的箔材。此外,其焊接速度快,生产效率高,热影响区小,变形小,焊缝质量好。但其焊接设备复杂,成本高,只适于室内焊接。等离子弧焊适用于焊接难熔或易氧化的金属材料,如不锈钢、耐热钢、铜、镍、钛、钨、钼及其合金等,在生产中得到广泛应用,尤其是在国防工业及尖端技术中,可用于钛合金的导弹壳体、电容器外壳封接、微型继电器等的焊接。

12.4.5　电阻焊

　　电阻焊又称接触焊,是利用电流通过焊件接触处产生的电阻热,将焊件局部加热到塑性或熔化状态,然后施加一定压力形成焊接接头的方法。电阻焊按接头形式可分为点焊、缝焊和对焊,如图12-16所示。

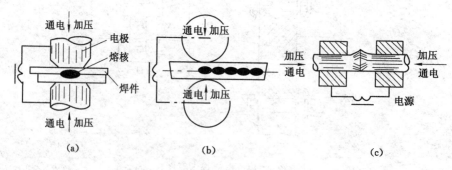

图 12-16　电阻焊分类示意图
(a)点焊;(b)缝焊;(c)对焊

1. 点焊

　　点焊时,将焊件装配成搭接接头,并压紧在两电极之间,通过加热,使焊件在接触点熔化形成熔核,然后断电,待熔核凝固后去掉压力,即形成焊点。点焊可以焊接薄板冲压结构和钢筋构件,它广泛应用于汽车、飞机、电子器件、仪表和生活用品的生产中。

2. 缝焊

缝焊时,焊件搭接或对接,并置于可以旋转的滚动电极之间,滚轮电极压紧焊件并转动,连续或断续通电,即形成一条连续的焊缝。缝焊主要用于焊接 2 mm 以下的薄壁结构,如油箱、管道等。

3. 对焊

对焊是将焊件对接接头沿整个接触面连接起来的一种电阻焊方法。按工艺方法不同,可分为电阻对焊和闪光对焊两种,如图 12-17 所示。

(1)电阻对焊

电阻对焊是将焊件接头端面紧密接触,利用电阻热将焊件加热至塑性状态,然后断电并迅速施加顶锻力完成焊接。电阻对焊操作简单,接头外形较圆滑。但焊前对接头端面清理要求严格,接头强度低,一般仅用于焊接截面形状简单、直径小于 20 mm 和强度要求不高的焊件。

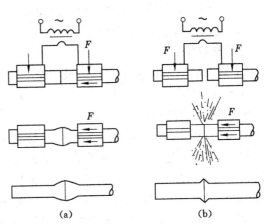

图 12-17 对焊过程示意图
(a) 电阻对焊;(b)闪光对焊

(2)闪光对焊

闪光对焊是将焊件装配成对接接头,接通电源并使其端面逐渐移近达到局部接触,由于接触表面不平,在强电流通过时,某些接触点被迅速熔化,液态金属发生爆破飞溅形成火花,此时迅速施加顶锻力完成焊接。闪光对焊接头质量高,可焊接截面形状复杂或具有不同截面的焊件,但有闪光烧损,焊件需要留出余量,焊后应加工清理接头毛刺。闪光对焊常用于重要工件的焊接,可焊同种金属,也可焊接异种金属(如铝-钢、铝-铜等),在建筑、汽车、电气工程等部门得到广泛应用。

12.4.6 钎焊

钎焊是用熔点比焊件低的钎料与焊件共同加热到一定温度,焊件不熔化,钎料熔化并润湿钎焊面,通过钎料与焊件间的相互扩散和钎料凝固,形成钎焊接头的工艺方法。

根据钎料熔点不同,钎焊可分为软钎焊和硬钎焊两类。

1. 软钎焊

软钎焊的钎料熔点低于 450 ℃,焊接接头强度低于 70 MPa。常用的钎料是锡铅合金(俗称焊锡)。软钎焊主要用于焊接受力不大的仪表、电子元件及薄钢板等。

2. 硬钎焊

硬钎焊的钎料熔点在 450 ℃以上,接头强度在 200~450 MPa。常用的钎料有铜基钎料和银基钎料等。硬钎焊主要用于受力较大的钢、铜合金和铝合金及工具的焊接,如硬质合金刀具、自行车架等。

12.5　常见金属材料的焊接

［知识要点］

1. 金属焊接性的概念与原理
2. 不同材料焊接接头的组织与性能
3. 铸铁与有色金属（合金）的焊接

［教学目标］

了解碳钢和合金钢、有色金属及合金的焊接方法、特点

［相关知识］

12.5.1　金属的焊接性

金属的焊接性是指被焊金属材料对焊接加工的适应性。主要指在采用一定的焊接方法、焊接材料、工艺参数及结构形式条件下，获得优质焊接接头的难易程度。它包括两方面内容：一是工艺焊接性，即在给定的工艺条件下，焊接接头产生缺陷的敏感性，尤其是产生裂纹的敏感性；二是使用焊接性，即焊接接头在使用中的可靠性，包括焊接接头的力学性能（强度、塑性、硬度、抗裂纹扩展能力等）及其他特殊性能（如耐热、耐低温等）。

金属的焊接性能主要取决于化学成分，而对焊接性影响最大的是碳的含量。含碳量增加，焊缝中产生裂纹、气孔的倾向增加，焊接性下降。含碳量与其他成分对焊接性的影响，都可折合成相当的碳含量，其总和称为碳当量 C_{eq}。国际焊接学会推荐的碳钢和低合金结构钢碳当量的计算公式为

$$C_{eq} = C + \frac{Mn}{6} + \frac{Cr + Mo + V}{5} + \frac{Ni + Cu}{15}$$

式中化学元素符号表示该元素在钢中的质量百分比（%）。在计算碳当量时，各元素的含量应取上限。

经验证明：碳当量愈高，钢材焊接性愈差。当 $C_{eq} < 0.4\%$ 时，淬硬倾向小，焊接性好，焊前不需预热；当 $C_{eq}：0.4\% \leqslant C_{gq} \leqslant 0.6\%$ 时，焊接性较差，钢材的淬硬和冷裂倾向增加，焊接时需采取预热、缓冷等措施，防止裂纹产生；当 $C_{eq} > 0.6\%$ 时，焊接性差，钢材淬硬和冷裂倾向严重，焊前必须预热到较高温度，并采取一些严格的工艺措施才能保证焊接质量。钢材的实际焊接性还与焊接方法、工艺条件有关。

12.5.2　焊接接头的组织与性能

在焊接过程中，接头处的金属熔化结晶形成焊缝；附近区域也受到不同程度的加热，引起金属组织及性能的变化，这些区域称为热影响区。焊接接头是焊缝和热影响区的总称。图 12-18 是低碳钢焊接接头的组织变化。

焊接时焊缝部分的金属温度最高，冷却结晶是从熔池壁开始并垂直于池壁方向发展，形成近于垂直底壁的柱状晶粒。由于焊缝冷却较快及焊条药皮的渗合金作用，焊缝金属中锰、硅等合金元素的含量比基体金属高，所以焊缝金属的力学性能一般不低于基体金属。

焊接热影响区分为熔合区、过热区、正火区和不完全相变区四个部分，其组织和性能变化各不相同。

熔合区：是焊缝和基体金属的交界区，其组织为铸态组织和过热组织的混合体，晶粒粗

大,塑性和韧性都很差,容易产生裂纹,是接头中的薄弱环节。

过热区:紧靠熔合区,由于受高温作用,晶粒长大十分严重,形成过热组织,塑性和韧性显著降低,容易产生裂纹,尤其对易于淬火硬化的焊件危害更大。

正火区:焊接时该区域被加热到稍高于 A_{c3} 温度,金属重新结晶,获得晶粒更加细小的正火组织,使其力学性能提高。

不完全相变区:该区被加热的温度范围在 $A_{c1} \sim A_{c3}$ 之间,珠光体和部分铁素体发生重结晶转变,晶粒细化;剩余部分铁素体晶粒长大,使组织变得不均匀,力学性能降低。

在热影响区中,以熔合区和过热区对焊接接头组织性能的有害影响最大,因此,应采取相应的措施,尽可能减小热影响区范围。

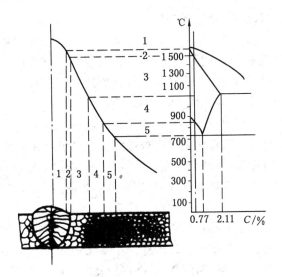

图 12-18 低碳钢焊接接头的组织变化
1——焊缝区;2——熔合区;3——过热区;
4——正火区;5——不完全相变区

一般来说,热源温度越高、热量越集中的焊接方法,其热影响区就越小。在正常焊接规范下,气焊时的热影响区最大,手工电弧焊较小,而等离子弧焊和电阻焊则几乎无热影响区。

12.5.3 碳钢和合金钢的焊接

1. 低碳钢的焊接

低碳钢的含碳量小于 0.25%,具有良好的焊接性。这类钢可以采用多种焊接方法,一般不要采取特殊工艺措施,都能获得优质焊接接头。但在低温下焊接刚性较大的结构件时,焊前应预热。对于厚度大于 50 mm 的结构焊件,焊后应进行去应力退火。

2. 中、高碳钢的焊接

中碳钢的焊接性较差,易产生淬硬组织和冷裂纹。焊接这类钢常采用手弧焊,焊前应预热焊件,并选用抗裂性能好的低氢型焊条。焊接时,使用细焊条、小电流、开坡口、多层焊,尽量防止母材金属过多地熔入焊缝。焊后要缓冷,以降低焊接内应力。

高碳钢的焊接特点与中碳钢相似,但焊接性更差。这类钢一般不用来制作焊接结构,多用手弧焊或气焊进行焊补。焊前一般应预热(若用奥氏体不锈钢焊条可不预热),焊后要缓冷,必要时还需进行焊后热处理。

3. 低合金结构钢的焊接

低合金结构钢的含碳量都较低,但所含合金元素差别较大,焊接性能也有显著差异。强度级别低的低合金结构钢,其合金元素含量少,碳含量低,焊接性良好。在常温下焊接时工艺与低碳钢一样;在低温下对厚度和刚度较大的结构件焊接时应预热,并选用低氢型焊条,适当增大电流,减小焊速,焊后回火以消除内应力。对强度级别较高的低合金结构钢,一般应进行焊前预热(≥150 ℃),焊后及时热处理,以消除内应力。

4. 中、高合金钢的焊接

中、高合金钢的合金元素含量大,碳当量高,焊接性差,必须根据具体情况,采取焊前预热、焊后热处理、选用相应的焊条、严格控制焊接规范等措施,降低焊接接头的淬硬和冷裂倾向。

12.5.4　铸铁的焊补

铸铁件的铸造缺陷和使用过程中发生的局部损坏或断裂等都需要焊补。但铸铁的焊接性差,焊接时易产生白口组织、裂纹、气孔和夹渣等,必须采取严格的工艺措施以确保焊接质量。目前生产中铸铁的焊补方法有热焊和冷焊两类。

1. 热焊法

焊前将焊件整体或局部加热至 500 ℃~700 ℃,焊补过程中温度不应低于 400 ℃,焊后缓冷。热焊法能够有效地防止白口组织和裂纹的产生,焊后易于机加工,但成本较高,生产效率低,劳动条件差,一般用于小型件以及焊后需要机械加工的复杂件和重要件。热焊法可采用电弧焊或气焊,选用铸铁芯焊条。

2. 冷焊法

焊前不预热或预热温度小于 400 ℃,常采用手弧焊,并根据铸件的工作要求,选用不同的铸铁焊条进行冷焊补。在手弧焊冷焊过程中,为减小熔深,尽量采用小电流、短弧、窄焊缝、短焊道、断续焊,并在焊后及时适度锤击焊缝以减小应力。冷焊法生产效率高,劳动条件较好,成本低,但易出现白口组织、裂纹和气孔等,焊补质量有时不易保证。

12.5.5　有色金属及其合金的焊接

1. 铜及铜合金的焊接

铜及铜合金的焊接有以下几个特点:

① 铜及铜合金导热系数和热容量大,母材难以实现局部熔化。焊前需预热,并要采用大功率热源,否则易产生未焊透或未熔合等缺陷。

② 线膨胀系数大,凝固时收缩率也大,易产生较大焊接应力与变形,对刚性较大的构件易导致裂缝。应采用窄焊道,焊后轻轻敲击,以减少应力与变形。

③ 铜在液态极易氧化,生成 Cu_2O,并与铜形成低熔点共晶体分布在晶界上,易产生热裂纹。

④ 铜在液态时能溶解大量氢气,凝固时溶解度大大减小,若氢气来不及析出,容易在焊缝中形成气孔。此外,氢与氧化亚铜反应生成水,也容易产生气孔。

铜及铜合金的焊接多采用气焊,使用中性焰及含有脱氧剂的焊丝、气焊熔剂。焊前应预热焊件和焊丝,以去除所吸附的水分。保证紫铜和青铜焊接质量的有效方法是采用氩弧焊,它能保护熔池不被氧化,热量集中,能减小焊件变形并保证焊透。

气焊黄铜时,由于温度较低,锌的蒸发较少,可采用轻微氧化焰与含硅焊丝相配合,在熔池表面形成一层致密的氧化硅薄膜,以阻碍锌的蒸发和防止氢的溶入,提高焊接质量。

2. 铝及铝合金的焊接

铝及铝合金的焊接较困难,焊接特点如下:

① 铝极易氧化生成熔点很高的氧化铝,导致焊缝中产生气孔、夹渣。

② 铝的线膨胀系数大,导热性强,高温强度及塑性低,容易使焊件产生焊接应力、变形及裂纹。

③ 液态铝能溶解大量氢气,而固态时几乎不溶解,因此易使焊缝产生气孔。

④ 焊接铝材时,固态到液态没有明显的颜色变化,使操作者难以掌握加热温度,容易烧穿。

目前,焊接铝及铝合金较理想的方法是氩弧焊。它不仅对焊缝金属具有良好的保护作用,还可利用氩离子对熔池表面的氧化膜产生破碎作用,清除焊件表面的氧化膜。另外,电阻焊、等离子弧焊和钎焊也应用较多,焊接薄件有时也采用中性火焰的气焊。

12.6　常见的焊接缺陷及其产生原因

[知识要点]

常见焊接缺陷及产生原因

[教学目标]

了解常见焊接缺陷及产生原因

了解焊接缺陷的危害

[相关知识]

在焊接生产过程中,由于焊接结构设计不当,焊件选材不适宜,接头准备不好,焊接工艺不合理及操作技术水平等原因,会使焊接接头产生各种缺陷,其中以未焊透和裂纹的危害最大。常见的焊接缺陷及产生原因见表12-8。

表 12-8　　　　　　　　　　常见的焊接缺陷及产生原因

缺陷名称	图　例	说　明	产生原因
未焊透	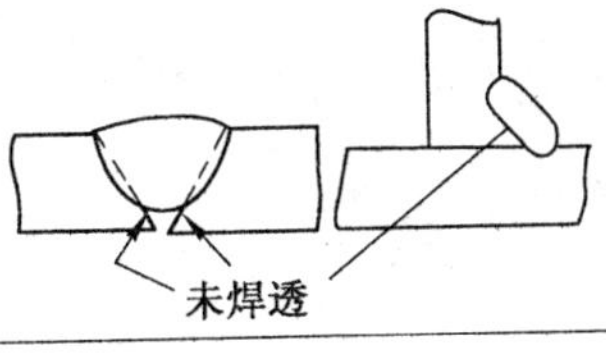	焊接时接头根部未完全焊透的现象	装配间隙太小、坡口太小或钝边太大;运条太快;电流过小;焊条未对准焊缝中心;电弧过长
焊瘤	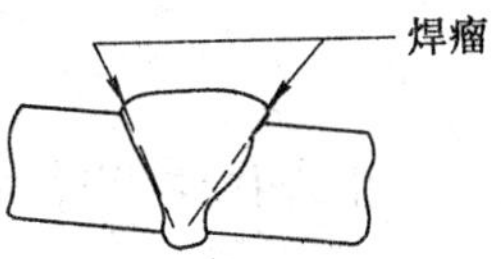	焊接过程中,熔化金属流淌到焊缝之外未熔化的母材上所形成的金属瘤	焊条熔化太快;电弧过长;运条不正确;焊速太慢
咬边	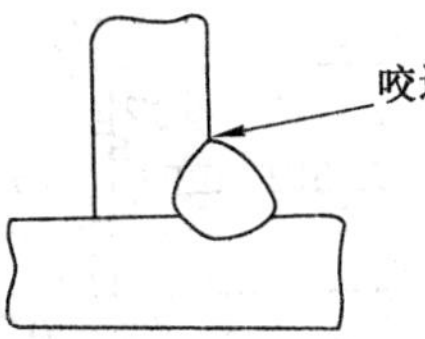	沿焊趾的母材部位产生的沟槽或凹陷	电流太大;焊条角度不对;运条方法不正确;电弧过长;焊速太快
凹坑	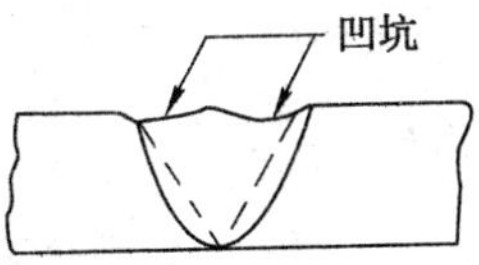	焊后在焊缝表面或焊缝背面形成的低于母材表面的局部低洼部分	坡口尺寸不当;装配不良;电流与焊接速度选择不当;运条不正确
气孔	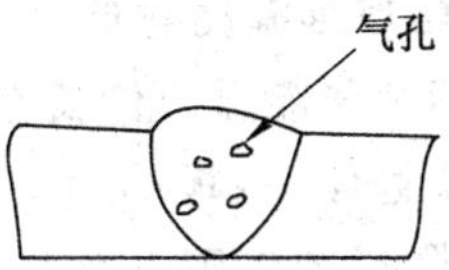	焊接时,熔池中的气泡在凝固时未能逸出而残留下来所形的空穴	焊件不洁;焊条潮湿;电弧过长;焊速太快;电流过小;焊件含碳、硅量高

续表 12-8

缺陷名称	图　　例	说　　明	产生原因
裂　纹	裂纹	在焊接应力及其他致脆因素共同作用下,焊接接头中局部的金属原子结合力遭到破坏而形成的新界面产生的缝隙	焊件含碳、硫、磷高;焊缝冷速太快;焊接程序不正确;焊接应力过大
夹　渣	夹渣	焊后残留在焊缝中的熔渣	焊件不洁;电流过小;焊缝冷却太快;多层焊时各层熔渣未除干净

12.7　焊接应力与变形

［知识要点］

1. 焊接应力的概念
2. 焊接变形的基本形式

［教学目标］

了解焊接应力的消除与焊接变形的矫正方法

［相关知识］

12.7.1　焊接应力与变形产生的原因

焊接过程中对焊件进行局部的不均匀加热和冷却是产生焊接应力与变形的根本原因。现以平板对接焊为例来说明,如图 12-19 所示。

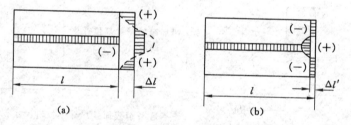

图 12-19　平板对接焊时的应力与变形

(a) 焊接过程中;(b) 冷却后

焊接时,由于焊缝区被加热到很高的温度,而离焊缝愈远温度愈低,因此焊缝邻近区域会因温度不同产生大小不等的纵向膨胀。如果各区域的金属能自由伸长而不受周围金属的阻碍,其伸长如图 12-19(a) 中虚线所示。但钢板是一个整体,钢板端面只能比较均衡地伸长。于是,被加热到高温的焊缝区金属因受两边金属的阻碍产生压应力,远离焊缝区的金属则受到拉应力。当焊缝区金属所受压应力超过其屈服极限时,该区域就会产生压缩塑性变形,此时钢板中压应力与拉应力处于平衡状态,整块钢板长度比原来伸长 Δl。焊后冷却时,由于焊缝中间温度高的金属在加热时已经产生了压缩塑性变形,所以冷却后的长度要比原来尺寸小一些,缩小的长度应等于压缩塑性变形的长度[图 12-19(b)中虚线]。但实际上钢板各部分的收缩相互牵制,两边的金属阻碍了它的缩短,冷却后只能收缩到比原长度小 $\Delta l'$ 的位置,收缩变形 $\Delta l'$ 称为焊接变形。此时焊缝区受拉应力,两边金属内部受到压应力并相互平衡。焊后残留在构件内部的应力称为焊接残余应力,简称焊接应力。此外,材料在相变时产生不均匀的比容变化,还会在焊件中引起焊接相变应力。

由此可知,焊接中加热和冷却不均匀使焊件产生了焊接应力。当焊接应力超过材料的屈服强度 σ_s 时就会产生变形。

焊接应力与变形的大小,一方面取决于焊件材料的线膨胀系数、弹性模量、屈服强度、导热系数、比热、密度等材料性质,另一方面还取决于工件的形状、尺寸和焊接工艺。

12.7.2 焊接变形的基本形式

焊接变形是多种多样的,最常见变形的基本形式如图 12-20 所示。实际的焊接变形可能是其中的一种,也可能是几种形式的组合。

1. 收缩变形

构件焊接成型后,纵向和横向尺寸都比原尺寸减小。这是由于焊缝纵向和横向收缩引起的。

2. 角变形

采用 V 形坡口对接焊时,由于焊缝截面形状上、下不对称,焊后收缩不均匀而引起角变形。

3. 弯曲变形

对于丁字梁的焊接,由于焊缝布置不对称,焊后产生纵向收缩引起工件弯曲变形。

4. 波浪形变形

焊接薄板结构时,在焊接应力作用下使结构件丧失稳定性而引起波浪形变形。

5. 扭曲变形

由于焊缝在构件横截面上布置不对称或焊接工艺不合理,使工件产生扭曲变形。

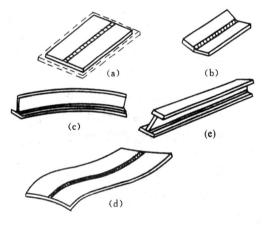

图 12-20　焊接变形的基本形式
(a) 收缩变形;(b) 角变形;
(c) 弯曲变形;(d) 波浪形变形;(e) 扭曲变形

12.7.3 消除焊接应力与变形的方法

1. 焊接应力消除方法

对于重要的焊接结构件,焊后要采用不同的方法消除焊接内应力。常用的方法有整体高温回火、局部高温回火、整体去应力退火、机械拉伸或振动去应力等,这些方法都能不同程度地减小或消除焊接内应力。

2. 焊接变形的矫正方法

(1) 机械矫正法

利用机械力的作用来矫正变形,可采用辊床、压力机、矫直机等机械矫正,也可用手工锤击矫正。

(2) 火焰加热矫正法

利用火焰(通常是氧-乙炔火焰)对焊缝局部加热,使工件在冷却收缩时产生与焊接变形反方向的变形,从而矫正焊接所产生的变形。火焰加热矫正法主要用于低碳钢和部分低合金钢,加热温度也不宜过高,一般在 600 ℃～800 ℃之间。

12.8　焊接件的结构工艺性

[知识要点]
1. 常用的焊接方法
2. 焊缝位置的合理布置

[教学目标]
1. 了解常用焊接方法的选择
2. 了解焊缝的布置原则

[相关知识]

在设计焊接结构时,除应考虑使用性能要求外,还应考虑焊件的结构工艺性要求,以保证焊接质量,提高生产效率,降低成本。焊接件的结构工艺性一般包括以下几方面内容。

12.5.1　选材

选材是工艺设计的重要环节,必须选用焊接性好的材料才能得到性能优良的焊接接头。在满足计算载荷的前提下,还应考虑:

① 工艺性能方面的要求,例如焊接性、切割性、冷热加工性等。

② 使用性能方面的要求,例如车、船设备应选低合金钢代替普通低碳钢,以减轻结构重量。

③ 协调质量与价格关系,例如强度低的钢材,价格低,焊接性好,但不适于重载。

另外,应优先选用型材和管材或铸-锻-焊复合结构,以确保焊件质量,减少焊缝数量,降低成本。

12.5.2　常用焊接方法

焊接方法的选择应考虑现场条件和工艺可能性,综合平衡接头质量、生产效率和成本,求得最佳效益。常用焊接方法的选用见表 12-9。

表 12-9　常用焊接方法的选用

焊接方法	焊接热源	主要接头形式	焊接位置	钢板厚度 δ/mm	被焊材料	生产效率	应用范围
手弧焊	电弧热	对接,搭接,T形接,卷边接	全位焊	3～20	碳钢,低合金钢,铸铁,铜及铜合金	中等偏高	要求在静止、冲击或振动载荷下工作的机件,焊补铸铁件缺陷和损坏的机件
气焊	氧-乙炔火焰热	对接,卷边接	全位焊	0.5～3	碳钢,低合金钢,铸铁,铜及铜合金,耐热钢,铝及铝合金	低	要求耐热性、致密性、静载荷、受力不大的薄板结构,焊补铸铁件及损坏的机件
埋弧自动焊	电弧热	对接,搭接,T形接	平焊	6～60	碳钢,低合金钢,铜及铜合金等	高	在各种载荷下工作,成批生产、中厚板长直焊缝和较大直径环缝

续表 12-9

焊接方法	焊接热源	主要接头形式	焊接位置	钢板厚度 δ/mm	被焊材料	生产效率	应用范围
氩弧焊	电弧热	对接,搭接,T形接	全位焊	0.5～25	铝,铜,镁,钛及钛合金,耐热钢,不锈钢	中等偏高	要求致密、耐蚀、耐热的焊件
二氧化碳气体保护焊	电弧热	对接,搭接,T形接	全位焊	0.8～25	碳钢,低合金钢,不锈钢	很高	要求致密、耐蚀、耐热的焊件
电渣焊	熔渣电阻热	对接	立焊	40～450	碳钢,低合金钢,不锈钢,铸铁	很高	一般用来焊接大厚度铸、锻件
等离子弧焊	压缩电弧热	对接	全位焊	0.025～12	不锈钢,耐热钢,钢,镍,钛及钛合金	中等偏高	用一般焊接方法难以焊接的金属及合金
对焊	电阻热	对接	平焊	≤20	碳钢,低合金钢,不锈钢,铝及铝合金	很高	焊接杆状零件
点焊	电阻热	搭接	全位焊	0.5～3	碳钢,低合金钢,不锈钢,铝及铝合金	很高	焊接薄板壳体
缝焊	电阻热	搭接	平焊	<3	碳钢,低合金钢,不锈钢,铝及铝合金	很高	焊接薄壁容器和管道
钎焊	各种热源	搭接,套接	平焊	—	碳钢,合金钢,铸铁,铜及铜合金	高	用其他焊接方法难以焊接的焊件,以及对强度要求不高的焊件

12.5.3　合理布置焊缝的位置

焊缝的布置应考虑以下几点:

① 应尽量避免仰焊缝,减少立焊缝,多采用平焊缝。

② 焊缝位置要便于施焊。在布置焊缝时,应留有足够的操作空间,以保证焊接质量。

图 12-21(a)所示的焊缝布置不合理,无法施焊,改为图 12-21(b)所示的焊缝布置较合理。

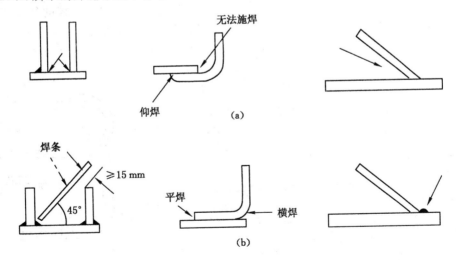

图 12-21　焊缝位置要便于施焊

(a) 不合理;(b) 合理

③ 焊缝位置必须保证焊接装配工作能顺利进行。图 12-22 是锅炉的局部结构示意图，由两块平行钢板组成，板间由多根杆件支承，内部受压。

图 12-22(a)的结构工艺性差，先把多个杆件焊在左板上，会引起钢板的严重翘曲变形；再把右板上的很多个孔同时对准很多杆件，显然很难进行焊接装配。如改成图 12-22(b)所示结构，把左钢板上的焊缝移到外面，先把杆件插入两个钢板的孔内，点焊定位，再把两端焊在一起，这样装配与焊接都较方便，而且焊后变形较小。

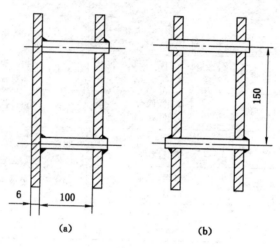

图 12-22　锅炉局部结构示意图
(a) 不合理；(b) 合理

④ 焊缝应尽量避开最大应力处或应力集中处。因为焊缝处热影响区是结构中的薄弱环节，是强度、韧性最低的部位，因此，焊缝应避开最大应力处。如图 12-23 中的大跨度梁，承受最大应力的截面在梁的中间。图[12-23(a)]所示由两段焊件焊成，焊缝在中间位置，不合理，应改为图[12-23(b)]所示结构。尽管增加了一条焊缝，但改善了焊缝的受力情况，可提高横梁的承载能力。再如球面封头与筒身相连接的焊接结构，图[12-23(c)]所示的焊缝在应力集中处，不合理，改为图[12-23(d)]就避开了应力集中，又便于操作与检验。

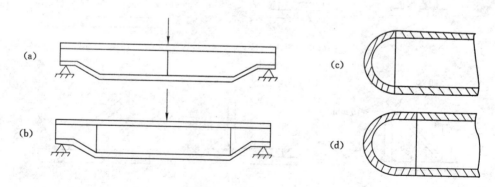

图 12-23　焊缝避开最大应力和应力集中处
(a)、(c) 不合理；(b)、(d) 合理

⑤ 焊缝应尽量远离机械加工面。焊接结构上的加工面有两种不同情况：

对焊接结构的位置精度要求高时,采用焊后机械加工,以免焊接变形影响加工精度。

对焊接结构的位置精度要求不高时,可先机械加工再组合焊接。为了防止已加工面受热而影响其形状和尺寸精度,焊缝位置应远离机械加工面。图 12-24(a)所示的焊缝位置靠近加工面,不合理。图 12-24(b)所示焊缝位置离机械加工面较远,是合理的。

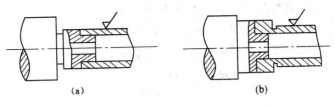

(a) (b)

图 12-24 焊缝远离机械加工表面的设计

(a) 不合理;(b) 合理

⑥ 焊缝布置应尽量对称,使各条焊缝产生的焊接变形相互抵消。如图 12-25 所示,其中图(a)、图(b)所示结构焊缝布置不对称,会产生较大弯曲变形;图(c)、图(d)、图(e)所示焊缝布置对称,变形小。

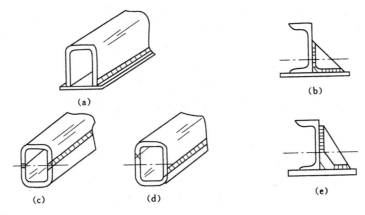

(a) (b) (c) (d) (e)

图 12-25 焊缝对称布置的设计

(a)、(b) 不合理;(c)、(d)、(e) 合理

⑦ 焊接不同的壁厚,其接合处要逐渐过渡,而焊缝应尽量布置在焊件薄壁处,如图 12-26所示。接头两侧的焊件厚度悬殊,易引起应力集中或产生其他焊接缺陷;同时,在薄壁

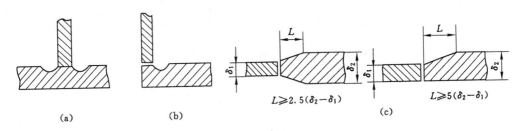

(a) (b) $L \geqslant 2.5(\delta_2 - \delta_1)$ (c) $L \geqslant 5(\delta_2 - \delta_1)$

图 12-26 焊接接头的过渡形式

(a) 丁字接;(b) 角接;(c) 对接

处布置焊缝,不但可以减少焊接缺陷,还可以减少焊接工作量。

思 考 题

1. 焊接电弧是如何形成的? 由哪几部分组成? 正、反接法在生产上有什么实际意义?

2. 熔化焊、压力焊、钎焊的主要区别是什么?

3. 手工电弧焊的焊接规范主要包括哪些内容? 如何选择?

4. 酸性焊条与碱性焊条有何不同? 试比较其差异。

5. 焊条和药皮在焊接过程中所起的作用是什么?

6. 常用的接头形式有哪几种? 坡口的作用是什么? ·

7. 与手弧焊比较,埋弧焊有何特点?

8. 气体保护焊的主要特点是什么? 常用的保护气体有哪些?

9. 采用手工电弧焊,低碳钢的热影响区与中、高碳钢的热影响区有何不同? 通常采用哪些措施来防止中、高碳钢产生焊接裂纹?

10. 铸铁的焊补有哪些困难? 通常采用什么样的焊补方法?

11. 从工艺性角度考虑,焊接件的结构设计应注意哪些问题?

第13章 金属切削加工的基础知识

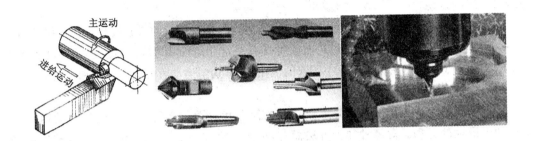

主运动
进给运动

金属切削加工就是利用切削工具与工件的相对运动,从工件(毛坯)上去除多余的金属层,从而获得具有一定的几何形状、尺寸精度、位置精度和表面质量的工件或符合一定质量要求的零件的加工过程。金属切削加工分为钳工和机械加工两部分。

钳工一般是工人手持工具进行切削加工,主要有划线、錾削、锯削、锉削、刮研、钻孔、铰孔、攻丝和套扣等,机械装配和修理也属钳工范畴。

机械加工是工人操纵机床进行切削加工,主要有车削、铣削、刨削、钻削、镗削、磨削等,还有电火花、电解、超声波、激光等特种加工方法。

综上所述,金属切削的加工方法是多种多样的。然而,各种切削加工方法在切削运动、切削刀具和切削过程的物理实质、基础理论等方面,都具有共同的现象和规律。这些现象和规律是认识各种切削加工方法实质的共同基础。

本章学习主要了解与金属切削加工相关的基础知识。

13.1　金属切削运动与切削要素

［知识要点］

1. 切削运动的概念
2. 切削用量三要素和切削层几何参数

［教学目标］

1. 分清主运动和进给运动
2. 初步掌握切削用量三要素的计算方法

［相关知识］

13.1.1　切削运动

要完成切削工作，刀具和工件之间必须有相对运动，即切削运动。其最终目的是保证刀具按一定规律切除毛坯上的多余金属，从而获得具有一定几何形状、尺寸精度、位置精度和表面质量的工件。根据它们在切削过程中所起的作用不同，切削运动可分为主运动和进给运动。

1. 主运动

主运动是从工件上切下切屑并形成一定几何形状表面所必需的刀具或工件的运动，是消耗功率最大的运动。对每种加工方法而言，主运动只有一个。主运动可以是旋转运动，如车削时工件的旋转运动和钻削时钻头的旋转运动；也可以是直线运动，如刨削时工件或刀具的直线往复运动。主运动方向为刀具切削刃上选定点相对于工件的瞬时运动方向。

2. 进给运动

进给运动是使工件上未加工部分不断投入切削，从而使切削工作连续进行下去，以加工出完整表面的刀具或工件的运动。进给运动可能有一个或多个。进给运动可以是直线、圆周或曲线运动，如车削时车刀的移动、龙门刨床刨削时刨刀的间歇移动、磨外圆时工件的旋转和轴向移动。

如图 13-1 所示为车削外圆柱面时的切削运动，包括主运动(图中Ⅰ)和进给运动(图中Ⅴ)。

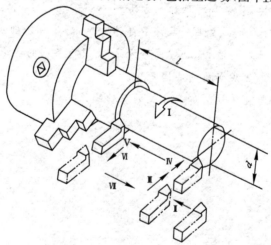

图 13-1　车削圆柱表面时的切削运动

13.1.2　切削时产生的表面

在切削过程中,工件表面一直存在着三个不断变化的表面。以外圆车削为例[如图13-2(a)]:

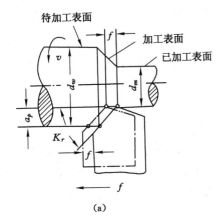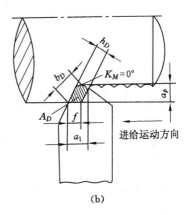

图 13-2　切削要素

(a)切削用量;(b)切削层参数

① 已加工表面。通过刀具切削所产生的合乎要求的表面,即工件上已经切去多余金属的表面。

② 待加工表面。工件上即将被切除金属的表面。

③ 加工表面。切削刃正在工件上加工的表面。这个表面是已加工表面和待加工表面之间的过渡表面。

13.1.3　切削要素

切削要素包括切削用量三要素和切削层几何参数。

1. 切削用量

切削用量三要素指切削速度 v、进给量 f(进给速度 v_f)和背吃刀量 a_p,如图 13-2(a)所示。

(1)切削速度 v

主运动的线速度称为切削速度,即切削刃选定点相对于工件的主运动的瞬时速度,它表示单位时间内工件和刀具沿主运动方向相对移动的距离,其单位为 m/s。

如主运动为旋转运动,则

$$v = \frac{\pi d_w n_s}{1\,000} \quad \text{m/s}$$

式中　d_w——工件待加工表面的直径或刀具的最大直径,mm;

　　　n_s——主运动的转速,r/s。

(2)进给量 f(进给速度 v_f)

进给量 f 是刀具或工件每转一周时,刀具在进给运动方向上相对于工件的位移量,其单位是 mm/r。

进给速度 v_f 是切削刃上选定点相对于工件的进给运动的瞬时速度。

$$v_f = f \cdot n$$

式中　v_f——进给速度,mm/s;

n——主轴转速，r/s。

（3）背吃刀量 a_p

通过切削刃基点并垂直于工作平面的方向上测量的吃刀量。根据定义，纵车外圆时（见图 13-2），其背吃刀量 a_p 可由下式计算

$$a_p = \frac{(d_w - d_m)}{2}$$

式中　d_w——工件待加工表面直径，mm；

　　　d_m——工件已加工表面直径，mm。

2. 切削层参数

切削层是指工件上正被刀刃切削着的一层金属，亦即相邻的两个加工表面之间所夹着的一层金属。通常规定切削层的剖面形状和尺寸在垂直于切削速度的基面内观察和度量。切削层的尺寸称为切削层参数，它包括切削厚度、切削宽度和切削面积，如图 13-2（b）所示。

（1）切削厚度 h_D

切削层厚度的简称，它是相邻的两加工表面之间的垂直距离。

（2）切削宽度 b_D

切削层的宽度的简称，它是沿主切削刃量得的相邻两加工表面之间的距离。

（3）切削面积 A_D

切削层面积的简称，它是垂直于主运动方向上切削层的截面面积。

以外圆车削为例，设刀具的刃倾角 $\lambda_s = 0°$，工作前角 $\gamma_e = 0°$。则

$$h_D = f\sin\kappa_r = A_D/b_D$$
$$b_D = a_p/\sin\kappa_r$$
$$A_D = h_D b_D = f a_p$$

式中　k_r——刀具主切削刃和工件轴线之间的夹角。

13.2　切削刀具

[知识要点]

1. 常用刀具材料

2. 外圆车刀切削部分的结构要素和主要角度

[教学目标]

1. 熟悉常用刀具材料的特性

2. 了解车刀切削部分的结构要素

[相关知识]

13.2.1　刀具材料

1. 刀具材料的性能要求

① 高的硬度，以便切入工件。刀具材料的硬度至少要高于被切削材料 1.3～1.5 倍以上，一般常温硬度都在 60HRC 以上。

② 足够的强度和韧性，以便承受切削力和切削时的冲击。

③ 高的耐磨性,以便抵抗磨损,延长刀具使用寿命。

④ 良好的热硬性。热硬性是指在高温下材料仍能保持其硬度和耐磨的性能。

此外,还要求刀具材料要有良好的工艺性、导热性、抗黏结性以及热处理性能等。

2. 常用刀具材料

(1) 碳素工具钢

它是含碳量为 0.7%～1.3% 的优质碳素钢。常用牌号为 T10A、T12A 等,其淬火硬度 HRC 可达到 60～66。刃磨易锋利,价格低廉,但热硬性差,在 200 ℃～250 ℃时硬度便会显著下降。热处理时,淬透性差,变形大。主要用于制造锯条、锉刀等手工工具。

(2) 合金工具钢

含碳量为 0.85%～1.5%,含合金元素总量在 5% 以下。加入的合金元素有 Si、Mn、Mo、W、V 等。常用牌号有 9SiCr、CrWMn 等。与碳素工具钢相比,它有较好的耐磨性、韧性,热硬温度达 300 ℃左右,淬火硬度达 60～66 HRC。常用于制造丝锥、板牙、铰刀等形状复杂、切削速度不高的刀具。

(3) 高速钢

又称锋钢、白钢。含有较多的钨(9%～20%)、铬(3%～5%)、钼、钒等合金元素。常用牌号有 W18Cr4V 和 W6Mo5Cr4V2。高速钢的耐磨性、热硬性较前面的工具钢有显著提高,热硬温度达 550 ℃～600 ℃。与硬质合金相比,高速钢的抗弯强度、冲击韧性较高,工艺性能、热处理性能较好,刃磨锋利,因此常用于钻头、铣刀、拉刀和滚刀等形状复杂刀具的制造。

(4) 硬质合金

由高耐磨性和高耐热性的碳化物(WC、TiC 等)粉末,用 Co、Mo、Ti 等做黏结剂,经高压成形后烧结而成。其硬度高达 89～94 HRA,能耐 850 ℃～1 000 ℃的高温,切削速度是高速钢的 4～10 倍,但它的抗弯强度较低,通常是将硬质合金刀片固定在刀体上使用。目前硬质合金已成为主要的刀具材料之一。

根据 GB 2075—87,切削用硬质合金按其排屑形式和加工对象范围分为三类,分别以字母 P、M、K 表示。

P——适于加工长切屑的黑色金属,以蓝色作标志。

M——适于加工长切屑或短切屑的黑色金属和有色金属,以黄色作标志。

K——适于加工短切屑的黑色金属、有色金属和非金属材料,以红色作标志。

P 类的硬度、耐磨性较高,韧性较差;K 类的韧性较高,硬度、耐磨性较低;M 类的综合性能较好。表 13-1 列出了硬质合金的分组代号及应用范围,供参考。

每个类别的分组代号中,数字愈大,表示耐磨性愈低。

(5) 其他刀具材料

主要有陶瓷、人造金刚石、立方氮化硼等。

13.2.2　刀具的几何形状

金属切削刀具的种类虽然很多,形状也各不一样,但切削部分的结构要素和几何形态有着许多共同的特征。它们的切削部分都可近似看成是一把外圆车刀的切削部分,因此,下面就从车刀着手进行分析和研究。

表 13-1 硬质合金分类分组代号和牌号对照表及应用范围

分组代号	牌号	应 用 范 围
K01	YG3X	铸件、有色金属及其合金的精加工、半精加工,不能承受冲击载荷
	YG3	铸件、有色金属及其合金的精加工、半精加工,要求切削断面均匀、无冲击
K10	YG6X	普通铸铁、冷硬铸铁、高温合金的精加工、半精加工
K20	YG6	铸铁、有色金属及其合金的半精加工和粗加工
K30	YG8	铸铁、有色金属及其合金、非金属材料的粗加工,也可用于断续切削
	YG6A	冷硬铸铁、有色金属及其合金的半精加工,亦可用于高锰钢;淬火钢及合金钢的半精加工和精加工
P01	YT30	碳素钢、合金钢、淬硬钢的精加工
P10	YT15	碳素钢、合金钢在连续切削时的粗加工、半精加工,亦可用于断续切削时的精加工
P20	YT14	碳素钢、合金钢在连续切削时的粗加工、半精加工,亦可用于断续切削时的精加工
P30	YT5	碳素钢、合金钢的粗加工,可用于断续切削
M10	YW1	高温合金、高锰钢、不锈钢等难加工材料及普通钢料、铸铁、有色金属及其合金的半精加工和精加工
M20	YW2	高温合金、高锰钢、不锈钢等难加工材料及普通钢料、铸铁、有色金属及其合金的粗加工和半精加工

13.2.2.1 车刀的组成

车刀由刀头和刀杆组成(图 13-3)。刀杆装在机床刀架上,支承刀头工作;刀头又称切削部分,担任切削工作。外圆车刀切削部分的结构要素定义如下:

前刀面:刀具上切屑流过的表面。

主后刀面:刀具上与工件过渡表面相对的表面。

副后刀面:刀具上与已加工表面相对的表面。

主切削刃:前刀面与主后刀面的相交线,担负主要切削任务。

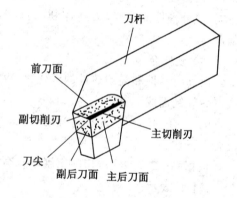

图 13-3 外圆车刀的组成

刀尖:主、副切削刃的连接部位。为增强刀尖的强度和耐磨性,许多刀具在刀尖处磨出直线或圆弧形的过渡刃。

13.2.2.2 车刀切削部分的主要角度

刀具除了在材料方面要具备一定的性能外,其切削部分的形状也至关重要。为了确定和测量刀具的几何形状,需建立平面参考系,以它为基准,用角度来反映各刀面和切削刃的空间位置,即刀具的几何角度。

刀具的几何角度有标注角度和工作角度之分。标注角度是指刀具图样上标注的角度,也就是刃磨的角度;工作角度是指切削时由于刀具安装和切削运动影响所形成的实际角度。这里只阐述标注角度。

1. 标注角度参考系

标注角度参考系是指用于定义刀具设计、制造、刃磨和测量几何角度的参考系。确定标注角度首先要根据刀具的假定运动方向和安装条件,确定参考系平面,如图 13-4(a)所示。

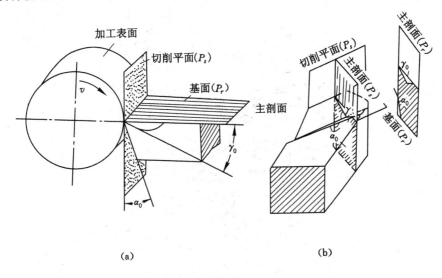

图 13-4　参考系平面

(a)基面和切削平面;(b)主剖面参考系

(1) 基面 P_r

通过主切削刃上任一选定点与该点切削速度方向(假定主运动方向)垂直的平面。

(2) 主切削平面 P_s

过主切削刃上某选定点与主切削刃相切并垂直于基面的平面。

由图可见,互相垂直的基面和切削平面分别与车刀前面、后刀面形成了夹角。由于该夹角是两个平面之间的夹角,故称二面角。二面角的角度值随测量平面位置的不同而异,因此,刀具标注参考系就不止一种,这里只介绍主剖面参考系。

主剖面 P_0 是过主切削刃上选定点并同时垂直于基面和主切削平面的平面。

由 P_r-P_s-P_0 组成的参考系称为主剖面参考系。如图 13-4(b)所示。

2. 车刀切削部分的主要角度

车刀切削部分的主要角度有前角、后角、楔角、主偏角、副偏角、刀尖角、刃倾角等,如图 13-5 所示的在主剖面参考系中的标注角度。

(1) 在主剖面上测量的角度

① 前角 γ_0

前刀面与基面之间的夹角,它反映前刀面的倾斜程度。前角有正、负和零值之分。若基面在前面之上,则 γ_0 为正值;基面在前面之下,则 γ_0 为负值;基面与前面重合,则 γ_0 为零度。前角越大,刀具越锋利,切削越容易。但前角过大会降低刀头的强度,容易崩刃。硬质合金车刀通常取 $-5°\sim20°$。

② 后角 α_0

主后刀面与切削平面之间的夹角。后角的主要作用是减少刀具与加工表面的摩擦,一般为正值。后角过大会降低刀头强度,散热性变差。粗加工时主要考虑刀头强度,后角较小,一般为 $4°\sim6°$;精加工时主要考虑刃口锋利,减小摩擦,后角较大,一般取 $6°\sim12°$。

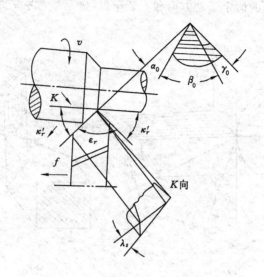

图 13-5　车刀的主要标注角度

③ 楔角 β_0

前刀面与主后刀面的夹角。它的大小决定了主切削刃的强度。

（2）在基面上测量的角度

① 主偏角 κ_r

主切削刃在基面上的投影与进给方向之间的夹角。它决定了主切削刃的工作长度、刀尖强度和径向力。主偏角减小，切削宽度增加，切削厚度减薄，主切削刃的工作长度增加，刀具磨损较小、耐用，但容易引起振动，增大径向力，顶弯细长工件，影响加工精度。一般取在 $30°\sim90°$，最常用的是 $45°$。

② 副偏角 κ_r'

副切削刃在基面上的投影与进给方向的反方向之间的夹角。它可以减少副切削刃与已加工表面之间的摩擦。减小副偏角，可使表面粗糙度 Ra 值减小，一般取 $5°\sim15°$。

③ 刀尖角 ε_r

主、副切削刃在基面上投影的夹角。它反映了刀尖的强度和散热条件。

（3）在切削平面内测量的角度

刃倾角 λ_s：主切削刃与基面之间的夹角。它主要影响刀头的强度和排屑方向，改变刀头的受力情况，一般取为 $-5°\sim10°$。当刀尖是切削刃上的最高点时，刃倾角为正值；当刀尖是切削刃上的最低点时，刃倾角为负值；当主切削刃与基面重合时刃倾角为零度。粗加工时，为了提高刀头的强度，常取负值；精加工时，为了不使切屑划伤已加工表面，则取正值。

以上介绍的车刀主要标注角度，是假设进给速度为零，规定刀具的安装基面垂直于切削平面或平行于基面，同时规定刀体的中心线与进给运动方向垂直。例如，外圆车刀安装时规定其刀尖与工件轴线等高，刀体中心线垂直于进给运动方向。

13.3 切削过程中的物理现象

[知识要点]

1. 切屑的形成过程及种类
2. 积屑瘤、加工硬化、切削力、切削热的概念和形成原因

[教学目标]

了解积屑瘤、加工硬化、切削力、切削热等因素对切削加工的影响

[相关知识]

金属切削过程是指刀具从工件上将多余金属切下的过程,其实质是一种挤压过程。切削层金属受刀具的挤压而产生变形是切削过程的基本问题。切削过程中产生的积屑瘤、切削力、切削热等物理现象都是由于切削中金属变形和摩擦引起的。

13.3.1 切屑

1. 切屑的形成

金属切削过程实际上就是切屑的形成过程。如图 13-6,在切削过程中,被切削金属层在刀具切削刃和前刀面的作用下,经受挤压,开始产生弹性变形;随着刀具的继续切入,产生塑性变形;刀具再继续切入,金属层通过剪切滑移后被挤裂而成切屑。

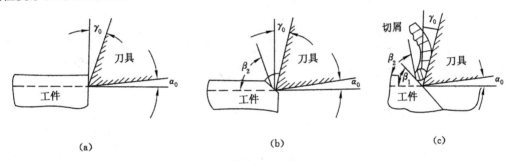

图 13-6 切屑的形成过程

(a) 弹性变形;(b) 塑性变形;(c) 挤裂

2. 切屑的种类

由于工件材料各异,切削条件不一样,因此切削过程中的变形程度也就不同,所产生的切屑也就不一样。一般可分为三类(图 13-7),即带状切屑、节状切屑和崩碎切屑。

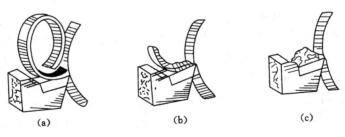

图 13-7 切屑的类型

(a)带状切屑;(b)节状切屑;(c)崩碎切屑

（1）带状切屑

带状切屑的内表面光滑，外表面呈微小的锯齿形。用较大前角、较高切削速度和较小的进给量切削塑性材料时，多获得此类切屑。其切削过程较平稳，切削力波动小，已加工面比较光滑。但切屑连绵不断，不安全，需有断屑措施。

（2）节状切屑

带状切屑的外表面呈较大的锯齿形，并有较深的裂纹。在切削速度较低、切削厚度较大、刀具前角较小的情况下，加工中等硬度的塑性材料，容易得到这类切屑。

（3）崩碎切屑

在切削铸铁、青铜等脆性材料时，由于材料塑性小，当切削层金属发生弹性变形后，一般在发生塑性变形前就被挤裂或崩断，形成不规则的碎块状切屑。工件材料越脆硬、刀具前角越小、切削厚度越大时，越容易形成这类切屑。

13.3.2　积屑瘤

在一定范围的切削速度下切削塑性材料时，由于切屑和前刀面的剧烈摩擦，使一部分金属粘接在刀刃附近而形成一块组织性能与刀具、工件材料均不相同的很硬的金属，这块金属被称为积屑瘤［如图 13-8(a)］。积屑瘤形成后逐步长大，达到一定高度后又会破裂，而被切屑带走或嵌入已加工表面。这一过程反复发生。

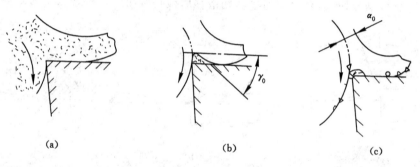

（a）　　　　　　　　　　（b）　　　　　　　　　　（c）

图 13-8　积屑瘤及其对切削过程的影响
(a)积屑瘤的形成；(b)工作前角增大；(c)表面质量恶化

积屑瘤的硬度比被切材料高得多，能代替切削刃进行切削。积屑瘤还可增大工作前角［图 13-8(b)］，因此，积屑瘤可以保护切削刃和减小切削力，粗加工时希望其存在。积屑瘤时大时小，时有时无，会影响切削过程的平稳性而导致尺寸精度下降。另外，积屑瘤会在已加工表面刻画痕迹，并且有部分积屑碎片还会黏附在已加工表面上，影响表面粗糙度［图 13-8(c)］，因此精加工时应避免产生积屑瘤。

影响积屑瘤形成的主要因素是工件材料的性能和切削速度。工件材料塑性好时，容易产生积屑瘤。若要避免产生积屑瘤，应对塑性好的材料进行正火热处理，提高其硬度和强度，降低塑性。切削速度很低或很高时，均不会产生积屑瘤，因此，一般精车、精铣采用高速切削，而拉削、铰削和宽刃细刨时均采用低速切削，都可避免产生积屑瘤。另外，增大前角、减小切削厚度、降低前刀面粗糙度、合理使用切削液等，都可防止积屑瘤的产生。

13.3.3　加工硬化

切削塑性材料时,由于刀具的切削刃有一定的刃口圆弧半径(约为 0.012~0.032 mm,如图 13-9 所示),阴影区域内的金属并未同母体分离,而是在刃口圆弧和后刀面强烈挤压、摩擦的作用下,产生剧烈的塑性变形,使晶格扭曲、晶粒破碎,导致表面硬化。一般硬化层的硬度可达原工件硬度的 1~2 倍,深度为 0.02~0.03 mm。这种经切削加工使工件表面硬度增加、塑性下降的现象称加工硬化。

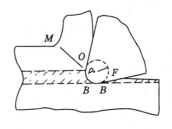

图 13-9　加工硬化示意图

切削加工造成的加工硬化会使工件表面产生细小的裂纹,降低工件的疲劳强度,增加表面粗糙度,使下道工序加工困难,因此,常采用增大刀具的前角、减小刃口的圆弧半径、提高切削速度、使用切削液等措施来减少加工硬化。

13.3.4　切削力

切削时,切削层金属和工件表面层金属发生弹性变形和塑性变形而形成变形抗力,工件表面与刀具、切屑与刀具发生摩擦而产生摩擦抗力,从而形成总的切削力,它是工艺系统设计的主要依据,其大小还直接影响切削热、刀具耐用度和加工表面质量等。

为了便于测量和研究总切削力 F,以适应工艺分析、机床设计及使用的需要,常将 F 分解为三个互相垂直的分力。以车外圆为例,其分力如图 13-10 所示。

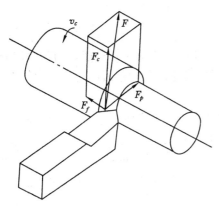

图 13-10　切削力的分力

切削力 F_c——总切削力在主运动方向上的分力,又称主切削力。

进给力 F_f——总切削力在进给运动方向上的分力,又称轴向力和进给抗力。

背向力 F_p——总切削力在垂直于工作平面上的分力,又称径向力或吃刀抗力。

切削力 F_c 是各分力中最大的,是计算机床动力、刀具和夹具强度的依据。进给力 F_f 作用在进给机构上,是设计和校核进给机构的参数。背向力 F_p 能使工件弯曲变形或引起振动,对加工质量影响较大。

总切削力 F 的大小与工件材料和切削用量有关。强度、硬度高的材料,F 就大;塑性好的材料,F 也大。a_p 和 f 加大时,则 F 增大。但两者影响程度不同,f 影响小一些。因此,单纯从切削力考虑,加大 f 比加大 a_p 有利。

13.3.5　切削热

在切削过程中,绝大部分的切削功都变成热,这些热称为切削热,它主要来源于两个基本方面:一是切削层金属的变形产生的热,这是切削热的主要来源;二是刀具与工件、刀具与切屑摩擦而产生的热。

切削热由切屑、工件、刀具及周围介质传出。一般不用冷却液车削时,50%~80%的热由切屑带走,40%~10%的热传入车刀,9%~3%的热传入工件,1%左右的热传到周围的空气。

　　切削热传入刀具，引起刀具温度升高，加剧刀具磨损而影响刀具使用寿命；切削热传给工件，则引起工件变形，影响加工精度和表面质量。因此，切削时应努力减少切削热，改善散热条件。合理选用切削用量、刀具角度和刀具材料，可以减小切削热的产生，增强热的传导。使用大量的切削液，可以改善散热条件，同时还可减少摩擦产生的切削热。

13.3.6　刀具耐用度

　　在切削过程中，刀具由于与切屑和工件产生摩擦而被磨损。这种磨损在刀具的前刀面和后刀面均可能发生，具体的磨损形式分三种，见图 13-11 所示。

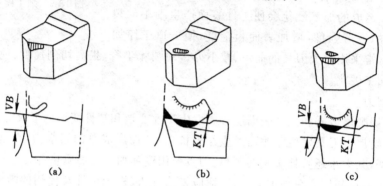

图 13-11　刀具磨损的形式
(a)后刀面磨损；(b)前刀面磨损；(c)前、后刀面磨损
VB——后刀面磨损带；KT——前刀面月牙洼磨损深度

　　刀具磨损到一定程度，就应重磨刀刃。生产中，把刀具由磨锐开始切削，一直到磨损量达到磨钝标准(一般按后刀面磨损值 VB 达到一定数值)为止的总切削时间称为刀具的耐用度，用 T 表示，单位是 min。

　　刀具的磨损是不可避免的。在初期磨损阶段，由于刀具在刃磨后其表面粗糙度值大，表层组织不耐磨，因此磨损较快。随后，进入磨损缓慢的正常磨损阶段。当刀具后刀面磨损到一定程度后，切削刃钝化严重，切削温度升高较快，使工件表面粗糙度增大，切削出现振动，就进入急剧磨损阶段。刀具的磨损变化曲线如图 13-12 所示。在加工过程中，应尽量缩短初期磨损阶段，延长正常磨损阶段，避免进入急剧磨损阶段。

　　刀具的耐用度与切削用量和生产效率有关。如果刀具耐用度定得过高，则要选取较小的切削用量，从而增加了工时，生产效率就较低。相反，如果刀具耐用度定得较低，虽然可用较大的切削用量，工时缩短，但增加了换刀、磨刀时间及费用，同样不能达到高效率、低成本的目的。生产中使用的是使加工成本最低的刀具耐用度，即经济耐用度。如在通用机床上，目前硬质合金焊接车刀的耐用度为 60～90 min，硬质合金端铣刀的耐用度为 90～180 min，高速钢钻头的耐用度为 80～120 min，齿轮刀具的耐用度为 200～300 min。

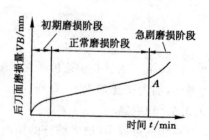

图 13-12　刀具磨损曲线

13.4　工件材料的切削加工性

[知识要点]

工件材料的切削加工性概念

[教学目标]

了解常见材料的切削加工性

[相关知识]

工件材料的切削加工性是指工件材料被切削加工的难易程度。这是材料工艺性能的一个重要方面,它对保证加工质量、提高劳动生产率有很大影响。如果某种材料被切削加工时允许的切削速度高,刀具耐用度高,加工质量容易保证,切削力小,易断屑,我们说这种材料的切削加工性好;反之则差。事实上,没有哪种材料能同时满足上述各项指标。因此,在科研和生产中,常常只取 v_T 或 K_r 两项指标来衡量切削加工性的好坏。

13.4.1　最大切削速度 v_T

其定义为:当刀具的耐用度为 $T(\min)$ 时,切削某种材料所允许的最大切削速度。显然,v_T 越高,材料的切削加工性越好。

一般材料通常取 $T = 60 \min$ 来衡量切削加工性,则 v_T 可写成 v_{60}。难加工材料也有用 v_{30} 或 v_{15} 来衡量的。

13.4.2　相对加工性 K_r

用 v_T 衡量时不易看出材料切削加工性的相对程度,此时可用相对加工性来衡量。K_r 的定义是:如果以 $\sigma_b = 736$ MPa 的 45 号钢的 v_{60} 作基准,记作 $(v_{60})_j$,则其他材料的 v_{60} 同 $(v_{60})_j$ 的比值即称为相对加工性,记作 K_r

$$K_r = v_{60} / (v_{60})_j$$

常用材料的相对加工性分为八级,见表 13-2。

表 13-2　　　　　　　　　　　　　　　　材料切削加工性分级

加工性等级	名称及种类		相对加工性 K_r	代表性材料
1	很容易切削材料	一般有色金属	>3.0	铜铅合金、铝铜合金、铝镁合金
2	容易切削材料	易切削钢	$2.5 \sim 3.0$	15Cr 退火 $\sigma_b = 380 \sim 450$ MPa Y15 $\sigma_b = 400 \sim 500$ MPa
3		较易切削钢	$1.6 \sim 2.5$	30 钢正火 $\sigma_b = 450 \sim 560$ MPa
4	普通材料	一般钢及铸铁	$1.0 \sim 1.6$	45 钢、灰铸铁
5		稍难切削材料	$0.65 \sim 1.0$	2Cr13 调质 $\sigma_b = 850$ MPa 85 钢 $\sigma_b = 900$ MPa
6	难切削材料	较难切削材料	$0.5 \sim 0.65$	45Cr 调质 $\sigma_b = 1\,050$ MPa 65Mn 调质 $\sigma_b = 950 \sim 1\,000$ MPa
7		难切削材料	$0.15 \sim 0.5$	50CrV 调质
8		很难切削材料	<0.15	某些钛合金

材料的切削加工性并非一成不变。根据生产批量的大小,在不影响工件使用性能的前提下,可通过适当调整材料的化学成分或适当的热处理来改善材料的切削加工性。

思 考 题

1. 说明下列加工方法的切削运动:

车端面、车床钻孔、钻床钻孔、牛头刨床刨平面、铣平面、磨外圆、磨内孔

2. 解释切削用量三要素和切削层几何参数的含义。

3. 请做图表示普通外圆车刀在主剖面参考系中的主要标注角度。

4. 什么是积屑瘤?积屑瘤的存在一定不好吗?为什么?

5. 切削力是怎样产生的?各分力对切削过程有何影响?

6. 切削热是如何产生的?它对切削加工有什么影响?如何减少其影响?

7. 解释刀具的耐用度和经济耐用度。

8. 解释切削过程中的加工硬化现象。

9. 工件材料的切削加工性指什么?衡量其好坏的指标有哪些?

第14章 金属切削机床及其加工

　　机械零件尽管种类繁多,结构复杂程度不一,但其表面形状主要是几种基本形式:平面、圆柱面、圆锥面以及各种成形面。当零件精度和表面质量要求较高时,需要在机床上使用切削刀具或磨具切除多余材料,以获取几何形状、尺寸精度和表面粗糙度都符合要求的零件。由于各种机械零件的加工要求不同,其切削加工方法和切削加工设备也就各不相同。

　　金属切削机床是用切削、磨削或特种加工方法加工各种金属工件,使之获得所要求的几何形状、尺寸精度和表面质量的机床。由于切削加工仍是机械制造过程中获取具有一定尺寸、形状和精度的零件的主要加工方法,所以机床是机械制造系统中最重要的组成部分,它为加工过程提供刀具与工件之间的相对位置和相对运动,为改变工件形状、质量提供能量。

　　本章就各种表面切削加工方法的基本原理、特点和应用范围以及所采用的加工设备分别介绍一些基础知识。

14.1 金属切削机床的分类及型号的编制方法

［知识要点］

1. 金属切削机床型号及编制方法
2. 机床主参数

［教学目标］

1. 熟悉机床的分类及分类代号
2. 认识机床代号和含义

［相关知识］

14.1.1 金属切削机床的分类

金属切削机床种类繁多，为了便于区别、管理和使用，在国家制定的机床型号编制方法中，按照机床的加工方式、使用的刀具及其用途，将机床分为12类（见表14-1）。其中，磨床的品种又分为三个分类。每类机床的代号用其名称的汉语拼音的第一个大写字母表示。

表 14-1　　　　　　　　　　　　　机床的分类及分类代号

类别	车床	钻床	镗床	磨床			齿轮加工机床	螺纹加工机床	铣床	刨插床	拉床	特种加工机床	锯床	其他机床
代号	C	Z	T	M	2M	3M	Y	S	X	B	L	D	G	Q
读音	车	钻	镗	磨	二磨	三磨	牙	丝	铣	刨	拉	电	割	其

除此之外，还可按机床的其他特征分类。按照机床的工艺范围，可分为通用机床、专门化机床和专用机床三大类；按照机床的特性，可分为普通机床、万能机床、自动机床、半自动机床、仿形机床和数控机床等；按照机床布局，可分为卧式机床、立式机床、龙门机床、马鞍机床、落地机床等；按工件大小和机床质量，可分为中小型机床、大型机床和重型机床等。

14.1.2 金属切削机床型号的编制方法

合理编制机床型号，可以给使用部门选用和管理提供方便。因本书只介绍在通用机床上的切削加工，故下面仅对通用机床型号的编制作一些简单介绍。

14.1.2.1 机床型号及其表示方法

机床型号主要反映机床的类别、主要技术规格、使用及结构特征。现行的金属切削机床型号是按1994年颁布的标准 GB/T 15375—1994《金属切削机床型号编制方法》编制的。根据该标准，通用机床的型号表示方法为：

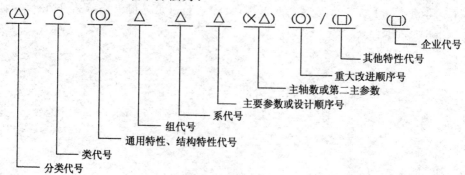

整个型号由基本部分和辅助部分组成,中间用"/"隔开,读作"之"。基本部分需统一管理,辅助部分纳入型号与否由生产厂家自定。型号表示方法中,有"○"符号者,为大写的汉语拼音字母;有"△"符号者,为阿拉伯数字;有"□"符号者,为大写的汉语拼音字母,或阿拉伯数字,或两者兼有之。另外,有括号的代号或数字,当无内容时,不表示;若有内容时,则应表示,但不带括号。

14.1.2.2　机床代号及其含义

1. 机床类、组、系代号

机床的类别及分类代号见表 14-1。分类代号在类代号之前,是型号的首位,并用阿拉伯数字表示,如"2M"中的"2"。但第一分类不标注。每类又分为十组,每个组分为十个系(系列)。机床的组、系代号分别用一位阿拉伯数字表示,组代号位于类代号或特性代号之后,系代号位于组代号之后。如"CA6140"型号中的"6"为组代号,即车床类中的"落地及卧式车床"组;"1"为系代号,即"落地及卧式车床"组中的"卧式车床"系列。

2. 机床特性及其代号

机床特性包括通用特性和结构特性。

(1)通用特性

机床通用特性代号见表 14-2。当某类型机床除有普通形式外,还有表 14-2 所列的通用特性时,则在类代号之后加通用特性代号来区分。如 CM6132K 中的"M"表示精密机床。若某类机床仅有某种通用特性,而无普通形式,则通用特性不表示。如 C2150×6 是六轴棒料自动车床,由于无普通形式,故不必表示出"Z(自动)"的通用特性。

表 14-2 　　　　　　　　　　　　　　　机床的通用特性代号

通用特性	高精度	精密	自动	半自动	数控	加工中心(自动换刀)	仿形	轻型	加重型	简式或经济型	数显	高速
代号	G	M	Z	B	K	H	F	Q	C	J	X	S
读音	高	密	自	半	控	换	仿	轻	重	简	显	速

(2)结构特性

对主参数相同而结构、性能不同的机床,在型号中加结构特性代号来区分。结构特性代号用汉语拼音字母表示。当型号中有通用特性代号时,则结构特性代号排在其后。结构特性代号在型号中没有统一的含义,只是区分同类机床中结构、性能不同的机床。例如 CA6140 型卧式车床型号中的"A"是结构特性代号。

3. 参数的表示方法

机床型号中的主参数用折算值表示,折算值就是机床的主参数乘以折算系数。当折算数值大于 1 时,取整数;当折算数值小于 1 时,以主参数值表示,并在前面加"0"。附表 1 列出了几种机床的主参数名称及折算系数。

14.1.2.3　通用机床型号示例

MG1432:最大磨削直径为 320 mm 的高精度万能外圆磨床。

Z3040×16:最大钻孔直径为 40 mm,最大跨距为 1 600 mm 的摇臂钻床。

X6030:工作台宽度为 300 mm 的卧式升降台铣床。

CQ6140：最大工件回转直径为 400 mm 的轻型普通车床。

14.2　车床及其加工

[知识要点]

1. 车床的组成结构

2. 车床的主要技术参数

3. 卧式车床加工范围

[教学目标]

1. 认识车床传动系统图

2. 认识车床常用夹具

3. 了解其他常见车床结构

4. 初步掌握卧式车床车外圆、车端面、切断和切槽、车圆锥面、钻孔和镗孔、车螺纹的方法

[相关知识]

车床是主要使用车刀在工件上加工回转表面的机床。利用车床对工件进行切削加工的工艺过程称为车削加工。车床的主要工作见图 14-1 所示。由于车削加工具有生产效率高、工艺范围广、加工精度高等特点，所以车床在金属切削机床中占的比例最大，约占机床总数的 20%～35%，是应用最广泛的金属切削机床之一。下面以常见的 CA6140 型普通车床为例来分析车床的组成及加工特点。

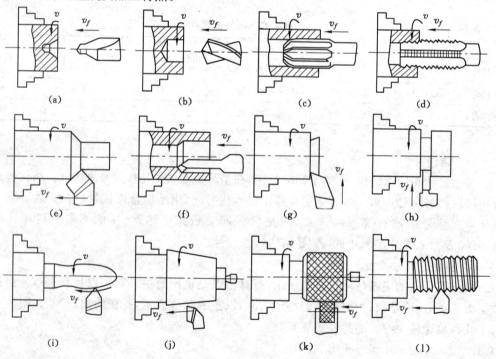

图 14-1　车床加工范围

(a)钻中心孔；(b)钻孔；(c)铰孔；(d)攻丝；(e)车外圆；(f)镗孔；

(g)车端面；(h)切断；(i)车成形面；(j)车锥面；(k)滚花；(l)车螺纹

14.2.1　CA6140 型普通车床

14.2.1.1　车床的组成

图 14-2 是 CA6140 型车床外形图,其主要组成如下:

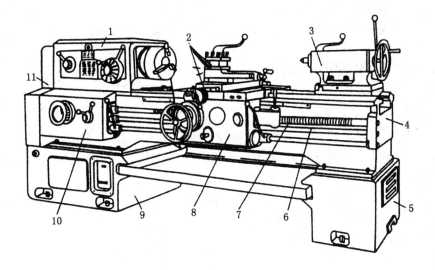

图 14-2　CA6140 型卧式车床外形图
1——主轴箱;2——刀架;3——尾座;4——床身;5——右床腿;6——光杠;
7——丝杠;8——溜板箱;9——左床腿;10——进给箱;11——挂轮变速机构

1. 主轴箱

用来支承主轴并通过变换主轴箱外部手柄的位置(变速机构)使主轴获得多种转速。对于高速机床或高精度机床,主轴箱和变速机构(变速箱)分别设置,以保证机床的加工精度。装在主轴箱上的主轴是一空心轴,用于穿过长棒料。主轴内孔前端为锥孔,用于安装顶尖、心轴等,以支持轴类零件的加工。外端部有法兰或外螺纹,用于安装卡盘、花盘或拨盘等。

2. 进给箱

主轴的转动通过进给箱内的齿轮机构传到光杠或丝杠,通过变换箱体外面的手柄位置,可使光杠或丝杠得到不同的转速。

3. 溜板箱

通过其中的转换机构将光杠或丝杠的转动变为拖板的移动,经拖板实现刀具的纵向或横向进给运动。拖板分大、中、小三种:大拖板使车刀做纵向运动;中拖板使车刀做横向运动;小拖板可用于纵向车削短工件或绕中拖板转过一定角度来加工锥体,也可以实现刀具的微调。

4. 刀架

用来装夹刀具,一次可安装四把刀具,还可以调整刀具的使用角度。

5. 尾座

安装在床身右端的导轨上,其位置可根据需要沿导轨左右调节。它的作用是安装后顶尖以支承工件和安装各种刀具。

6. 床身

是车床的基础零件,用来支承和安装车床的各个部件,以保证各部件间有准确的相对位置,并承受全部切削力。床身上有四条精确的导轨,以引导拖板和尾座移动。

此外,还有冷却润滑装置、照明装置及盛液盘等。

14.2.1.2　车床的运动

由图 14-1 可以看出,在车床上加工各种回转表面必须具备下列运动:

1. 主运动

车床上工件的旋转为主运动,它消耗了车床的绝大部分功率,是实现切削的最基本运动,通常以 $n(r/min)$ 表示。

2. 进给运动

即车刀的纵向和横向运动。可以用主轴转一转时刀具相对工件移动的距离来表示进给运动的大小。进给运动的速度较低,以 mm/r 表示;也可以主切削刃上选定点相对于工件进给运动的瞬时速度作为进给速度,单位是 mm/s。

人们把以上的主运动和进给运动合称为表面成形运动,除此之外的其他运动称为辅助运动,主要形式有刀具的切入、退出及返回等。

14.2.1.3　车床的传动系统

1. 机床传动系统

为了获得加工过程中所需的各种运动,机床应具备执行件、运动源和传动装置三个部分。执行件是直接执行机床运动的部件,如刀架、主轴、工作台等。工件或刀具装夹于执行件上,并由其带动,按正确的运动轨迹完成一定的运动。运动源是给执行件提供运动和动力的装置,最常用的是三相异步电动机,有的机床也采用直流电动机、步进电动机等。传动装置是将运动源的运动和动力传递至执行件,并使其获得一定速度和方向的装置。传动装置还可将两个执行件联系起来,使执行件间具有一定的相对运动关系。

机床在完成某种加工内容时,为了获得所需的运动,需要由一系列的传动元件使运动源和执行件或使两个执行件之间保持一定的传动联系。使执行件与运动源或使两个有关执行件保持确定运动联系的一系列按一定规律排列的传动元件就构成了传动链。一条传动链由该链的两端件及两端件之间的一系列传动机构所构成。例如,车床主运动传动链将主电动机的运动和动力,经过带轮及一系列齿轮变速机构传至主轴,从而使主轴得到主运动。该传动链的两端件为主电动机(运动源)和主轴(执行件)。

通常,机床有几种运动,就相应有几条传动链。实现一台机床所有运动的传动链就组成了该机床的传动系统。

用规定的符号(见附表 2)将传动系统中的各传动元件按运动传递顺序,以展开图的形式绘在一个能反映机床外形及主要部件相互位置的投影面上的一种示意图,就称为传动系统图。它表示了一台机床所有运动及其传动联系,还表示了各传动链的传动元件的结构类型以及一些主要运动参数。它是分析机床运动传动的主要依据。

2. 车床传动系统分析

图 14-3 是 CA6140 型普通车床的传动系统图。分析传动系统图时,应首先找出传动链的两个端件,按照从主动件到从动件的顺序分析各传动轴间的传动方式及传动比,最后列出传动路线表达式和运动平衡方程式。

(1) 主运动传动

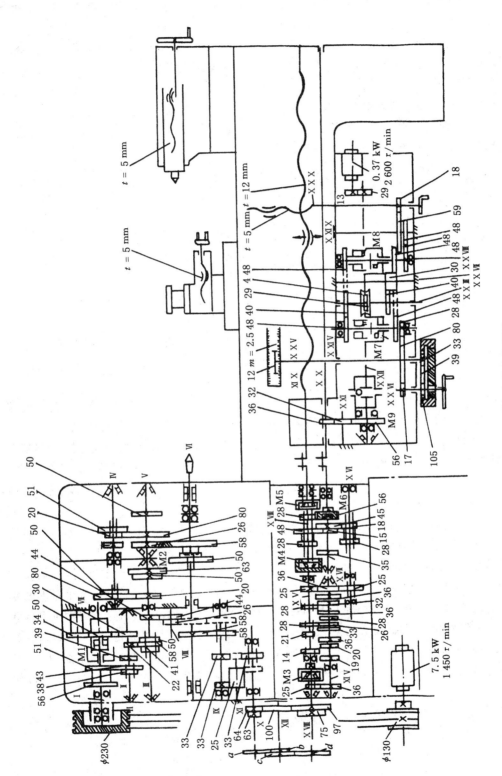

图14-3　CA6140型车床传动系统图

车床的主运动是主轴的旋转,它把电动机的运动传到车床的主轴上。由图可知,运动由电动机经传动比为 130/230 的皮带传动传到轴Ⅰ。轴Ⅰ上装有双向机械式多片摩擦离合器 M1,它的作用是控制主轴的正、反转及停车。M1 左右两部分分别与空套在轴Ⅰ上的两个齿轮连接在一起。当压紧 M1 左侧摩擦片时,运动则经左侧摩擦片及 56/38 或 51/43 齿轮副传给轴Ⅱ;当压紧 M1 右侧的摩擦片时,运动经右侧摩擦片及 50/34 和 34/40 两对齿轮副传给轴Ⅱ,此时从轴Ⅰ传到轴Ⅱ的运动多经过了一个空套在轴Ⅷ上的齿轮 34,使轴Ⅱ的转向与 M1 左压时的转向相反。轴Ⅱ的运动经三对齿轮副 22/58、30/50 和 39/41 中的一对传给轴Ⅲ。运动由轴Ⅲ传到主轴有两条不同的传动路线:

$$
\begin{aligned}
&\text{(电动机7.5 kW)} - \frac{\phi 130}{\phi 250} - \text{I}
\begin{cases}
\text{M1 左} - \begin{cases} \dfrac{56}{38} \\ \dfrac{51}{43} \end{cases} \\
\\
\text{M1 右} - \dfrac{50}{34} - \dfrac{34}{30}
\end{cases}
- \text{I}
\begin{cases}
\dfrac{39}{41} \\ \dfrac{22}{58} \\ \dfrac{30}{50}
\end{cases}
- \text{II}
\end{aligned}
$$

$$
\begin{cases}
\begin{cases} \dfrac{20}{80} \\ \dfrac{50}{50} \end{cases} - \text{IV}
\begin{cases} \dfrac{20}{80} \\ \dfrac{51}{50} \end{cases} - \text{V} \; \text{(M2合)} \; \dfrac{26}{58} \\
\text{(M2开)} \qquad\qquad \dfrac{63}{50}
\end{cases}
- \begin{matrix}\text{VI}\\ \text{(主轴)}\end{matrix}
$$

一条是当主轴需高速($n=450\sim1\,400$ r/min)运转时,主轴上的滑移齿轮 50 处于左端位置(与轴Ⅲ上的齿轮 63 啮合),轴Ⅲ的运动经齿轮副 63/50 直接传给主轴Ⅵ。

另一条是当主轴需较低转速($n=10\sim500$ r/min)运转时,主轴上的滑移齿轮 50 移到右端(与轴Ⅲ上的齿轮 63 脱离啮合),使齿式离合器 M2 啮合,则轴Ⅲ上的运动经齿轮副 20/80 或 50/50 中的一对传给轴Ⅳ,然后再由轴Ⅳ经齿轮副 20/80 或 51/50 中的一对传给轴Ⅴ,最后经 26/58 及齿式离合器 M2 传给主轴Ⅵ。

为了便于说明机床的传动路线,常用传动路线表达式来表示机床的传动关系。下面是CA6140 型普通机床主运动传动路线表达式:

由传动系统图可知,主轴正转时,轴Ⅰ有一级转速。运动由轴Ⅰ传至轴Ⅱ时,因轴Ⅱ上的变速齿轮为双联滑移齿轮,使轴Ⅱ获得两级转速。运动由轴Ⅱ传至轴Ⅲ时,因轴Ⅲ上的变速齿轮为三联滑移齿轮,可以把轴Ⅱ上的每一级转速变为轴Ⅲ的三级转速,所以轴Ⅲ可以获得 $2\times3=6$ 级转速。同理,轴Ⅳ可获得 $2\times3\times2=12$ 级转速;轴Ⅴ可获得 $2\times3\times2\times2=24$ 级转速。当 M2 闭合时,运动由轴Ⅴ经一对斜齿轮副把 24 级转速传给主轴Ⅵ;当 M2 脱开时,运动由轴Ⅲ经一对齿轮副把 6 级转速传给主轴Ⅵ。这样主轴一共可获得 $24+6=30$ 级转速。

但是,由于运动由轴Ⅲ传至轴Ⅴ的传动比为

$$u_1 = 20/80 \times 20/80 = 1/16 \qquad u_2 = 20/80 \times 51/50 \approx 1/4$$
$$u_3 = 50/50 \times 20/80 = 1/4 \qquad\quad u_4 = 50/50 \times 51/50 = 1$$

其中 u_2 和 u_3 的值相近,轴Ⅲ到轴Ⅴ实际只有三种传动比。因此,当 M2 闭合时,主轴只能得到 18 级不同的转速,所以主轴Ⅵ实际共获得 $18+6=24$ 级正转速。

同理,M1 向右压紧,主轴实际可获得 12 及反转速。

根据主运动的传动路线表达式,可以计算出主轴的各级转速,其最低和最高的正转转速计算如下:

$$n_{min} = 1\ 450 \times 130/230 \times 0.98 \times 51/43 \times 22/58 \times 20/80 \times 20/80 \times 26/58 = 10\ \text{r/min}$$

$$n_{max} = 1\ 450 \times 130/230 \times 0.98 \times 56/38 \times 39/41 \times 63/50 = 1\ 400\ \text{r/min}$$

式中,0.98 为带传动的传动效率。

（2）进给运动

进给运动是从主轴开始,经变向机构、挂轮、进给箱和溜板箱,使刀架实现纵向、横向或车螺纹进给。因车床的进给量是以工件(主轴)每转一转刀架的移动量来表示的,所以主轴是主动件,刀架是从动件,进给运动分析应从主轴至刀架进行。

从图上可以看出,进给运动的传动路线为主轴Ⅵ经轴Ⅸ(或再经中间齿轮 25)传至轴Ⅺ,再经过挂轮(交换齿轮)传至轴Ⅻ,然后传入进给箱。从进给箱传出的运动,一条路线是经过丝杠带动溜板箱,使刀架纵向运动,这是车削螺纹的传动路线;另一条路线是经光杠和溜板箱的一系列传动机构,带动刀架作横向或纵向的进给运动,这是一般机动进给的传动路线。

变换挂轮箱的四个齿轮和进给箱上的手柄位置,即可加工公制螺纹、英制螺纹、模数螺纹和径节螺纹等。

例如:车削公制螺纹时,进给箱中的齿轮式离合器 M3 和 M4 脱开,M5 闭合。这时的传动路线为:运动由主轴Ⅵ经齿轮副 58/58、换向机构 33/33(车左旋螺纹为 33/25×25/33)、挂轮 63/100×100/75 传至轴Ⅻ,然后由齿轮副 25/36 传至轴ⅩⅢ,再经两轴之间的滑移齿轮变速机构的齿轮副 19/14、20/14、36/21、33/21、26/28、28/28、36/28 或 32/28 传到轴ⅩⅣ,再经齿轮副 25/36×36/25 传到轴ⅩⅤ,再通过 18/45 或 28/35 传到轴ⅩⅥ,通过 15/48 或 35/28 传到轴ⅩⅦ,最后经离合器 M5 传至丝杠ⅩⅧ。当溜板箱的开合螺母与丝杠啮合时,刀架便获得车削公制螺纹的纵向进给运动。

14.2.2　车床夹具简介

车床夹具是为了保证工件的确定位置并可靠地夹紧工件的装置,一般是随机床一起供应的。车床夹具可分为通用夹具和专用夹具两类。常用的卧式车床夹具有卡盘、花盘、拨盘、顶尖、鸡心夹头、心轴、中心架和跟刀架等。

14.2.2.1　卡盘

卡盘是应用最为广泛的卧式车床夹具。它靠背面法兰盘上的螺纹直接装在车床主轴上,用来夹持轴类、盘类、套类等零件,一般分为三爪卡盘、四爪卡盘两类。

1. 四爪卡盘

四爪卡盘上面对称分布着四个相同的卡爪,每一个卡爪均可单独动作,故又称四爪单动卡盘,如图 14-4 所示。用方扳手旋动某个卡爪后面的螺杆,就可带动该卡爪单独沿径向移动。由于四爪卡盘的四个卡爪各自移动,互不相连,所以不能自动定心。

用四爪卡盘夹持工件,当工件直径较大且必须夹持外圆时,可将卡爪全部反装。由于各卡爪均可单动,所以可用于夹持形状不规则

图 14-4　四爪卡盘

1、2、3、4——卡爪；

5——螺杆

工件及偏心工件,如图 14-5 所示。

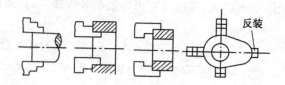

图 14-5　四爪卡盘上夹持工件的方法
(a)正爪装夹轴;(b)正爪装夹套;(c)反爪装夹套;(d)偏心装夹

　　四爪卡盘的夹紧力较大,所以特别适合于粗加工及加工较大的工件。利用卡爪的"单动"性,可对工件进行轴线找正,但比较费时,且找正精度不易控制。

　　2. 三爪卡盘

　　三爪卡盘有三个相距 120°的卡爪,如图 14-6 所示。用扳手旋动小锥齿轮,可带动大锥齿轮转动。大锥齿轮上的平面螺纹与卡爪上的螺纹相啮合,带动三个卡爪同时张开或靠拢。三爪卡盘的夹紧力较小,不能夹持形状不规则零件,但夹紧迅速方便,不需找正,具有较高的自动定心精度,特别适合于中、小型工件的半精加工和精加工。

　　14.2.2.2　花盘

　　花盘的盘面上有多条长短不一的通槽或 T 形槽,用以安装各种压板和螺钉来夹紧工件。花盘的工作面应与主轴中心垂直,盘面平整,适用于装夹不便于用三爪或四爪卡盘装夹的一些形状不规则的工件。图 14-7 为在花盘上装夹工件的例子。

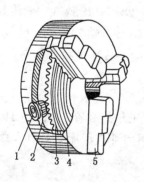

图 14-6　三爪卡盘
1——卡盘体;2——小锥齿轮;3——大锥齿轮;
4——平面螺纹;5——卡爪

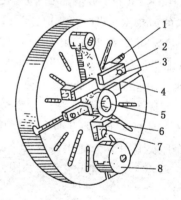

图 14-7　花盘上装夹工件
1——垫铁;2——压板;3——压板螺栓;
4——T 形槽;5——工件;6——小角铁;
7——可调定位螺钉;8——配重块

　　14.2.2.3　顶尖、拨盘与鸡心夹头

　　1. 顶尖

　　顶尖的作用是定心和支撑工件,承受切削力。顶尖分前顶尖和后顶尖两种。前顶尖装在主轴锥孔内随工件一起转动,与中心孔无相对运动,不发生摩擦,故不需要淬火处理。有时也可以用三爪卡盘夹一棒料,车成尖锥代替前顶尖,如图 14-8 所示。

　　后顶尖装在尾座套筒内,又分死顶尖和活顶尖两种,如图 14-9 所示。车削时,死顶尖与

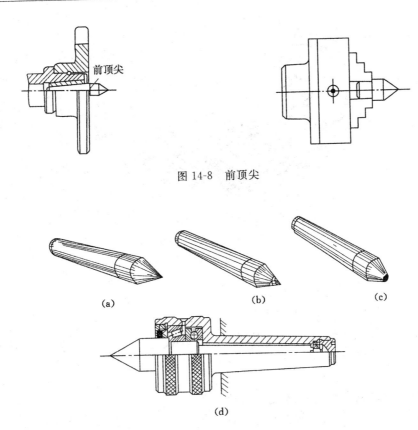

图 14-8　前顶尖

(a)　　　　　　　　(b)　　　　　　　　(c)

(d)

图 14-9　死顶尖和活顶尖

(a)普通死顶尖;(b)镶硬质合金死顶尖;(c)反顶尖;(d)活顶尖

工件中心孔由于滑动摩擦而发热,高速车削时会使顶尖退火,故多用镶硬质合金的顶尖[图 14-9(b)]。死顶尖的优点是对中精确,刚性好,适于低速加工较高精度的工件。对细小工件可使用反顶尖[图 14-9(c)]。活顶尖[图 14-9(d)]可与工件一起转动,减少了摩擦,适于高速切削,它克服了死顶尖的缺点,但有一定的装配误差,降低了加工精度。

　　2. 拨盘与鸡心夹头

　　前、后顶尖都不能直接带动工件转动。当工件用两顶尖装夹时,必须通过拨盘和鸡心夹头带动其旋转,如图 14-10 所示。拨盘装在主轴上,带动鸡心夹头转动,工件和鸡心夹头由螺钉紧固在一起。

14.2.2.4　心轴

　　精加工盘套类零件时,为了保证外圆与内孔的同轴度和端面与内孔的垂直度,常用心轴来夹持工件。按其定位表面的不同,心轴可分为以下几种:

　　1. 锥度心轴

　　心轴的锥度一般为 1:1 000~1:5 000。心轴压入工件内孔,依靠摩擦力紧固,如图 14-11 所示。其特点是制造简单,加工出的零件精度较高。但在长度上无法定位,承受切削力较小,装卸不方便。

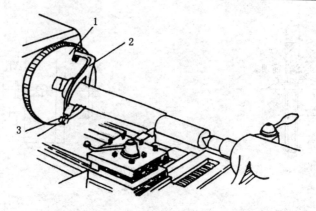

图 14-10　拨盘与鸡心夹头装夹工件

1——拨盘；2——鸡心夹头；3——紧固螺钉

2. 圆柱心轴

利用内孔与心轴圆柱部分较小的间隙配合来定位，用螺帽及垫圈压紧工件，如图 14-12 所示。这种心轴一次能安装多个零件，但加工精度不高。

3. 胀力心轴

靠弹性变形所产生的胀力夹紧工件并进行车削加工，如图 14-13 所示。装夹时把工件套在心轴上，拧紧螺帽，使开口套筒 1 轴向移

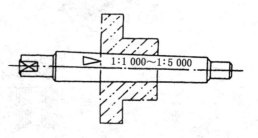

图 14-11　锥度心轴

动，心轴锥部使套筒外圆胀大，就可把工件牢固撑紧。这种心轴装卸工件方便，能保证工件的同轴度要求，适合于中小型零件的加工。

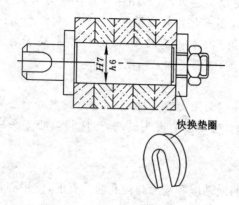

图 14-12　圆柱心轴

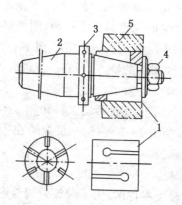

图 14-13　胀力心轴

1——开口套筒；2——圆锥面；3、4——螺母；5——工件

14.2.2.5　中心架与跟刀架

在加工细长轴时，由于工件的刚性较差，容易产生振动和变形，影响其加工精度。为了增加工件的刚性和防止变形，常用跟刀架[见图 14-14(b)]或中心架[见图 14-14(a)]做工件的辅助支承。

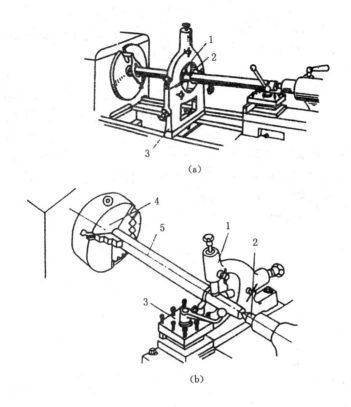

(a)

(b)

图 14-14　中心架和跟刀架

(a)中心架：1——可调节支承爪；2——预先车出的外圆面；3——中心架
(b)跟刀架：1——跟刀架；2——尾顶尖；3——刀架；4——三爪卡盘；5——工件

14.2.3　卧式车床应用范围及加工特点

卧式车床的加工范围相当广泛，可以车削加工各种轴类、套类和盘类零件上的回转表面，如内外圆柱面、圆锥面、环形槽及成型回转面，可以车削螺纹，还可以进行钻孔、扩孔、铰孔和滚花等工作。下面介绍一些在卧式车床上常用的加工方法。

1. 车外圆

车外圆是最基本、最简单的切削方法，如图 14-15 所示。车外圆一般分为粗车、精车两种。粗车的目的是尽快地切除大部分加工余量，使工件接近图纸上的形状和尺寸，并留有一

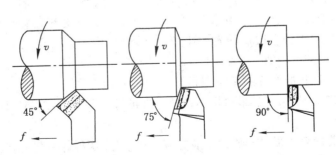

图 14-15　车削外圆

定的精车余量。粗车的尺寸公差等级为 IT13~IT11,粗糙度 Ra 值为 12.5~6.3 μm。精车是切去少量的金属,以获得图纸上要求的形状、尺寸精度和较小的表面粗糙度。精车的尺寸公差等级为 IT8~IT6,粗糙度 Ra 值为 1.6~0.8 μm。

2. 车端面

车端面时,常用的车刀有偏刀和弯头车刀两种,如图 14-16 所示。使用偏刀车削端面时,车刀可由外圆向中心进给,如图 14-16(b)所示。但由于是用副切削刃进行切削,同时受切削力方向的影响,刀尖易扎入工件形成凹面,因此,在精车端面时,最后一次走刀应由中心向外走刀,避免产生上述缺陷,如图 14-16(c)所示。用弯头车刀车端面时,由于是利用主刀刃进行切削,刀头强度大,切削顺利,适用于加工较大端面,如图 14-16(a)所示。

车端面时,车刀的刀尖要对准中心,否则不仅改变前、后角的大小,而且在工件中心还会形成一个凸台,把刀尖压坏或顶坏。

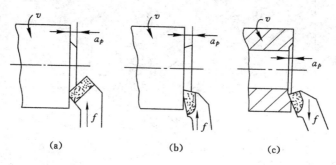

图 14-16　车端面

(a)弯头刀车端面;(b)偏刀车端面(由外向中心);(c)偏刀车端面(由中心向外)

3. 切断和切槽

所谓切断,是指在车床上用切断刀截取棒料或将工件分切成段的加工方法。切断可分为正车切断和反车切断。正车切断时主轴正转,采用机动或手动的横向进刀,手动时进给速度应均匀并保持切削的连续性。切断一般采用正车切断法,但正切容易产生振动,致使切断刀折断,因此,在切断大型工件时,常采用反车切断法,如图 14-17 所示。反车切断时刀具对

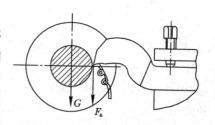

图 14-17　反车切断法

工件的作用力与工件的重力 G 方向一致,有效地减少了振动,而且排屑容易,减少了刀具的磨损,改善了加工条件。使用反车切断法时,卡盘与主轴的连接部位必须装有保险装置,以防车床反转时卡盘从主轴上脱出而发生事故。切断时,由于刀头切入工件较深,散热条件差,因此切钢件时应加冷却液。

圆柱面上各种形状的槽一般是用与槽形相应的切槽刀进行加工,如图 14-18 所示。较宽的槽可通过几次吃刀来完成,最后根据槽的要求进行精车,如图 14-19 所示。

4. 车圆锥面

用圆锥面作为配合表面,同轴度高,装卸方便,经过多次拆卸后仍能保持精确的定心,锥度较小时还能传递较大扭矩,因此,圆锥面广泛用于刀具和工具,如车床的主轴孔、顶尖、钻头和铰刀的锥柄等。

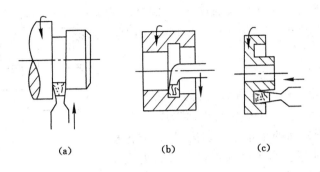

图 14-18　切槽

(a)切外槽;(b)切内槽;(c)切端面槽

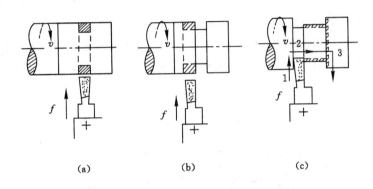

图 14-19　切宽槽

(a)第一次横向进给;(b)第二次横向进给;(c)末一次横向进给后再以纵向进给精车槽底

常用的车削圆锥面加工方法有以下三种:

(1) 转动小刀架车锥面

车削锥度较大而短的内、外圆锥面时,松开固定小刀架拖板的螺母,将刀架小拖板转动一定角度(工件的半锥角),然后锁紧螺母,摇动小拖板的手柄,使车刀沿着圆锥面母线移动,即可加工出所需的圆锥面,如图 14-20 所示。

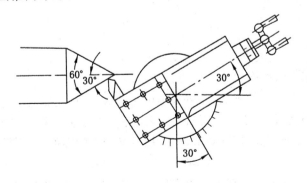

图 14-20　转动小刀架法

这种方法的优点是能加工锥角很大的内、外锥面,操作简单,调整方便,应用广泛。但因

受小拖板行程的限制,不能加工较长的锥面,不能机动进
给,生产效率低,只适用于加工短的圆锥面和单件小批量
生产。

（2）宽刃车刀车锥面

用宽刃车刀加工较短的圆锥面,其锥体长度 $L<$
$20\sim25$ mm。车刀安装时,切削刃应与锥面母线平行,与
工件轴线的夹角等于锥面的半锥角。切削时,车刀做横
向进给,如图 14-21 所示。当工件的锥面母线长度大于
切削刃长度时,也可用多次接刀法加工,但接刀处必须平
整。对于较长的锥面,不能用宽刃刀切削,否则将引起振
动,使工件表面产生波纹。

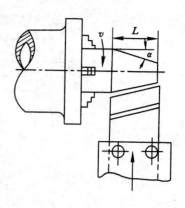

图 14-21　宽刃车刀法

（3）偏移尾架车锥面

在加工较长、小锥度外圆锥面时,将工件夹在两顶尖间,并把尾架偏移一定距离 s,使工
件的回转轴线与车床主轴线的夹角等于工件的半锥角 α,车刀纵向自动进给即可车出所需
的锥面,如图 14-22 所示。

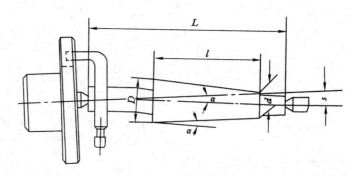

图 14-22　偏移尾座法

当锥体的半角较小时,可近似用下面的公式

$$s = \frac{L(D-d)}{2l}$$

计算尾架的偏移量。

式中　L、l——分别为工件总长和圆锥长度,mm;

　　　D、d——分别为圆锥体大端和小端的直径,mm。

这种方法可以加工较长的锥面,并可采用机动进给,但只能加工锥角较小的外锥面。当
圆锥角过大时,顶尖在工件中心孔内歪斜使接触不良,磨损也不均匀,会影响加工质量。

此外,对于一些锥面较长、精度要求较高、批量又较大的零件,还可采用靠模法车削。

5. 钻孔和镗孔

在车床上钻孔,工件一般装在卡盘上,钻头装在尾座上,如图 14-23 所示。此时工件的
旋转为主运动;手推尾座或摇动尾座手轮作轴向进给运动。为防止钻偏,应先将工件端面车
平,用中心钻打好中心孔或车出凹坑来定中心。钻孔时动作不宜过猛,以免冲击工件或折断
钻头。钻削深孔时,切屑不易排出,故应经常退出钻头,以清除切屑。钻钢料时应加冷却液,

钻铸铁时不需加冷却液。

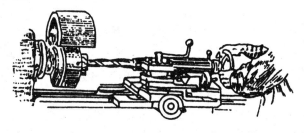

图 14-23　在车床上钻孔

镗孔是对钻出或铸、锻出的孔进一步加工。镗孔能较好地纠正原孔轴线的偏斜,孔的加工精度可达到 IT7,粗糙度 Ra 值为 $6.3 \sim 1.6\ \mu m$。在成批大量生产中,镗孔常作为车床上铰孔或滚压加工前的半精加工工序。镗孔与车外圆相似,分粗镗和精镗。必须注意:镗孔时,镗刀刀尖必须跟工件中心等高或稍高一些,以防扎刀;镗孔切深进刀的方向与车外圆相反。用于车床的镗孔刀,其特点是刀杆细长,刀头较小,以便深入工件孔内进行加工。由于刀杆刚性差,刀头散热体积小,加工中容易变形,故应采用较小的进给量和切削深度,并多次走刀完成。

6. 车螺纹

螺纹按牙形分为三角螺纹、梯形螺纹、锯齿螺纹和矩形螺纹等。生产中常用的是三角螺纹。车削螺纹时螺纹车刀的形状应与螺纹的轴向截面形状相同,如公制三角螺纹的刀尖角为 $60°$,英制三角螺纹的刀尖角为 $55°$;同时,工件与刀具之间的相对运动必须保持严格的传动比,即工件每转一转,车刀必须纵向移动一个导程(单头螺纹的导程等于螺距)。在车床上是通过丝杠、开合螺母带动刀架运动来完成的。加工标准螺纹时,从车床所附指示表中选择合适的参数,调整进给箱上有关操纵手柄位置,即可确定工件与丝杠的传动化。对没有进给箱的车床,或车制精密螺纹和非标准螺纹,则可经过计算交换齿轮传动来调整传动比。车三角螺纹常用的方法有以下三种:

(1) 直进法

直进法车螺纹如图 14-24(a)所示。车螺纹时,经试切检查工件、螺距符合要求后,径向垂直于工件轴线进刀,重复多次,直至螺纹车好。这种车削方法车出的牙形准确。但由于车刀两刃同时切削而且排屑不畅,受力大,车刀易磨损,切屑会划伤螺纹表面,影

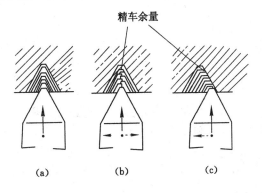

图 14-24　车削三角螺纹进刀方法
(a) 直进法;(b) 左、右进刀法;(c) 斜进法

响螺纹加工质量,因此,直进法多用于螺距小于 3 mm 的螺纹加工。

(2) 斜进法

斜进法车螺纹如图 14-24(c)所示,是车刀沿螺纹牙形一侧在径向进刀的同时作轴向进给,经多次走刀完成螺纹的加工。由于是左刀刃切削,右刀刃不断修光螺纹右侧面,加工的螺纹粗糙度低。最后的一、二次进给应采用直进法吃刀,以保证螺纹牙形角的精度。当工件

螺距大于 3 mm 时,一般采用斜进法加工螺纹。

3. 左、右进刀法

左、右进刀法车螺纹如图 14-24(b)所示。先将螺纹车刀对准螺纹牙形槽中线,每次走刀,既用中拖板刻度控制螺纹车刀的垂直进刀,又用小拖板的刻度控制车刀左右的微量进刀。当牙形一侧面车光后再用同样方法车削另一侧面。两侧面均车光后将车刀移到中间车出牙底,或用直进法车去精车余量,以保证牙底和螺纹两侧面的粗糙度要求。这种方法操作较复杂,适用于低速切削塑性材料、螺距大于 2 mm 的螺纹。

车内螺纹的方法与车外螺纹基本相同。先车出螺纹小径,再车内螺纹。对于直径较小的内螺纹,也可在车床上用丝锥攻出。

14.2.4　其他车床简介

1. 落地车床

落地车床的主轴箱直接安装在地基上,一般用来加工直径大而长度短的盘类工件。它与普通车床的区别是:落地车床有一个大直径花盘,增大了工件回转直径,多数没有后尾架,如图 14-25 所示。

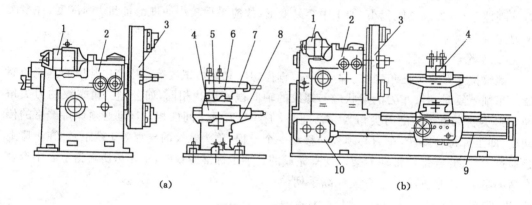

图 14-25　落地车床

(a)无床身式;(b)有床身式

1——电机;2——变速箱;3——花盘;4、7——纵向刀架;5——转盘;6、8——横向刀架;9——光杠;10——进给箱

落地车床可分为刀架独立式和刀架装在床身式两种。落地车床广泛用于电机、机车、汽轮机和矿山机械等大型工件的加工。

2. 立式车床

立式车床的主轴轴心线呈竖直(立式)布置,工作台台面处于水平面内,使工件的装夹和找正比较方便。此外,由于工件及工作台的重量均匀地作用在工作台导轨或推力轴承上,所以立式车床比落地车床更能长期地保持工作精度。目前,在多数情况下落地车床已被立式车床所替代。

立式车床一般分为单柱式和双柱式两种。图 14-26 是单柱式立式车床外形图。

立式车床主要用于车削内外圆柱面、圆锥面、成型面和平面,有的立式车床还可以车制螺纹。此外,使用转塔刀架还可以钻孔、扩孔和铰孔,在设有特种夹具的立式车床上还可以进行插、铣和磨削等工作,适于加工直径大而笨重、在卧式车床或落地车床上难以安装的零件,如大型带轮、轮圈、大型电机的零部件等。

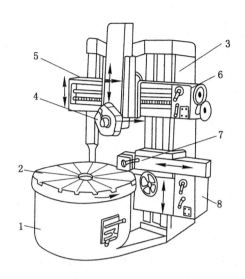

图 14-26　单柱立式车床

1——底座；2——工作台；3——立柱；4——垂直刀架；5——横梁；

6——垂直刀架进给箱；7——侧刀架；8——侧刀架进给箱

3. 转塔车床

转塔式六角车床除了有前刀架外，还有一个转塔刀架，其上可安装一系列刀具，如车刀、钻头、铰刀、丝锥等六把刀具，如图 14-27 所示。前刀架既可以在床身的导轨上作纵向进给，切削大直径的外圆柱面，也可以作横向进给，加工内、外端面和沟槽。转塔刀架只能作纵向进给，主要用于切削外圆柱面及对内孔作钻、扩、铰或镗等加工。

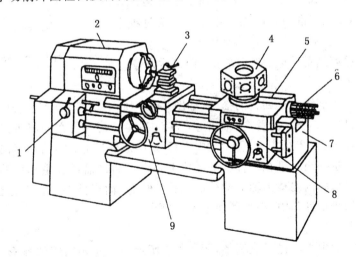

图 14-27　转塔车床

1——进给箱；2——主轴箱；3——前刀架；4——转塔刀架；5——纵向溜板；

6——定程装置；7——床身；8——转塔刀架溜板箱；9——前刀架溜板箱

14.3　钻床、镗床及其加工

[知识要点]

1. 钻床的功能和分类

2. 钻削加工的应用范围

3. 镗床的功能和分类

4. 镗削加工的应用范围

[教学目标]

1. 了解钻孔、扩孔、铰孔加工的方法

2. 了解镗孔加工的方法

[相关知识]

孔是组成零件的基本表面之一。在车床上加工外形复杂、没有对称回转轴线的工件上的单孔或多孔零件是十分困难的,而在钻床或镗床上加工就比较容易。钻床和镗床是加工孔的主要设备。

14.3.1　钻床及其加工

1. 钻床的功用和分类

钻床是指主要用钻头在实体工件上加工孔的机床。钻头有麻花钻、深孔钻和中心钻等。最常用的是麻花钻,其直径规格为 0.1~80 mm。在钻床上用钻头完成孔加工的过程称为钻削加工。钻削时的主运动为刀具随主轴的转动,进给运动为刀具沿主轴轴线的移动,如图 14-28 所示。加工前应调整好被加工工件孔的中心,使它对准刀具的旋转中心。加工过程中工件固定不动。

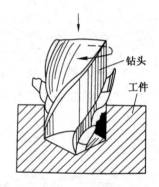

图 14-28　钻削时的运动

生产中常用的有摇臂钻床、立式钻床和台式钻床等。

(1) 摇臂钻床

摇臂钻床有一个能绕立柱回转的摇臂,如图 14-29 所示为 Z3040 型摇臂钻床的外形图,主要组成部件为:底座、立柱、摇臂、主轴箱等。工件和夹具可安装在底座 1 或工作台 8 上。立柱为双层结构,外立柱 2 安装于底座上,内立柱 3 可绕外立柱 2 转动,并可带着夹紧在其上的摇臂 5 摆动。主轴箱 6 可在摇臂水平导轨上移动。通过摇臂和主轴箱的上述运动,可以方便地在一个扇形面内调整主轴 7 至被加工孔的位置,而工件在工作台上固定不动。摇臂钻床广泛地应用于单件和中、小批量加工大、中型零件。

(2) 立式钻床

立式钻床的主轴中心位置不能调整,图 14-30 所示为一立式钻床的外形图。主轴 2 通过主轴套筒安装在进给箱 3 上,并与工作台 1 的台面垂直。变速箱 4 及进给箱 3 内布置有变速装置及操纵机构,通过同一电动机驱动,分别实现主轴的旋转主运动和轴向进给运动。工作台和进给箱均安装在立柱 5 的方形导轨上,并可沿导轨上、下移动和调整位置,以适应不同高度工件的加工。加工前需调整工件在工作台上的位置,使被加工孔的中心线对准刀具的旋转中心。在加工过程中工件是固定不动的。

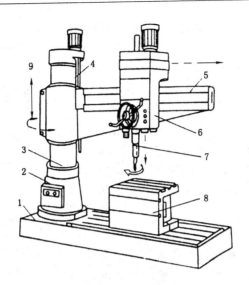

图 14-29 摇臂钻床

1——底座;2——外立柱;3——内立柱;4——摇臂升降丝杠;5——摇臂;6——主轴箱;7——主轴;8——工作台

在立式钻床上,加工完一个孔后再加工另一个孔时需移动工件,这对于大而重的工件操作很不方便,因此,立式钻床仅适用于加工中、小型工件。

(3) 台式钻床

台式钻床简称"台钻",如图 14-31 所示,实际上这是一种加工小孔的立式钻床。钻孔直径一般在 13 mm 以下,最小可加工 $\varphi 0.1$ mm 的孔。台钻小巧灵活,使用方便,适于加工小型零件上的小孔,通常用手动进给。

2. 钻削的应用范围及加工特点

在钻床上可完成钻孔、扩孔、铰孔、锪孔、锪平面、攻螺纹等工作。最常用的是钻孔、扩孔和铰孔。

(1) 钻孔

钻孔最常用的刀具是麻花钻,标准麻花钻由工作部分(包括切削部分和导向部分)、颈部及柄部组成,如图 14-32(a)所示。其切削部分如图 14-32(b)所示。

钻孔前应对工件划线和安装定位。单件小批量生产时,先划线并用样冲打好中心孔,以确定孔的中心位置。然后将工件夹固在工作台虎钳上,或用压板压紧在工作台上。在大批量生产或孔的位置精度要求较高时,应采用钻削夹具装夹定位。

钻头的直径应根据工件孔的直径来确定。当孔径小于 30 mm 时,可一次钻出;当孔径大于 30 mm 时,要先钻孔再扩孔,钻头直径应取孔径的 0.5～0.7 倍。钻

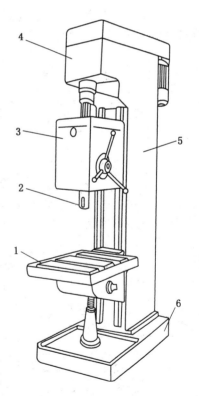

图 14-30 立式钻床

1——工作台;2——主轴;

3——进给箱;4——变速箱;

5——立柱;6——底座

孔尺寸公差等级为 1T13～1T12,表面粗糙 Ra 值为 12.5 μm。

　　钻削时轴向抗力大,排屑困难,容易造成钻头的弯曲甚至折断,还会产生孔径扩大、圆柱度超差和孔的轴线歪斜等加工缺陷。钻孔时可根据不同的材料选取不同的切削速度。较小直径的钻头应选用较小的进给量。钻深孔时必须经常提起钻头,以排出切屑。对于钢件,钻孔时应加切削液,以改善散热条件。当即将钻透时,应减少进给量,以免折断或卡死钻头而发生事故。

　　(2) 扩孔

　　扩孔是对已钻出、铸出或锻出的孔进一步扩大直径的加工方法,见图 14-33(b)所示。一般的扩孔可以用麻花钻完成;对精度要求较高的孔,应采用扩孔钻 [图 14-33(a)]提高加工质量。扩孔尺寸公差等级为 IT10～IT9,表面粗糙度 Ra 值为 6.3～3.2。用扩孔钻还可以修正毛坯孔的轴线位置误差和孔径形状误差。

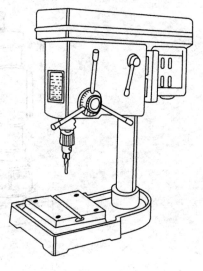

图 14-31　台式钻床

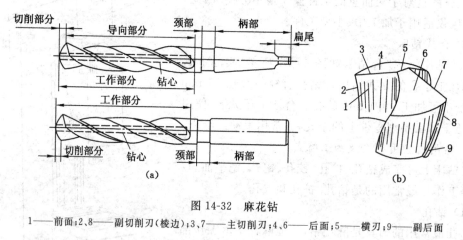

(a)　　　　　　　　　　　　(b)

图 14-32　麻花钻

1——前面;2、8——副切削刃(棱边);3、7——主切削刃;4、6——后面;5——横刃;9——副后面

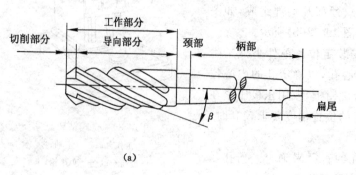

(a)

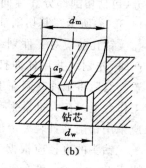

(b)

图 14-33　扩孔钻及扩孔

(3) 铰孔

铰孔是用铰刀在钻孔或扩孔后对孔的精加工,如图 14-34(b)所示。铰孔的尺寸公差等级可达 IT8~IT6,表面粗糙度 Ra 值为 $1.6~0.2~\mu m$。

根据使用方法,铰刀可分为手用和机用两大类,如图 14-34(a)所示。铰孔容易保证孔的精度和粗糙度,但铰孔的适用性差,一种规格的铰刀只能加工一种尺寸和精度的孔,且不宜铰削非标准孔、台阶孔和盲孔。铰孔不能校正原孔轴线的偏斜,孔与其他表面的位置精度靠前道工序来保证。

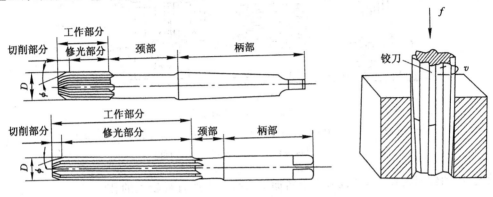

图 14-34 铰刀及铰孔

14.3.2 镗床及其加工

1. 镗床的功用与分类

镗床是指主要用镗刀对工件已有孔进行加工的机床。由于镗床的主轴、工作台等部件刚度好,精度较高,所以在镗床上可加工出尺寸、形状和位置精度均较高的孔,尤其适合加工结构复杂、外形尺寸较大的箱体类工件。

镗床主要有以下几类:卧式镗床、坐标镗床、精密镗床、立式镗床、深孔镗床等。下面以常用的卧式镗床为例说明。

卧式镗床的镗轴是水平布置的。镗刀一般安装在镗轴上,镗刀的旋转为主运动,镗刀或工件的移动为进给运动。镗床的主要参数是镗轴的直径。这种镗床通用性好、应用广泛,所以习惯上又称为万能镗床。

如图 14-35 所示为卧式镗床的外形图。加工时,刀具安装在主轴或平旋盘上。主轴箱可沿前立柱的导轨上、下移动。工件安装在工作台上,同工作台一起随下滑座或上滑座作纵向或横向移动。可用工作台绕上滑座导轨的转动调整角度来加工互相成一定角度的孔或平面。当镗刀杆伸出较长时,可用后立柱上的后支承来支承镗杆,以提高镗杆的刚度。当刀具装在平旋盘的径向刀架上时,刀具可以作径向进给以车削端面。

2. 镗削的应用范围及加工特点

在镗床上用镗刀对工件进行的切削加工称为镗削。镗削加工应用最多的是镗孔,可以加工单个孔、孔系、通孔、台阶孔、孔内回转槽等。

镗孔刀具有单刃镗刀、双刃镗刀和浮动镗刀,如图 14-36 所示。单刃镗刀结构简单、适应性强,可镗削加工通孔或盲孔;双刃镗刀生产效率高,可获得较高的加工精度和低的表面

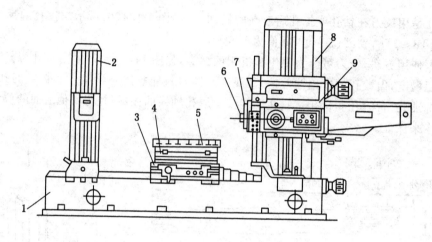

图 14-35 卧式镗床

1——床身;2——后立柱;3——下滑座;4——上滑座;5——上工作台;6——主轴;
7——平旋盘;8——前立柱;9——主轴箱

粗糙度;浮动镗刀与铰刀类似,适用于精加工或批量生产直径较大的孔。

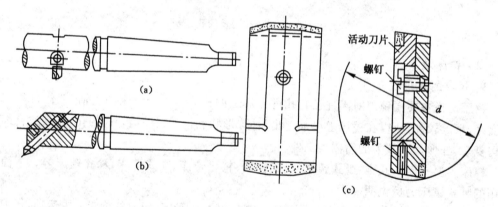

图 14-36 镗刀

(a)通孔镗刀;(b)盲孔镗刀;(c)浮动可调镗刀片

镗削主要适用于加工机座、箱体、支架等外形复杂的大型零件,如图 14-37。一般镗孔的尺寸公差等级为 IT8～IT7,表面粗糙度 Ra 值为 $1.6～0.8\ \mu m$;精镗时,尺寸公差等级为 IT7～IT6,表面粗糙度 Ra 值为 $0.8～0.1\ \mu m$。

14.4 铣床及其加工

[知识要点]

1. 铣床的功能与分类

2. 铣削加工的概念

3. 铣刀的种类

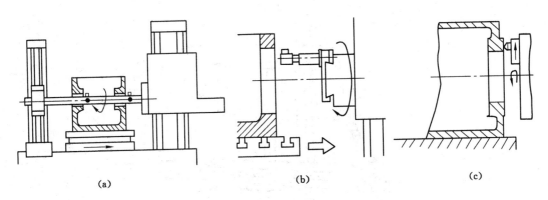

(a)　　　　　　　　　　　(b)　　　　　　　　　　　(c)

图 14-37　镗削加工
(a)镗同轴孔；(b)镗大孔；(c)在镗床上加工端面

[教学目标]

1. 了解平口钳、回转工作台、分度头的作用

2. 初步掌握铣刀的选择方法

[相关知识]

14.4.1　铣床的功能与分类

铣床是用铣刀进行切削加工的机床。铣床的种类很多，根据其结构和用途可分为卧式铣床、立式铣床、龙门铣床、仿形铣床和工具铣床等。

1. 卧式铣床

卧式铣床的主轴呈水平布置，且与工作台平行，具有转速高、功率大、刚度好、应用广泛、操作方便等特点，加工精度和生产效率高，适用于单件小批量生产及中型零件的成批加工。

在生产中应用最广泛的是卧式万能升降台铣床，如图 14-38 所示。床身固定在底座上。悬梁安装在床身顶部，并可沿燕尾导轨调整位置。悬梁上的刀杆支架用以支承刀杆，以提高其刚性。升降台安装在床身前侧面垂直导轨上，可作上、下移动。升降台的水平导轨上装有床鞍，可沿主轴轴线作横向移动。床鞍上装有回转盘，转盘上面的燕尾导轨上安装有工作台，工作台可沿其导轨作纵向移动。除此之外，工作台还可通过回转盘绕垂直轴线在 ±45° 范围内调整角度，以便铣削螺旋表面。加工时，工件安装在工作台上。铣刀装在与主轴连接的刀杆上；铣刀的旋转为主运动，工件随工作台在相互垂直的三个方向上作进给运动。

2. 立式铣床

立式升降台铣床与卧式铣床的主要区别是立式铣床的主轴与工作台垂直，如图 14-39 所示。有的立式铣床为了加工需要，可以把立铣头旋转一定的角度，其他部分与卧式升降台铣床相同。卧式及立式铣床都是通用机床，通常适用于单件及成批生产。

14.4.2　铣床附件

为了扩大铣床的加工范围，铣床一般均配有附件。常用附件有以下几种：

14.4.2.1　平口钳

铣削加工常用平口钳夹紧工件。它具有结构简单、夹紧可靠和使用方便等特点，广泛用于装夹矩形工件。用平口钳安装工件的方法一般是将工件安装在固定钳口和活动钳口之间，找正后夹紧，然后对工件进行切削加工。图 14-40 所示是生产中常用的一种固定式平口钳。

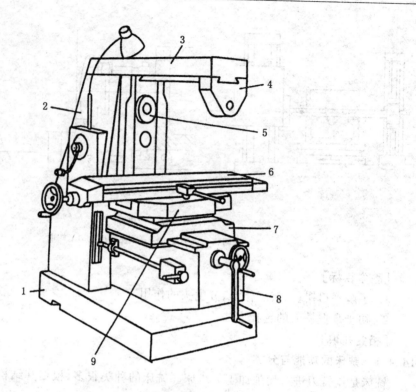

图 14-38　卧式万能升降台铣床

1——底座;2——床身;3——悬梁;4——刀支架;5——主轴;6——工作台;7——床鞍;8——升降台;9——回转盘

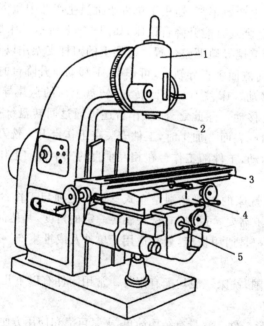

图 14-39　立式升降台铣床

1——铣头;2——主轴;3——工作台;4——床鞍;5——升降台

14.4.2.2 回转工作台

回转工作台主要用来加工带有内、外圆弧面的工件及对工件分度。分为手动进给和机动进给两种。

图 14-41 所示为机动回转工作台。传动轴 3 可与铣床的传动装置相连接，以实现机动进给。扳动手柄 4 可以接通或断开机动进给。调整挡块 2 的位置，可以使转盘 1 自动停止在预定位置上。若用手转动方头 5，可进行手动进给。

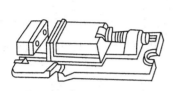

图 14-40 固定式平口钳

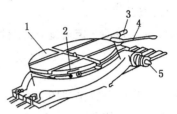

图 14-41 机动回转工作台
1——转盘；2——调整挡块；
3——传动轴；4——手柄；
5——方头

14.4.2.3 分度头

分度头是铣床上最常用的标准附件。生产中应用最广泛的是万能分度头，如图 14-42 所示为 FW250 型万能分度头。

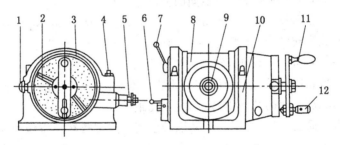

图 14-42 FW250 型万能分度头
1——紧固螺钉；2——分度头；3——分度盘；4——螺母；5——侧轴；6——蜗杆脱落；7——主轴锁紧手柄；
8——回转体；9——主轴；10——底座；11——分度手柄；12——分度定位销

1. 分度头的结构

工作时，将分度头底座固定在铣床的纵向工作台上，并利用纵向工作台中间的一条 T 形槽（该槽精度最高）和一长导向键保证分度头主轴与纵向工作台的方向一致。主轴前端有莫氏锥孔，以便插入顶尖支承工件。主轴外部有螺纹可以旋装卡盘以装夹工件。主轴可以随回转体在底座的环行导轨内转动，使工件轴线相对于铣床工作台面在向上 90° 和向下 6° 的范围内倾斜任意角度。分度盘共有两块，其正、反两面都有很多圈数目不同的准确等分的孔。摇动分度手柄，通过分度头内部的蜗杆和齿轮机构带动主轴旋转，从而实现对工件进行分度的操作。

2. 分度头的功用

利用分度头可进行以下工作：

① 使工件绕分度头主轴轴线回转一定角度,以完成等分或不等分的分度工作。如用于加工方头、六角头、花键、齿轮以及多齿刀具等;

② 通过分度头使工件的旋转与工作台丝杠的纵向进给保持一定运动关系,以加工螺旋槽、螺旋齿轮及阿基米德螺旋线凸轮等;

③ 用卡盘夹持工件,使工件轴线相对于铣床工作台倾斜一定角度,以加工与工件轴线相交成一定角度的平面、沟槽及直齿锥齿轮等。

3. 分度方法

利用分度头转动一定角度,使工件从一个加工面转换到另一个加工面的过程称为分度。分度的方法很多,有简单分度法、差动分度法、近似分度法等。生产中最常用的是简单分度法。

简单分度法就是直接利用分度盘上的孔圈进行分度的方法。分度盘的正、反面都有很多圈精确等分的定位孔。以 FW250 为例,其定位孔的孔数为:

第一块正面:24、25、28、30、34、37;反面:38、39、41、42、43。

第二块正面:46、47、49、51、53、54;反面:57、58、59、62、66。

分度头手柄转数与主轴转数之比叫分度头定数。FW250 的分度头定数为 40,即分度手柄转一圈,主轴转过 1/40 圈。若要进行 z 等分,即欲使主轴转过 $1/z$ 圈,则分度头手柄所转的圈数应为:$n=40/z$ 圈。

显然,若 $z=2、4、5、8、10、20、40$,则 n 为整数,只要使手柄转动 n 圈就可以完成简单分度。当 n 不是整数时,可区别情况选用不同的分度盘进行分度。

① n 为真分数。例如 $z=65$ 时,则 $n=40/65=8/13=24/39$,应选具有 39 个孔的分度盘面,使手柄沿 39 孔圈转 24 个孔距,就使主轴(即工件)完成一次分度。

② n 为假分数。例如 $z=27$ 时,则 $n=40/27=1+13/27=1+26/54$,则应将分母换算成与分度盘上的孔数相同的数,选用具有 54 孔的分度盘面,操作方法与上述相同,即手柄转过 1 圈后,还要在孔数为 54 的孔圈上转过 26 个孔距。

为了使分度操作简便可靠,可用分度叉记录手柄转过整数转后应转过的孔距数,分度叉间的孔数=应转过的孔数+1,因为第一个孔是作为起点而不计数的。

每次分度时,应先拔出定位销,摇动手柄转过整数转后,再转动手柄使销子从分度叉间的第一个孔转到最后一个孔中,即完成一次分度。

14.4.3　铣削的应用范围及加工特点

在铣床上用铣刀进行的切削加工称为铣削加工。铣削加工时工件作直线或曲线进给运动,铣刀作旋转主运动。

14.4.3.1　铣刀的种类及应用

铣刀的种类很多,根据铣刀的安装方法不同分为两大类:带孔铣刀和带柄铣刀。

1. 带孔铣刀

带孔铣刀又分为圆柱铣刀、端铣刀、圆盘铣刀、角度铣刀和成型铣刀等,常用铣刀心轴将带孔铣刀安装在卧式铣床上使用。

(1) 圆柱铣刀

如图 14-43(a)所示,圆柱铣刀刀齿分布在圆周上。按刀齿形式的不同又分直齿圆柱铣刀和螺旋齿圆柱铣刀。螺旋齿圆柱铣刀在工作时每个刀齿逐渐切入和切出加工面,切削平稳,加工质量好。螺旋齿圆柱铣刀在生产中广泛应用,主要用其周刃加工平面。

图 14-43　铣刀及铣削加工

(a) 圆柱铣刀铣平面;(b) 套式端面铣刀铣台阶面;(c) 三面刃铣刀铣直槽;(d) 角度铣刀铣槽;
(e) 成型铣刀铣凸圆弧;(f) 齿轮铣刀铣轮齿;(g) 锯片铣刀切断;(h) 端铣刀铣大平面;
(i) 立铣刀铣台阶面;(j) 键槽铣刀铣键槽;(k) T 形铣刀铣 T 形槽;(l) 燕尾槽铣刀铣燕尾

（2）端铣刀

如图 14-43(b)、(h)所示,端铣刀刀齿分布在刀体端面上。常用的端铣刀有整体端铣刀(b)和镶齿端铣刀(h)两种。端铣刀适用于高速切削台阶面及加工大平面。

（3）圆盘铣刀

如图 14-43(c)所示是三面刃盘铣刀。这种圆盘铣刀的两个侧面和圆柱面均有刀刃,主要用于加工不同宽度的沟槽及小平面和台阶面。

（4）角度铣刀

如图 14-43(d)所示,分为单角铣刀和双角铣刀,主要用于加工各种角度的沟槽及斜面。

（5）成型铣刀

如图 14-43(e)、(f)所示,这种铣刀刀刃做成与成形面形状相适应的曲线或直线,主要用于加工特定的成型表面,如链轮、齿轮、凸凹圆弧面等。

2. 带柄铣刀

带柄铣刀多用在立式铣床上,常用的带柄铣刀有立铣刀、键槽铣刀、T 形槽铣刀和燕尾槽铣刀。

（1）立铣刀

如图 14-43(i)所示,立铣刀刀齿分布在圆柱面和端面上,圆柱面上的刀齿为螺旋刀齿,主要用于加工沟槽、小平面和台阶面等。

（2）键槽铣刀

如图 14-43(j)所示,主要用于加工键槽。

（3）T 形槽铣刀和燕尾槽铣刀

如图 14-43(k)、(l)所示,专门用于加工 T 形槽和燕尾槽。

14.4.3.2　铣削加工方式及特点

1. 铣削方式

铣削方式分为端铣法和周铣法两种。根据铣刀旋转方向与工件进给方向是否相同,又分为顺铣和逆铣。

（1）端铣与周铣

铣削时,用端铣刀铣削平面的方法称为端铣法;用圆柱铣刀铣削平面的方法称为周铣法。用端铣法加工平面时,端铣刀同时有许多刀齿参加切削工作,每个刀齿受力小,可提高刀具的耐用度。另外,端铣刀副切削刃对加工表面有修光作用,且端铣刀直接安装在主轴上,刀杆伸出短,刚度大,切削平稳,加工质量好,可以采用较大的切削用量,生产效率高,因此,在平面铣削中,目前大都采用端铣法。周铣法适应性广,能用多种形式的铣刀加工平面、沟槽、齿形和成型面等,故生产中也经常用。

（2）顺铣与逆铣

如图 14-44 所示,铣削时,在铣刀与工件接触的地方,铣刀的旋转方向与工件的进给方向相同称为顺铣,相反则称为逆铣。顺铣时,铣刀将工件压向工作台及导轨,从而减少了工作台与导轨的间隙;而且铣削时每齿的切削厚度是由最大变到零,刀具的耐用度较高,能获得较小的表面粗糙度。但由于忽大忽小的水平切削分力与工件进给方向是相同的,容易造成铣削时工作台的窜动和工件进给量的不均匀,从而影响表面加工质量。逆铣时,铣削的厚度由薄到厚,刀刃挤压加工表面,并在其上面滑行一段距离后才切入工件,使加工表面产生冷硬现象,加剧了刀齿磨损,同时也使加工的表面粗糙度值增大。但由于水平切削分力与工件进给方向相反,避免了铣削时的窜刀现象,所以逆铣比顺铣用得多。逆铣多用于粗加工或加工硬度较高及带有硬皮的工件。精加工时,铣削力较小,为了降低表面粗糙度值,多采用顺铣。

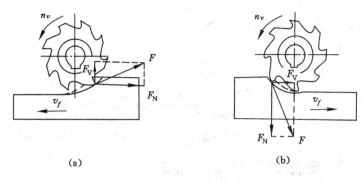

图 14-44　逆铣和顺铣

(a)逆铣；(b)顺铣

2. 铣削加工的特点

铣刀是多刃刀具，一般来说同一时刻只有几个刀齿参与工作，其他刀齿均处于非工作状态，这样每一刀齿均有较充分的冷却时间，因而提高了铣刀的耐用度；同时，铣削工作量由多个刀齿平均负担，所以可采用大的进给量。铣削加工的主运动是旋转运动，无惯性限制，可采用高速切削。

铣刀每一刀齿均是周期性地参加切削，每一刀齿在切入与切离时会造成冲击现象，这会影响铣刀耐用度及切削速度的提高，降低加工精度，增大表面粗糙度；另外，铣削时切削厚度和切削面积是变量，切削力的周期性变化容易引起振动。铣削经济精度为 IT10～IT9，表面粗糙度 Ra 值为 3.2～1.6 μm。

14.5　刨床、插床、拉床及其加工

[知识要点]

1. 刨床的功用及分类

2. 插削加工、拉削加工原理

[教学目标]

了解刨削加工、插削加工、拉削加工方法及加工对象

[相关知识]

14.5.1　刨床及其加工

1. 刨床的功用及分类

刨床是指用刨刀进行切削加工的机床。刨床主要用于各种平面、沟槽和成型表面的加工。刨床的主运动是刀具或工件的往复直线运动，换向时惯性力较大，这限制了主运动速度的提高。此外，因空行程不进行切削，故生产效率较低，在大批量生产中逐渐被铣削和拉削代替。但刨床结构简单、调整方便，采用精刨也能获得较高的加工精度，在单件生产和维修中仍广泛应用。按照刨床的结构特征和用途，可分为牛头刨床和龙门刨床等多种类型。

(1) 牛头刨床

牛头刨床用于加工中、小型工件，其加工长度一般不超过 1 000 mm。在进行刨削时，工件装夹于工作台上，刨刀装夹于刀架中，如图 14-45 所示。开动机床后，滑枕带动刨刀实现

往复直线运动(主运动),工作台在横梁上作横向间歇运动(进给运动)。根据工件加工需要,工作台的垂直升降和横向移动都可手动调节。

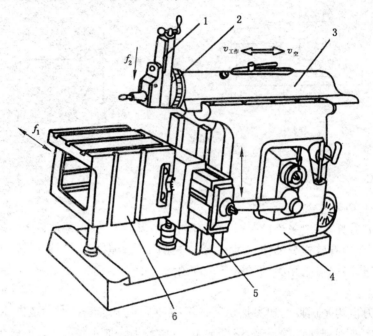

图 14-45　牛头刨床
1——刀架;2——转盘;3——滑枕;4——床身;5——横梁;6——工作台

　　进给运动是在空行程中通过棘轮机构传动带动工作台沿横梁水平导轨间歇运动来实现的。摇动刀架上方的手柄可调节吃刀深度,或实现刨侧面时的手动垂直(或斜向)进给。刀架可绕水平轴调整一定角度,以加工斜面。

　　为防止刀具与工件之间的摩擦,在空行程时抬刀板将刨刀抬起;工作行程时,再靠自重或利用电磁装置将刨刀复位。

　　(2) 龙门刨床

　　龙门刨床如图 14-46 所示。刨削时,工件装夹在工作台上,工作台沿床身导轨作直线往复运动(主运动);侧刀架可沿立柱导轨上、下移动(垂直间歇进给),用于加工垂直面;垂直刀架可沿横梁导轨作水平移动(水平间歇进给),用于加工水平面;横梁又可带动全部垂直刀架沿立柱导轨上、下移动以调节刨刀高度;此外,所有刀架均可转过一个角度以刨削斜面。

　　龙门刨床主要用来加工大平面,尤其是长而窄的平面,也可用来加工沟槽或同时加工几个中、小型零件的平面。由于巨型工件装夹较费时,所以大型龙门刨床往往还有铣头和磨头等附件,以便使工件在一次安装中完成刨、铣及磨等工作。这种机床又称为龙门刨铣床或龙门刨铣磨床,其工作台既可作快速的主运动,又可作慢速的进给运动。

　　2. 刨削加工及其特点

　　在刨床上用刨刀进行的切削加工称为刨削加工。

　　(1) 刨刀

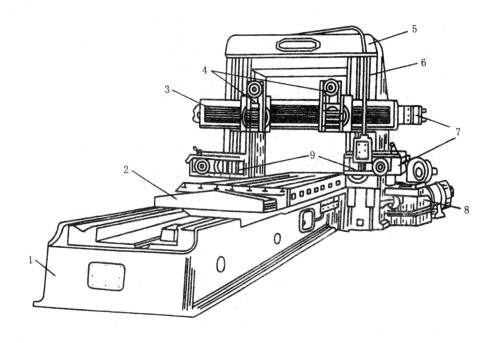

图 14-46　龙门刨床
1——床身;2——工作台;3——横梁;4——垂直刀架;5——顶梁;6——立柱;
7——进给箱;——8-减速箱;9——侧刀架

刨刀切削部分的形状和车刀相似。由于刨削时产生较大的冲击力,故刨刀刀杆截面尺寸比车刀要大。刨刀刀杆一般做成弯头状,如图 14-47 所示。当切削力突然增大时,刀杆绕 O 点产生弯曲变形,使刀尖离开工件,避免损坏刀刃或切削刃扎入已加工表面影响加工质量。

如果工件加工余量相近,材料的硬度均匀,刀杆刚度好,也可采用直杆刨刀进行加工。

刨刀的几何参数与车刀基本相同。因刨削时容易产生冲击,为提高刨刀的强度,刨刀的前

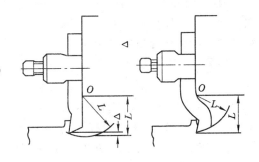

图 14-47　刨刀刀杆形状

角一般比车刀小。为使刨削平稳,刨刀的刃倾角应选取较大的负值。

(2) 刨削加工方式及其特点

刨削的加工方法和刨床、刀具的调整都比较简单。在牛头刨床上刨削时,小型工件可夹在虎钳内,较大的工件是直接用压板、螺钉等固定在工作台上。在龙门刨床上刨削大都采用螺钉和压板将工件直接夹在工作台上。当工件表面质量要求较高时,先粗刨,然后再进行精刨。精刨时的吃刀量和进给量应比粗刨小,切削速度可略高一些。

刨削主要用于水平面、垂直面、斜面、直槽、燕尾槽、T 形槽及成型面的加工,如图 14-48 所示。

在牛头刨床上刨削时,滑枕处于悬臂状态,悬臂越长则刚性越差,再加上冲击引起的振

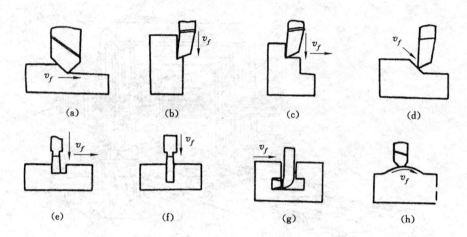

图 14-48　刨削加工

(a)刨平面;(b)刨垂直面;(c)刨台阶面;(d)刨斜面;

(e)刨直槽;(f)切断;(g)刨 T 形槽;(h)刨成形面

动,使刨削精度降低。牛头刨床刨削的经济精度为 IT11~IT10,表面粗糙度 Ra 值为 3.2~ 1.6 μm,只能满足一般使用要求。而在龙门刨床上刨削加工则不存在上述不利因素。

刨削的主运动为往复直线运动,受惯性限制,很难提高主运动的速度,再加上空行程时不切削,所以刨削生产效率较低,一般只适用于单件小批量生产及修配。

14.5.2　插床及其加工

插床是指用插刀进行切削加工的机床,外形如图 14-49 所示。工作时,滑枕可沿滑枕导轨座上的导轨作上下往复运动,使刀具实现主运动,向下为工作行程,向上为空行程。滑枕导轨座可以绕销轴在小范围内调整角度,以便加工倾斜的内外表面。床鞍和溜板可分别作横向及纵向进给,圆工作台可绕其垂直轴线回转,完成圆周进给或分度。床鞍和溜板可分别带动工作台作纵向和横向进给。上述各方向的进给运动均在滑枕空行程结束后短时间内进行。

插床主要用于加工工件的内表面,如内孔键槽及多边形孔等,有时也用于加工成形内外表面。插床的生产效率较低,通常只用于单件、小批量生产。

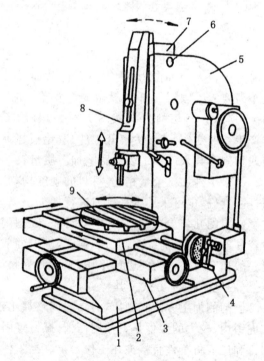

图 14-49　插床

1——床身;2——溜板;3——床鞍;

4——分度装置;5——立柱;6——销轴;

7——滑枕导轨座;8——滑枕;9——圆工作台

14.5.3　拉床及其加工

拉床是指用拉刀进行切削加工的机床。采用不同结构形状的拉刀,可加工各种形状通孔、通槽、平面及成型表面等。图 14-50 所示是适于拉削的一些典型形状。

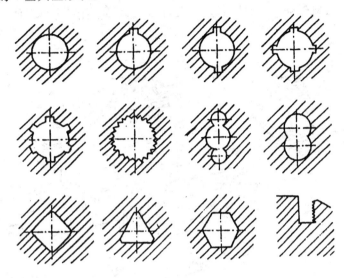

图 14-50　适于拉削的典型形状

拉削时被加工表面在一次走刀中成型,所以拉削运动比较简单,它只有主运动,没有进给运动。切削时,拉刀作低速直线运动,其承受的切削力很大,所以拉床的主运动通常是由液压驱动的。拉刀或固定拉刀的滑座一般是由油缸的活塞杆带动的。拉床的主参数为额定拉力。

拉削属封闭切削,排屑、冷却及润滑困难,切削力大,拉削速度一般为 3~8 m/min;采用液压传动,工作平稳,切削层薄,使用高精度的拉刀可获得较高的精度(IT8~IT6)和较小的粗糙度($Ra=0.8~0.1\ \mu m$)。拉削时,每一刀齿只工作一次,拉刀的耐用度和使用寿命很高。拉刀所有刀齿通过后,即完成全部粗、精加工,生产效率很高。

14.6　磨床及其加工

[知识要点]
1. 磨床的分类及主要加工对象
2. 砂轮的组成及代号
3. 磨床加工范围及特点

[教学目标]
1. 初步掌握磨削加工的方法
2. 认识砂轮的代号

[相关知识]

14.6.1　磨床

磨床是指用磨具或磨料对工件表面进行精密切削加工的机床。磨床的种类很多,目前生产中应用较多的有外圆磨床、内圆磨床、平面磨床和工具磨床等。

1. 外圆磨床

外圆磨床可完成外圆柱面、外圆锥面、台阶面、端面的磨削,也可以使砂轮架和头架分别

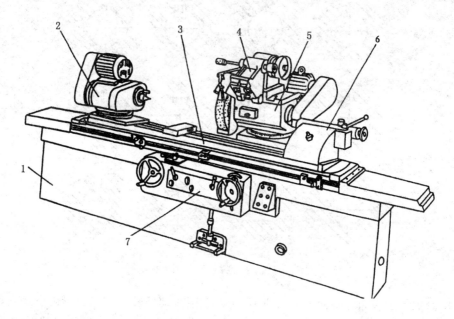

图 14-51　万能外圆磨床
1——床身;2——工件头架;3——工作台;4——内磨装置;5——砂轮架;6——尾架;7——控制箱

转过一定的角度,利用内圆磨具磨削内圆柱、内圆锥面等。图 14-51 所示为万能外圆磨床外形图,它由床身、头架、工作台、砂轮架、内圆磨具、尾架、横向进给装置、液压传动装置和冷却装置等组成。床身用来安装各种部件,其内部安装有液压传动装置和其他装置。床身上有两条相互垂直的导轨,纵向导轨安装工作台,横向导轨安装砂轮架。砂轮装在砂轮架的主轴上,由电动机通过带传动带动旋转,一般只有一级转速。砂轮架的横向移动既可用横向进给手轮调整,也可用液压传动自动地周期进给、快速引进与快速退出。在工作台面上装有头架和尾架。被加工工件支承在头架和尾架的顶尖上,或夹持在头架主轴上的卡盘中,头架内的变速机构可使工件获得不同的转速。尾架在工作台上可前、后调整位置,以适应装夹不同长度工件的需要。液压系统驱动工作台沿床身导轨作直线往复运动,使工件实现纵向进给运动。工作台由上、下两部分组成。上工作台可绕下工作台的心轴在水平面内偏转一定角度(顺时针方向为 3°,逆时针方向为 6°),以便磨削锥度较小的长圆锥面。为便于装卸工件和进行测量,砂轮架可作定距离的横向快速进退。装在砂轮架上的内磨装置装有内圆磨削砂轮,由电机经带轮直接传动。砂轮架和头架都绕垂直轴线回转一定角度,以磨削锥度较大的短圆锥面。回转角的大小可从刻度盘上读出。

磨床工作台的纵向往复运动,是由机床的液压传动装置来实现的。液压传动具有较大范围的无级调速、机床运转平稳、无冲击振动、操作简单方便等优点。

2. 平面磨床

根据砂轮磨削方式的不同,分为用砂轮圆周面进行磨削及用砂轮端面进行磨削两类平面磨床。根据工作台形状的不同,平面磨床又可分为矩形工作台和圆形工作台两类。普通平面磨床的主要类型有卧轴矩台式、卧轴圆台式、立轴矩台式和立轴圆台式等。常用的卧轴矩台平面磨床如图 14-52 所示,它是由床身、工作台、砂轮架、立柱、液压传动系统等部件组成。在磨削时,工件安装在工作台上,工作台装在床身水平纵向导轨上,由液压传动系统驱动作纵向往复直线运动,也可用手轮调整工作台的运动。工作台上装有电磁吸盘或其他夹具以装夹工件。砂轮架沿滑座的燕尾导轨作横向间歇进给运动,滑座和砂轮架一起可沿立柱的导轨作垂直间歇切入进给运动。

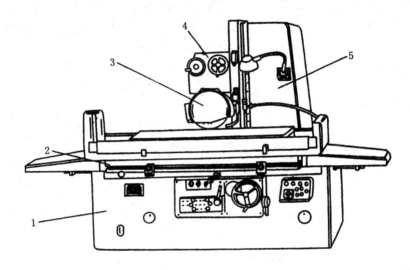

图 14-52　卧轴矩台式平面磨床
1——床身;2——工作台;3——砂轮架;4——滑座;5——立柱

14.6.2　砂轮

砂轮是磨削的切削刀具,它是由磨料和结合剂焙烧而成的多孔体。砂轮的特性取决于磨料、粒度、结合剂、硬度、组织、形状尺寸及制造工艺。砂轮对磨削加工的精度、表面粗糙度和生产率有着重要影响。

与其他切削刀具相比较,砂轮有一种特殊性能——自锐性(又叫自砺性),即被磨钝了的磨料颗粒在切削力的作用下自行从砂轮上脱落或自行破碎,从而露出新的锐利刃口的性能。砂轮因为具有自锐性,在磨削过程中始终锐利,保证了磨削的生产效率和质量。

1. 磨料

磨料是制造砂轮的主要原料,直接担负着切削工作,是砂轮上的"刀头",因此,磨料必须锋利,并具有高的硬度及良好的耐热性能和一定的韧性。按照 GB 2476—83《磨料代号》的规定,磨料主要分为两大类:刚玉类和碳化物类,见表 14-3。

刚玉类磨料硬度稍低,韧性好(即磨料不易破碎),与结合剂结合能力较强,制成的砂轮易被磨钝且自锐性差,适于磨削各种钢料及高速钢;而碳化物类磨料用来磨削特硬材料以及高脆性或极高韧性的材料比较合适。

2. 粒度

指磨料颗粒的大小。磨料颗粒的粗细对加工工件的表面粗糙度和生产效率有重要影响。按照 GB 2744—83 的规定,磨料粒度按颗粒大小分为 41 个号:$4^\#$、$5^\#$、$6^\#$、$7^\#$、$8^\#$、…、$180^\#$、$220^\#$、$240^\#$、W63、W50、…、W1.0、W0.5。

$4^\#$ 至 $240^\#$ 磨料粒度用筛分法测定,粒度号数越大,表示磨粒尺寸越小;W63 至 W0.5 叫微粉,W 后的数字表示微粉颗粒尺寸最大值(μm),用显微测量法测定。

3. 结合剂

结合剂的作用是将磨料颗粒黏合在一起,形成具有一定形状的砂轮。砂轮的强度、抗冲击性、耐热性及抗腐蚀能力主要决定于结合剂的性能。常用的结合剂有陶瓷结合剂(V)、树脂结合剂(B)、橡胶结合剂(R)、菱苦土结合剂(Mg)四种。其中陶瓷结合剂具有很多优点,如耐热、耐水、耐油、耐普通酸碱等,故应用较多;其主要缺点是较脆,经不起冲击等。

表 14-3   **常用磨料及适用范围**

系列	磨料名称	代号	特 性	适 用 范 围
刚玉	棕刚玉	A	棕褐色,硬度高,韧性大,价廉	碳素钢、合金钢、可锻铸铁、硬青铜
	白刚玉	WA	白色,硬度比棕刚玉高,韧性比棕刚玉低	淬火钢、高速钢、高碳钢、薄壁零件
	单晶刚玉	SA	浅黄色或白色,硬度和韧性比白刚玉高	不锈钢、高钒钢、高速钢等强度高、韧性大的材料
	微晶刚玉	MA	棕褐色,强度高,硬度低,韧性大,自锐性好	不锈钢、轴承钢和特种球墨铸铁也可用于高速和低粗糙度磨削
	铬刚玉	PA	玫瑰红或紫红色,韧性比白刚玉好,硬度低	同白刚玉
	锆刚玉	ZA	黑褐色,硬度最低,但强度高	耐热合金钢、钛合金和奥氏体不锈钢
	镨钕刚玉	NA	淡白色,在刚玉中硬度最高,韧性高于白刚玉,自锐性好	球墨铸铁、高磷和铜锰铸铁以及不锈钢、超硬高速钢
碳化物	黑碳化硅	C	黑色,有光泽,在碳化物中硬度最低,性脆而锋利,导热性和导电性良好	铸铁、黄铜、铝、耐火材料及非金属材料
	绿碳化硅	GC	绿色,硬度和脆性比黑碳化硅高,导热性和导电性良好	硬质合金、宝石、陶瓷、玉石、玻璃
	立方碳化硅	SC	淡绿色,强度比黑碳化硅高,磨削能力较强	韧而黏的材料,如不锈钢等;轴承沟道或对轴承进行超精度加工
	碳化硼	BC	灰黑色,硬度比黑、绿碳化硅高,耐磨性好	研磨或抛光硬质合金、拉丝模、人造宝石、玉石和陶瓷等

4. 硬度

砂轮的硬度是指在外力作用下砂轮表面磨粒脱落的难易程度。磨粒不易脱落,表明砂轮的硬度高;反之,硬度就低。砂轮硬度对磨削性能影响很大,硬度太低,磨粒尚未变钝便脱落,使砂轮形状难于保持且损耗很快;硬度太高,磨粒钝化后不易脱落,砂轮的自锐性减弱,易产生大量的磨削热,造成工件烧伤或变形。在实际生产中,一般情况下是磨削硬材料时选用较软的砂轮,磨削软材料时选用较硬的砂轮。但在磨削有色金属和导热性差的工件时,为防止磨屑堵塞砂轮或烧伤工件,应选用较软的砂轮。在精磨和成型磨时,应选用较硬的砂轮。

国家标准将砂轮硬度分为超软、软、中软、中、中硬、超硬等七大级,每一大级又细分为几个小级,各有相应代号表示。

5. 组织

砂轮的组织是指磨粒、结合剂、气孔三者间的体积关系。砂轮的组织号以磨粒在砂轮中占有的体积百分数(即磨粒率)表示。砂轮组织疏松,则容屑空间大,空气及冷却润滑液容易进入磨削区,能改善切削条件。但组织疏松会使磨削粗糙度提高,砂轮外形也不易保持,所以必须根据具体情况选择相应的组织。砂轮的组织号及用途见表 14-4。

表 14-4   砂轮组织号及用途

类别	紧 密 的				中 等 的					疏 松 的					
组织号	0	1	2	3	4	5	6	7	8	9	10	11	12	13	14
磨粒率/%	62	60	58	56	54	52	50	48	46	44	42	40	38	36	34
用途	成形磨削和精密磨削,可以保持砂轮的成型性,获得较小的表面粗糙度				磨削淬火钢工件,刀具的刃磨等					磨削韧性大而硬度不高的工件					

6. 形状尺寸

砂轮的形状尺寸主要由磨床型号和工件形状决定。按照国家标准 GB 2484—84 的规定,国产砂轮分为平形系列、筒形系列、杯形系列、碟形系列以及专用系列等。图 14-53(a)所示为最常用的平形系列中通用平形砂轮(P),可磨内外圆、平面及刃磨刀具。

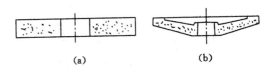

图 14-53 砂轮形状
(a)平形砂轮;(b)碟形三号砂轮

图 14-53(b)所示为碟形系列中的碟形三号砂轮(D_3),可装在双砂轮磨齿机上磨削齿轮。

7. 砂轮代号

砂轮代号按形状、尺寸、磨料、粒度、组织、结合剂、线速度的顺序排列,并印在砂轮端面上。例如:PSA400×50×127A60L5B35 即表示双面凹砂轮、外径×厚度×孔径=400 mm×50 mm×127 mm、棕刚玉、60# 粒度、硬度中软 2 级、组织号是 5、树脂结合剂、最高线速度 35 m/s。

14.6.3 磨床的加工范围及加工特点

使用磨具在磨床上进行的切削加工称为磨削。磨削加工的精度等级为 IT6~IT5,表面粗糙度 Ra 值为 0.8~0.1 μm,是机械零件精密加工的主要方法之一。磨削加工的方式一般分为外圆磨削、内圆磨削、平面磨削、无心磨削、螺纹磨削和齿轮磨削等。

14.6.3.1 外圆磨削

1. 工件的装夹

根据工件的尺寸大小不同,常用的装夹方式有两顶尖装夹、三爪卡盘或四爪卡盘装夹、组织装夹、心轴装夹几种。

(1)两顶尖装夹

工件支承于头架与尾架的前、后顶尖之间,头架主轴转动并通过鸡心夹头和拨盘带动工件作圆周进给运动。两顶尖装夹主要适用于工件两端均有中心孔的轴类零件磨削。

(2)三爪卡盘或四爪卡盘装夹

三爪卡盘适用于长径比小或无中心孔的短圆柱形工件;四爪卡盘适用于外形不规则或不对称工件的磨削。

(3) 组合装夹

工件长径比大、工件较重或只有一个中心孔时,可采用一端用卡盘另一端用后顶尖的方法装夹。

(4) 心轴装夹

采用各种心轴装夹,适用于以内孔定位的套类工件的外圆磨削。

2. 磨削方法

根据进给方式不同,外圆磨削常用的有纵向磨削法、横向(径向)磨削法和混合磨削法三种,以纵向磨削法应用最多。

(1) 纵向磨削法

如图 14-54(a)所示,磨削时工件旋转并与工作台一起作往复纵向进给。当一个纵向行程或往复行程终了时,砂轮横向进给一个规定的磨削深度。由于每个磨削深度很小,磨削余量要在多次往复行程中磨去。当工件接近最终尺寸时(余量为 0.005~0.01 mm)应重复几次无横向进给的纵向进给磨削。

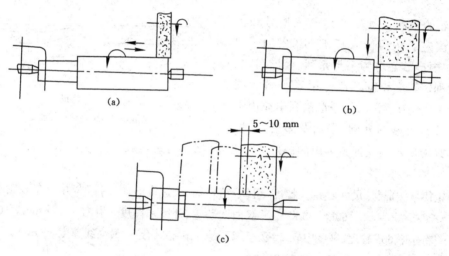

图 14-54　外圆磨削方法
(a)纵向磨削法;(b)横向磨削法;(c)混合磨削法

纵向磨削法适应性较广,用同一砂轮可加工各种轴类零件。由于磨削深度较小,切削力较小,磨削温度低,工件变形小,最后几次的光磨能够提高磨削精度,因此广泛应用于单件小批量生产及精密磨削中。

(2) 横向(径向)磨削法

如图 14-54(b)所示,又称切入磨削法。磨削时工件无纵向进给,砂轮旋转的同时以很慢的速度连续或断续地作径向进给,直至磨去全部余量。

采用横向磨削法,砂轮整个宽度都参加磨削,磨削效率高。因工件与砂轮无纵向相对移动,所以砂轮的外形误差将直接影响工件精度。此外,磨削时砂轮与工件接触面积较大,磨削力大,磨削温度高且集中,易使工件烧伤或退火,应供给充足冷却液。横向磨削法适用于磨削短的外圆表面、两侧均有台阶的轴及成型表面。

（3）混合磨削法

如图 14-54(c)所示。先用横向磨削法将工件分段粗磨，相邻两段有 5～10 mm 的重叠，每段留有 0.01～0.03 mm 的余量，最后纵向精磨至尺寸。混合磨削法综合了纵磨法和横磨法的优点，适用于磨削余量较大的工件。

14.6.3.2　内圆磨削

内圆磨削主要用于各类圆柱孔、圆锥孔及端面的磨削，如图 14-55 所示。

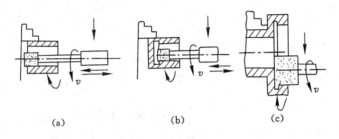

(a)　　　　　　　　(b)　　　　　　　　(c)

图 14-55　内圆磨削方法

(a)磨通孔；(b)磨不通孔；(c)磨孔内端面

内圆磨削与外圆磨削相比有以下特点：

① 在磨内孔时，受加工孔径的限制，砂轮直径较小，线速度低，不利于降低表面粗糙度和提高生产效率。

② 因砂轮直径小，内圆磨头一般只能采用悬臂式单支承，刚性差，容易产生振动、变形和磨损，切削用量不能过大，而且需要经常更换砂轮。

③ 砂轮与工件接触面积大，冷却和排屑困难，使切削力增大、切削温度升高。

内圆磨削比铰孔和拉孔适应性更大、精度更高。同一直径的砂轮可磨削一定尺寸范围内的孔；磨削可加工高硬度工件，铰孔和拉孔只适用于硬度适中的工件。

14.6.3.3　平面磨削

1. 工件的装夹

在平面磨床上磨削时，工件的装夹方法对加工精度影响很大。常用的装夹方法有以下两种：

（1）电磁吸盘工作台装夹

磨削中小型工件上的平面时，常采用电磁吸盘工作台吸住工件。电磁吸盘工作台有矩形和圆形两种，它是根据电磁效应原理，由工作台通电产生磁力将工件吸牢。

（2）精密虎钳或专用夹具装夹

磨削非磁性材料工件上的平面时，可将工件装夹在精度很高的精密虎钳或专用夹具上夹紧，然后将虎钳或专用夹具置于电磁吸盘工作台上吸牢，工件调整、安装好后即可进行磨削。

2. 磨削方法

按砂轮工作表面的不同，可分为以下两种方法，如图 14-56 所示。

（1）圆周磨削

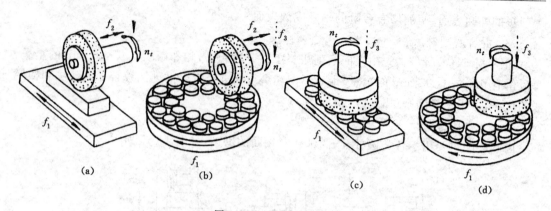

图 14-56　平面磨削方法

(a) 卧轴矩台圆周磨削；(b) 卧轴圆台圆周磨削；(c) 立轴矩台端面磨削；(d) 立轴圆台端面磨削

图 14-56(a)、(b)所示是用砂轮的圆周磨削平面。磨削时砂轮与工件接触面小，磨削温度低，工件不易变形，同时砂轮圆周磨损均匀，能获得较高的加工精度和表面质量。但圆周磨削生产效率低，一般适用于精磨。

(2) 端面磨削

图 14-56(c)、(d)所示是用砂轮的端面磨削平面。磨削时砂轮主要受轴向力，刚性好，可采用大的进给量。但砂轮与工件接触面积大，磨屑和脱落的磨粒不易排除，砂轮上各点的线速度不等，使砂轮磨损不均，散热条件差，易发生烧伤或使工件退火。端面磨削精度低，但磨削效率高。

14.6.3.4　磨削加工的特点

1. 工艺范围较广泛

在不同类型的磨床上，可分别完成内、外圆柱面，内、外圆锥面，平面，螺纹，花键，齿轮，蜗轮，蜗杆以及如叶片榫槽等特殊、复杂成型表面的加工。

2. 可进行各种材料的磨削

无论是黑色金属、有色金属，甚至非金属材料均可进行磨削加工。尤其是高硬度材料，磨削加工是经常采用的切削加工方法。

3. 可获得很高的加工精度和很低的表面粗糙度

磨削内、外圆的经济精度分别为 IT7～IT6 和 IT6 级，表面粗糙度 Ra 值分别为 0.8～0.2 μm 和 0.4～0.2 μm；磨削平面的经济精度为 IT7～IT6 级，表面粗糙度 Ra 值为 0.4～0.2 μm，所以对高精度零件，磨削加工几乎成为最终加工必不可少的手段。

4. 磨削范围逐渐扩大

磨削通常只适用于半精加工和精加工。但近年来，由于高速磨削和强力磨削逐渐得到推广，磨削已用于粗加工。

由于磨削具有以上一些显著的特点，再加上毛坯余量越来越小，磨削的应用也越来越广泛。但由于磨床属精密机床，其成本较高，价格昂贵，对维护保养的要求较高，尤其是高精度磨床，还要求置放于恒温车间，因此，它的使用受到限制。

14.7　数字程序控制机床及其加工简介

[知识要点]

1. 数控机床的定义及工作原理

2. 数控机床的分类

3. 数控机床编程步骤

[教学目标]

了解数控机床加工的工艺特点

[相关知识]

数字程序控制机床简称"数控机床"。它是综合应用计算机、自动控制、自动检测以及精密机械等高新技术的产物,是典型的机电一体化产品。主要适用于加工表面形状复杂、精度要求高、工件尺寸经常改变的单件和小批量生产。采用数控机床,可以节省大量模板及其他工艺装备,缩短生产周期,改善劳动条件,提高生产效率。但数控机床控制系统复杂,操作系统要求高,需要专人使用和维护。

14.7.1　数控机床的工作原理及组成

数控机床加工零件时,首先根据所需加工零件的形状特征和所要求的尺寸来编制零件的数控程序,这是数控机床的工作指令。通过使用 MDI 键盘、个人计算机、PC 卡和手持文件盒等 I/O 外部设备,将数控程序输入到数控装置,再由数控装置进行相应的运算和逻辑信号处理后,控制机床主运动的变速,启停,进给运动的方向、速度和位移大小,以及其他诸如刀具选择交换、工件夹紧松开和冷却润滑的启停等辅助动作,使刀具与工件及其他辅助装置严格地按照数控程序规定的顺序路程和参数进行精确的动作,从而加工出形状、尺寸与精度符合要求的零件。

1. 加工程序的编制

数控加工程序就是数控机床自动加工零件的工作指令。在对所需加工的零件进行分析的基础上,确定零件坐标系在机床坐标系上的相对位置关系,也就是待加工零件在机床上的安装位置;刀具对零件进行切削运动中的尺寸参数;零件加工的工艺路线或加工顺序;主轴的启动、停止、换向、定位、变速等数据;伺服电机进给运动的速度、位移大小、方向等工艺参数,以及相关的辅助装置的动作。对以上的加工条件进行运算,从而得到零件的所有运动、尺寸、工艺参数等加工信息,然后用标准的,由文字、数字和符号组成的数控代码,按规定的方法和格式编制零件加工的数控加工程序。

2. 输入装置

要将编好的数控加工程序输入到数控装置,可通过使用 MDI 键盘或个人计算机、PC 卡和手持文件盒等外部 I/O 设备,再由数控装置采用相应的方式输入到 NC 系统中。

3. 主控单元

主控单元是整个数控系统的核心部分,它接受输入装置(MDI)的信号、加工程序、NC 侧信号、机床侧信号,并进行编译、运算和逻辑信号处理后,控制主轴、伺服进给进行精确的、规定的、有序的动作,对零件进行加工。

4. 伺服驱动系统

伺服驱动系统由伺服驱动模块、伺服驱动电动机和位置检测装置组成,并与机床上的执行部件和机械传动部件组成数控机床的进给系统。它根据主控单元所发出的速度和位移指令控制机械执行部件的进给速度、方向和位移。每个作进给运动的执行部件都有一套伺服驱动系统。

5. 机械部件

数控机床的机械部件包括:主运动部件(主轴)、进给运动执行部件(工作台、拖板、丝杠)、支承部件(床身、立柱),对于加工中心类的数控机床还有刀库、机械手等机械部件。此外还有排屑链、液压站、冷却喷淋等辅助装置。

14.7.2 数控机床的分类

数控机床种类很多,功能各异,一般可按下列三种方法进行分类。

1. 按工艺用途分类

(1)普通数控机床

指在加工工艺过程中的一个工序上实现数字控制的自动化机床,如数控车床、数控铣床、数控磨床等。普通数控机床刀具的更换、工件的装夹仍需人工完成。

(2)加工中心

指带有刀库和自动换刀装置的数控机床。它可以在工件一次装夹后,将其大部分加工面进行车、铣、镗、钻、扩、铰和攻螺纹等多道工序的加工,可避免多次装夹造成的加工误差。一般分为立式、卧式和车削加工中心等。

2. 按运动方式分类

(1)点位控制系统

指数控系统只控制刀具或工作台,从一点准确地移动到另一点,而点与点之间的运动轨迹不需严格控制的系统。

(2)直线控制系统

指数控系统不仅控制刀具或工作台从一点准确地移动到另一点,而且保证点与点间的运动轨迹是一条直线的控制系统。

(3)轮廓控制系统

指数控系统能够对两个或两个以上的坐标同时严格连续控制的系统。

3. 按控制方式分类

根据数控系统有无检测和反馈装置,可分为开环系统和闭环系统数控机床两大类。

14.7.3 数控机床的工艺特点

① 数控机床可以提高零件的加工精度,稳定产品的质量,同时能实现单件、小批量生产的自动化,缩短生产周期,降低生产成本。

② 数控机床可以完成普通机床难以完成或无法完成的复杂曲面的加工,如螺旋桨、模具、样板等,因此在宇航、造船、磨具加工等方面应用广泛。

③ 自动换刀数控机床可以顺次地轮流使用多种刀具,使工件经过一次安装,就可以完成在几个表面上的多种工序加工,一台机床能起到一条自动生产线的作用。这对于加工形状复杂、加工表面较多、相互位置精度要求较高的大型零件是特别适宜的。

④ 某些数控机床还具有自动调节各种工艺参数的"自适应加工"能力。采用大型电子计算机控制,还可以实现数控机床"群控系统",有利于实现生产和管理的自动化。

⑤ 采用数控机床比普通机床可以提高生产效率 2～3 倍,尤其是对某些复杂表面的加工,生产效率可提高十几倍甚至几十倍。

14.7.4　数控机床加工简介

根据数控系统的不同,数控机床具有多种规格和性能。如目前常用的经济型微机数控车床 CJK6132 和简易微机数控车床 CJK6132A,前者可以加工内、外圆柱面,圆锥面,成形面,直螺纹和锥螺纹;后者除无法加工螺纹外,其余各种表面均可加工,并且由于不需加工螺纹,有关的装置和控制程序,如主轴脉冲编码器和螺纹车削程序段等都不需要了。

下面就以图 14-57 所示的经济型微机数控车床为例,简单介绍数控机床加工程序的编制。

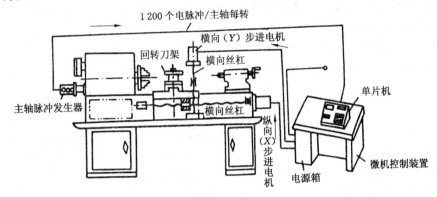

图 14-57　经济型微机数控车床结构图

手工编程是掌握数控机床加工程序编制的基础,对于非常简单的零件加工,手工编程是可行的。对于较复杂的零件,采用数控语言编程要比手工编程快 2～20 倍。对很复杂的零件,最好采用图像数控编程,而前两种编程方法难以编制甚至无法编制。

经济型微机数控机床常用数控语言编程,也可对简单的零件直接输入手工编制的加工程序段进行加工。

1. 手工编程步骤

① 制订工艺。首先对零件图进行工艺分析,确定零件加工路线、切削方式、切削用量,选择刀具和对刀点。

② 轨迹计算。根据零件图、加工工艺和数控装置,计算刀具中心轨迹。

③ 编写程序。按数控机床使用的指令代码,编写零件加工程序,填写在程序卡上,并输入计算机中。

2. 程序格式和指令(功能)代码

程序格式是指一个加工程序各部分的排列形式。一个完整的程序段应包括程序头、程序主体和程序结束三部分。程序头部分包括程序开始代码(如 O)和程序标记;程序主体由程序段组成,程序段由指令代码及数字组成具有加工意义的字符。下面分析一个具体程序:

O0001

N1　G01　X50Z9　F60　S60　M13　T12;

N2　　　　　Z110　F34　S58　M03　T22;

以上程序中各字符按顺序分别代表如下:

O——程序开始代码;

N——顺序号代码；

X、Y、Z——尺寸坐标代码；

F——进给指令代码；

S——主轴转速指令代码；

T——刀具指令代码；

M——辅助指令代码；

";"——程序段换行代码。

数控系统指令代码中，最基本的是 G、S、M、T 指令代码。

指令代码 G：准备功能。用来描述数控装置作某一操作的准备功能，如直线插补、圆弧插补等。它由代码 G 和两位数字组成，从 G00～G99 共 100 种，其功能含义由 JB 3208—83 标准中 G 代码标准规定。表 14-5 是 G 功能指令代码。

S 指令代码：主轴转速功能。由代码 S 和其后若干数字组成。

M 指令代码：辅助操作功能。主要有两类，一类是主轴的正、反转，停、开，冷却液的开、关等；另一类是程序控制指令，进行子程序调用、结束等。它由代码 M 和两位数字组成，从 M00～M99 共 100 项，其功能含义可查 JB 3208—83 标准中 M 的代码标准规定。表 14-6 是辅助功能指令代码。

T 功能代码：刀具功能。用来选择刀具和进行刀具补偿。选择刀具是在自动工作方式下对刀架上固定的刀具进行选择，换刀并固定；刀具补偿是对刀具磨损或对刀时的位置误差进行补偿。它由代码 T 和若干位数字组成。

3. 编程举例

如图 14-58 所示，在数控车床上加工阶梯轴，编制程序如下：

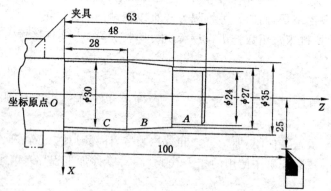

图 14-58 数控车削阶梯轴

O0001

N10	G00	X50.0	Z100.0	T0101;
N20	S400	M03;		
N30	G00	X24.0	Z64.0;	
N40	G01	X21.0	Z63.5;	F0.3
N50	G01	X24.0	Z62.0;	
N60	G01	X24.0	Z48.0;	

N70　　G01　　X27.0　　Z48.0；
N80　　G01　　X30.0　　Z28.0；
N90　　G01　　X30.0　　Z0；
N100　G01　　X38.0　　Z0；
N110　G00　　X50.0　　Z100.0；
N120　M02；

　　该程序仅供读者进一步认识数控机床的工作过程和数控加工编程过程,程序只指令了刀具的加工路线,没有考虑实际工况,故不能上机调试。另外,不同生产厂家生产的同类型机床,可能采用不同数控系统,其编程也不会完全相同。所以,阅读程序和编制程序时,一定要以随机说明书为准。

表 14-5　　　　　　　　　　　　　　　　　准备功能 G 代码

代　码	功能保持到被取消或被同样字母表示的程序指令所代替	功能仅在所出现的程序段内有作用	功　能	代　码	功能保持到被取消或被同样字母表示的程序指令所代替	功能仅在所出现的程序段内有作用	功　能
G00	a		点定位	G46	#(d)	#	刀具偏置＋/－
G01	a		直线插补	G47	#(d)	#	刀具偏置－/－
G02	a		顺时针方向圆弧插补	G48	#(d)	#	刀具偏置－/＋
G03	a		逆时针方向圆弧插补	G49	#(d)	#	刀具偏置 0/＋
G04		*	暂停	G50	#(d)	#	刀具偏置 0/－
G05	#	#	不指定	G51	#(d)	#	刀具偏置＋/0
G06	a		抛物线插补	G52	#(d)	#	刀具偏置－/0
G07	#	#	不指定	G53	f		直线偏移,注销
G08		*	加速	G54	f		直线偏移 X
G09		*	减速	G55	f		直线偏移 Y
G10～G16	#	#	不指定	G56	f		直线偏移 Z
G17	c		XY 平面选择	G57	f		直线偏移 XY
G18	c		ZX 平面选择	G58	f		直线偏移 XZ
G19	c		YZ 平面选择	G59	f		直线偏移 YZ
G20～G32	#	#	不指定	G60	h		准确定位 1(精)
G33	a		螺纹切削,等螺距	G61	h		准确定位 2(中)
G34	a		螺纹切削,增螺距	G62	h		准确定位(粗)
G35	a		螺纹切削,减螺距	G63		*	攻丝
G36～G39	#	#	永不指定	G64～G67	#	#	不指定
G40	d		刀具补偿/刀具偏	G68	#(d)	#	刀具偏置,内角置注销
G41	d		刀具补偿(左)	G69	#(d)	#	刀具偏置,外角
G42	d		刀具补偿(右)	G70～G79	#	#	不指定
G43	#(d)	#	刀具偏置(正)	G80	e		固定循环注销
G44	#(d)	#	刀具偏置(负)	G81～G89	e		固定循环
G45	#(d)	#	刀具偏置＋/＋	G90	j		绝对尺寸

代码	功能保持到被取消或被同样字母表示的程序指令所代替	功能仅在所出现的程序段内有作用	功能	代码	功能保持到被取消或被同样字母表示的程序指令所代替	功能仅在所出现的程序段内有作用	功能
G91	j		增量尺寸	G95	k		主轴每转进给
G92		*	预置寄存	G96	l		恒线速度
G93	k		时间倒数,进给率	G97	l		每分钟转数(主轴)
G94	k		每分钟进给	G98~G99	#	#	不指定

注:1. "#"号表示如选作特殊用途,必须在程序格式说明中说明。

2. 如在直线切削控制中没有刀具补偿,则 G43 到 G52 可指定作其他用途。

3. 在表中左栏括号中的字母(d)表示:可以被同栏中没有括号的字母"d"所注销或代替,亦可被有括号的字母(d)所注销或代替。

4. G45 到 G52 的功能可用于机床上任意两个预定的坐标。

5. 控制机上没有 G53 到 G59、G63 功能时,可以指定作其他用途。

表 14-6　　　　　　　　　　　**辅助功能 M 代码**

代码(1)	功能开始时间 与程序段指令运动同时开始 (2)	功能开始时间 在程序段指令运动完成后开始 (3)	功能保持到被注销或被适当程序指令代替 (4)	功能仅在所出现的程序段内有作用 (5)	功能(6)	代码(1)	功能开始时间 与程序段指令运动同时开始 (2)	功能开始时间 在程序段指令运动完成后开始 (3)	功能保持到被注销或被适当程序指令代替 (4)	功能仅在所出现的程序段内有作用 (5)	功能(6)
M00		*		*	程序停止	M32~M35	#	#	#	#	不指定
M01		*		*	计划停止	M36	*		*		进给范围1
M02		*		*	程序结束	M37	*		*		进给范围2
M03	*		*		主轴顺时针转动	M38	*		*		主轴速度范围1
M04	*		*		主轴逆时针转动	M39	*		*		主轴速度范围2
M05		*	*		主轴停止	M40~M45	#	#	#	#	如有需要作为齿轮换档,此外不指定
M06	#	#		*	换刀	M46~M45	#	#	#	#	不指定
M07	*		*		2 号冷却液开	M48		*	*		注销 M49
M08	*		*		1 号冷却液开	M49		*	*		进给率修正旁路
M09		*	*		冷却液关	M50	*		*		3 号冷却液开
M10	#	#	*		夹紧	M51	*		*		4 号冷却液开
M11	#	#	*		松开	M52~M54	#	#	#	#	不指定
M12	#	#	#	#	不指定	M55	*		*		刀具直线位移,位置1
M13	*		*		主轴顺时针方向,冷却液开	M56	*		*		刀具直线位移,位置2
M14	*		*		主轴逆时针方向,冷却液开	M57~M59	#	#	#	#	不指定
M15	*			*	正运动	M60		*		*	更换工件
M16	*			*	负运动	M61	*		*		工件直线位移,位置1
M17~M18	#	#	#	#	不指定	M62	*		*		工件直线位移,位置2
M19		*	*		主轴定向停止	M63~M70	#	#	#	#	不指定
M20~M29	#	#	#	#	永不指定	M71	*		*		工件角度位移,位置1
M30		*		*	纸带结束	M72	*		*		工件角度位移,位置2
M31	#	#		*	互锁旁路	M73~89	#	#	#	#	不指定
						M90~M99	#	#	#	#	永不指定

注:1. "#"号表示如选作特殊用途,必须在程序格式说明中说明。

2. M90~M99 可指定为特殊用途。

思 考 题

1. 普通车床主要由哪几个部分组成？各有何功用？

2. 在普通车床上可完成哪些工作？

3. 根据 CA6140 的传动系统图，写出主运动和纵向进给运动的传动路线表达式。

4. 试分析三爪卡盘的自定心工作原理。

5. 车端面时产生凹面、凸面的原因是什么？应如何提高端面的加工质量？

6. 在车床上加工锥体有哪些方法？哪几种方法适合机动进给？

7. 车削三角螺纹有几种方法？哪几种适合机动进给？

8. 钻床和镗床可完成哪些工作？

9. 比较钻、扩、铰加工的特点及其应用范围？

10. 常用的镗床有哪几类？其功用如何？

11. 刨床上可完成哪些工作？常用的刨床有哪些？

12. 牛头刨床的进给运动是如何实现的？其主运动有什么特点？

13. 试述插床的加工特点及应用范围？

14. 拉削加工有何特点？

15. 常用的铣床由哪几部分组成？在铣床上可以完成哪些工作？

16. 铣削有何特点？什么是逆铣和顺铣？各有什么特点？通常采用哪种铣削方式？为什么？

17. 使用 FW250 分度头，试对工件等分 57 和 60 份。

18. 磨削加工的特点是什么？

19. 外圆磨削方法有哪些？各有什么特点？

20. 平面磨削方法有哪些？各有什么特点？

21. 内圆磨削有什么特点？

22. 试述数控机床的工作原理。

第15章 精密加工与特种加工

　　传统加工是指切削加工和磨料加工,是行之有效的实用加工方法,是主要加工手段,今后仍将占主导地位。但随着难加工的新材料、复杂表面和有特殊要求的零件越来越多,传统加工工艺必然难以适应。精密、特种加工扩大了加工范围,提高了加工精度、表面质量和加工效率,具有很大潜力。精密、特种加工工艺是传统加工工艺的补充和发展,可在特定条件下取代一部分传统加工工艺,但不可能取代和排斥主流的传统加工工艺。相较于传统加工工艺,精密、特种加工具有以下特点:

　　① 提高了材料可加工性(不受材料硬度、强度、韧性、脆性影响,如硬质合金、淬火钢等不难加工);

　　② 改革了零件工艺路线(淬火由加工后改成加工前,工序由分散改成集中,有利于工件质量);

　　③ 缩短了新产品试制周期(直接加工复杂零件,节省了工装设计制造);

　　④ 优化了产品结构设计(如电火花加工和电解加工有圆角过渡,模具不必采用镶拼结构);

　　⑤ 改变了结构工艺性好坏的标准(可加工传统方法难加工的异形孔、微孔、弯孔、窄缝等)。

　　本章主要了解精密、特种加工的概念,了解各精密、特种加工工艺方法、原理及应用。

15.1　精密加工

[知识要点]

1. 精密加工的概念
2. 金刚石刀具切削加工、研磨、抛光的概念

[教学目标]

了解金刚石刀具切削加工、研磨、抛光的特点及应用

[相关知识]

随着科技的发展,对加工精度的要求也越来越高。一般说来,从毛坯上切除较多的余量,所得精度较低、表面粗糙度值较大的加工过程称为粗加工;从工件上切除余量较少,所得精度较高、表面粗糙度值较小的加工过程称为精加工;介于两者之间的加工过程称为半精加工。

所谓精密加工,是指在一定机械加工发展时期,加工精度和表面质量达到较高水平的加工工艺。在当前阶段,精密加工是指被加工零件的加工精度为 $1 \sim 0.1\ \mu m$,表面粗糙度 Ra 值为 $0.2 \sim 0.01\ \mu m$ 的加工技术。随着生产技术的不断发展,精密加工的划分界限也在不断向前推移,过去的精密加工对今天来说就是一般的加工方法。目前常用的精密加工方法有金刚石刀具切削加工、研磨、抛光等。另外,某些特种加工方法也能达到精密加工的技术要求。

15.1.1　金刚石刀具切削加工

金刚石刀具切削加工技术可以切除 $0.1\ \mu m$ 级的金属层,获得高精度、低表面粗糙度的加工表面。目前在高科技领域得到较多的应用。

1. 金刚石刀具切削的特点

金刚石材料的性质决定了其刀具的切削加工特点。

① 由于金刚石是由碳原子组成的,与铁原子有较大的亲合力,故不能用金刚石刀具切削黑色金属。

② 可以进行极薄切削而不变钝。这是因为金刚石的抗压强度大($8\ 870\ N/mm^2$),使其能在极薄切削下承受极大的切削压力,精确而又反复地传递进给运动,从而切出镜面。

③ 金刚石刀具弹性模量很大($9 \times 10^{11}\ N/m^2$),故切削刃不易变形和断裂,能够长期保持其锋利性。

④ 导热性好,适于高速切削,这对于镜面切削很有利。

⑤ 刀具不易产生热变形。金刚石的热膨胀系数小,热变形小,加工精度高。

⑥ 需进行冷却。金刚石不是碳的稳定状态,在 787 ℃开始石墨化,因而要对切削区进行强制风冷或酒精喷雾冷却,以使刀尖的工作温度降到 780 ℃以下。

2. 金刚石刀具切削加工的应用

(1) 加工大功率 CO_2 激光器反射镜

直径为 80 mm,曲率半径为 20 000 mm 的大功率 CO_2 激光反射镜,其形状误差要求在 $1\ \mu m$ 以内。为了使镜面反射率达到 99%以上,其表面粗糙度 Ra 值要求极小,必须使用金刚石刀具进行切削,才能达到其精度和粗糙度要求。用金刚石刀具切削铜制工件时,其表面

粗糙度 Ra 值可达 31.5×10^{-4} μm；加工金制工件时，其表面粗糙度 Ra 值为 34.5×10^{-4} μm。

（2）磁盘基片

磁盘是电子计算机的重要存储部件，要提高磁盘的存储密度，关键在于提高磁盘质量和减小磁头浮起量（IBM3370 的磁头上浮起高度为 0.33 μm）。因此，盘片的表面精度（包括表面粗糙度、径向直线度、旋转方向上的波度等）要求在磁头浮起量的 5% 以下，也就是盘片表面粗糙度应在 0.015 μm 以下。用金刚石刀具在超精密的磁盘车床上可以保证其精度要求。

（3）复印机硒鼓

用金刚石刀具切削加工复印机硒鼓，能达到镜面级表面质量，精度在 0.1 μm 以内。

金刚石刀具不仅用于制造高精度的镜面切削，也用于普通精度的低粗糙度零件加工，如用来加工煤气灶的阀门旋钮、钟表零件、活塞外圆和销孔、光学仪器的镜筒、微电机转轴等，还可用金刚石刀具代替硬质合金刀具在数控机床上作最后的精加工。

15.1.2 研磨

研磨可称为最古老的加工方法。人类从石器时代起就知道用一些天然磨料琢磨玉器、金属、宝石，制造工具、镜子等饰品。随着生产技术水平的提高，研磨加工技术日臻完善，目前已能达到亚微米级（$0.1\sim0.01$ μm）的加工精度和 Ra 值为 0.01 μm 的表面粗糙度。在现代技术飞速发展的今天，研磨仍然是重要的精密加工方法之一。

研磨是用研磨工具和研磨剂从工件上研刮去一层极薄表层的加工方法。

1. 研磨工具和研磨剂

（1）研磨工具

简称研具，其作用是使研磨剂暂时固着或获得一定的研磨运动，将其自身的几何形状按一定的方式传递到工件上。制造研具的材料对磨料要有适当的被嵌入性和自身几何形状精度尽可能长久的保持性。常用材料有灰铸铁、紫铜、黄铜、软钢等。

（2）研磨剂

研磨剂由很细的磨料和研磨液组成。磨料要具有高硬度、高耐磨性，磨粒要有适当的锐利性，并在加工中破碎以后仍能保持一定的锋刃；研磨液要有良好的混合性与悬浮性。常用研磨液有煤油、机油、动物油脂等，其作用是使磨料在研具表面均匀散布，承受一部分研磨压力以减少磨料破碎，兼有冷却、润滑作用。

2. 研磨的特点

① 研磨是由数目巨大的磨粒在低速、低压下进行的加工，故因加工变形产生的表面变质层较薄，可获得其他机械加工方法难以达到的、稳定的高精度表面。

② 研磨过的表面耐腐蚀性和耐磨性能较好。

③ 通过改变研磨工具的形状能够方便地加工出各种形状的表面，适合于多品种小批量生产。

④ 操作简单，一般不需要复杂昂贵的设备。

⑤ 对被加工材料的适应范围很广，从钢材、铸铁到多种有色金属及合金都可以用研磨方法进行加工，尤其是对玻璃、陶瓷、钻石等硬脆材料，研磨几乎是唯一的精加工手段。

3. 研磨的应用

研磨通常可分为干式研磨和湿式研磨两大类,其机理有很大的不同。

干式研磨在正式研磨工件前要对研具进行"嵌砂",即在一定压力下将磨粒嵌入研具表面一定深度。这一工作通常是在研修研具几何形状精度以后进行的。嵌砂后擦去多余的研磨剂,在干燥状态或者稍许有一点研磨液的状态下研磨工件。露出研具表面的那些磨粒锋刃就像无数把极细密的刀齿那样对工件表面进行微量切削,能够获得细致、有光泽的加工表面。如用干式研磨加工的作为长度基准传递工具的块规以及多种光泽镜面等。

湿式研磨不能对研具嵌砂。它是借助磨粒与研磨液混合组成的研磨剂来实现加工的。湿式研磨时也有类似于干式研磨的微切削机理,但多数磨粒是在工件和研具之间一边滚转一边对工件进行挤压和划刮,从而得到由无数压痕和刮痕形成的暗光泽的已加工表面。其金属去除率较高,可达到干式研磨的 5 倍以上,加工精度和表面粗糙度也可达到比较好的水平。但总的说来,在加工表面几何形状及尺寸精度方面不如干式研磨,通常用于粗研和半精研。

根据操作方法的不同,研磨可分为手工研磨和机器研磨;根据加工表面的形状特点,又可分为平面研磨、外圆研磨、内圆研磨、球面研磨、螺纹研磨、成型表面研磨等。

15.1.3　抛光

抛光是指对零件表面进行最终的光饰加工,其主要目的是去掉上道工序的加工痕迹,改善零件表面粗糙度。但抛光不能改善加工表面的尺寸或形状精度。常用的有如下几种抛光方法。

1. 柔性机械抛光

柔性机械抛光是一种简单易行的抛光方法。在轮式或带式抛光工具上涂敷磨料,并使其在一定的接触压力下对工件表面产生某种形式的相对运动,即可达到抛光加工的目的。可抛光平面,内、外圆柱面,球面,锥面等。抛光轮多用棉布重叠压紧而成。抛光速度一般为20~45 m/s,抛光接触压力视加工要求和抛光工具而有所不同。

这种抛光的加工机理被认为是下述三方面的综合:

① 磨料颗粒的微切削作用,切除原来较粗糙的加工痕迹,代之以更细的抛光痕迹;

② 高速机械摩擦,导致材料表面层热塑性流动,从而使原有的微观凹坑被填平;

③ 在一定压力和高温下,金属表面与抛光剂所含物质产生化学反应和清洁作用。

在上面的三种作用中,第一种作用通常是主要的。

2. 机械化学抛光

在各种机械加工方法中,总是加工工具的硬度比工件硬度高,加工能量通过力学方式传递,其中一部分难免要输入工件材料内部,或多或少地引起加工应力,这对于某些高精度零件来说是不允许的。为了克服机械加工方法的固有缺点,基于抛光过程中化学作用的启示,人为地选择比工件硬度低但易于与工件材料起化学反应的固体颗粒,按照研磨或抛光的方式使之与工件作接触滑动,在固体颗粒与工件接触界面上生成松软的反应物,随即在摩擦力的作用下被刮除,这种抛光方法称为机械化学抛光。抛光工具材料可用棉布、金属、石英玻璃等。由于使用比工件软的磨料颗粒,不用担心磨料的嵌入和刻划作用,即使磨料颗粒较大也能得到无划痕的光洁表面,而几乎没有加工变质层。目前多用于蓝宝石、水晶、石英、硅等材料的微细加工。采用的磨料颗粒是 SiO_2、MgO、$\alpha\text{-}Fe_2O_3$ 等。

15.2　特种加工

[知识要点]
电火花加工、电解加工、超声波加工、激光加工原理
[教学目标]
了解电火花加工、电解加工、超声波加工、激光加工的加工特点及应用范围
[相关知识]

相对于传统的加工方法而言,特种加工是指直接利用电能、光能、化学能和声能等来进行加工的方法。随着科学技术和现代化工业的发展,特种加工解决了对高硬度、高韧性、高脆性、耐高温等特殊性能材料的加工。对于那些精密细小,形状复杂和结构特殊的零部件,用特种加工方法可以满足某些特殊加工要求,达到更高的加工精度。

特种加工是近几十年才发展起来的新工艺,加工方法很多。当前在生产上应用较多的主要有电火花加工、电解加工、激光加工、超声波加工等,下面简要介绍各自的基本原理、工艺特点及其应用。

15.2.1　电火花加工

电火花加工是把工件和工具作为电极,利用电极间瞬时脉冲火花放电所产生的高温去除金属材料的加工方法。

1. 基本原理

电火花加工的基本原理如图 15-1 所示。加工时,将工件 1 安装在充满工作液(一般为煤油)的工作槽中,工作液则在泵 6 的作用下循环,工具电极安装在夹具里。控制垂直进给间隙自动调节器 3,可使工具电极和工件之间经常保持一个很小的放电间隙。当工件和工具电极分别与直流脉冲电源 2 的正、负极相接的时候,每个脉冲电压将使某一间隙最小处或绝缘强度最低处的工作液被击穿而产生火花放电,击穿的过程是形成放电通道的过程。工具电极和工件微观表面是凹凸不平的,相互间离得最近的凸点处电场强度最大,此处的工作液绝缘性能往往较低而最先被击穿。由于通道截面积很小,电流密度很大,约为 $10^5 \sim 10^6$ A/cm^2,通

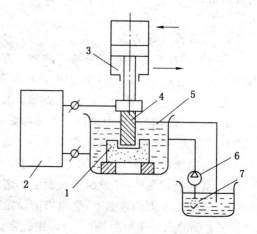

图 15-1　电火花加工原理图
1——工件电极;2——脉冲电源;3——间隙自动调节器;
4——工具电极;5——液体介质;6——液泵;
7——过滤器

道中心温度高达 10 000 ℃以上,通道的瞬时压力达几百个大气压,高温使两极放电点局部熔化或气化,通道中的介质气化或热裂分解,产生很大的热爆炸力,将熔化的金属溅出并抛离工件表面,被流动的工作液带走,这就是放电腐蚀。被抛离的金属屑被工作液带走后,两极间间隙增大,放电现象暂停,单个脉冲完成一次放电。自动进给系统使电极进到两极间隙达到放电距离时,下一个脉冲到来,再次发生脉冲放电。如此反复循环,不断进行放电腐蚀,就能在工件上加工出和工具电极形状相吻合的型面、型腔来。

2. 加工特点

① 对工件材料的适应面广,可以加工任何硬、脆、韧、软和高强度、高熔点的导电材料,在一定条件下也可以加工半导体材料。

② 电火花加工无切削力,装夹方便,可以加工刚度差、截面小而复杂的型孔、窄槽、曲线孔以及薄壁件等。

③ 脉冲参数可任意调节,在同一台机床上可连续进行粗加工、精加工。精加工精度可达 ± 0.01 mm,表面粗糙度 Ra 值达 $1.25 \sim 0.8\ \mu$m;微精加工时精度为 $0.004 \sim 0.002$ mm,表面粗糙度 Ra 值达 $0.16 \sim 0.05\ \mu$m。

④ 易于实现自动化。

3. 应用范围

① 可加工各种截面的型孔、曲线孔、微孔,如拉丝模、喷嘴、落料模、喷丝孔等。

② 可加工各种型腔,如各种锻模、压铸模及塑料模的型腔。

③ 能进行线电极切割,即利用移动着的金属丝(铜丝、钨钼丝)代替工具电极切割出窄槽、窄缝或切断。

④ 能直接利用火花放电能量进行电火花表面强化,使工件表面形成工具电极材料的熔碳层,提高工件表面的耐磨性、耐蚀性和耐热性等。

此外,电火花加工还可以用于磨削平面,内、外圆及成形镗磨和铲磨等,在生产上主要用于单件小批量生产。

15.2.2　电解加工

电解加工是利用金属在电解液中发生阳极溶解的电化学反应原理,对金属材料进行成型加工的工艺方法。

1. 电解加工的基本原理

电解加工的基本原理如图 15-2 所示。加工时,工件连接于直流电源的正极,称为阳极;工具连接于直流电源的负极,称为阴极。两极之间的电压一般为 $6 \sim 24$ V,而电流较大,约为 $500 \sim 20\ 000$ A。工具阴极缓慢均匀地向工件连续靠近,使两极间始终保持 $0.1 \sim 1$ mm的狭小间隙。具有一定压力的电解液以较高的速度($5 \sim 60$ m/s)从两极之间的间隙中流过,阳极工件表面的金属逐渐按阴极表面形状溶解,电解产物被高速电解液带走,工件表面与工具阴极型面渐趋吻合,于是就形成了与工具电极型面基本相似的工件。

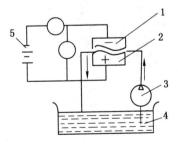
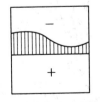

图 15-2　电解加工原理图

1——工具阴极;2——工件阳极;3——泵;4——电解液;5——直流电源

2. 加工特点

① 使用简单的直线进给运动,可一次加工出复杂的型腔、型面和型孔,如锻模、叶片、炮筒来复线等。

② 可加工各种金属材料,与被加工材料的强度、硬度、韧性无关,常用来加工高温合金、钛金属、淬火钢、不锈钢及硬质合金等难切削材料。

③ 加工中不产生变形和应力,适用于加工易变形件或薄壁件,加工后零件表面无残余应力,无刀痕毛刺,加工面粗糙度 Ra 值可达 $0.8\sim0.2\ \mu m$,但加工精度低于电火花加工。

④ 从理论上讲,加工中工具阴极没有损耗。但实际上由于电火花、短路等偶然因素会使阴极有所损耗。一般情况下,一个工具阴极可加工出数百个到上千个工件。

⑤ 所需设备复杂,电解液对机床有腐蚀作用,要采取防蚀措施;设备费用高。

3. 应用范围

从电解加工的适用性来说,在满足零件的加工精度和表面质量的前提下,一般还应符合以下几个原则:

① 传统机械切削方法很难加工,甚至无法加工的高强度、高硬度、高韧性、高脆性等特殊材料的工件;

② 形状复杂、机械切削方法很难成型的零件;

③ 有一定的批量,否则用电解加工是不经济的。

电解加工在生产中主要用来加工各种膛线、型孔、型腔、复杂型面、刻印和去毛刺等。

15.2.3 超声波加工

超声波加工是利用工具做超声频振动,工件与工具之间的磨料悬浮介质冲击和抛磨加工表面,使工件成型的一种加工方法。

1. 基本原理

超声波加工的基本原理如图 15-3 所示。加工时,在工具和工件之间加有液体和磨料混

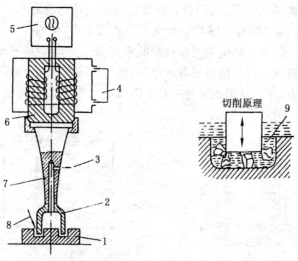

图 15-3　超声波加工原理图

1——工件;2——工具;3——磨料悬浮液抽出孔;4——冷却器;5——高频发生器;

6——超声波换能器;7——变幅杆;8——磨料悬浮液送入口;9——悬浮磨料

合的悬浮液。超声波发生器将频率为 50 Hz 的交流电转变为超声频振荡,并输入给超声波换能器。换能器是用具有磁性伸缩效应的镍或镍铝合金制成。这种材料在磁场作用下微量收缩,去除磁场又恢复原状,因此,它可以将超声频振荡转换为工具的轴端高频机械振动,振幅为 0.005～0.01 mm。由于该振幅太小,还不能用于加工,于是再通过变幅杆将振幅放大到 0.01～0.1 mm,再传给工具。当工具获得高能量、高频率的机械振动并作用于工具和工件之间的磨料时,磨料就以很高的速度不断冲击被加工工件的表面,使工件局部材料发生变形。当超过其强度极限时,材料表面局部破碎成粉末被去除下来。由于悬浮液的扰动,促使磨料以很大的速度抛磨工件的被加工表面。此外,悬浮液受工具端部的超声振动作用产生液压冲击和空化作用,使液体渗入被加工材料的缝隙处,加强了机械破坏作用。由于空化作用,在工件表面形成的液体空腔闭合时也引起极强的液压冲击作用,使工件表面被破坏而蚀除。磨料悬浮液循环流动,磨料不断更新,带走被粉碎下来的材料微粒,工具逐渐深入到材料中,工具形状便复现到工件上。

2. 加工特点及应用范围

① 在加工过程中,工具对工件材料的宏观作用力小,热影响小,对于加工某些不能承受较大机械应力的薄壁、窄缝、薄片零件比较有利。

② 材料的去除是靠极小的磨料蚀除,因而加工精度高,一般可达 $\pm 0.02～0.05$ mm,表面粗糙度 Ra 值可达 1～0.1 μm,但生产效率较低。

③ 能加工各种硬度高、脆性大的非金属材料,如玻璃、石英、陶瓷及各种半导体材料,也能加工导电的硬脆金属材料,如淬火钢、硬质合金等。

④ 工件上被加工出来的形状与工具形状一致,只要将工具做成一定的形状和尺寸,就可以加工出各种复杂的型孔、型腔、成型表面。

⑤ 可以用于表面修饰加工,如雕刻花纹和图案。

15.2.4 激光加工

激光加工是利用高能量密度、高聚集温度的激光对工件进行的加工。

1. 激光加工的基本原理

激光是一种亮度高、方向性好、单色性好的相干光。由于激光的发散角小,可将激光束聚集成一个极小的光点,焦点处的能量密度可高达 $10^7～10^{11}$ W/cm^2,温度可达到 10 000 ℃左右。在此高温下,任何高硬度、高强度的材料都将在千分之几秒甚至更短的时间内急剧熔化和蒸发,并产生强烈冲击波将熔化的物质喷射出去。固体激光加工器的工作原理如图 15-4 所示。

2. 加工特点及应用

① 加工范围广。几乎所有的金属、非金属材料都可以进行激光打孔,可加工直径 0.1～1 mm、深径比为 50～100 的微细圆孔,对柴油机喷嘴、化纤喷丝头、金刚石拉丝模、钟表宝石轴承等微细孔都可加工。

利用激光可以对许多种材料进行高效率的切割加工。切割金属材料的厚度可达 10 mm,对非金属材料可达几个毫米;切缝宽度一般为 0.1～0.5 mm,切割速度一般超过机械切割。

② 加工效率高。打一个孔只需 0.001 s。

③ 非接触加工,不使用刀具,无机械加工变形,热变形也很小,加工质量高。

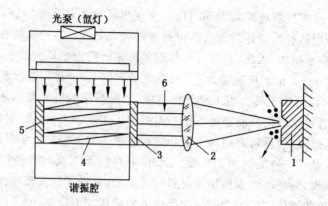

图 15-4　激光加工原理图

1——工件；2——透镜；3——部分反射镜；4——Z形管；5——全反射镜；6——输出光

思 考 题

1. 什么是精密加工？如何理解它的时效性？
2. 金刚石刀具为什么不能用于切削黑色金属？
3. 研磨有几种方法？对工件的加工方式有何不同？
4. 抛光有几种方法？其加工方式有何不同？
5. 什么是特种加工？常用的加工方法有哪几种？
6. 电火花加工的基本原理是什么？如何应用？
7. 电解加工的基本原理是什么？如何应用？
8. 超声波加工的基本原理是什么？试说明其应用范围。
9. 激光加工的基本原理是什么？试说明其加工特点。

第16章 机械加工工艺过程基本知识

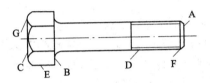

表 1-1 螺钉机械加工工艺过程

工序	安装	工 步	走刀	工位
Ⅰ车	1 (三爪卡盘)	(1) 车端面 A	1	1
		(2) 车外圆 E	1	
		(3) 车螺纹外径 D	3	
		(4) 车端面 B	1	
		(5) 倒角 F	1	
		(6) 车螺纹	6	
		(7) 切断	1	
Ⅱ车	1 (三爪卡盘)	(1) 车端面 C	1	1
		(2) 倒棱 G	1	
Ⅲ铣	1(旋转夹具)	(1) 铣六方(复合工步)	3	3

　　机械加工工艺过程即是工件或者零件制造加工的步骤,采用机械加工的方法,直接改变毛坯的形状、尺寸和表面质量等,使其成为零件的过程。比如一个普通零件的加工工艺过程是粗加工—精加工—装配—检验—包装。

　　机械加工工艺就是在加工流程的基础上,改变生产对象的形状、尺寸、相对位置和性质等,使其成为成品或半成品,是每个步骤,每个流程的详细说明,比如,粗加工可能包括毛坯制造,打磨等,精加工可能分为车,钳工,铣床等,每个步骤都有详细的数据,比如粗糙度要达到多少,公差要达到多少。

　　技术人员根据产品数量、设备条件和工人素质等情况,确定采用的工艺过程,并将有关内容写成工艺文件,这种文件就是工艺规程。这个就比较有针对性了。每个厂都可能不太一样,因为实际情况都不一样。

　　总的来说,工艺过程是纲领,加工工艺是每个步骤的详细参数,工艺规程是某个厂根据实际情况编写的特定的加工工艺。

　　本章主要学习机械加工工艺过程的基本概念,熟悉加工工艺、工艺规程等,学习制定某个特定零件的加工工艺路线,编写工艺卡片。

16.1　基本概念

16.1.1　生产过程和工艺过程

1. 生产过程

生产过程就是将原材料转化为最终产品的一系列相互关联的劳动过程的总和。例如，制造一台机器，它的生产过程应该包括生产准备、原材料准备、毛坯制造、零件的机械加工及热处理、机器装配、质量检验以及其他与之相关的内容。

2. 工艺过程

工艺过程就是生产过程中直接改变原材料或毛坯的形状、尺寸和性能，使其变为成品的过程。例如铸造、锻造、焊接、热处理、机械加工和装配等，都属于工艺过程。工艺过程是生产过程中的主要过程，其余则是生产过程中的辅助过程。

工艺过程包括若干道工序和安装。工序是指在一个工作地点（指安置机床、钳工台等地点）上，对同一个或同时对几个工件连续完成的那部分工艺过程。工序是工艺过程划分的基本单元，也是生产管理和经济核算的基本依据。

例如，图 16-1 所示阶梯轴，其工艺过程可分为以下四道工序：

工序 1：车端面，钻中心孔（车床）；

工序 2：车全部外圆，切槽，倒角（车床）；

工序 3：铣键槽，去毛刺（铣床）；

工序 4：磨两端外圆（磨床）。

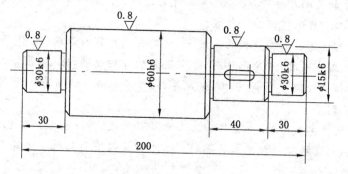

图 16-1　阶梯轴

在工序 1 中，车端面和钻中心孔是在不更换机床的条件下连续进行的，算一道工序。如果将每一件毛坯连续地先车两个端面，直至这批工件的两个端面全部车完，然后再逐件连续钻中心孔，这样即使工作地点没变，但对每个工件来讲，车端面和钻中心孔不是连续进行的，工序 1 就应分成两道工序。如果车端面、钻中心孔、车外圆、切槽和倒角都是在一台机床上连续完成的,工序 1 和工序 2 则应合并为一道工序。

在同一道工序中,工件可能要经过几次安装。工件在机床上一次装夹所完成的那部分工序称为安装。如在工序 1 中,工件进行了两次安装。第一次安装为车一端端面和钻中心孔,第二次安装为车另一端端面和钻中心孔。

加工工件时,要使其在机床或夹具中占有正确的位置,它所依据的点、线、面就是基准。基准分为很多种,加工工件时所用的基准叫定位基准。根据定位基准表面的状况,又可分为粗基准和精基准。一般情况下,粗基准只能使用一次。

16.1.2　生产类型及其工艺特征

零件的工艺过程和生产类型有着密切的联系。在机械制造业中,根据产品的尺寸大小及生产量,一般分为三种生产类型,即单件生产、成批生产和大量生产。

单件生产指产品品种多而且重复少,同一零件的生产量很少。例如,新产品试制以及机修车间的零件制造等都是单件生产。

成批生产指成批地制造相同产品,生产呈周期性重复。例如机床制造和机车制造都是成批生产。根据一次投入生产的工件数量(批量)的多少,成批生产又可分为小批生产、中批生产和大批生产三种情况。

大量生产指连续地大量生产同一种产品,且每一工作地点固定地完成某种零件的某一工序的加工。例如汽车、轴承、自行车等的制造都是大量生产。各种生产类型的工艺特征见表 16-1。

表 16-1　　　　　　　　　　　生产类型的工艺特征

工艺特点	生 产 类 型		
	单件生产	成批生产	大量生产
机床	通用机床	通用或部分专用机床	专用机床和自动化机床
工艺装备	通用夹具、一般刀具和量具	专用夹具、部分专用刀具和量具	专用夹具、刀具和专用量具
毛坯	木模铸造或自由锻造	金属模铸造或模锻	金属模机器造型等高效毛坯制造方法
零件互换性	差	较好	好
对工人的技术要求	高	中	低
工艺文件	编写简单的工艺过程卡	编写详细的工艺过程卡、部分重要工序的工序卡	详细编写工艺规程和各种工艺文件
生产效率	低	中	高
生产成本	高	中	低

16.2　零件的结构工艺性

[知识要点]
零件结构工艺性的概念及包含内容

[教学目标]

了解典型零件的结构工艺性

[相关知识]

零件的结构工艺性是指设计的零件在保证使用要求的前提下,能否被经济、方便地制造出来,是否采用了高效率的制造方法和充分发挥了设备的能力。

零件的结构工艺性涉及零件的结构尺寸、尺寸标注、技术要求、材质等多方面内容。按所用加工方法的不同可分为切削加工结构工艺性、铸造结构工艺性、焊接结构工艺性等。本节主要讨论零件切削加工的结构工艺性。

16.2.1　零件切削加工的结构工艺性原则

对使用普通切削方法加工的零件,选择其结构工艺性的一般原则为:

① 尽量采用标准化参数。在确定零件结构尺寸时,要依据有关标准,尽量采用标准化参数,这样有利于刀具和量具的标准化,以减少专用刀具和量具的设计与制造。

② 尽量减少零件的加工表面和降低对加工表面的质量要求。

③ 零件的结构应能使定位准确、夹紧可靠、方便加工、易于测量等,以减少专用设备、工装的使用,缩短生产周期,降低生产成本。

④ 生产批量大的零件,其结构应与高效机床、先进加工方法相适应。

16.2.2　典型零件的结构工艺性

典型零件的结构工艺性见表 16-2。

表 16-2　　　　　　　　　　切削加工零件的结构工艺性

原则	不合理的结构	合理的结构	说　明
便于装夹	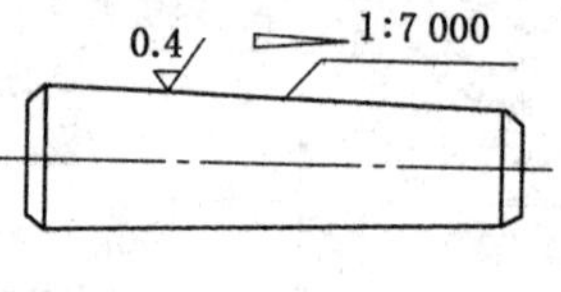	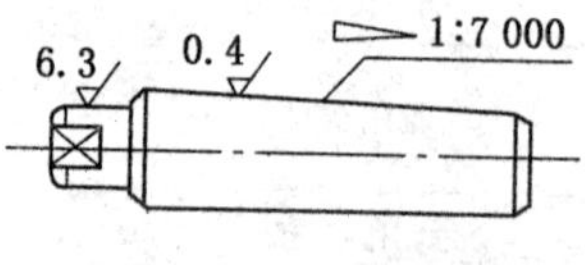	零件为锥度心轴。左端增加安装鸡心夹头的圆柱面
减少装夹次数	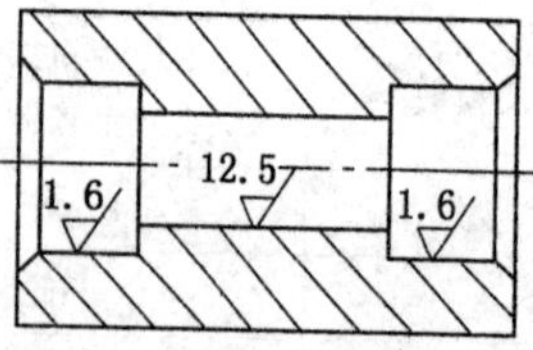	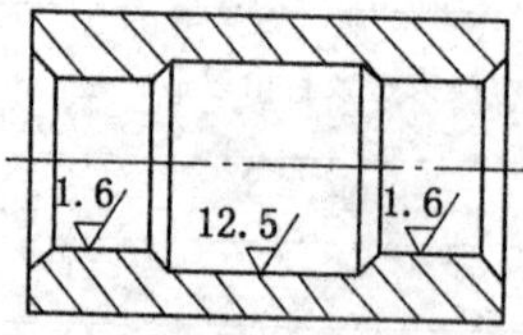	套筒两端的孔在一次安置中加工,易于保证同轴度
减少刀具种类	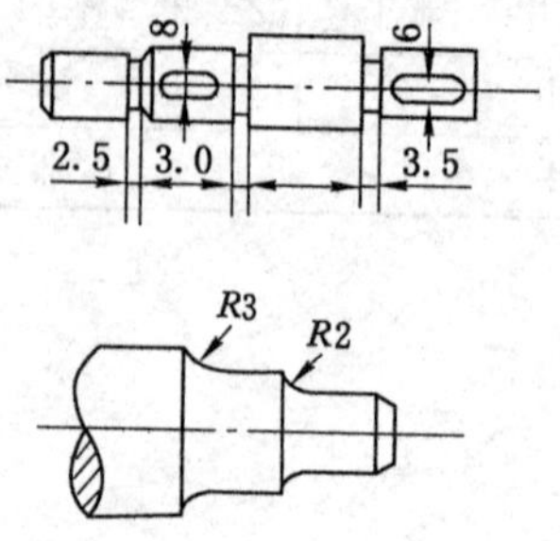	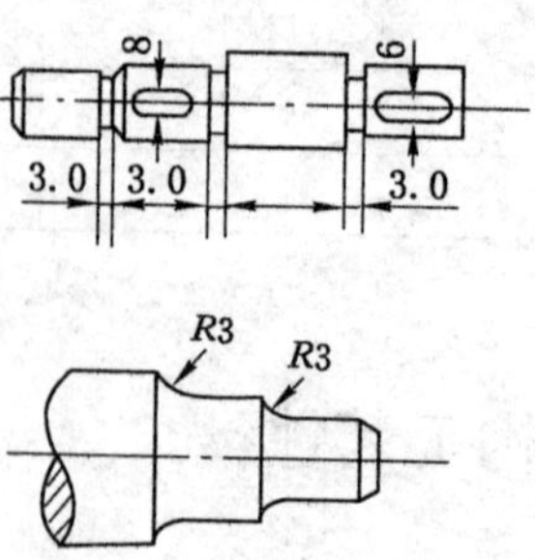	轴上退刀槽。轴肩圆角半径及键槽宽度,在结构允许的条件下,应尽可能一致或减少种类

原则	不合理的结构	合理的结构	说　明
减少机床调整	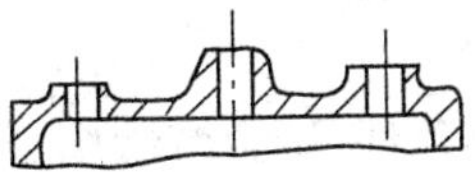	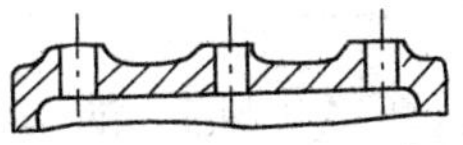	零件外端面凸台,应尽可能布置在同一平面上,以便一次加工完成
便于加工	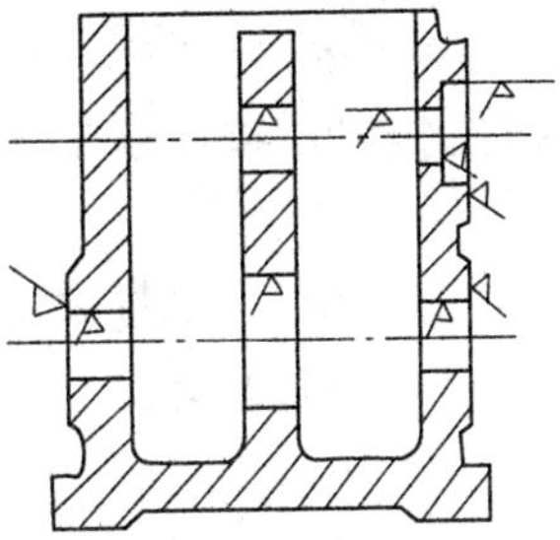	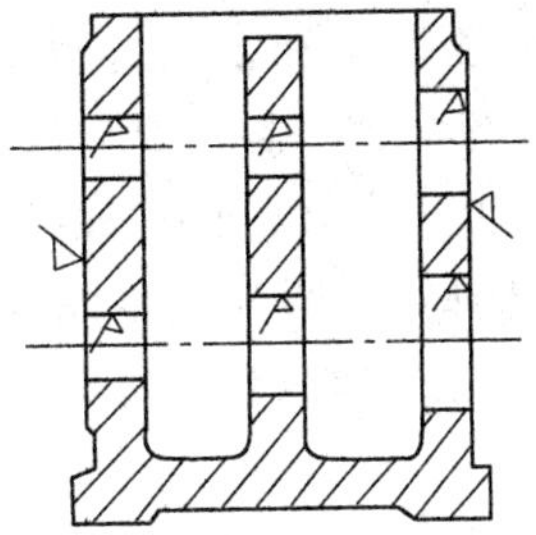	箱体同轴孔系应尽可能设计成无台阶的通孔。孔径向一个方向递减,或者从两边向中间递减。以便镗杆通过,并使镗刀头安装方便
便于进刀和退刀	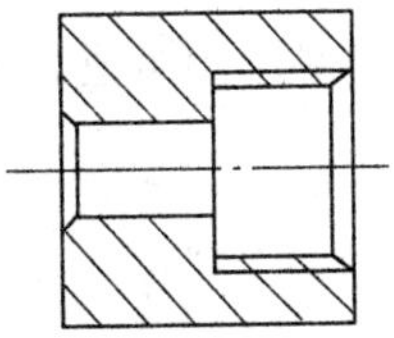	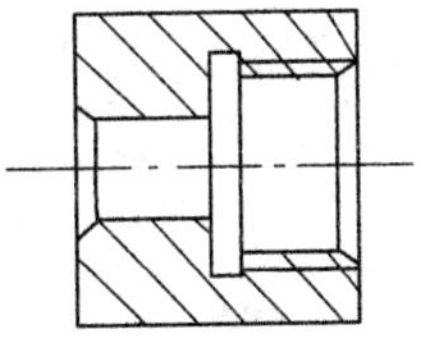	内、外螺纹的根部应有退刀槽,或留有足够的退刀长度
减少加工表面	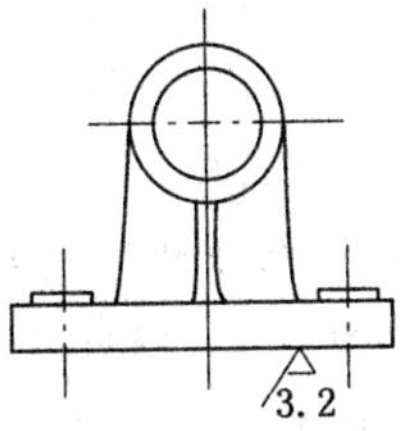	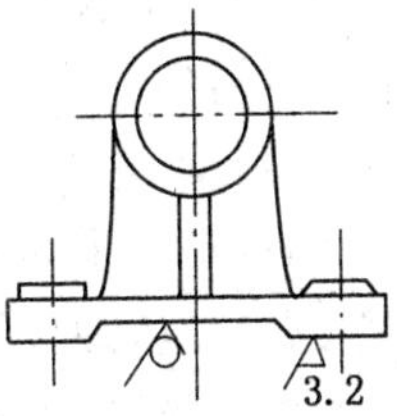	支架底面挖空后,既可减少加工面积,又有利于和机座平面的配合

16.3　机械加工工艺过程

[知识要点]
1. 零件工艺分析的内容
2. 加工余量的概念
3. 切削加工工序的安排原则

[教学目标]
1. 了解加工余量的确定方法
2. 了解工艺路线拟定的步骤

[相关知识]
　　为了保证产品质量,提高生产效率和经济效益,应根据具体生产条件拟定较合理的工艺过程。它是生产准备、生产计划、生产组织、实际加工及技术检验等的重要依据,是进行生产

活动的基础资料。

根据生产过程中工艺性质的不同,又可以分为毛坯制造、机械加工、热处理及装配等不同的工艺过程。本节仅介绍拟定机械加工工艺过程的一些基本问题。

10.3.1　零件的工艺分析

首先要熟悉整个产品(如整台机器)的用途、性能和工作条件,结合装配图了解零件在产品中的位置、作用、装配关系以及其精度等技术要求对产品质量和使用性能的影响,然后从加工的角度对零件进行工艺分析。主要内容如下:

① 检查零件的图纸是否完整和正确。例如视图是否足够、正确,所标注的尺寸、公差、粗糙度和技术要求等是否齐全、合理,并要分析零件主要表面的精度、表面质量和技术要求等在现有的生产条件下能否达到,以便采取适当的措施。

② 审查零件材料的选择是否恰当。零件材料的选择应立足于国内,尽量采用我国资源丰富的材料,不要轻易地选用贵重材料。另外还要分析所选的材料会不会使工艺变得困难和复杂。

③ 审查零件结构的工艺性。即零件的结构是否符合工艺性一般原则的要求,现有生产条件能否经济地、高效地、合格地加工出来。

如果发现有问题,应与有关设计人员共同研究,按规定程序对原图纸进行必要的修改与补充。

16.3.2　加工余量的确定

1. 加工余量的概念

为了加工出合格的零件,必须从毛坯上切去的那层材料,称为加工余量。加工余量分为工序余量和总余量。某工序中所需切除的那层材料,称为该工序的工序余量。从毛坯到成品总共需要切除的余量,称为总余量,它等于相应表面各工序余量之和。

在工件上留加工余量的目的,是为了切除上一道工序所留下来的加工误差和表面缺陷,例如铸件表面的硬质层、气孔、夹砂层,锻件及热处理件表面的氧化皮、脱炭层、表面裂纹,切削加工后的内应力层和表面粗糙度等,以保证获得所需要的精度和表面质量。

2. 工序余量的确定

毛坯上所留的加工余量不应过大或过小。过大,则费料、费工、增加工具的消耗,有时还不能保留工件最耐磨的表面层;过小,则不能保证切去工件表面的缺陷层,不能纠正上一道工序的加工误差,有时还会使刀具在不利的条件下切削,加剧刀具的磨损。

决定工序余量的大小时,应考虑在保证加工质量的前提下使余量尽可能地减小。由于各工序的加工要求和条件不同,余量的大小也不一样。一般说来,越是精加工,工序余量越小。

目前,确定加工余量的方法有如下几种:

① 估计法。由工人和技术人员根据经验和本厂具体条件,估计确定各工序余量的大小。为了不出废品,往往估计的余量偏大,仅适用于单件小批生产。

② 查表法。即根据各种工艺手册中的有关表格,结合具体的加工要求和条件,确定各工序的加工余量。由于手册中的数据是大量生产实践和试验研究的总结积累,所以对一般的加工都能适用。

③ 计算法。对于重要零件或大批、大量生产的零件,为了更精确地确定各工序的余量,

则要分析影响余量的因素,列出公式,计算出工序余量的大小。

16.3.3　工艺路线的拟定

拟定工艺路线,就是把加工工件所需的各个工序按顺序合理地排列出来,它主要包括:

1.　确定加工方案

即根据零件每个加工表面(特别是主要表面)的技术要求,选择较合理的加工方案(或方法)。常见典型表面的加工方案(或方法),可参照第五章有关内容来确定。

在确定加工方案(或方法)时,除了表面的技术要求外,还要考虑零件的生产类型、材料性能以及本单位现有的加工条件等。

2.　安排加工顺序

即较合理地安排切削加工工序、热处理工序、检验工序和其他辅助工序的先后次序。次序不同,将会得到不同的技术经济效果,甚至连加工质量也难以保证。

(1) 切削加工工序的安排

切削加工工序应遵循如下几项原则:

① 基准面先加工。精基准面应在一开始就加工,因为后续工序加工其他表面时,要用它定位。

② 主要表面先加工。主要表面一般是指零件上的工作表面、装配基面等,它们的技术要求较高,加工工作量较大,应先安排加工。其他次要表面如非工作面、键槽、螺钉孔、螺纹孔等,一般可穿插在主要表面加工工序之间,或稍后进行加工,但应安排在主要表面最后精加工或精整加工之前。

③ 粗、精加工要分开。为了保证零件的加工质量,提高生产效率和经济效益,整个加工过程应分阶段进行。一般分为粗加工、半精加工和精加工三个阶段。粗加工的目的是切除各加工表面上大部分加工余量。半精加工的目的是为各主要表面的精加工作好准备(达到一定的精度要求并留有加工余量),并完成一些次要表面的加工。精加工的目的是获得符合精度和表面粗糙度要求的表面。

粗加工时,背吃刀量和进给量大,切削力大,产生的切削热多。由于工件受力变形、受热变形以及内应力重新分布等,将破坏已加工表面的精度,因此,只有在粗加工之后再进行精加工,才能保证质量要求。

先进行粗加工,可以及时发现毛坯的缺陷(如砂眼、裂纹等),避免因对不合格的毛坯继续加工而造成的浪费。

(2) 划线工序的安排

形状较复杂的铸件、锻件和焊接件等,在单件小批生产中,为了给安装和加工提供依据,一般在切削加工之前要安排划线工序。有时为了加工的需要,在切削加工工序之间,可能还要进行第二次或多次划线。但是在大批、大量生产中,由于采用专用夹具等,可免去划线工序。

(3) 热处理工序的安排

根据热处理工序的性质和作用不同,一般可以分为:

① 预备热处理。是指为改善金属的组织和切削加工性而进行的热处理,如退火、正火等,一般安排在切削加工之前。调质也可以作为预备热处理,但若是以提高材料的力学性能为主要目的,则应放在粗加工之后、精加工之前进行。

② 时效处理。在毛坯制造和切削加工的过程中,都会有内应力残留在工件内。为了消除它对加工精度的影响,需要进行时效处理。对于大而结构复杂的铸件,或者精度要求很高的非铸件类工件,需在粗加工前、后各安排一次人工时效。对于一般铸件,只需在粗加工前或后进行一次人工时效。对于要求不高的零件,为了减少工件的往返搬运,有时仅在毛坯铸造以后安排一次时效处理。

③ 最终热处理。是指为提高零件表层硬度和强度而进行的热处理,如淬火、氮化等,一般安排在工艺过程的后期。淬火一般安排在切削加工之后、磨削之前,氮化则安排在粗磨和精磨之间。应注意,在氮化之前要进行调质处理。

（4）检验工序的安排

为了保证产品的质量,除了加工过程中操作者的自检外,在下列情况下还应安排检验工序:

① 粗加工阶段之后;

② 关键工序前、后;

③ 特种检验(如磁力探伤、密封性试验、动平衡试验等)之前;

④ 从一个车间转到另一车间加工之前;

⑤ 全部加工结束之后。

（5）其他辅助工序的安排

① 零件的表面处理,如电镀、发蓝、油漆等,一般均安排在工艺过程的最后。但有些大型铸件的内腔不加工面,常在加工之前先涂防锈油漆等。

② 去毛刺、倒棱边、去磁、清洗等,应适当穿插在工艺过程中进行。这些辅助工序不能忽视,否则会影响装配工作,妨碍机器的正常运行。

16.3.4　零件机械加工工艺过程实例

现以图 16-12 所示传动轴的加工为例,说明零件的机械加工工艺过程。

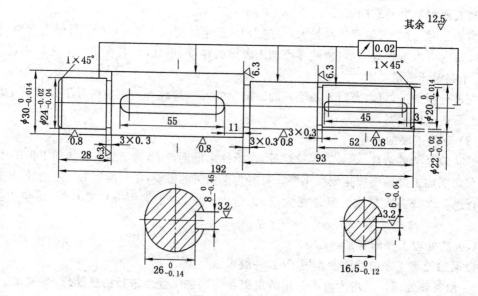

图 16-12　传动轴

1. 工艺分析

该零件的各配合表面除本身有一定的精度（相当于 IT7）和粗糙度要求外，对轴线的径向圆跳动还有一定的要求。

根据对各表面的具体要求，可采用如下的加工方案：

粗车—半精车—热处理—粗磨—精磨

轴上的键槽可以用键槽铣刀在立式铣床上铣出。

2. 工艺过程

该轴的毛坯用 φ35 圆钢料。在单件小批生产中，其工艺过程可按表 16-3 安排。

表 16-3　　　　　　　　　　单件小批生产轴的工艺过程

工序号	工序名称	工序内容	加工简图	设备
Ⅰ	车	1. 车一端面，钻中心孔 2. 切断，长 194 3. 车另一端面至长 192，钻中心孔	12.5　φ35　192	卧式车床
Ⅱ	车	1. 粗车一端外圆分别至 φ32×104，φ26×27 2. 半精车该端外圆分别至 φ30.4$_{-0.1}^{0}$×105，φ24.4$_{-0.1}^{0}$×28 3. 切槽 φ23.4×3 4. 倒角 1.2×45° 5. 粗车另一端外圆分别至 φ24×92，φ22×51 6. 半精车该端外圆分别至 φ22.4$_{-0.1}^{0}$×93，φ20.4$_{-0.1}^{0}$×52 7. 切槽分别至 φ21.4×3，φ19.4×3 8. 倒角 C1.2	6.3　192　105　3　28　C1.2　φ23.4　φ24.4$_{-0.1}^{0}$　φ30.4$_{-0.1}^{0}$ 6.3　93　3　3　52　C1.2　φ21.4　φ19.4　φ20.4$_{-0.1}^{0}$　φ22.4$_{-0.1}^{0}$	卧式车床
Ⅲ	铣	粗、精铣键槽分别至 8$_{-0.045}^{0}$×26.2$_{-0.09}^{0}$×55，6$_{-0.040}^{0}$×16.7$_{-0.07}^{0}$×45	3.2　55　11　45　3　12.5　8$_{-0.045}^{0}$　26.2$_{-0.09}^{0}$　12.5　6$_{-0.040}^{0}$　16.7$_{-0.07}^{0}$	立式铣床
Ⅳ	热	淬火回火 40～45 HRC		
Ⅴ	（钳）	修研中心孔		钻床

续表 16-3

工序号	工序名称	工序内容	加工简图	设备
Ⅵ	磨	1. 粗磨一端外圆分别至 $\phi30.06^{0}_{-0.04}$，$\phi24.06^{0}_{-0.04}$ 2. 精磨该端外圆分别至 $\phi30^{0}_{-0.014}$ $\phi24^{-0.02}_{-0.04}$ 3. 粗磨另一端外圆分别至 $\phi22.06^{0}_{-0.04}$，$\phi20.06^{0}_{-0.04}$ 4. 精磨该端外圆分别至 $\phi22^{-0.02}_{-0.04}$，$\phi20^{0}_{-0.014}$	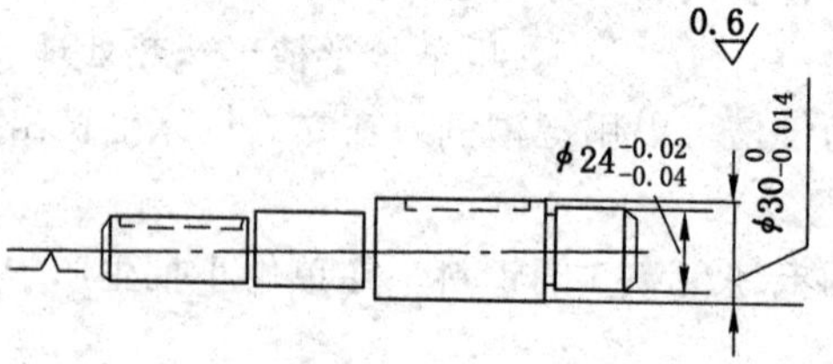 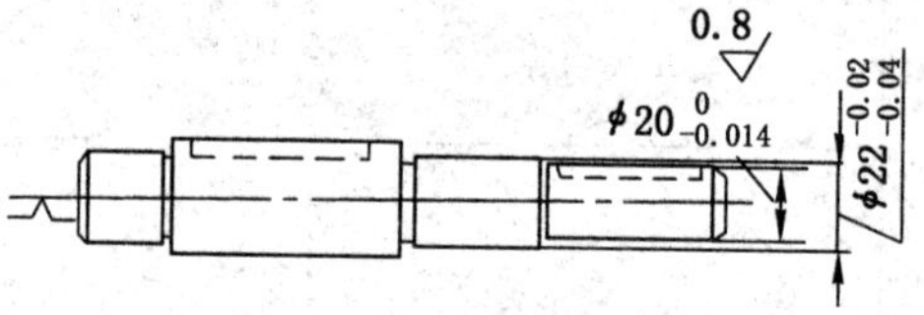	外圆磨床
Ⅶ	检	按图纸要求检验		

注：加工简图中粗实线为该工序加工表面。

思 考 题

1. 何为生产过程、工艺过程、工序？
2. 生产类型有哪几种？说明各种生产类型的工艺特征。
3. 什么是加工余量？加工余量的大小对于零件的加工有什么影响？
4. 切削加工工序安排的原则是什么？

附　录

附表 1　　　　　　　　　　常用机床组、系代号及主参数(部分)

类	组	系	机床名称	主参数的折算系数	主参数	第二主参数
车床	1	1	单轴纵切自动车床	1	最大棒料直径	
	2	1	多轴棒料自动车床	1	最大棒料直径	轴数
	3	1	滑鞍转塔车床	1/10	最大车削直径	
	4	1	万能曲轴车床	1/10	最大工件回转直径	最大工件长度
	5	1	单柱立式车床	1/100	最大车削直径	最大工件高度
	6	1	卧式车床	1/10	最大工件回转直径	最大工件长度
	7	1	仿形车床	1/10	刀架上最大车削直径	最大车削长度
钻床	2	1	深孔钻床	1/10	最大钻孔直径	最大钻孔深度
	3	0	摇臂钻床	1	最大钻孔直径	最大跨距
	4	0	台式钻床	1	最大钻孔直径	
	8	1	中心孔钻床	1/10	最大工件直径	最大工件长度
镗床	4	1	单轴坐标镗床	1/10	工作台面宽度	工作台面长度
	6	1	卧式铣镗床	1/10	镗轴直径	
	7	2	立式精镗床	1/10	最大镗孔直径	
磨床	0	4	抛光机			
	1	4	万能外圆磨床	1/10	最大磨削直径	最大磨削长度
	2	1	内圆磨床	1/10	最大磨削孔径	最大磨削深度
	7	1	卧轴矩台平面磨床	1/10	工作台面宽度	工作台面长度
	8	6	花键轴磨床	1/10	最大磨削直径	最大磨削长度
齿轮加工机床	2	2	弧齿锥齿轮铣齿机	1/10	最大工件直径	最大模数
	3	1	滚齿机	1/10	最大工件直径	最大模数
	4	2	剃齿机	1/10	最大工件直径	最大模数
	5	1	插齿机	1/10	最大工件直径	最大模数
	7	1	锥形砂轮磨齿机	1/10	最大工件直径	最大模数
	9	3	齿轮倒角机	1/10	最大工件直径	最大模数
铣床	2	0	龙门铣床	1/100	工作台面宽度	工作台面长度
	5	0	立式升降台铣床	1/10	工作台面宽度	工作台面长度
	6	0	卧式升降台铣床	1/10	工作台面宽度	工作台面长度
	6	1	万能升降台铣床	1/10	工作台面宽度	工作台面长度
	9	2	键槽铣床	1	最大键槽宽度	
螺纹加工机床	3	0	套丝机	1	最大套螺纹直径	
	4	8	卧式攻丝机	1/10	最大攻螺纹直径	轴数
	8	6	丝杠车床	1/10	最大工件直径	最大工件长度
锯床	5	1	立式带锯床	1/10	最大工件高度	
	6	0	卧式圆锯床	1/100	最大圆锯片直径	
其他机床	1	6	管接头车螺纹机	1/10	最大加工直径	
	2	1	木螺钉螺纹加工机	1	最大工件直径	最大工件长度

附表 2　　　　　　　　　**传动元件简图符号(摘自 GB/T 4460—1984)**

序号	名　称	基本符号	可用符号
		齿轮传动	
1	a. 圆柱齿轮		
	b. 圆锥齿轮		
	c. 蜗轮与圆柱蜗杆		
	d. 齿轮齿条		
		联轴器	
2	a. 一般符号		
	b. 固定联轴器		
	c. 弹性联轴器		

序号	名　称	基本符号	可用符号
3	啮合式离合器		
	a. 单向式		
	b. 双向式		
4	摩擦离合器		
	a. 单向式		
	b. 双向式		
5	超越离合器		
6	制动器		
7	带传动	V带 平带	
8	开合螺母		

序号	名　称	基本符号	可用符号
	向心轴承		
9	a. 普通轴承		
	b. 滚动轴承		
	推力轴承		
10	a. 单向推力普通轴承		
	b. 双向推力普通轴承		
	c. 推力滚动轴承		

参考文献

1. 王孝达,田柏龄.金属工艺学[M].北京:高等教育出版社,2001.
2. 王雅然.金属工艺学[M].北京:机械工业出版社,2001.
3. 陈文明,高殿玉,刘群山.金属工艺学[M].北京:机械工业出版社,1994.
4. 朱张校.工程材料[M].北京:清华大学出版社,2001.
5. 鞠克栋.金属工艺学[M].北京:煤炭工业出版社,1985.
6. 成大先.机械设计手册—常用工程材料.[M]北京:化学工业出版社,2004.
7. 刘光源.电工实用手册[M].北京:中国电力出版社,2003.
8. 刘伯宁.电工材料应用手册[M].北京:机械工业出版社,1999.
9. 邵忠,石白云.电工材料[M].北京:煤炭工业出版社,1994.
10. 曲长波,张振金,张安义.金属工艺学(上册)[M].徐州:中国矿业大学出版社,2000.
11. 郭卫凡,任凤国,徐勇.金属工艺学(下册)[M].徐州:中国矿业大学出版社,2000.
12. 姚启均.金属硬度试验数据手册[M].北京:机械工业出版社,1992.
13. 郭卫凡,王桃芬.金属工艺学[M].2版.徐州:中国矿业大学出版社,2014.